全国高职高专化学课程“十三五”规划教材

有机化学

（第二版）

主　　编　信　颖　王　欣　孙玉泉

副主编　邓沁兰　赵瑜藏　吴　新　钟　飞
　　　　穆春旭　徐惠娟　杨　哲　曾碧涛

参　　编　刘旭峰　窦建芝　张绍军　覃显灿
　　　　张启明　田景利　刘海彬　白哈达
　　　　闫生辉　周鸿燕

华中科技大学出版社

中国·武汉

内 容 提 要

本书是全国高职高专化学课程“十三五”规划教材，是依据高职院校培养高技能应用型人才的要求编写的。

本书共十六章，主要内容包括有机化学简介，烷烃，烯烃，炔烃，二烯烃，脂环烃，芳烃，卤代烃，对映异构，醇、酚和醚，醛和酮，羧酸及其衍生物，含氮有机化合物，杂环化合物，碳水化合物，氨基酸、蛋白质和核酸。本书基本概念和理论简单易懂，在每章正文前列有目标要求、重点与难点，在正文后列有本章小结和习题，可使学生快速、清晰地了解每章的基本内容和关键问题。另外，在每章后面安排了知识拓展部分，有利于开阔学生的视野。

本书可作为化工、材料、纺织、环境、制药、生物、冶金等专业的教材，也可作为其他专业的教学参考书。

图书在版编目(CIP)数据

有机化学/信颖，王欣，孙玉泉主编. —2版. —武汉：华中科技大学出版社，2017.1(2021.7重印)
全国高职高专化学课程“十三五”规划教材
ISBN 978-7-5680-2404-4

Ⅰ.①有… Ⅱ.①信… ②王… ③孙… Ⅲ.①有机化学-高等职业教育-教材 Ⅳ.①O62

中国版本图书馆CIP数据核字(2016)第287024号

有机化学(第二版)
Youji Huaxue

信颖　王欣　孙玉泉　主编

策划编辑：王新华
责任编辑：王新华
封面设计：刘　卉
责任校对：李　琴
责任监印：周治超
出版发行：华中科技大学出版社(中国·武汉)　电话：(027)81321913
　　　　　武汉市东湖新技术开发区华工科技园　邮编：430223
录　　排：武汉正风天下文化发展有限公司
印　　刷：武汉市籍缘印刷厂
开　　本：787mm×1092mm　1/16
印　　张：22
字　　数：519千字
版　　次：2011年1月第1版　2021年7月第2版第3次印刷
定　　价：48.00元

本书若有印装质量问题，请向出版社营销中心调换
全国免费服务热线：400-6679-118　竭诚为您服务
版权所有　侵权必究

前言

本书是依据《关于实施国家示范性高等职业院校建设计划，加快高等职业教育改革与发展的意见》、《关于全面提高高等职业教育教学质量的若干意见》和《关于进一步加强高技能人才工作的意见》，为顺应高职教育教学改革的发展潮流，在华中科技大学出版社的精心组织下编写的适用于高职高专培养高技能应用型人才的教材。

编写本书的指导思想是培养高技能应用型人才，突出高职的教学特点，符合高职学生的认知规律，以基本理论、基础知识必需、够用为原则，贯彻朴素教育、能力培养、创新教学的教育思想，使教材内容突显应用性、实践性。因此，本书以各类官能团的反应为主线，系统介绍了各类化合物的结构与反应之间的关系以及各类官能团反应的规律和应用，加强了环保意识，减少了反应机理等部分内容，略去了有机化合物波谱分析，使整个教材的内容更贴近生产实际，更强化应用，更有利于学生分析问题、解决问题和创新能力的培养。同时，本书还在每一章的后面加有可以拓展学生知识、开阔学生视野的小短文，不仅可以提高学生的学习兴趣、活跃学生的思维，而且能激发学生的学习积极性。

本书由信颖、王欣、孙玉泉主编。参加本书编写的人员有辽宁科技学院信颖、徐惠娟、田景利、刘海彬，信阳农林学院王欣，潍坊教育学院孙玉泉、窦建芝，广东职业技术学院邓沁兰、刘旭峰，濮阳职业技术学院赵瑜藏，安庆医药高等专科学校吴新、张启明，荆州理工职业学院钟飞、覃显灿，辽宁医药职业学院穆春旭，营口职业技术学院杨哲，宜宾职业技术学院曾碧涛，三门峡职业技术学院张绍军，呼和浩特职业学院白哈达，郑州职业技术学院闫生辉，济源职业技术学院周鸿燕。

本书的顺利出版，得力于华中科技大学出版社的大力支持，在此表示感谢。由于编者水平有限，书中难免有不足之处，敬请同行和读者批评指正。

编　者

目录

第一章

有机化学简介

目标要求

1. 了解有机化学的发展史和有机化合物的含义。
2. 掌握有机化合物的特性。
3. 掌握有机化合物共价键的有关概念和属性，以及共价键理论。
4. 了解有机化合物的分类原则，能识别常见的官能团。

重点与难点

重点：有机化合物的结构与特性、共价键的形成。

难点：共价键理论。

第一节　有机化合物和有机化学

一、有机化学发展简史

有机化学作为一门学科产生于 19 世纪，是化学中最早的两个分支学科之一。19 世纪初期，当化学刚刚成为一门学科的时候，由于当时的有机物都是从动、植物体，即有生命的物体中获得的，而它们与由矿物界得到的矿石、金属、盐类等物质在组成及性质上又有较大的区别，因此便将化学物质根据来源的不同分成有机物与无机物两大类。“有机”(organic)一词来源于“有机体”(organism)，即有生命的物体。这是由于当时的人们对生命现象的本质缺乏认识而赋予了有机化合物神秘的色彩，认为它们是不能用人工方法合成的，而是“生命力”所创造出来的。

1828 年，德国化学家维勒(Wöhler)在研究氰酸盐的过程中，意外地发现了有机物尿素的生成。

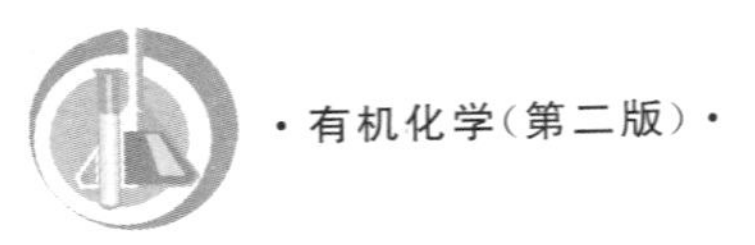

$$AgOCN + NH_4Cl \longrightarrow NH_4OCN + AgCl\downarrow$$

$$NH_4OCN \xrightarrow{\triangle} H_2N-\overset{\overset{\displaystyle O}{\|}}{C}-NH_2$$

这是世界上第一次在实验室的玻璃器皿中由无机物制得有机物。随着科学的发展，越来越多的原来由生物体中取得的有机物，可以用人工的方法合成，而无须借助于"生命力"，但"有机化合物"这个名称被保留下来。由于有机化合物数目繁多，而且在结构上又有许多共同的特点，所以有机化学便逐渐发展成一门独立的学科。

从结构上看，所有的有机化合物都可以看做碳氢化合物或者由碳氢化合物衍生而来的化合物，因此，有机化学就是研究碳氢化合物及其衍生物的化学。在化学上，通常把仅含有碳、氢两种元素的化合物称为烃。因此，有机化合物就是烃及其衍生物，有机化学也就是研究烃及其衍生物的化学。

二、有机化合物的特性

有机化合物和无机化合物之间并没有绝对的界线，但由于有机化合物主要以共价键相结合，而无机化合物大部分以离子键相结合，两者结构上的差异使得它们的性质有明显的区别。

位于元素周期表的第二周期、第四主族的碳原子的最外层有四个电子，正好处于金属元素与非金属元素的交界线上，它作为有机化合物的主要元素，使有机化合物结构和性质具有很多特殊性。与无机化合物比较，有机化合物具有以下特性。

(1) 有机化合物结构复杂、种类繁多。为什么少数几种元素就能组成如此众多的有机化合物呢？研究证明，这与碳原子结构的特殊性是分不开的，是碳原子组成了有机化合物的骨架。碳原子的最外层有四个电子，介于金属元素与非金属元素之间，既不容易失去电子，也不容易得到电子，因此不容易形成离子键。碳原子和其他原子结合时，一般是通过共用电子对形成共价键。而且，碳原子之间的结合能力很强，两个碳原子间可以形成一个共价键，也可以形成两个或三个共价键，可以连成链状的化合物，也可以连成环状的化合物，参与的碳原子可多可少。组成相同的化合物会因为原子间的连接方式、连接顺序或原子、基团的空间相对位置不同而有不同的结构和性质，如分子式为 C_4H_8 的，就可以形成五种异构体，也就是五种不同的化合物，这种现象称为同分异构现象。碳原子的特殊结构和多重连接方式是有机化合物种类繁多的重要原因。

(2) 有机化合物大都容易燃烧。有机化合物燃烧后生成二氧化碳、水和分子中所含碳氢元素以外的其他元素的氧化物，同时放出大量热。多数无机化合物不能燃烧。因此，可以用燃烧实验初步区分有机化合物和无机化合物。

(3) 有机化合物的熔点、沸点比无机化合物的低。因为固态有机化合物是靠范德华力结合而形成的分子晶体，破坏这种晶体所需要的能量较少。很多有机化合物在室温下呈液态或气态，而在室温下呈固态的有机化合物的熔点一般也很低。有机化合物的熔点一般不超过 400 ℃，而无机化合物的熔点和沸点较高。例如，氯化钠和丙酮的相对分子质量相当，但两者的熔点、沸点相差很大(见表 1-1)。

表 1-1 氯化钠与丙酮的熔点、沸点比较

名　　称	NaCl(氯化钠)	CH_3COCH_3(丙酮)
相对分子质量	58.44	58.08
熔点/℃	801	−95.35
沸点/℃	1 413	56.2

(4) 有机化合物一般难溶于水而易溶于有机溶剂。由于有机化合物多为非极性的或极性较弱的分子,根据相似相溶原理,有机化合物不易溶于极性很强的水,而易溶于非极性的或极性弱的有机溶剂。如食用油难溶于水,易溶于汽油。但是当有机化合物分子中含有能够同水形成氢键的基团时,该有机化合物也可溶于水,如乙醇可溶于水。常见的有机溶剂有乙醇、乙醚、氯仿、丙酮和苯等。

(5) 有机化合物的反应速率较慢,且常伴随有副反应发生。有机化合物分子中的共价键,在反应时不像无机化合物分子中的离子键那样容易解离。因此,有机化合物的反应速率较慢,需要的时间长,为了加快反应速率,往往需要加热、光照或使用催化剂等。有机反应复杂、副反应多,往往同一反应物在同一反应条件(温度、压力、催化剂等)下会产生不同的产物。一般把化合物主要进行的一个反应称为主反应,其他的反应称为副反应。副反应多会降低主要产物的产率,故为了提高主要产物的产率,必须选择最有利的反应条件,以尽量减少副反应的发生。

由于有机反应的复杂性,在书写有机反应方程式时采用箭头,而不用等号。一般只写出反应物及其主要产物,有的还需要在箭头上标注反应的必要条件。有机反应方程式一般并不严格要求配平,只有在计算理论产率时主反应才要求配平。

第二节　共价键的形成

解释共价键形成和本质的理论,最常用的是价键理论和分子轨道理论。下面简要介绍价键理论。

一、价键理论

1. 价键的形成

价键理论认为,共价键的形成可以看做原子轨道重叠或电子配对的结果。原子轨道重叠后,在两个原子核间电子云密度较大,因而降低了两核之间的正电排斥力,增加了两核对负电的吸引力,使整个体系的能量降低,形成稳定的共价键。成键的电子定域在两个成键原子之间。

如果两个原子各有一个未成对的电子,并且自旋方向相反,其原子轨道就可重叠形成一个共价键。由一对电子形成的共价键称为单键,用一条直线"—"来表示;如果两个原子

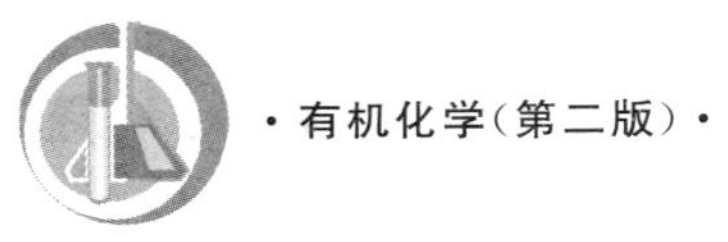

各有两个或三个未成对的电子,构成的共价键则为双键(═)或三键(≡)。

例如,两个氢原子的1s轨道互相重叠形成H_2分子,如图1-1所示。

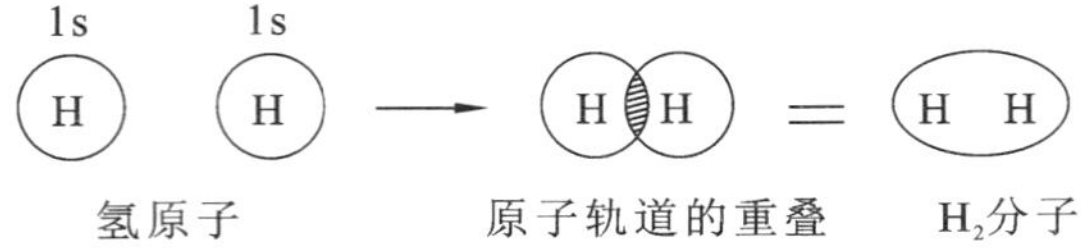

图1-1　两个氢原子的1s轨道互相重叠形成H_2分子

2. 共价键的饱和性

在形成共价键时,一个原子中有几个未成对电子,它就可以和几个自旋方向相反的电子配对成键,不再与多于它的未成对电子配对,这就是共价键的饱和性。

3. 共价键的方向性

在原子轨道重叠时,重叠的程度越大,所形成的共价键越牢固。因此,在形成稳定的共价键时,原子轨道只能沿键轴的方向进行重叠才能达到最大程度的重叠,这就是共价键的方向性,如图1-2所示。

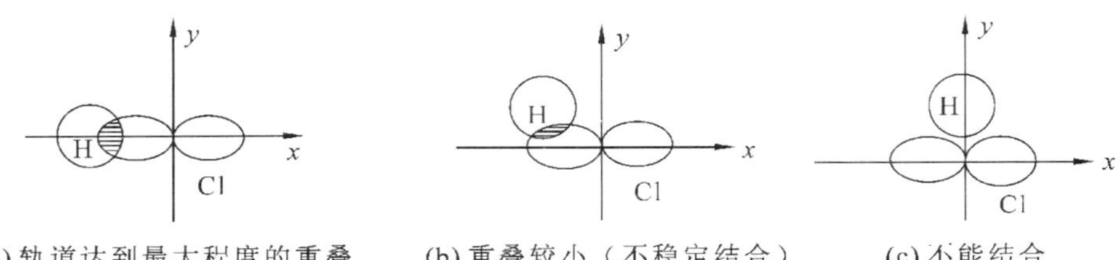

图1-2　共价键的方向性

二、共价键的类型

由于原子轨道重叠方式不同,共价键可以分为σ键和π键两种类型。一种是成键两原子的轨道沿键轴(两核原子间连线)以“头碰头”方式相重叠,电子云以键轴为轴呈圆柱形对称分布,重叠部分绕轴旋转任何角度,其形状都不会发生改变,这种键称为σ键。另一种是成键的两个电子云的对称轴相互平行并且垂直于键轴,以“肩并肩”的方式相重叠,电子云重叠部分对通过键轴的一个平面具有对称性,这种键称为π键。

π键不能单独存在,必须与σ键共存。p轨道从侧面重叠,在π键形成以后,就限制了σ键的自由旋转,而且电子云重叠程度较小,键能较小,发生化学反应时,π键易断裂。π键的电子云分散暴露在两核连线的上下两方呈平面对称,离原子核较远,受核的约束较小。因此,π键的电子云具有较大的流动性,易受外界的影响而发生极化,具有较强的化学活性。

例如,在N_2分子中,氮原子的电子层结构为$1s^2 2s^2 2p_x^1 2p_y^1 2p_z^1$,三个未成对的p电子分别占据三个相互垂直的三维p轨道。当两个氮原子结合成N_2分子时,p_x电子云沿x轴方向以“头碰头”方式重叠,形成一个σ键,每个原子剩下的两个p电子云不能再沿x轴方向以“头碰头”方式重叠,只能让p电子云的对称轴平行,以“肩并肩”方式重叠形成两个π键,如图1-3所示。

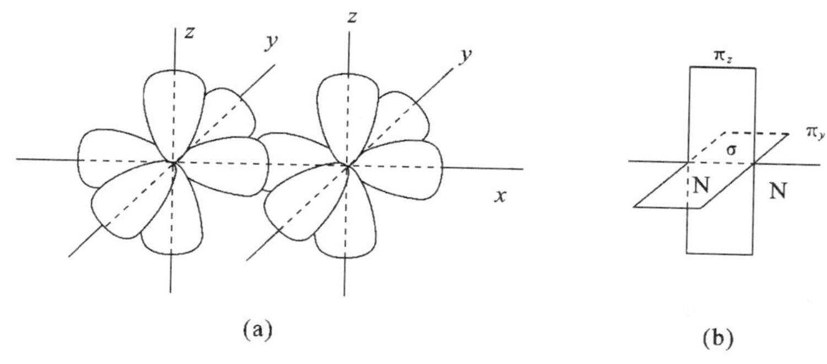

图 1-3 N_2 分子形成示意图

第三节 共价键的键参数

共价键的键长、键角、键能、偶极矩等物理量常称为共价键的键参数。通过这些物理量的测定，可了解某有机化合物分子中共价键对分子结构和性质的影响。例如，根据键长，可判断共价键的类型和键的牢固性；通过键角的测定，可推断有机化合物分子的空间构型；若求得键能，则可从能量关系得知化学键的强度，也可用于化学反应的能量变化的计算；通过偶极矩，可以了解分子的极性。因此，共价键的键参数对研究有机化合物的分子结构和性质，是十分重要的。

一、键长

分子中成键两原子的核之间的距离称为键长。由于两个成键原子借助各自的原子核吸引共用电子对而将两个原子联系在一起，因而距离越近，吸引力越强，但两个原子核之间还存在很强的排斥力，使两原子核不能无限靠近，实际上成键的吸引力与核间的排斥力是互相竞争的，这就使得两核之间的距离有时较远，有时较近，这种变化称为键的伸缩振动。键长是两核之间的最远和最近距离的平均值，或者说是两核之间的平均距离。同一种键，在不同的化合物中，键长差别很小；而不同的键，即使在同一化合物中，键长差别也很大。一些常见的共价键的键长如表 1-2 所示。

表 1-2 一些常见的共价键的键长

键的种类	键长/nm	键的种类	键长/nm
C—C	0.154	C—N	0.147
C═C	0.134	C—F	0.141
C≡C	0.120	C—Cl	0.177
C—H	0.109	C—Br	0.191
C—O	0.143	C—I	0.212

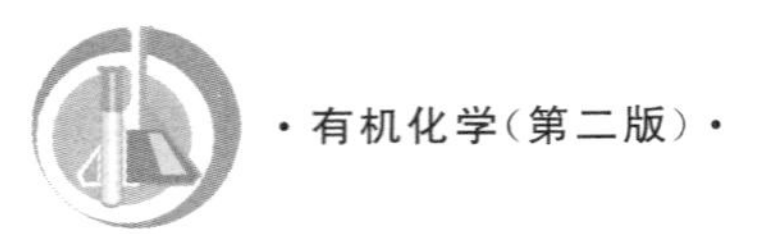

从表1-2中可以看出，C═C 键的键长比 C—C 键的短，C≡C 键的键长比 C═C 键的短。这是因为 C—C 键只是一个共价键(σ键)，而 C═C 键则是两个共价键(一个σ键和一个π键)，与 C—C 键相比，由 C═C 键连接起来的两个C原子显然结合得较强，被拉得较紧，所以距离较近，键长较短；C≡C 键(一个σ键、两个π键)的键长比 C═C 键的短，其原因是相同的。

二、键角

分子中某一原子与另外两原子形成的两个共价键在空间形成的夹角称为键角。键长与键角决定了分子的立体形状。

下面以水分子为例说明键角的含义。

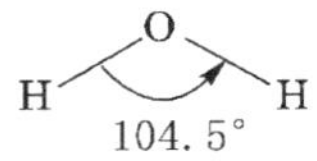

图1-4　水分子的键角

H_2O 分子有两个 O—H 键，这两个 O—H 键键轴之间的夹角称为 H_2O 分子的键角，或 H_2O 分子中两个 O—H 键的键角。实验测得 H_2O 分子的键角是104.5°，如图1-4所示。显然，双原子分子没有键角，3个原子的或超过3个原子的分子都有键角。

在乙烷、乙烯和乙炔分子中，由于 H—C—C 所形成的键角分别为110°、123°和180°，所以乙烷、乙烯和乙炔的空间结构和性质有所不同。在有机化合物分子中，碳原子与其他原子所形成的键角大致有以下几种情况：碳原子以四个单键分别与四个同原子相连接时，键角接近109.5°；碳原子以一个双键和两个单键分别与三个原子相连接时，键角接近120°；碳原子以一个三键和一个单键或两个双键分别与两个原子相连接时，键角是180°。

三、键能

双原子分子的键能就是1 mol 双原子分子(气态)解离为原子(气态)时所吸收的能量。例如，实验测得25 ℃时，1 mol H_2 分子(气态)解离为氢原子时吸收的能量是436.0 kJ，H—H 键的键能就是436.0 kJ·mol^{-1}(25 ℃)。反过来，25 ℃时，氢原子(气态)互相结合生成1 mol H_2 分子(气态)时放出的能量也是436.0 kJ。

1 mol 多原子分子(气态)完全解离为原子(气态)时吸收的能量等于多原子分子中所有共价键键能的总和。例如，实验测得

$$CH_4 \longrightarrow C(g)+4H(g)\quad 吸热\quad 1\ 656.8\ kJ\cdot mol^{-1}$$

CH_4 分子中只有四个 C—H 键，所以 C—H 键的键能就是1 656.8 kJ·mol^{-1}/4＝414.2 kJ·mol^{-1}。CH_3—CH_3 分子中有一个 C—C 键和六个 C—H 键，1分子 CH_3—CH_3(气态)完全解离为碳原子(气态)和氢原子(气态)时所吸收的能量就是一个 C—C 键键能和六个 C—H 键键能的总和。

从键能的定义可以看出，多原子的键能是一个平均值，也称为平均键能。表1-3给出了一些共价键的键能。

表 1-3 一些共价键的键能(平均键能,单位为 kJ · mol^{-1},25 ℃)

		H	F	Cl	Br	I	O	S	N	P	C	Si
单键	H	436										
	F	568	155									
	Cl	431	252	243								
	Br	368	239	218	193							
	I	297	—	209	180	151						
	O	465	188	205	—	234	197					
	S	347	340	272	214	—	—	251				
	N	389	272	201	243	201	221	193	159			
	P	318	490	318	272	214	352	289	293	264		
	C	414	485	339	284	239	360	272	305	321	347	
	Si	320	540	360	289	214	368	226	—	214	281	197
双键	C═C	611	C═N	615	C═O	798	N═N	419				
三键	C≡C	807	N≡N	945	C≡N	879						

四、键的极性

1. 键的极性

当由不同的原子成键时,电负性的差异,使电子云靠近电负性较大的原子一端,于是在这种分子中,电负性较大的原子具有微负电荷(或称部分负电荷),电负性较弱的原子则具有微正电荷(或称部分正电荷),前者用“δ^-”表示,后者用“δ^+”表示,δ^- 和 δ^+ 大小相等,符号相反。这样的键具有极性,称为极性共价键,简称极性键。例如:

$$CH_3^{\delta^+} \rightarrow Cl^{\delta^-}$$

共价键的极性可用偶极矩 $\boldsymbol{\mu}$ 来表示,即

$$\mu = q \cdot d$$

式中:q 为正、负电荷中心所带的电荷值,C;d 为正、负电荷间的距离,m。

偶极矩是矢量,有方向性,通常规定其方向由正到负,用 $\mapsto$ 表示。过去采用非 SI 法定计量单位时,偶极矩 $\boldsymbol{\mu}$ 以德拜(D)为单位,现在采用法定单位,$\boldsymbol{\mu}$ 的单位为 C · m(库仑 · 米),1 D=3.335 64×10^{-30} C · m。例如:

$$\underset{\longmapsto}{H-Cl} \qquad \mu = 3.44 \times 10^{-30}\ C \cdot m$$

2. 分子的极性

在双原子分子中,共价键的极性就是分子的极性。但对多原子的分子来说,分子的极性取决于分子的组成和结构。

3. 分子间的力

分子间的力主要有以下几种。

(1) 偶极-偶极作用力。这种作用力产生在极性分子之间。分子之间以正、负相吸定向排列,所以这种力也称为取向力。

$$\overset{\delta^+}{CH_3}-\overset{\delta^-}{Cl}\cdots\overset{\delta^+}{CH_3}-\overset{\delta^-}{Cl}\cdots\overset{\delta^+}{CH_3}-\overset{\delta^-}{Cl}$$

(2) 色散力。非极性分子虽然没有极性,但在分子中电荷的分配并不总是均匀的,在运动中可以产生瞬间偶极。在非极性分子间,这种瞬间偶极所产生的相互作用力称为色散力,通常称为范德华(van der Waals)力。极性分子之间同样存在色散力。

(3) 氢键。当氢原子与电负性很大、原子半径很小的氟、氧、氮原子相连时,这些原子吸引电子的能力很强,使氢原子带部分正电荷,因而氢原子可以与另一分子的氟、氧、氮原子的未共用电子对以静电引力相结合,这种分子间的作用力称为氢键。

氢键有方向性和饱和性,其键能介于范德华力的键能和共价键的键能之间。氢键存在于许多分子中,分子间以氢键结合在一起而成为缔合体。氢键不仅对物质的物理性质有很大的影响,而且对蛋白质、糖等许多生物高分子化合物的分子形状、生理功能等都有极为重要的作用。

五、分子间的作用力对物质的某些物理性质的影响

1. 对沸点和熔点的影响

非离子型化合物是以共价键结合起来的,它的单位结构是分子,非离子型化合物的气体分子凝聚成液体、固体就是分子间作用的结果。这种分子间的作用力比化学键能小1~2个数量级,因此要克服这种分子间的作用力所需的温度也就较低,一般有机化合物的熔点、沸点很少超过 400 ℃。

1) 沸点

非离子型化合物的沸点(b. p.)与相对分子质量、分子的极性、色散力和氢键有关。例如:

Cl(H)C=C(H)Cl(顺式,两个 Cl 在同侧)	Cl(H)C=C(Cl)H(反式,两个 Cl 在异侧)
$\mu\neq0$	$\mu=0$
b. p.:60.5 ℃	b. p.:47.7 ℃

(1) 分子极性越大,偶极-偶极作用越大,沸点越高。

(2) 如果分子极性相同,则相对分子质量越大,色散力也越大,故沸点随相对分子质量的增大而升高。例如:

	CH_3Cl	CH_3CH_2Cl	$CH_3CH_2CH_2Cl$
b. p./℃	−24	13	47

(3) 如果分子极性相同，相对分子质量也相同，则分子间接触面积大的，色散力大，沸点高。例如：

	$CH_3CH_2CH_2CH_2CH_3$	$CH_3C(CH_3)_2CH_3$
b. p./℃	6	9

(4) 相对分子质量接近，分子内—OH 越多，形成氢键越多，沸点越高。例如：

	$CH_3CH_2CH_2OH$	$HOCH_2CH_2OH$
b. p./℃	97	197

2) 熔点

熔点(m. p.)除与上述分子间作用力有关外，还与分子在晶格中排列的情况有关。一般来讲，分子对称性高，排列比较整齐，熔点就较高。例如：

	$CH_3CH_2CH_2CH_2CH_3$	$CH_3C(CH_3)_2CH_3$
m. p./℃	−17	−160

因前者分子对称性高，结构比较紧密，分子间吸引力大，故其熔点较后者的高。

2. 对溶解度的影响

对于非离子型化合物，有一个经验的"相似相溶"规律，就是极性强的分子与极性强的分子相溶，极性弱的分子与极性弱的分子相溶。这个经验规律可由分子间作用力来说明。例如，甲烷和水，它们本身分子间均有作用力，甲烷分子间有弱的范德华力(色散力)，水分子间有较强的氢键吸引力，而甲烷与水之间虽有很弱的吸引力，但不易互溶。又如水与甲醇，本身均有活泼氢可以形成氢键，水与甲醇分子也可以形成氢键，因此水和甲醇可以互溶。

第四节　共价键的断裂和有机反应的类型

共价键的断裂有两种方式：均裂和异裂。

(1) 均裂：共价键断裂时，成键的一对电子被平均分给成键的两个原子或基团的断裂方式称为共价键的均裂。带有单电子的原子或基团称为自由基或游离基。分子经过共价键均裂而发生的反应称为自由基反应。

$$A\cdot|\cdot B \longrightarrow A\cdot + B\cdot$$

共价键均裂　　自由基

(2) 异裂：共价键断裂时，成键的一对电子为某一原子或基团所占有而形成离子的断裂方式称为共价键的异裂。

$$A\,\vdots\,:B \longrightarrow A^+ + :B^-$$

共价键异裂　　正离子　负离子

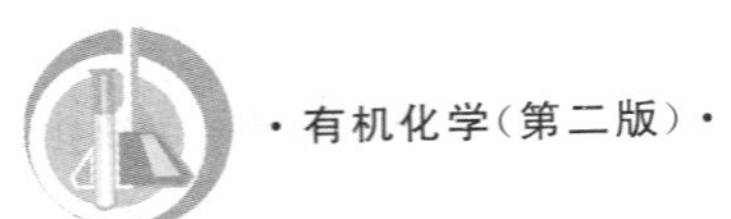

异裂有两种情况，可以生成碳正离子，也可以生成碳负离子。自由基、碳正离子、碳负离子都是在有机化学反应过程中暂时生成的、瞬间存在的活性中间体。共价键异裂生成碳正离子或碳负离子活性中间体而进行的反应属于离子型反应。

对应于自由基反应和离子型反应，试剂可分为自由基试剂和离子试剂。

烷烃的光氯化或热氯化反应是自由基反应。反应时，进攻烷烃的是 Cl·，即氯自由基。在这个反应中，产生 Cl·的氯(Cl_2)是自由基试剂。

在离子型反应中，根据试剂本身是亲核的还是亲电的，离子试剂可分为亲核试剂和亲电试剂。亲核试剂在反应时把它的孤对电子作用于有机化合物分子中与它发生反应的那个原子上，而与之共有。例如，:OH^-、:NH_2^-、:CN^-、:Cl^-、H_2O:、:NH_3 等都是亲核试剂。有机化合物与亲核试剂的反应称为亲核反应。亲核反应又可再分为亲核加成反应和亲核取代反应。

亲电试剂在反应时从有机化合物分子中与它发生反应的那个原子接受电子对，而与之共有。例如，H^+、Cl^+(反应时瞬时产生的)、BF_3 等都是亲电试剂。有机化合物与亲电试剂的反应称为亲电反应。亲电反应也可再分为亲电加成反应和亲电取代反应。

第五节　有机化合物的分类

有机化合物虽然数目繁多，但结构相似的有机化合物性质也相似，因而可以根据有机化合物的结构特征对有机化合物进行分类。一般有两种分类方法：按碳骨架分类和按官能团分类。

一、按碳骨架分类

1. 开链化合物

在开链化合物中，碳原子互相结合形成链状。因为这类化合物最初是从脂肪中得到的，所以又称为脂肪族化合物。例如：

$CH_3CH_2CH_3$	$CH_3CH_2CH{=}CH_2$	CH_3CH_2OH
丙烷	丁烯	乙醇

2. 碳环化合物

碳环化合物分子中含有由碳原子组成的碳环。它们又可分为以下几类。

(1) 脂环化合物。它们的化学性质与脂肪族化合物的相似，因此称为脂环化合物。例如：

（2）芳香族化合物。这类化合物大多数含有苯环，它们具有与开链化合物和脂环化合物不同的化学特性。这类化合物最初是从具有芳香气味的有机物——天然香树脂和香精油中提取出来的，因此称为芳香族化合物。例如：

苯　　甲苯　　苯酚　　萘

（3）杂环化合物。在这类化合物分子中，组成环的原子除碳原子以外还含有其他元素的原子（如氧、硫、氮），这些原子通常称为杂原子。例如：

呋喃　　噻吩　　吡啶　　糠醛

二、按官能团分类

官能团是分子中比较活泼而又易起化学反应的原子或基团，它决定化合物的主要化学性质。含有相同官能团的化合物在化学性质上基本是相同的。因此，只要研究该类化合物中的一个或几个化合物的性质，即可了解该类其他化合物的性质。表 1-4 列出了一些常见的、重要的官能团。

表 1-4　一些常见的、重要的官能团

官能团	名称	官能团	名称
$-\overset{\mid}{C}=\overset{\mid}{C}-$	双键	$(C)-\overset{O}{\overset{\Vert}{C}}-(C)$	酮基
$-C\equiv C-$	三键	$-\overset{O}{\overset{\Vert}{C}}-OH$	羧基
$-OH$	羟基	$-CN$	氰基
$-X(F,Cl,Br,I)$	卤原子	$-NO_2$	硝基
$(C)-O-(C)$	醚键	$-NH_2(-NHR,-NR_2)$	氨基
$-\overset{O}{\overset{\Vert}{C}}-H$	醛基	$-SO_3H$	磺(酸)基

在有机化学教材中，有些是先按碳骨架分类，然后再按官能团分类的；有些是将两种方法结合在一起来分类的；有些则是两种方法虽然都用，但有分有合来分类的。

本教材就是按照官能团的分类方法逐类介绍有机化合物的，其理由是含相同官能团的化合物具有类似的化学性质,将它们归于一类进行研究,不仅较为方便,而且能反映各类有机化合物之间的相互联系。

第六节 有机化学的研究任务及学习有机化学的意义

一、有机化学的研究任务

1. 天然产物的分离、鉴定和结构测定

有机化学的研究任务之一是提取、分离自然界中存在的各种有机物,测定它们的结构和性质,以便加以利用。例如,从中草药中提取其有效成分,从昆虫中提取昆虫信息素等。从复杂的生物体中提取并分离所需的某一个化合物往往是相当艰巨的工作。例如,从7万多只某种雌蟑螂中才能分离出不到1 mg的该蟑螂信息素,并花费了30年时间才确定其结构。近代分离技术及实验物理学的发展为分离、提纯及结构测定提供了许多快速而准确的方法。

2. 关于反应机理的研究

关于反应机理的研究,是为了加深对反应的理解,所涉及的是物理有机化学的内容。物理有机化学主要研究有机结构与性质间的关系、反应经历的途径、影响反应的因素等,以便控制反应向需要的方向进行。

3. 有机合成

一方面,是为了合成结构复杂、具有特定功能的分子。在确定了分子结构并对许多有机化合物的反应有相当了解的基础上,以由石油或煤焦油中取得的许多简单有机化合物为原料,通过各种反应,合成所需的自然界中存在的或自然界中不存在的全新的有机化合物,如维生素、药物、香料、食品添加剂、染料、农药、塑料、合成纤维、合成橡胶等人民生活的必需品和各种工农业产品。

组成生物体的物质除了水和种类不多的无机盐以外,绝大部分是有机化合物,它们在生物体中有着各种不同的功能。例如,构成动植物结构组织的蛋白质与纤维素,植物与动物体中储藏的养分——淀粉、肝糖、油脂,使花、叶及昆虫翅膀呈现各种鲜艳的颜色的物质等。

另一方面,分子结构理论提出一系列可能存在的分子结构,这些结构的证实有待于有机化学家的实践。

二、学习有机化学的意义

有机化合物遍布自然界,人们的衣食住行都和有机物质有关。生物的生长过程实际上是无数的有机化合物分子的合成与分解过程,正是这些连续不断并互相依赖的化学变化构成了生命现象。生物体中进行的许许多多化学变化与实验室中进行的有机反应在一定程度上有相似性，所不同的是催化生化反应的是结构极为复杂的蛋白质——酶。所以有机化学的理论与方法是研究生物学的必要基础。至今几乎所有生物化学的重要突破，都包含了大量化学、物理等方面的研究工作。例如，作为生命现象的物质基础的蛋白质，是结构极为复杂的有机高分子化合物。随着物理、化学等多种学科的发展，对核酸、蛋白质等复杂分子的结构有了相当的认识，并且了解到核酸及蛋白质在遗传信息传递中的作用以及各种不同的酶在机体中的专一作用等，都与它们的结构密切相关。揭开蛋白质结构的奥秘，将对生物学的研究有着极为重要的意义。因此，研究有机化学的深远意义之一在于研究生命体及生命现象。

要学好有机化学，首先要掌握一些记忆性的知识并具有形象逻辑思维和空间想象能力，如命名规则，官能团的制备和转化，各种反应的结果、条件和机理等。其次，运用知识点时要考虑到分子中其他官能团的影响和外界条件的变化及各种选择性问题。更重要的是通过学习有机化学，体会到主要由碳原子所组成的有机化学的世界是多么的丰富多彩。从了解既有的知识和存在于这些知识背后的探索历程可以发现，过去的有机化学已经改变了我们的生活，而当今的有机化学正使许多想象的东西成为现实，明天的有机化学更将会生机勃勃、充满希望，这对青年学子来说无疑是充满机遇和挑战的。

本章小结

本章介绍了有机化学及有机化合物的含义，以及后续章节中需要的有机化学基本知识，熟悉和掌握这些知识对后续章节及课程的学习非常重要。

一、有机化学和有机化合物

有机化学就是研究碳氢化合物及其衍生物的化学。有机化合物是指碳氢化合物以及由碳氢化合物衍生而得到的化合物。

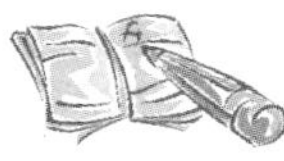

二、有机化合物的特点

有机化合物的特点是：种类繁多，易燃烧，溶于有机溶剂和熔点、沸点低；有机反应大多反应速率慢，副反应多。

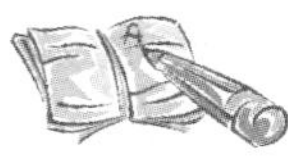

三、有机化合物的化学结构

(1) 碳原子间以共价键结合，共价键有两种类型：σ 键和 π 键。

(2) 共价键的属性。

键长：分子中成键两原子的核之间的距离。

键能:对于双原子分子,A—B 键的解离能就是它的键能。键的解离能和键能单位通常用 $kJ \cdot mol^{-1}$ 表示。对于多原子分子,键能一般是指同一类共价键的解离能的平均值。

键角:分子中某一原子与另外两原子形成的两个共价键在空间的夹角。

键的极性:由于成键原子的电负性不同而引起的。正、负电荷重心重合的称为非极性共价键,正、负电荷重心不重合的称为极性共价键。

(3) 共价键的断裂方式。

均裂:共价键断裂时,成键的一对电子平均分给成键的两个原子或基团的断裂方式称为共价键的均裂。带有单电子的原子或基团称为自由基或游离基。分子经过共价键均裂而发生的反应称为自由基反应。

异裂:共价键断裂时,原来一对成键电子为某一原子或基团所占有而形成离子的断裂方式称为共价键的异裂。

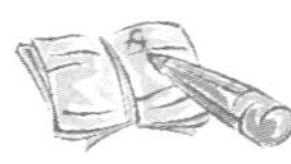

四、有机化合物的分类

按碳骨架的不同,分为开链化合物、脂环化合物、芳香族化合物和杂环化合物。

按官能团的不同,分为烷烃、烯烃、炔烃、卤代烃、醇类、酚类、醚类、醛类、酮类、羧酸等。

知识拓展

绿色化学

化学是一门古老而又蓬勃发展的学科,化工产业是人类社会发展的支柱产业。传统的化学在给人类带来新的物质的同时,也产生大量排放物而造成严重的环境污染。人类正面临有史以来最严重的环境危机,有人将这个危机归纳为当代全球十大环境问题:大气污染、臭氧层破坏、全球变暖、海洋污染、淡水资源紧张和污染、土地退化和沙漠化、森林锐减、生物多样化减少、环境公害、有毒化学品和危险废物。其中至少有七项与化学或化工产品的化学物质污染有关,保护环境和可持续发展是人类生产活动中必须考虑的重大问题,在这样一个大背景下,绿色化学应运而生。

绿色化学的研究内容,包括化学反应(化工生产)过程的四个基本要素:一是设计对人类健康和环境危害小的化合物,淘汰有害的反应起始物(原材料);二是选择最佳的反应(生产)条件,包括温度、压力、时间、介质、物料平衡等,以实现最大程度的节能和零排放;三是研究最佳的转换反应和良性的试剂(含催化剂);四是设计对人类健康和环境更安全的目标化合物(最终产品)。因此绿色化学的研究,其实就是围绕化学反应、原料、催化剂、溶剂和产品的绿色化而开展的。必须指出的是,绿色化学与环境治理是完全不同的概念。环境治理是对已被污染的环境进行治理,使之恢复到被污染前的状况;而绿色化学则是从源头上阻止污染物的生成,即所谓的污染预防。没有污染物的使用、生成和排放,也就没有环境被污染的问题。因此,只有通过绿色化学的途径,从科学研究出发,发展环境友好化学、化工技术，才能解决环境污染与经济可持续发展的矛盾。

150 年前，大多数工业有机化学物品来自于植物提供的生物物质(biomass)，少数来自于动物物质。后来煤被用做化学原料。20 世纪 40 年代以后，石油又逐渐成为主要的化学原料。今天 95%以上的有机化学品来自于石油。随着人类逐渐认识到煤和石油化学工业对环境的负面影响，科学家已经开始考虑如何重新利用生物质代替煤和石油来生产人类所需要的化学物质。

绿色应成为今后化学的特征之一，国际上一些发达国家非常重视绿色化学，是由于人们对环境保护、社区安全、人身保健的要求日益严格。化学逐渐由污染演化成环境友好，人类的需求支配着化学的发展轨迹；同样，人类的绿色需求也必将使化学朝着绿色的方向发展。21 世纪化学面临的挑战是：一方面要继续为人类的衣、食、住、行和医疗保健等事业作出卓越的贡献，同时，又要不生产对人类健康和环境有害的产品。因此，现在迫切的任务是探索绿色化学的新概念和实现绿色的途径，只有零排放和可接受的原料等概念成为化学家工作的指导思想，未来的以化学为基础的工业才可能绿色化。

习 题

1. 某化合物的相对分子质量为 60，其碳、氢、氧的质量分数分别为 40.1%、6.7%和 53.2%，确定该化合物的分子式。

2. 名词解释。

(1) 有机化合物　　(2) 官能团　　(3) 同分异构

(4) 均裂　　(5) 自由基

3. 有机活性中间体有哪些？

4. 有机化合物有哪些特点？举例说明有机化合物和无机化合物的区别。

5. 写出下列化合物的结构式。

(1) 乙烷　　(2) 丙烷　　(3) 乙醇　　(4) 乙醚

(5) 乙酸　　(6) 苯　　(7) 乙醛

6. 在 C—H、C—O、O—H、C—Br、C—N 等共价键中，极性最强的是哪一个？

7. 乙酸分子式为 CH_3COOH，它是否能溶于水？为什么？

8. 指出下列化合物的官能团和该化合物所属的类别。

(1) $CH_3CH_2C\equiv CH$　　(2) CH_3COCH_3　　(3) CH_3CH_2CHO

(4) $\overset{CH_3}{C_6H_4}$—OH　　(5) C_6H_5—COOH　　(6) $CH_3CH_2\overset{OH}{\overset{|}{C}}HCH_3$

9. 下列各化合物中哪个有偶极矩？用 $\mapsto$ 表示偶极矩的方向。

(1) I_2　　(2) CH_2Cl_2　　(3) HBr

(4) CH_3OH　　(5) CH_3OCH_3（两个 O—C 键的夹角为 111.7°）

第二章

烷　　烃

目标要求

1. 掌握烷烃的通式、同系列、同分异构和构造异构。
2. 掌握烷烃的结构、命名和常见基团的名称。
3. 理解烷烃的构象及构象的表示方法。
4. 了解烷烃的物理性质及其变化规律、烷烃取代反应的历程。
5. 掌握烷烃的化学性质。

重点与难点

重点：烷烃的结构。

难点：烷烃取代反应的历程。

第一节　烷烃的通式、同系列和同分异构现象

分子中只含有碳、氢两种元素的化合物称为碳氢化合物，简称烃。烃是最基本的有机化合物，其他有机化合物都可以看做烃的衍生物。

开链的碳氢化合物称为脂肪烃。分子中碳原子以单键互相连接，其余价键为氢原子所饱和的脂肪烃称为饱和脂肪烃，即烷烃。

烷烃是最简单的烃类，其他的化合物都可以看做烷烃分子中的氢原子被其他原子或基团取代后的化合物，烷烃是其他化合物的骨架。

一、烷烃的通式和同系列

最简单的烷烃是甲烷，其次是乙烷、丙烷、丁烷、戊烷等，它们的分子式和结构式如表2-1所示。

表 2-1 常见烷烃的分子式及结构式

名称	分子式	结构式		
甲烷	CH_4	CH_4		
乙烷	C_2H_6	CH_3CH_3		
丙烷	C_3H_8	$CH_3CH_2CH_3$		
丁烷	C_4H_{10}	$CH_3CH_2CH_2CH_3$	$CH_3CH(CH_3)CH_3$	
戊烷	C_5H_{12}	$CH_3CH_2CH_2CH_2CH_3$	$CH_3CH(CH_3)CH_2CH_3$	$CH_3C(CH_3)_2CH_3$

从以上烷烃的结构可以看出，烷烃分子之间都是相差一个或几个 CH_2 而形成碳链的，因此可用 C_nH_{2n+2} 表示烷烃的通式。CH_2 是烷烃的系差。具有同一通式、结构和化学性质相类似、在组成上相差一个或几个 CH_2 的一系列化合物，称为同系列。同系列之间互称同系物，如甲烷、乙烷、丙烷、丁烷、戊烷等。

同系物的结构和化学性质相似，物理性质随着分子中碳原子数目的增加而呈现规律性的变化，因此讨论典型的代表物甲烷的化学性质，就可以推知其他化合物的化学性质，从而为学习和研究有机化合物提供了方便。

二、烷烃的同分异构现象

有相同的分子式，但是有不同分子结构(即分子中原子之间相互连接的顺序)的现象，称为同分异构现象。有同分异构现象的化合物称为异构体。

甲烷、乙烷和丙烷都只有一种结合方式，没有同分异构现象。但是从丁烷开始就有了同分异构现象，如正丁烷和异丁烷；戊烷则有正戊烷、异戊烷和新戊烷。它们的结构式如下：

$CH_3CH_2CH_2CH_3$ 正丁烷

$CH_3CH(CH_3)CH_3$ 异丁烷

$CH_3CH_2CH_2CH_2CH_3$ 正戊烷

$CH_3CH(CH_3)CH_2CH_3$ 异戊烷

$CH_3C(CH_3)_2CH_3$ 新戊烷

烷烃的同分异构是由于碳骨架的不同造成的，故又称为碳架异构。随着烷烃分子中碳原子数的增加，异构体的数目显著增多，如表 2-2 所示。异构体是造成有机物数目繁多的主要原因。

表 2-2　烷烃异构体的数目

烷烃的碳原子数	异构体的数目	烷烃的碳原子数	异构体的数目
1～3	1	8	18
4	2	9	35
5	3	10	75
6	5	15	6 347
7	9	20	300 319

第二节　烷烃的命名

一、伯、仲、叔、季碳原子和伯、仲、叔氢原子

在不同的烷烃分子中，分子的结构不同，分子内碳原子与碳原子的连接方式以及碳原子与氢原子的连接方式也不同。根据烷烃分子中碳原子所连接的碳原子数目的不同，碳原子可分为四种类型：与一个碳原子相连的碳原子称为伯碳原子，或称一级碳原子，用 1°表示；与两个碳原子相连的碳原子称为仲碳原子，或称二级碳原子，用 2°表示；与三个碳原子相连的碳原子称为叔碳原子，或称三级碳原子，用 3°表示；与四个碳原子相连的碳原子称为季碳原子，或称四级碳原子，用 4°表示。例如，2，2，4-三甲基己烷：

$$\begin{array}{ccccccccccc} & & \overset{1^\circ}{CH_3} & & & & & & & & \\ & & | & & & & & & & & \\ \overset{1^\circ}{CH_3} & \text{—} & \overset{4^\circ}{C} & \text{—} & \overset{2^\circ}{CH_2} & \text{—} & \overset{3^\circ}{CH} & \text{—} & \overset{2^\circ}{CH_2} & \text{—} & \overset{1^\circ}{CH_3} \\ & & | & & & & | & & & & \\ & & \underset{1^\circ}{CH_3} & & & & \underset{1^\circ}{CH_3} & & & & \end{array}$$

与伯、仲、叔碳原子相连的氢原子，分别称为伯、仲、叔氢原子。不同类型的氢原子的反应性能有一定的差别。例如，3，5-二甲基-3-乙基庚烷：

$$\begin{array}{ccccccccccccc} & & & & \overset{1^\circ}{CH_3} & & & & & & & & \\ & & & & | & & & & & & & & \\ \overset{1^\circ}{CH_3} & \text{—} & \overset{2^\circ}{CH_2} & \text{—} & \overset{4^\circ}{C} & \text{—} & \overset{2^\circ}{CH_2} & \text{—} & \overset{3^\circ}{CH} & \text{—} & \overset{2^\circ}{CH_2} & \text{—} & \overset{1^\circ}{CH_3} \\ & & & & | & & & & | & & & & \\ & & & & 2^\circ CH_2 & & & & \underset{1^\circ}{CH_3} & & & & \\ & & & & | & & & & & & & & \\ & & & & 1^\circ CH_3 & & & & & & & & \end{array}$$

二、烷基

烷烃分子中去掉一个氢原子后剩下的基团称为烷基。烷基的通式是 C_nH_{2n+1}，常用

R—表示。例如：

$CH_3—$ 甲基　　$CH_3CH_2—$ 乙基　　$CH_3CH_2CH_2—$ 正丙基　　$(CH_3)_2CH—$ 异丙基

$CH_3CH_2CH_2CH_2—$ 正丁基　　$(CH_3)_2CHCH_2—$ 异丁基　　$CH_3CH_2CH(CH_3)—$ 仲丁基　　$(CH_3)_3C—$ 叔丁基

烷基不是由于C—H键的断裂形成的，而是用来表示分子中的某一部分而人为设立的定义，烷基不能独立存在。

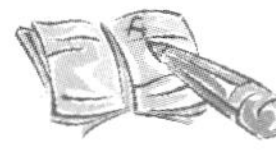

三、烷烃的命名

1. 普通命名法

普通命名法（习惯命名法）是根据烷烃分子中碳原子的数目的多少而命名的。碳原子数在10以内的，分别用甲、乙、丙、丁、戊、己、庚、辛、壬、癸（即天干，是传统用于表示次序的符号）表示，如甲烷、乙烷、丙烷等。

碳原子数在10以上的，用汉字数字十一、十二、十三、十四等表示，如2,3,4-三甲基十二烷。

对于同分异构体，用正、异、新表示，“正”是指直链烷烃，“异”是指从端位数第二个碳原子上有一个甲基“支链”的烷烃，“新”是指从端位数第二个碳原子上有两个甲基“支链”的烷烃。例如：

$CH_3—CH_2—CH_2—CH_2—CH_3$ 正戊烷

$CH_3—CH(CH_3)—CH_2—CH_3$ 异戊烷

$CH_3—C(CH_3)_2—CH_3$ 新戊烷

普通命名法虽然简单，但是除了直链烷烃外，这种命名法只适用于少数几个简单烷烃的命名。

2. 衍生命名法

衍生命名法是以烷烃的代表物甲烷为母体，把其他烷烃看做甲烷的氢原子被烷基取代后的化合物的命名法。命名时，通常选择连接烷基最多的碳原子（即最高级碳原子）作为母体“甲烷”碳原子，剩下的烷基作为取代基，取代基按“次序规则”排在“甲烷”之前，称为“某甲烷”。例如：

$CH_3—CH(CH_3)—CH_2—CH_3$（中心碳上连 H）

二甲基乙基甲烷

$CH_3—CH(CH_2CH_3)—CH_2—CH_2—CH_3$

甲基乙基正丙基甲烷

衍生命名法能够清楚地表示出分子的结构，但是对于比较复杂和碳原子数较多的烷烃，由于烷基比较复杂而难以采用。

3. 系统命名法

普通命名法和衍生命名法都只适用于简单的有机物的命名。而对于复杂的有机物则无能为力，必须采用系统命名法。

系统命名法是普遍适用的命名方法，是国际纯粹与应用化学联合会(IUPAC)制定的有机物的命名原则。我国在1960年根据《有机化学物质的系统命名原则》制定了系统命名法，在1980年又根据IUPAC公布的《有机化学命名原则》对原有的命名规则进行了增补和修订，并结合我国汉字的特点制定了现行的有机化学系统命名法。其命名原则如下。

1) 主链的选择

从烷烃的结构式中选择最长的碳链作为主链，支链看做取代基，根据主链所含的碳原子数称为“某烷”。注意：当烷烃的结构式中有两条或两条以上的等长碳链时，应选择含取代基较多的碳链作为主链。例如：

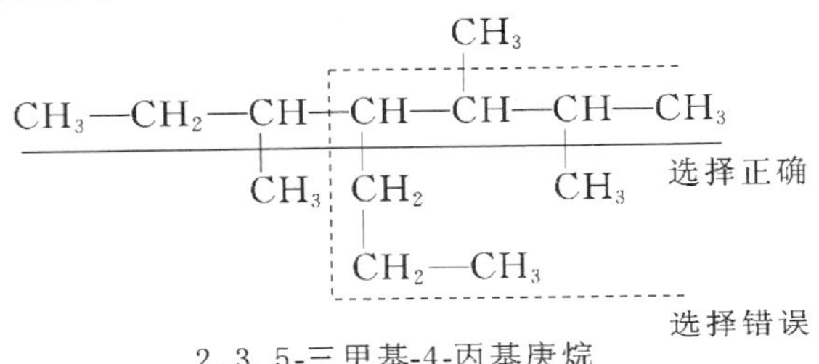

2, 3, 5-三甲基-4-丙基庚烷

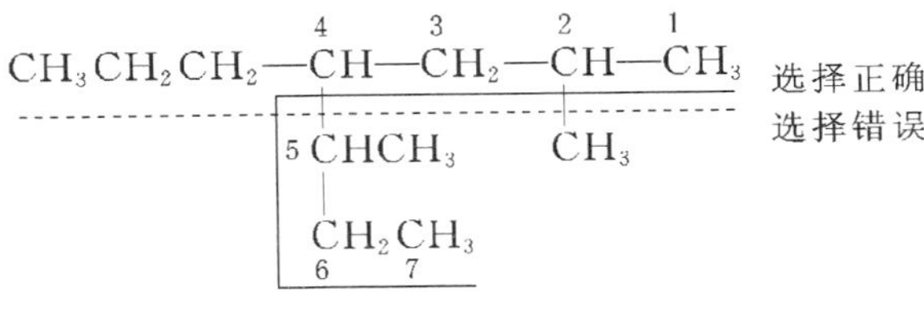

2, 5-二甲基-4-丙基庚烷

2) 碳原子的编号

(1) 从距支链最近的一端开始，将主链碳原子依次用阿拉伯数字编号，将取代基的位置和名称写在母体名称前面，阿拉伯数字与汉字之间用半字线“-”隔开。例如：

$$\overset{1}{C}H_3\overset{2}{C}H_2\overset{3}{C}H(CH_3)\overset{4}{C}H_2\overset{5}{C}H_2\overset{6}{C}H_3$$

3-甲基己烷

(2) 当主链有多种编号可能时，按“最低系列原则”编号。最低系列原则是指碳链以不同方向编号，得到两种或两种以上编号系列，则顺次逐项比较各系列不同位次，最先遇到的位次最小者，定为“最低系列”。例如：

```
                                CH3
 7    6      5    4      3    |2 1
CH3CH—CH2CH2—CHCHCH3
      |                    |
     CH3                  CH3
```

2,3,6-三甲基庚烷

(3) 如果支链中还有取代基，则支链命名方法与烷烃的类似。编号从与主链直接相连的碳原子开始，支链全名用括号括上，或用带“′”的数字标明支链上取代基的位次，以示与主链位次区别。例如：

```
                       CH3                  CH3
 9     8     7      |6 5    4      3      |2  1
CH3CH2CH2CHCHCH2CH2CHCH3
                   1′|
           CH3—C—CH3
                     |        3′
                    CH2—CH3
                    2′
```

2,6-二甲基-5-(1,1-二甲基丙基)壬烷或2,6-二甲基-5-1′,1′-二甲基丙基壬烷

3) 烷烃名称的书写

(1) 取代基的名称写在主链名称之前，取代基的位次写在取代基名称之前，两者之间用半字线“-”相连。例如：

```
 1     2     3    4     5     6     7
CH3CH2CHCH2CH2CH2CH3
            |
           CH3
```

3-甲基庚烷

(2) 当含有几个不同的取代基时，按照“次序规则”排列取代基的先后次序，小的取代基优先列出。例如：

```
          3   4    5    6
CH3CH2CHCH2CH2CH3
            |
   CH3—C—CH3
          2|
         1CH3
```

2,2-二甲基-3-乙基己烷

```
                                  CH(CH3)2
 1       2       3            |        5        6         7
CH3—CH—CH2—CH—CH—CH2—CH3
         |                     4      |
        CH3                         CH2CH3
```

2-甲基-5-乙基-4-异丙基庚烷

(3) 如果含有多个相同的取代基，则用相同合并的原则，在相应的取代基前面用汉字数字二、三、四等表示取代基的数目，并逐个标明取代基所在的位次。例如：

```
 9        8        7       6        5        4
CH3—CH2—CH—CH2—CH2—CH—CH2—CH3
                 |                          |
                CH3                       3CH—CH2—CH3
                                            |
                                          2CH2
                                            |
                                           CH3
                                            1
```

7-甲基-3,4-二乙基壬烷

第三节 烷烃的结构

一、甲烷的结构

1. 碳原子的正四面体构型

碳原子的构型是一个正四面体的构型,此理论由荷兰化学家雅可比·亨利克·范特霍夫(Jacobus Hendricus van't Hoff)于 1874 年提出。范特霍夫认为:在有机物的分子中碳原子位于正四面体构型的中心,它的四个化合键指向正四面体的四个顶点,分别与四个原子结合形成分子。

通过实验证明,烷烃的代表物甲烷分子的构型是正四面体构型,它的四个 C—H 键是等同的,所有键角也是等同的,均为 109.5°。甲烷分子的正四面体构型如图 2-1 所示。

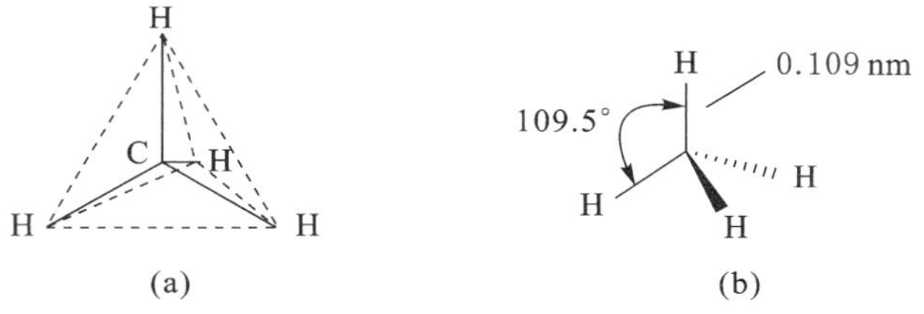

图 2-1 甲烷分子的正四面体构型

2. 碳原子的 sp^3 杂化

碳原子的基态电子排布是 $1s^2 2s^2 2p_x^1 2p_y^1$,其最外层价电子是 2 个成对的 2s 电子、一个未成对的 $2p_x$ 电子和一个未成对的 $2p_y$ 电子,理论上碳原子应该是两价的,而且这两价是不相同的。但是,实验表明碳原子是四价的,而且四价是等同的。为了解释以上矛盾,1928—1931 年,美国化学家鲍林(L. Pauling)等人在价键理论的基础上提出了杂化轨道理论。它实质上属于现代价键理论,但它在成键能力、分子的空间构型等方面丰富和发展了现代价键理论。

杂化轨道理论认为:碳原子在形成甲烷分子时,2s 轨道中的一个电子接收能量被激发到了 $2p_z$ 轨道上,形成了四个未成对的电子($2s^1$、$2p_x^1$、$2p_y^1$ 和 $2p_z^1$)。由于 s 轨道和 p 轨道的形状及能量不同,在分子中将形成四个不同的价键,但这与实验结果不符。杂化轨道理论的观点是:这四个未成对的轨道先进行混合,然后再平均分为四个新的轨道。这种轨道的重新组合再均分称为轨道杂化。形成的新轨道称为杂化轨道,杂化轨道的能量是相等的。形成的每个杂化轨道含有 1/4 的 s 轨道成分和 3/4 的 p 轨道成分,因此称为 sp^3 杂化轨道。sp^3 杂化轨道的能量略高于 2s 轨道而略低于 2p 轨道。杂化轨道的形成如图 2-2 所示。

四个 sp^3 杂化轨道对称地分布在碳原子的四周,指向正四面体的四个顶点,对称轴之间的夹角是 109.5°,这样可以使价电子尽可能彼此离得最远,相互间的斥力最小,最稳定,有利于形成价键。

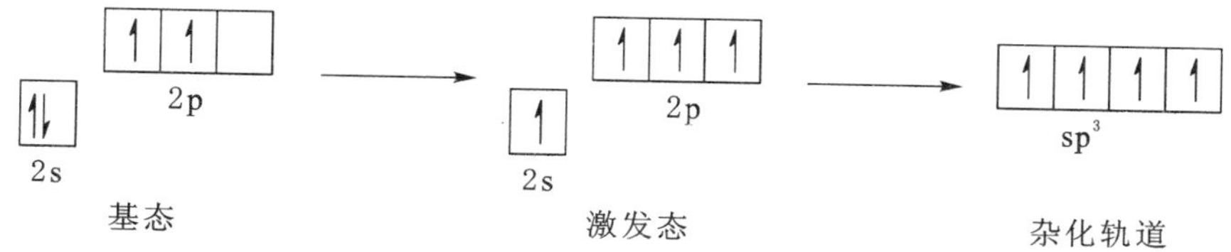

图 2-2　碳原子轨道的 sp^3 杂化

3. 甲烷的形成和 σ 键

甲烷分子形成时，碳原子的四个 sp^3 杂化轨道分别与四个氢原子的 1s 轨道在对称轴的方向交盖，碳原子与氢原子各提供一个电子，两个自旋方向相反的电子配对而形成共价键，这种共价键称为 σ 键，如图 2-3 所示。

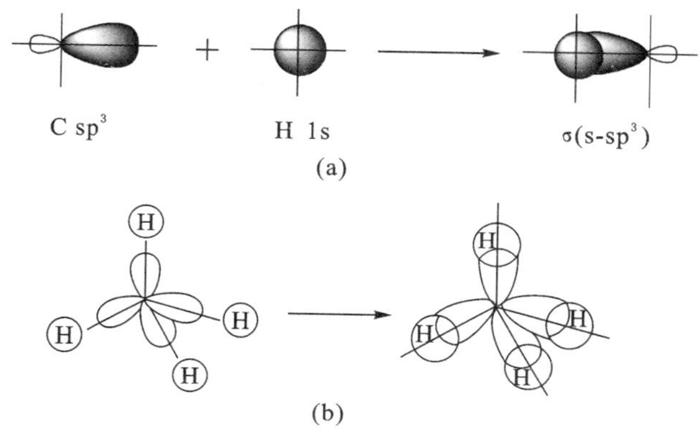

图 2-3　甲烷分子的形成

σ 键是在原子轨道的对称轴方向交盖形成的，结合得比较牢固，σ 键绕键轴发生相对旋转不会影响两个原子之间的交盖程度，σ 键可以自由旋转而不会被破坏，因而 σ 键比较稳定。

4. 模型

为了形象地表示分子的立体结构，一般采用模型来表示。目前常用的模型有球棒模型和比例模型两种。甲烷分子的球棒模型和比例模型分别如图 2-4 和图 2-5 所示。

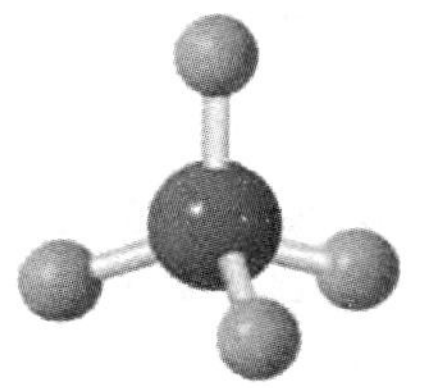

图 2-4　甲烷分子的球棒模型

图 2-5　甲烷分子的比例模型

二、烷烃的构象

构象是指结构一定的分子，由于单键的内旋转而引起的分子中各原子或基团在空间的不同排布方式。

1. 乙烷的构象

由两个或两个以上的碳原子组成的烷烃，其C—H σ键是由碳原子的 sp^3 杂化轨道与氢原子的1s轨道在对称轴的方向交盖形成的，C—C σ键是由两个碳原子之间各自提供一个 sp^3 杂化轨道在对称轴的方向交盖形成的，C—C σ键与C—H σ键一样都是比较稳定的。

对于乙烷分子，它的C—C σ键是由两个碳原子各自提供一个 sp^3 杂化轨道在对称轴的方向交盖形成的，它可以相对旋转而不被破坏。如果固定其中一个甲基，而另一个甲基绕C—C键发生内旋转，则两个甲基中的氢原子在空间的相对位置会发生变化，即随着键轴的旋转可以产生无数种不同的排布方式。一种排布相当于一种构象，由于乙烷的旋转角度可以无穷小，因此理论上乙烷可以有无穷多的构象，但是极限构象只有两种，即重叠式构象和交叉式构象。

重叠式构象是指两个碳原子上的氢原子彼此相距最近的构象，即两个甲基相互重叠的构象。交叉式构象是指一个甲基上的氢原子处于另一个甲基上两个氢原子正中间的构象。构象可用透视式(见图2-6)和纽曼投影式(见图2-7)表示。

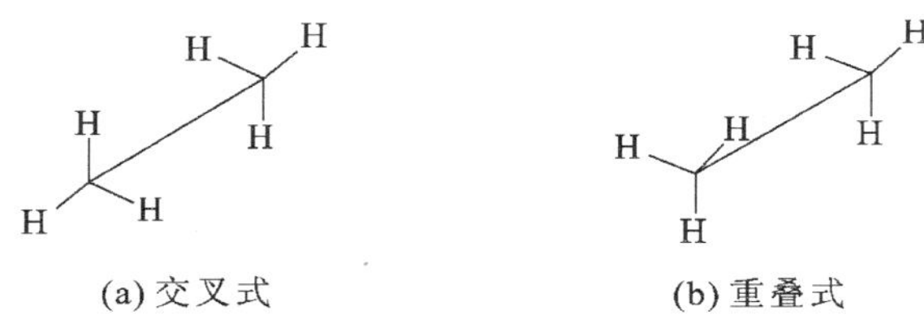

(a) 交叉式　　(b) 重叠式

图2-6　用透视式表示的乙烷分子的构象

(a) 交叉式　　(b) 重叠式

图2-7　用纽曼投影式表示的乙烷分子的构象

在重叠式构象中，两个碳原子上的C—H σ键相距最近，σ电子之间的相互排斥力最大，因此重叠式构象是乙烷分子所有构象中能量最高、稳定性最小的构象，如图2-8中点 A、C、E、G 所示。在交叉式构象中，两个碳原子上的C—H σ键相距最远，σ电子之间的相互排斥力最小，因此交叉式构象是乙烷分子所有构象中能量最低、稳定性最大的构象，如图2-8中点 B、D、F 所示。

从曲线可以看出：重叠式构象与交叉式构象之间的能量差是12.6 kJ·mol^{-1}，这个能量差称为能垒，其他构象间的能量介于这两者之间。交叉式构象经C—H σ键旋转60°就可以转变成重叠式构象，但是必须给予12.6 kJ·mol^{-1}的能量才能实现这个转变。在室温时，乙烷主要以较稳定的交叉式构象存在。但在室温下要想分离出较稳定的交叉式构象是不可能的，因为在室温下分子所具有的动能已经超过此能量，已足够使σ键自由旋转。

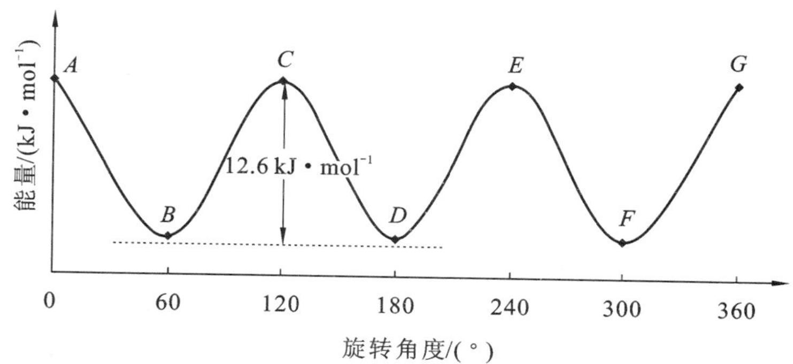

图 2-8　乙烷分子不同构象的能量曲线

2．正丁烷的构象

正丁烷的构象比乙烷的构象要多，而且更复杂。但是在室温下，正丁烷只有对位交叉式、部分重叠式、邻位交叉式和全重叠式四种极限构象，如图 2-9 所示。

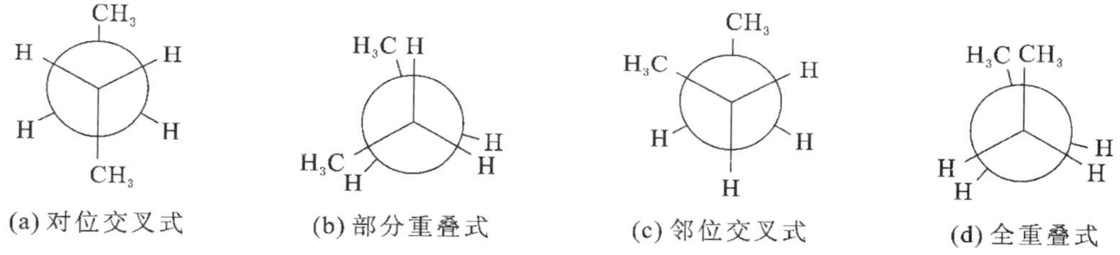

图 2-9　正丁烷的四种极限构象

在室温下，正丁烷分子主要以能量最低、最稳定的对位交叉式构象（见图 2-10 中点 D）存在，其次是以能量较低、较稳定的邻位交叉式构象（见图 2-10 中点 B、F）存在，而能量较高、较不稳定的部分重叠式构象（见图 2-10 中点 C、E）与能量最高、最不稳定的全重叠式构象（见图 2-10 中点 A、G）甚少存在或不存在。在室温下，这四种极限构象之间可以发生相互转变。

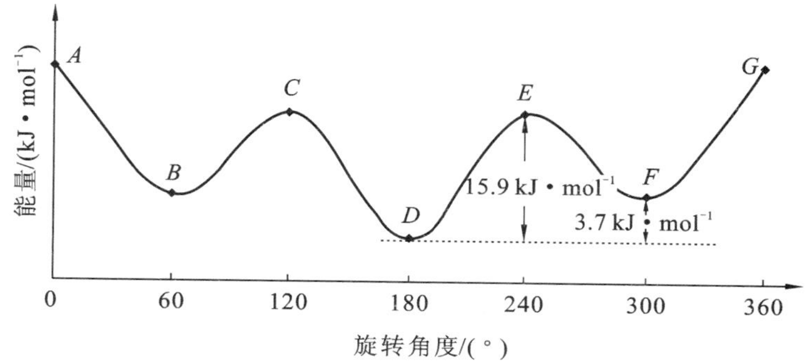

图 2-10　正丁烷分子不同构象的能量曲线

第四节 烷烃的物理性质

在有机化学中,有机化合物的物理性质主要是指物质的聚集状态、气味、颜色、熔点、沸点、相对密度、溶解度和折光率等。

有机化合物的物理性质不仅与分子的组成有关,而且与分子的结构有密切的关系。单一、纯净的有机化合物,其物理性质在一定条件下是固定不变的,其数值称为物理常数。利用物理常数不仅可以测定有机化合物的纯度,而且可以鉴别有机化合物的结构。

一、聚集状态

常温常压下碳原子数比较少的烷烃是气体,随着碳原子数的增加,分子间作用力增大,烷烃的状态逐渐变成液体。随着碳原子数的进一步增加,分子间作用力进一步增大,烷烃的状态又从液体转变成固体。对于直链烷烃,4 个碳原子以下的烷烃是气体,5～17 个碳原子的烷烃是液体,18 个碳原子以上的烷烃是固体。由于烷烃分子中只含有碳和氢两种元素,因此烷烃分子基本上是非极性分子。有机物的聚集状态可以从它的熔点和沸点判断出来。直链烷烃的物理常数如表 2-3 所示。

表 2-3 直链烷烃的物理常数

聚集状态	名 称	分子式	熔点/℃	沸点/℃	相对密度 d_4^{20}	折光率 n_D^{20}
气体	甲烷	CH_4	−182.6	−161.7	—	—
	乙烷	C_2H_6	−182.0	−88.6	—	—
	丙烷	C_3H_8	−187.1	−42.2	—	—
	丁烷	C_4H_{10}	−135.0	−0.5	—	—
液体	戊烷	C_5H_{12}	−129.7	36.1	0.626	1.357 5
	己烷	C_6H_{14}	−94.0	68.7	0.659	1.374 2
	庚烷	C_7H_{16}	−90.5	98.4	0.684	1.387 6
	辛烷	C_8H_{18}	−56.8	125.6	0.703	1.397 4
	壬烷	C_9H_{20}	−53.7	150.7	0.718	1.405 4
	癸烷	$C_{10}H_{22}$	−29.7	174.0	0.730	1.410 2
	十一烷	$C_{11}H_{24}$	−25.6	195.8	0.740	1.417 2
	十二烷	$C_{12}H_{26}$	−9.6	216.3	0.749	1.421 6
	十三烷	$C_{13}H_{28}$	−5.5	235.4	0.756	1.425 6
	十四烷	$C_{14}H_{30}$	5.9	253.7	0.763	1.429 0
	十五烷	$C_{15}H_{32}$	10	270.6	0.769	1.431 5
	十六烷	$C_{16}H_{34}$	18	287	0.773	1.434 5
固体	十七烷	$C_{17}H_{36}$	22	302	0.778	—
	二十烷	$C_{20}H_{42}$	36.8	343	0.786	—
	三十烷	$C_{30}H_{62}$	65.8	449.7	0.810	—

二、熔点

熔点是指固体将其物态由固态转变(熔化)为液态的温度。熔点受压力的影响很小。

熔点是一种物质的物理性质。纯粹的有机化合物,一般有固定的熔点,即在一定压力下,固-液两相之间的变化都是非常敏锐的,初熔至全熔的温度相差不超过0.5～1 ℃(熔点范围或称熔距、熔程)。但如果混有杂质,则其熔点会下降,而且熔程也较长。因此,熔点测定是辨认物质本性的基本手段,也是纯度测定的重要方法之一。

随着相对分子质量的增加,直链烷烃的熔点逐渐增加。一般规律是:由奇数碳原子升到偶数碳原子时,熔点升高比较多;而由偶数碳原子升到奇数碳原子时,熔点升高比较少。若以熔点为纵坐标,碳原子数为横坐标作图,则得到的是一条折线。在折线中,分别将奇数与偶数碳原子的烷烃连接起来,可以得到两条平滑的曲线,偶数在上,奇数在下,随着碳原子数的增加,两条曲线逐渐趋近,如图 2-11 所示。

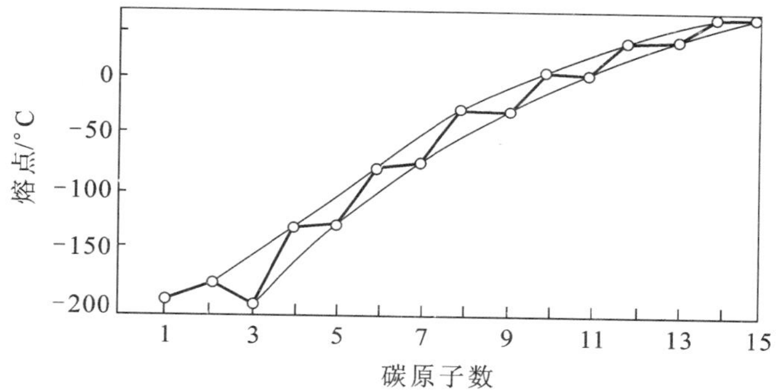

图 2-11　直链烷烃的熔点和分子中所含碳原子数的关系

熔点大小主要取决于晶格能的大小,分子形状越规整,对称性越好,则晶格能就越高,熔点也越高。由于偶数碳原子的对称性比奇数碳原子的对称性高,在晶格中的排列比较紧密,因此含偶数碳原子的烷烃比相邻含奇数碳原子的烷烃熔点高些,熔点随相对分子质量的增加而升高得也多些。

三、沸点

沸点是指在一定压力下,某物质的饱和蒸气压与此压力相等时对应的温度,即液体沸腾时的温度。沸点是液体有机物的重要物理常数之一。不同液体,其沸点是不同的,所谓沸点,是针对不同的液态物质沸腾时的温度而言的。沸点随外界压力变化而改变,压力低,沸点也低。

随着相对分子质量的增加,直链烷烃的沸点升高,但升高的数值逐渐减少。其主要原因是随着碳原子数的增加,烷烃分子间的范德华力逐渐增大,要使烷烃分子分散开需要的能量也升高,故沸点升高。以沸点为纵坐标,碳原子数为横坐标作图,可以得到一条比较光滑的曲线,如图 2-12 所示。

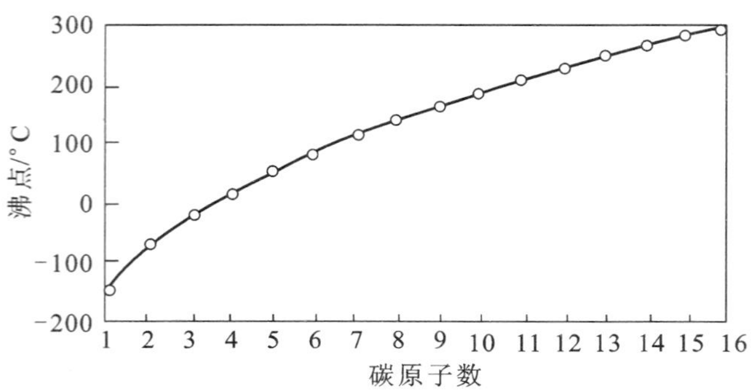

图 2-12　直链烷烃的沸点和分子中所含碳原子数的关系

随着相对分子质量的增加,相邻的两个烷烃的沸点差值基本上逐渐减小,这主要原因是低级烷烃与高级烷烃相比,增加一个系差 CH_2 在相对分子质量中所增加的比例是不同的,因而对整个分子的影响不同,沸点的变化也就不同。

一般来讲,沸腾需要克服分子间的范德华力,范德华力来源于色散力、诱导力和取向力。相对分子质量越大,其色散力越大,沸点越高。对于同分异构体,如果分子的极性大,其诱导力和取向力则较大,沸点较高,所以支链烷烃比相同碳原子数的直链烷烃的沸点低,支链越多,沸点越低。例如:

$CH_3CH_2CH_2CH_2CH_2CH_3$

正己烷 68.74 ℃

$CH_3CH_2CH_2CHCH_3$
　　　　　　|
　　　　　CH_3

异己烷 60.27 ℃

　　　CH_3
　　　　|
$CH_3CCH_2CH_3$
　　　　|
　　　CH_3

新己烷 49.74 ℃

 四、相对密度

烷烃比水轻,其密度都小于 1 g·mL^{-1}。随着相对分子质量的增大,烷烃的密度逐渐增加,但增值逐渐减小,其极限值约为 0.80 g·mL^{-1}。

 五、溶解度

根据“相似相溶”规律,几乎没有极性的烷烃几乎不溶于有极性的水,但是容易溶于非极性或极性很小的四氯化碳、苯等有机溶剂。另外,液体烷烃可以作为非极性有机物的溶剂。

 六、折光率

折光率又称折射率,是光通过空气和介质的速度比。因为光通过介质的速度比通过

空气的要慢得多，因此折光率总是大于 1。折光率是液体有机物的纯度标志，也可以用于对有机物进行定性鉴定。折光率的大小与有机物的结构有关，在一定波长的光和一定温度条件下测得的折光率，对一定的有机物来说是一个常数。随着相对分子质量的增加，直链烷烃的折光率缓慢增大。

第五节　烷烃的化学性质

烷烃分子中的 C—C 键和 C—H 键都是非极性或极性很弱的 σ 键，比较牢固，可以相对旋转而不会被破坏，而且烷烃分子中没有官能团，所以烷烃的化学性质稳定。在一般情况下，烷烃与强酸、强碱、强氧化剂、强还原剂等大多数试剂都不起反应。但在一定条件下，如在高温和/或催化剂的作用下，C—C σ 键和 C—H σ 键也可断裂而发生各种化学反应。

C—C σ 键和 C—H σ 键断裂的结果，可以是分子中的氢原子被其他的原子或基团所取代，也可以是碳原子数多的分子变成碳原子数少的分子，或者是碳的骨架发生改变等。

一、取代反应

取代反应是指分子中的原子或基团被其他原子或基团所取代的反应。氢原子被卤素原子取代的反应称为卤代反应或卤化反应。氢原子被氯原子所取代的反应称为氯代反应，也称氯化反应。

1. 甲烷的氯化

在常温下，烷烃与氯不会发生反应。但在强光照射或加热条件下，烷烃与氯会发生剧烈的反应，甚至爆炸。例如，在强光照射下，甲烷与氯的混合物发生爆炸生成游离碳（炭黑）和氯化氢：

$$CH_4 + 2Cl_2 \xrightarrow{\text{强烈日光}} C + 4HCl$$

如果能够控制好反应条件，烷烃与氯反应时，烷烃分子中的一个或几个氢原子可以被氯原子取代而生成氯代烷。

在光照（日光或紫外光）或加热（400～450 ℃）下，甲烷可以与氯发生反应，甲烷分子中的四个氢原子可依次被氯原子取代，分别生成一氯甲烷、二氯甲烷、三氯甲烷（氯仿）和四氯甲烷（四氯化碳）。

$$CH_4 + Cl_2 \xrightarrow[\text{或 400～500 ℃}]{\text{日光}} \underset{\text{一氯甲烷}}{CH_3Cl} + HCl$$

$$CH_3Cl + Cl_2 \xrightarrow[\text{或 400～500 ℃}]{\text{日光}} \underset{\text{二氯甲烷}}{CH_2Cl_2} + HCl$$

$$CH_2Cl_2 + Cl_2 \xrightarrow[\text{或 } 400 \sim 500 ℃]{\text{日光}} CHCl_3 + HCl$$

三氯甲烷(氯仿)

$$CHCl_3 + Cl_2 \xrightarrow[\text{或 } 400 \sim 500 ℃]{\text{日光}} CCl_4 + HCl$$

四氯甲烷(四氯化碳)

产物通常是以上四种氯化物的混合物,如果控制一定的反应条件以及甲烷和氯气的物质的量的比,则可得到以其中一种氯代烷为主的产物。

例如:甲烷与氯气的物质的量比为 10∶1(400~450 ℃时),产物中 CH_3Cl 占 98%。

甲烷与氯气的物质的量比为 1∶4(400 ℃时),产物以 CCl_4 为主。

2. 其他烷烃的氯化

在光照或加热的作用下,其他烷烃与氯也能发生氯化反应。但是由于这些烷烃分子中可能存在着不同类型的氢原子,因此产物比较复杂,可以得到各种一氯代或多氯代产物。例如:

$$CH_3CH_2CH_3 \xrightarrow{Cl_2,\text{光}} \underset{\substack{|\\ Cl}}{CH_3CH_2CH_2} + \underset{\substack{|\\ Cl}}{CH_3CHCH_3} + \text{二氯代物} + \text{三氯代物}$$

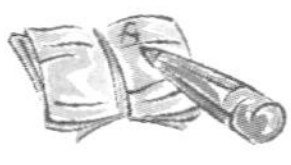

二、氧化反应

在有机化学中,氧化反应是指在有机物中引入氧或脱去氢的反应;还原反应是指引入氢或脱去氧的反应。

1. 燃烧

常温下,烷烃通常不与氧气反应,也不与其他氧化剂反应。但是,烷烃在充足的空气或氧气中容易燃烧,生成二氧化碳和水,并且放出大量的热能。例如:

$$C_nH_{2n+2} + \frac{3n+1}{2}O_2 \xrightarrow{\text{燃烧}} nCO_2 + (n+1)H_2O + Q$$

$$CH_4 + 2O_2 \xrightarrow{\text{燃烧}} CO_2 + 2H_2O + 89\ kJ \cdot mol^{-1}$$

$$C_6H_{14} + \frac{18+1}{2}O_2 \xrightarrow{\text{燃烧}} 6CO_2 + 7H_2O + 4\ 138\ kJ \cdot mol^{-1}$$

在烷烃的燃烧过程中有大量的热能放出,因此汽油、柴油和煤油等可以作为内燃机的燃料。

烷烃燃烧不充分时会生成游离碳。比如,常见的汽车尾部冒黑烟,就是油类燃烧不充分所产生的游离碳。

2. 控制氧化

控制一定的条件使烷烃进行选择性氧化,可以得到醇、醛、酮和羧酸等含氧有机化合物。烷烃可用做工业上生产含氧衍生物的化工原料。

例如,工业上以 Co^{2+} 为催化剂,在一定的温度和压力下,采用丁烷液相,用空气氧化生产乙酸:

$$C_4H_{10} + O_2(空气) \xrightarrow{Co^{2+}} CH_3COOH + CO_2 + H_2O + 有机物$$

又例如，工业上在二氧化锰等的催化下，高级烷烃用空气或氧气氧化可以生成脂肪酸：

$$R—CH_2—CH_2—R' \xrightarrow[107\sim110\ ℃]{MnO_2} RCOOH + R'COOH$$

得到的产物是碳原子数不等的羧酸混合物，其中 $C_{12}\sim C_{18}$ 的脂肪酸可代替动植物油脂用来制造肥皂，故称为皂用酸。

三、异构化反应

异构化反应是指化合物由一种异构体转变成另一种异构体的反应。例如：

$$CH_3CH_2CH_2CH_2CH_3 \xrightleftharpoons{AlBr_3,HBr} CH_3\underset{}{\overset{CH_3}{\overset{|}{C}}}HCH_2CH_3 + CH_3—\underset{CH_3}{\underset{|}{\overset{CH_3}{\overset{|}{C}}}}—CH_3$$

异构化反应是可逆反应，支链异构体的多少与温度有关，温度低有利于生成支链的烷烃，温度高有利于生成直链的烷烃。烷烃的异构化通常在酸性催化剂作用下进行，常用的催化剂有 $AlCl_3$、$AlBr_3$、BF_3 和 H_2SO_4 等。

异构化反应在石油工业中用于将直链烷烃异构化为支链烷烃，可以提高汽油的质量。在适当条件下石蜡进行异构化反应，可以得到适用温度和黏度的、较好的润滑油。

四、裂化反应和裂解反应

1. 裂化反应

裂化反应是指在高温及没有氧气的条件下使烷烃分子中的 C—C σ 键和 C—H σ 键发生断裂的反应。裂化反应主要以获得油品（如汽油、柴油等）为目的。裂化反应时除了发生 C—C σ 键和 C—H σ 键的断裂外，还发生其他一些反应，生成低级烷烃、烯烃和氢等复杂的混合物。例如：

$$CH_3—\underset{H}{\underset{|}{C}}H—\underset{H}{\underset{|}{C}}H_2 \longrightarrow \begin{cases} CH_3—CH=CH_2 \\ CH_4 + CH_2=CH_2 \end{cases}$$

对于直链烷烃，碳链越长越容易发生裂化反应。根据生产目的的不同，裂化反应可采用不同的裂化工艺。

裂化反应有热裂化和催化裂化两种形式。热裂化是指在加热或加压、加热条件下完成的裂化反应。催化裂化是指在催化剂存在的条件下，经加热完成的裂化反应。例如：

$$CH_3CH_2CH_2CH_3 \xrightarrow{500\ ℃} \begin{cases} C_4H_8 + H_2 \\ C_3H_6 + CH_4 \\ C_2H_6 + C_2H_4 \end{cases}$$

裂化反应可以提高油品(如汽油、柴油等)的产量和质量,生产高辛烷值的汽油。

辛烷值用来汽油的抗爆震性。将抗爆震能力很差的直链烷烃正庚烷的辛烷值定为0,将基本无爆震的多支链烷烃异辛烷(2,2,4-三甲基戊烷)的辛烷值定为100,在规定条件下,将汽油样品与标准燃料(一定比例的正庚烷与异辛烷)相比较,若两者抗爆震性相同,则标准燃料中异辛烷的体积分数即是该汽油的辛烷值,一般带支链的烷烃其"辛烷值"较大,抗爆震能力较好,即汽油的质量较优。烷烃通过异构化或裂化反应能提高支链化程度,也就提高了汽油的质量。

2. 裂解反应

裂解反应是指高于750 ℃,以获得基本的化工原料(如乙烯、丙烯、乙炔等)等为主要目的所进行的反应。

第六节　重要的烷烃及其应用

甲烷等低级烷烃是常用的民用燃料,也可用做化工原料。汽油、煤油、柴油等中级烷烃是常用的工业燃料。石油醚、液状石蜡等高级烷烃是常用的有机溶剂。润滑油则是常用的润滑剂和防腐剂。

1. 甲烷

甲烷又称沼气,是最简单的有机化合物。甲烷在自然界分布很广,是天然气、沼气、坑气及煤气的主要成分之一。甲烷是无色、无味的可燃性气体,沸点为－161.4 ℃,比空气轻,极难溶于水。甲烷与空气按适当比例混合,遇火花会发生爆炸。

甲烷对人体基本无毒,但浓度过高时能使空气中氧含量明显降低,使人窒息。当空气中甲烷的体积分数达25%～30%时,可引起头痛、头晕、乏力、注意力不集中、呼吸和心跳加速、共济失调。若不及时脱离,可致窒息死亡。皮肤接触液化甲烷可致冻伤。

甲烷可用做燃料及制造氢、一氧化碳、一氯甲烷、二氯甲烷、三氯甲烷(氯仿)、四氯甲烷(四氯化碳)、炭黑、乙炔、氢氰酸、甲醛等物质的原料。

2. 汽油

汽油属于油品的一大类,主要是由C_4～C_{12}的烃类组成的混合物,外观为无色至淡黄色的透明易流动液体,容易燃烧,是用量最大的轻质石油产品之一,是引擎的重要燃料。按辛烷值的不同,汽油分为89号、92号、95号和98号四个牌号。汽油具有较高的辛烷值和优良的抗爆震性,用于高压缩比的汽化器式汽油发动机上,可提高发动机的功率,减少燃料消耗量;具有良好的蒸发性和燃烧性,能保证发动机运转平稳、燃烧完全、积炭少;具有较好的安定性,在储运和使用过程中不易出现早期氧化变质,对发动机部件及储油容器无腐蚀性。

汽油可以作为有机溶剂,能溶解油污等用水无法溶解的物质,可以起到清除油污的作用。汽油也可以作为萃取剂使用,目前作为萃取剂应用最广泛的为国内大豆油主流生产技术中的浸出油技术。浸出油技术的操作方法是将大豆在6号轻汽油中浸泡后再榨取油脂,然后经过一系列加工后形成大豆食用油。

3. 石油醚

石油醚又称石油精,是由 C_5～C_8 的低级烷烃组成的混合物,主要成分是戊烷和己烷,成分含量不固定,是无色、透明、易挥发的液体,有煤油气味。

石油醚蒸气或雾对眼睛、黏膜和呼吸道有刺激性。其中毒表现为有烧灼感、咳嗽、喘息、喉炎、气短、头痛、恶心和呕吐,可引起周围神经炎,对皮肤有强烈刺激性。

石油醚蒸气与空气可形成爆炸性混合物,遇明火、高热会发生燃烧爆炸,燃烧时产生大量烟雾,与氧化剂能发生强烈反应,高速冲击、流动、激荡后可因产生静电火花放电而引起燃烧爆炸。其蒸气比空气重,能在较低处扩散到相当远的地方,遇火源会着火。

石油醚主要用做溶剂及用于油脂的抽提。

4. 液状石蜡

液状石蜡别名为石蜡油,是从原油中分馏得到的由 C_{18}～C_{24} 的烷烃组成的混合物。其外观为无色、透明状液体,无臭,无味,在日光下不显荧光,易溶于乙醚、氯仿或挥发油,除蓖麻油外,与多数脂肪油均能任意混合,常用于熔点测定时的导热液体,不溶于水、酸和乙醇等。

由于石蜡油具有低致敏性及较好的封闭性,有阻隔皮肤水分蒸发的作用,所以在婴儿油、乳液或乳霜等护肤品中,常被当做顺滑保湿剂来使用。此外,因为它具有良好的油溶性质,所以也会出现在卸妆油或卸妆乳中。石蜡油还可以用做润滑性泻药,入肠后不被吸收,能使大便量增大、大便变软,同时润滑肠壁,使大便易于排出,尤其适用于治疗便秘及预防手术后排便困难。

5. 石蜡

石蜡是矿物蜡的一种,也是石油蜡的一种,是从原油蒸馏所得的润滑油馏分经溶剂精制、溶剂脱蜡或经蜡冷冻结晶、压榨脱蜡而制得蜡膏,再经溶剂脱油、精制而得到的片状或针状结晶,又称晶形蜡,是由 C_{25}～C_{34} 的烷烃组成的混合物,主要组分是直链烷烃(质量分数为80%～95%),还有少量带个别支链的烷烃和带长侧链的单环环烷烃(两者合计的质量分数在20%以下)。石蜡是蜡烛的主要原料,也常用于中成药的密封材料。

石蜡主要用做食品、口服药品及某些商品(如蜡纸、蜡笔、蜡烛、复写纸)的组分和包装材料,烘烤容器的涂敷料,化妆品原料;用于水果保鲜、橡胶抗老化性的提高和柔韧性的增加、电器元件绝缘、精密铸造等方面,也可用于氧化,生成合成脂肪酸。粗石蜡由于含油量较多,主要用于制造火柴、纤维板、篷帆布等。石蜡加入棉纱后,可使纺织品柔软、光滑而又有弹性;石蜡加入聚烯烃添加剂后,其熔点增高,黏附性和柔韧性增加,广泛用于防潮、防水的包装纸、纸板、某些纺织品的表面涂层和蜡烛生产。

本章小结

一、烷烃的几个概念

烷烃、烷烃同系物、烷烃同系列、系差、同分异构、构造异构;伯、仲、叔、季碳原子和伯、仲、叔氢原子;σ 键的自由旋转;构型、构象及构象的表示方法等。

二、烷烃的命名

(1) 普通命名法。普通命名法亦称习惯命名法,是根据烷烃分子中碳原子的数目的多少命名的方法。碳原子数在 10 以内的,分别用甲、乙、丙、丁、戊、己、庚、辛、壬、癸(即天干,是传统用来表示次序的符号)表示。

(2) 衍生命名法。衍生命名法是以烷烃的代表物甲烷为母体,把其他烷烃看做甲烷的氢原子被烷基取代后的化合物的命名方法。

(3) 系统命名法。系统命名法是需重点掌握的命名法,以最长的碳链作为主链,支链看做取代基,根据主链所含的碳原子数称为"某烷";编号从距支链最近的一端开始,将主链碳原子依次用阿拉伯数字编号,并且按照"次序规则"排列取代基的先后次序,小的取代基优先列出。

三、烷烃的结构

掌握烷烃结构的基础——sp^3 杂化。能够从杂化的角度认识烷烃中心碳原子的四价特性。

理解 σ 键可以自由旋转是烷烃形成无数的构象的原因。

四、烷烃的性质

1. 烷烃的物理性质

掌握烷烃分子熔点、沸点的变化规律。

2. 烷烃的化学性质

掌握自由基的取代反应和有机化学中氧化反应和还原反应的概念。理解自由基反应的引发、传递、终止的过程。理解甲烷氯化反应过程中的能量变化。

五、一些重要烷烃的特性及应用

掌握一些重要烷烃的特性及应用。

知识拓展

有机化学的发展前沿和研究热点

20世纪的有机化学，从基础理论到实验方法都有了巨大的进展，显示出蓬勃发展的强劲势头和活力。世界上每年合成的近百万个新化合物中70%以上是有机化合物。其中有些因具有特殊功能而用于材料、能源、医药、生命科学、农业、营养、石油化工、交通、环境科学等与人类生活密切相关的行业中，直接或间接地为人类提供了大量的必需品。与此同时，人们也面对着天然的和合成的大量有机物对生态、环境、人体的影响问题。展望未来，有机化学将会得到更迅速的发展。

有机化学的迅速发展产生了不少分支学科，包括有机合成化学、金属有机化学、元素有机化学、天然有机化学、物理有机化学、有机催化化学、有机分析化学、有机立体化学等。其中有机合成化学就是众多分支学科中的一个。

有机合成化学是有机化学中最重要的基础学科之一，它是创造新有机分子的主要手段和工具，发现新反应、新试剂、新方法和新理论是有机合成的创新所在。1828年，德国化学家维勒用无机物氰酸铵的热分解方法，成功地制备了有机物尿素，揭开了有机合成的帷幕。100多年来，有机合成化学的发展非常迅速。

有机合成发展的基础是各类基本合成反应，不论合成多么复杂的化合物，其全合成可用逆合成分析法(retrosynthesis analysis)分解为若干基本反应，如加成反应、重排反应等。每个基本反应均有它特殊的反应功能。合成时可以设计和选择不同的起始原料，用不同的基本合成反应，获得同一个复杂有机分子目标物，起到异曲同工的作用，这在现代有机合成中称为“合成艺术”。在化学文献中经常可以看到某一有机化合物的全合成同时有多个工作组的报导，而其合成方法和路线是不同的。那么如何去评价这些不同的全合成路线呢？对一个全合成路线的评价包括：起始原料是否适宜，步骤路线是否简短易行，总收率高低以及合成的选择性高低等。这些对形成有工业前景的生产方法和工艺是至关重要的，也是现代有机合成的发展方向。

习题

1. 写出下列烷基的名称。

(1) $CH_3CH_2CH_2—$　　(2) $(CH_3)_2CH—$　　(3) $(CH_3)_2CHCH_2—$

(4) $(CH_3)_3C—$　　(5) $CH_3—$　　(6) $CH_3CH_2—$

2. 写出庚烷的各种异构体的结构式，并用系统命名法命名。

3. 写出下列化合物的结构式，并用系统命名法命名。

(1) 分子式为 C_5H_{12}，仅含有伯氢，没有仲氢和叔氢

（2）分子式为 C_5H_{12}，仅含有一个叔氢

（3）分子式为 C_5H_{12}，仅含有伯氢和仲氢

4. 写出下列化合物的结构式。

（1）由一个异丁基和一个仲丁基组成的烷烃

（2）由一个丁基和一个异丙基组成的烷烃

（3）含有一个侧链甲基的相对分子质量为 86 的烷烃

（4）相对分子质量为 100 同时含有伯、叔、季碳原子的烷烃（标出 C 的级数）

5. 用系统命名法命名下列化合物。

（1） 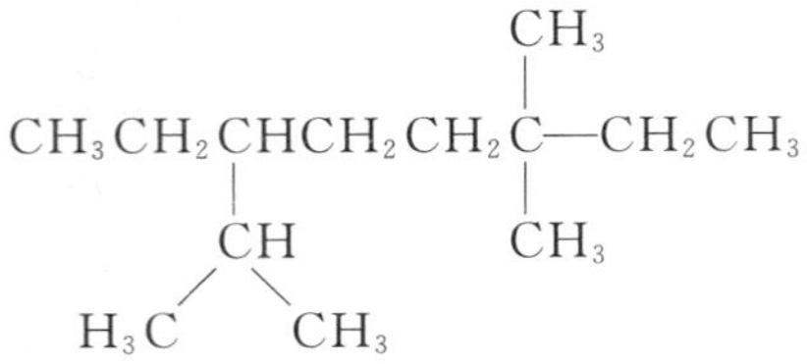 $CH_3CH_2CH(CH(CH_3)_2)CH_2CH_2C(CH_3)_2CH_2CH_3$

（2） $CH_3CH(CH_2CH_3)—C(CH_3)(CH_2CH_3)—C(CH_3)(CH_2CH_3)—CH_3$

（3） $CH_3CH(CH_3)CH_2CH_2CH_2CH(CH_3)CH(CH_3)CH_2CH_3$

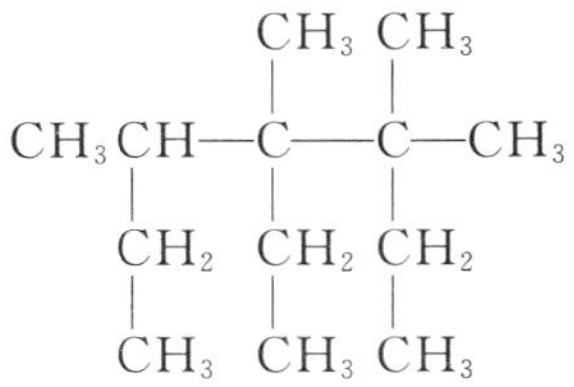

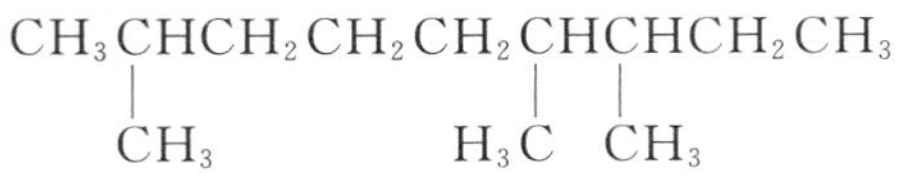

（4）

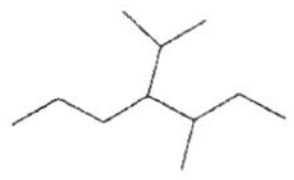

6. 给出下列名称的结构式，命名如有错误，请纠正。

（1）2-乙基戊烷

（2）2，2，4-三甲基戊烷

（3）2，5，6，6-四甲基-5-乙基辛烷

（4）2，2，4，4-四甲基-3，3-二丙基戊烷

7. 画出下列化合物中能量最低和最高的构象的纽曼投影式。

（1）丙烷　　　（2）2，2，3，3-四甲基丁烷

8. 判断下列各对化合物是构造异构、构象异构还是完全相同的化合物。

（1） 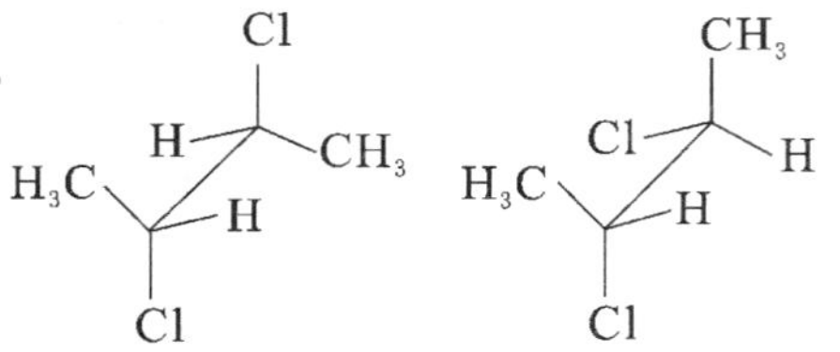 Cl, H, CH_3, H_3C, H, Cl　　Cl, H, CH_3, H_3C, H, Cl

（2） 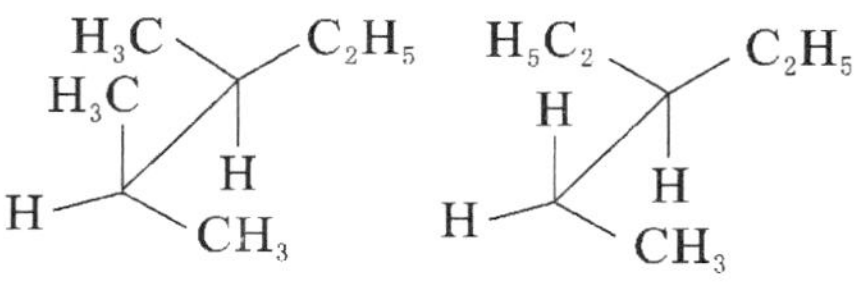 H_3C, C_2H_5, H_3C, H, H, CH_3　　H_5C_2, C_2H_5, H, H, H, CH_3

（3） C_2H_5, H_3C, H, H, CH_3, C_2H_5　　CH_3, H, C_2H_5, H_5C_2, H, CH_3

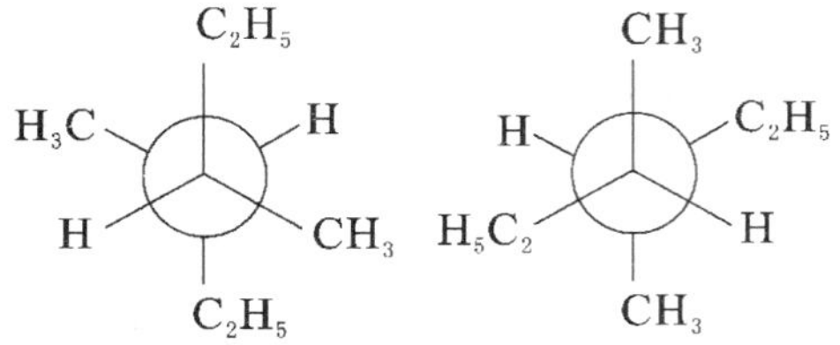

（4） 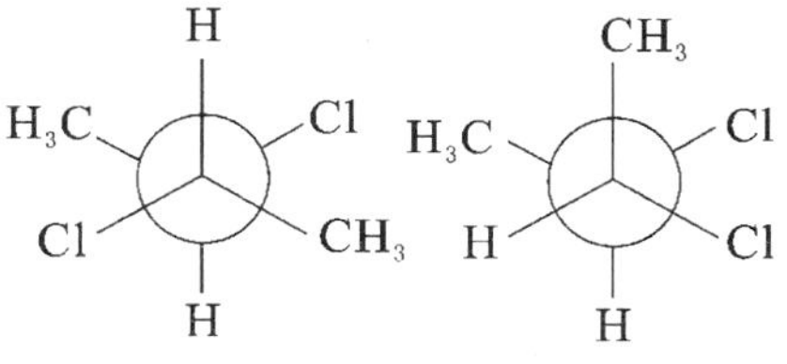 H, H_3C, Cl, Cl, CH_3, H　　CH_3, H_3C, Cl, H, Cl, H

（5）

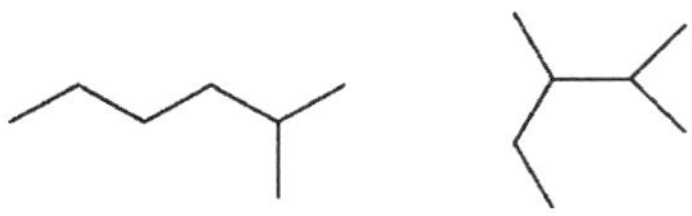

（6）

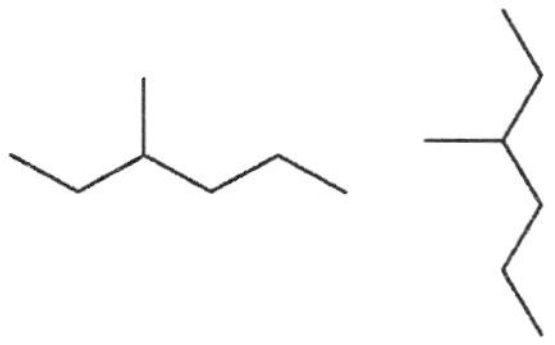

9. 不要查表，试将下列烃类化合物按沸点降低的次序排列。

(1) 2,3-二甲基戊烷　(2) 正庚烷　(3) 2-甲基庚烷

(4) 正戊烷　(5) 2-甲基己烷

10. 解释甲烷氯化反应中观察到的现象。

(1) 甲烷和氯气的混合物在室温下和黑暗中可以长期保存而不起反应

(2) 将氯气先用光照射，然后迅速在黑暗中与甲烷混合，可以得到氯化产物

(3) 在黑暗中将甲烷和氯气的混合物加热到 250 ℃以上，可以得到氯化产物

(4) 将氯气用光照射后在黑暗中放一段时间再与甲烷混合，不发生氯化反应

(5) 将甲烷先用光照射后，再在黑暗中与氯气混合，不发生氯化反应

(6) 甲烷和氯气在光照下起反应时，每吸收一个光子可以产生许多氯甲烷分子

第三章

烯　烃

目标要求

1. 掌握烯烃的构造异构和命名。
2. 掌握烯烃的结构特点，理解 π 键的特点、σ 键与 π 键的区别。
3. 掌握烯烃的顺反异构、Z/E 标记法和次序规则。
4. 掌握烯烃的物理性质和化学性质。
5. 了解烯烃的来源和制法。

重点与难点

重点：烯烃的分子结构、命名和化学性质。

难点：烯烃的顺反异构、加成反应机理。

第一节　烯烃的同分异构和命名

烯烃是指含有 C═C 键(烯键)的碳氢化合物。烯烃属于不饱和烃，分为链烯烃与环烯烃，按含双键的多少，分别称为单烯烃、二烯烃(双烯烃)等。通常所说的烯烃是单烯烃，是指分子内含有一个碳碳双键(C═C)的开链烃。由于烯烃分子中存在碳碳双键，不是所有碳原子的价数都被饱和，因此烯烃又称为不饱和烃。最简单的烯烃是乙烯，依次是丙烯、丁烯、戊烯等，它们的分子式和结构式如表 3-1 所示。

表 3-1　常见烯烃的分子式和结构式

名称	分子式	结构式
乙烯	C_2H_4	$CH_2{=}CH_2$
丙烯	C_3H_6	$CH_3{-}CH{=}CH_2$

续表

名称	分子式	结构式		
丁烯	C_4H_8	$CH_2=CH-CH_2-CH_3$	$CH_3-CH=CH-CH_3$	$CH_2=C(CH_3)-CH_3$
戊烯	C_5H_{10}	$CH_2=CH-CH_2-CH_2-CH_3$	$CH_3-CH=CH-CH_2-CH_3$	
		$CH_3-CH(CH_3)-CH=CH_2$	$CH_2=C(CH_3)-CH_2-CH_3$	$CH_3-C(CH_3)=CH-CH_3$

从以上烯烃的结构可以看出：烯烃分子之间都是相差一个或几个 CH_2 而形成碳链的，说明烯烃也有同系列，CH_2 是烯烃同系列的系差。由于烯烃分子中含有碳碳双键，每个双键碳上可以连接的氢原子各少一个，这样烯烃分子就比相对应的烷烃分子少两个氢原子，所以烯烃的通式是 C_nH_{2n}。

烯烃与烷烃一样也有同分异构现象，但是烯烃分子中碳碳双键的存在，使得烯烃的同分异构现象比烷烃的复杂得多。除了碳链的构造异构外，还有双键的位置不同引起的位置异构，以及双键两侧的基团在空间的位置不同引起的顺反异构。

一、烯烃的同分异构

1. 构造异构

乙烯和丙烯都只有一种结合方式，没有同分异构现象。但是从含有四个碳原子的烯烃开始就有同分异构现象。例如：丁烯有 1-丁烯、2-丁烯和 2-甲基丙烯；戊烯有 1-戊烯、2-戊烯、2-甲基-1-丁烯、3-甲基-1-丁烯、2-甲基-2-丁烯等。它们的结构式如下：

$CH_2=CH-CH_2-CH_3$ 1-丁烯

$CH_3-CH=CH-CH_3$ 2-丁烯

$CH_2=C(CH_3)-CH_3$ 2-甲基丙烯

$CH_2=CH-CH_2-CH_2-CH_3$ 1-戊烯

$CH_3-CH=CH-CH_2-CH_3$ 2-戊烯

$CH_2=C(CH_3)-CH_2-CH_3$ 2-甲基-1-丁烯

$CH_2=CH-CH(CH_3)-CH_3$ 3-甲基-1-丁烯

$CH_3-C(CH_3)=CH-CH_3$ 2-甲基-2-丁烯

2. 顺反异构

由于 C=C 键不能发生自由旋转，而双键碳上所连接的四个原子或基团是处在同一平面内的，当双键的两个碳原子各连接两个不同的原子或基团时，就可能产生两种不同的空间排列方式，也即会产生顺反异构体。

例如，2-丁烯有顺-2-丁烯和反-2-丁烯两种异构体，它们是两种不同的化合物，因而具有不同的物理性质。顺-2-丁烯和反-2-丁烯的物理常数如表 3-2 所示。

表 3-2　顺-2-丁烯和反-2-丁烯的物理常数

名　　称	顺-2-丁烯	反-2-丁烯
熔点/℃	−138.9	−105.6
沸点/℃	3.7	0.9
相对密度	0.621 3	0.604 2

顺-2-丁烯和反-2-丁烯的结构式如下：

```
 H         H             H         CH3
  \       /               \       /
   C == C                  C == C
  /       \               /       \
CH3        CH3          CH3        H
   顺-2-丁烯                反-2-丁烯
```

从以上可以看出，虽然顺-2-丁烯与反-2-丁烯具有相同的分子式，分子中的原子排列方式和连接顺序也相同，但是由于分子中的原子在空间上有不同的排列方式，互为构型异构体，这种异构现象称为顺反异构。

顺式构型是指两个相同的原子或基团处在 C═C 键的同一侧，如顺-2-丁烯；反式构型是指两个相同的原子或基团处在 C═C 键的两侧，如反-2-丁烯。用球棒模型表示顺-2-丁烯和反-2-丁烯的结构如图 3-1 所示。

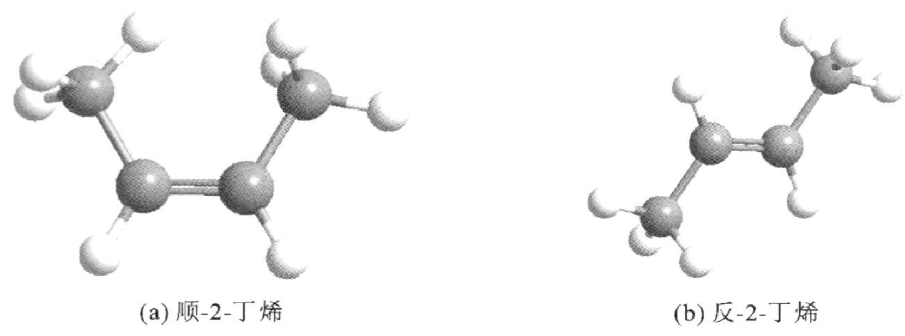

(a) 顺-2-丁烯　　(b) 反-2-丁烯

图 3-1　2-丁烯的球棒模型

在烯烃中普遍存在顺反异构现象，但并不是所有的烯烃都有顺反异构体。顺反异构体产生的条件是：①分子中有限制自由旋转的因素，如 π 键、碳环等，否则将变成另外一种分子；②双键的碳上的原子都连接有两个不同的原子或基团。

有顺反异构体的烯烃有下面的三种形式：

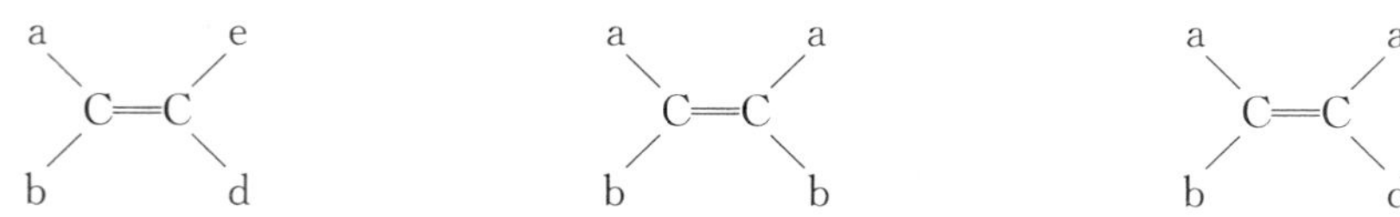

无顺反异构体的类型：

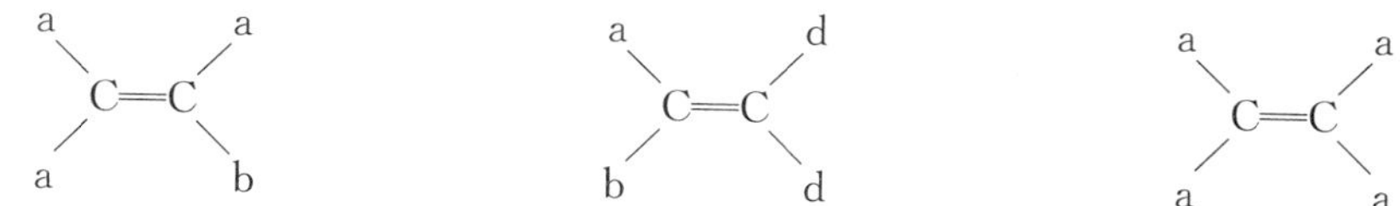

注意：同分异构是分子式相同，结构式不同的异构；顺反异构是分子式相同，空间排列方式即构型不同的异构。

二、烯烃的命名

烯基是指烯烃分子从形式上去掉一个氢原子后剩下的基团。常见的烯基如下：

$CH_2{=}CH—$ 乙烯基

$CH_3—CH{=}CH—$ 丙烯基(1-丙烯基)

$CH_2{=}CH—CH_2—$ 烯丙基(2-丙烯基)

$H_3C—C(—){=}CH_2$ 异丙烯基

其中以乙烯基和烯丙基应用最多。

1. 普通命名法

普通命名法只适用于少数几个简单烯烃的命名。例如：

$CH_2{=}C(CH_3)—CH_3$ 异丁烯

$CH_2{=}C(CH_3)—CH_2—CH_3$ 异戊烯

2. 衍生命名法

衍生命名法是以烯烃的代表物乙烯为母体，把其他烯烃看做乙烯的氢原子被烷基取代后的化合物，即乙烯的烷基衍生物的命名法。命名时，把连在 C═C 键碳上的取代基按照“次序规则”排列先后次序，小的取代基优先列出，再加上母体“乙烯”即可。例如：

$CH_3—CH{=}CH—CH_2—CH_3$ 甲基乙基乙烯

$CH_3—CH{=}CH—CH_3$ 对称二甲基乙烯

$CH_2{=}C(CH_3)—CH_3$ 偏二甲基乙烯

$CH_3—C(CH_3){=}CH—CH_3$ 三甲基乙烯

3. 系统命名法

普通命名法和衍生命名法只适用于少数比较简单的烯烃的命名，而比较复杂的烯烃，必须采用系统命名法命名。

系统命名法的基本原则如下。

(1) 选择含有 C═C 键在内的最长碳链作为主链，支链作为取代基，根据主链的含碳原子数命名为“某烯”。

(2) 将主链上的碳原子从最靠近 C═C 键的一端开始，依次用阿拉伯数字 1,2,3,4 等编号。

(3) C═C 键的位次用双键碳原子中编号小的碳原子的位次表示,把它写在"某烯"之前,数字与"某烯"之间用半字线"-"连接。

(4) 把取代基的位次、数目、名称等写在烯烃名称之前,其原则及书写格式与烷烃的相同。例如:

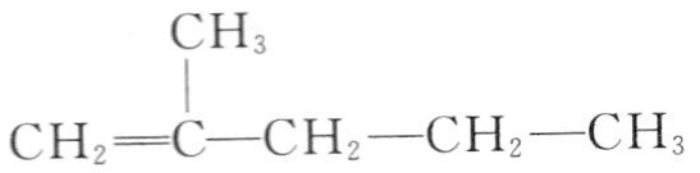

$$CH_2{=}C(CH_3){-}CH_2{-}CH_2{-}CH_3$$

2-甲基-1-戊烯

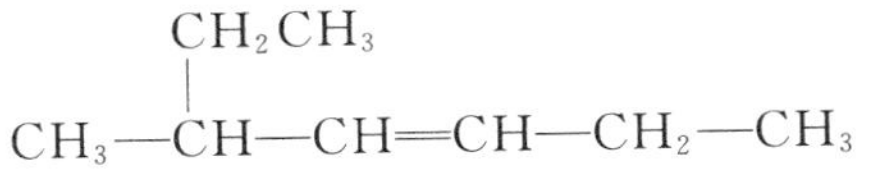

$$CH_3{-}CH(CH_2CH_3){-}CH{=}CH{-}CH_2{-}CH_3$$

5-甲基-3-庚烯

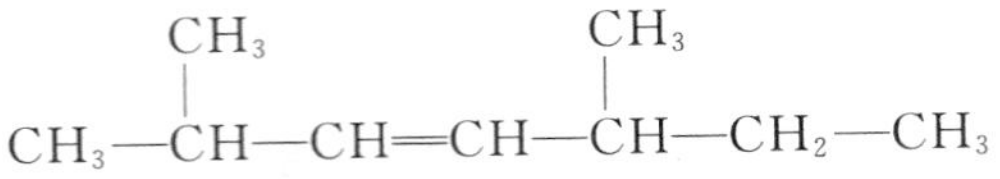

$$CH_3{-}CH(CH_3){-}CH{=}CH{-}CH(CH_3){-}CH_2{-}CH_3$$

2,5-二甲基-3-庚烯

$$CH_3{-}C(CH_3){=}CH{-}CH(C_2H_5){-}CH_2{-}CH_3$$

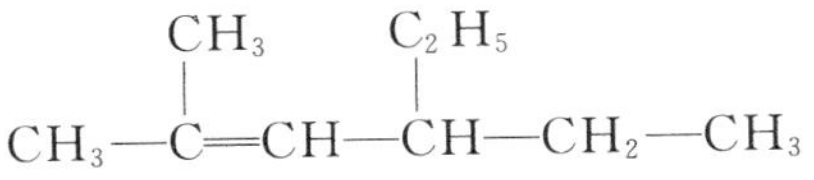

2-甲基-4-乙基-2-己烯

与烷烃不同的是,当烯烃主链上的含碳原子数多于 10 个时,命名时汉字与烯字之间应加一个"碳"字,而烷烃则没有"碳"字。例如:

$$CH_3{-}(CH_2)_{12}{-}CH_3$$

十四烷

$$CH_2{=}CH{-}(CH_2)_{11}{-}CH_3$$

1-十四碳烯

当烯烃的 C═C 键在 C_1 和 C_2 之间,也即是 C═C 键处于端位时,统称为 α-烯烃。例如:

$$CH_2{=}CH{-}CH_2{-}CH_2{-}CH_3$$

1-戊烯

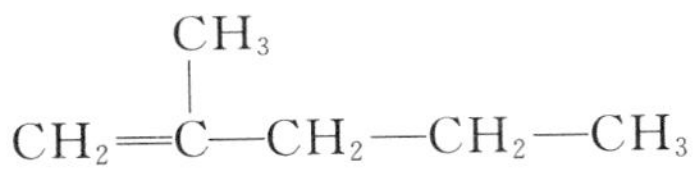

$$CH_2{=}C(CH_3){-}CH_2{-}CH_2{-}CH_3$$

2-甲基-1-戊烯

$$CH_2{=}C(CH_3){-}CH_2{-}CH(CH_3){-}CH_2{-}CH_3$$

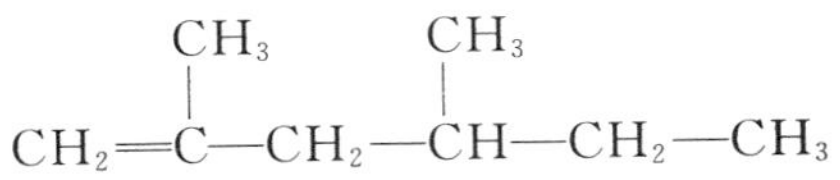

2,4-二甲基-1-己烯

4. 顺反异构体的命名

烯烃顺反异构体的命名,可以采用顺反命名法和 Z/E 命名法两种方法。

1) 顺反命名法

该命名方法比较简单,应用方便,但是有一定的局限性,不能应用于所有烯烃顺反异构体的命名。

顺反命名法的基本原则如下。

(1) 采用烯烃命名法写出烯烃的名称。

(2) 判断出异构体是顺式还是反式,并将"顺"或"反"写在烯烃名称之前。例如:

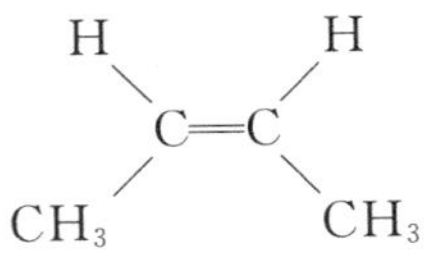

$$\begin{matrix} H & & H \\ & C{=}C & \\ CH_3 & & CH_3 \end{matrix}$$

顺-2-丁烯

$$\begin{matrix} H & & CH_3 \\ & C{=}C & \\ CH_3 & & H \end{matrix}$$

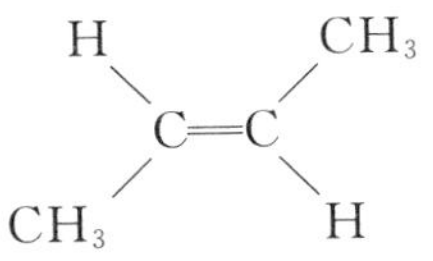

反-2-丁烯

顺反命名法的局限性在于两个双键碳上所连接的原子或基团彼此应有一个是相同的，而当彼此没有相同原子或基团时，则无法用顺反命名法命名。例如：

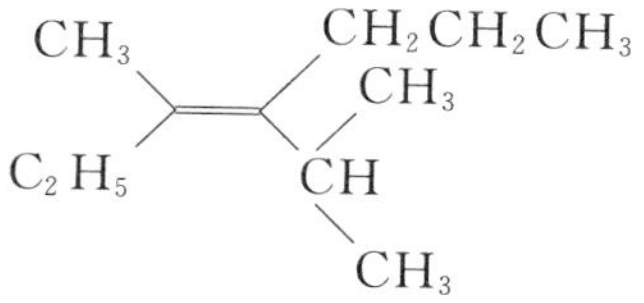

$$\begin{array}{c}CH_3 \quad\quad\quad CH_2CH_2CH_3\\ \diagdown \quad\ \diagup \\ C{=}C \\ \diagup \quad\ \diagdown \\ C_2H_5 \quad\quad CH(CH_3)_2\end{array}$$

采用 Z/E 命名法可以解决上述构型难以用顺反命名法将其命名的问题。

2）Z/E 命名法

该法适用于所有烯烃顺反异构体的命名。

一个化合物的构型是 Z 型还是 E 型，是由“次序规则”决定的。

（1）次序规则。

① 将与 C═C 键碳原子直接相连的原子按照原子序数的大小进行排列，大的为“较优”基团。如果是同位素，则质量高的为“较优”基团。“较优”基团排在前面，未共用电子对（:）被规定为最小，排在氢原子的后面。例如：

$$I>Br>Cl>S>P>F>O>N>C>D>H>:$$

符号“>”表示“优先于”，即是前面的优先于后面的。

② 如果与 C═C 键碳原子直接相连的原子的原子序数相同，则需要再比较由该原子向外推算的第二个原子的原子序数，以此类推，直到能够比较出较优的基团为止。例如：

$CH_3CH_2—>CH_3—$

$(CH_3)_3C—>CH_3CH_2CH(CH_3)—>(CH_3)_2CHCH_2—>CH_3CH_2CH_2CH_2—$

③ 如果取代基含有双键或三键等不饱和基，可以把双键或三键看做与多个相同的原子相连。例如：

—CH═CH₂ 相当于 $—\underset{(C)}{\overset{H}{C}}—\underset{(C)}{\overset{H}{C}}—H$

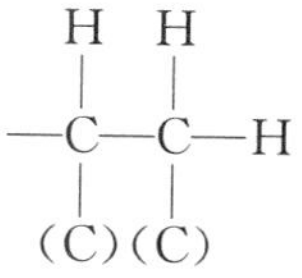

—C≡CH 相当于 $—\underset{(C)}{\overset{(C)}{C}}—\underset{(C)}{\overset{(C)}{C}}—H$

$—\overset{O}{\overset{\|}{C}}—$ 相当于 $—\underset{(O)}{\overset{(O)}{C}}—$

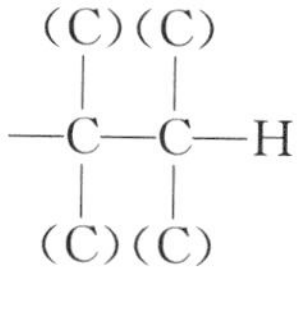

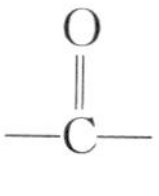

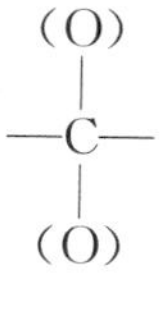

常见原子和基团的优先次序如表 3-3 所示。

表 3-3 "次序规则"中常见原子和基团的优先次序

序号	原子或基团名	结　构　式	序号	原子或基团名	结　构　式
1	甲基	$-CH_3$	20	氨基	$-NH_2$
2	乙基	$-CH_2CH_3$	21	铵基	$-\overset{+}{N}H_3$
3	丙基	$-CH_2CH_2CH_3$	22	甲氨基	$-NHCH_3$
4	丁基	$-CH_2CH_2CH_2CH_3$	23	乙酰氨基	$-NH-\overset{O}{\overset{\parallel}{C}}-CH_3$
5	异丁基	$-CH_2\underset{CH_3}{\underset{\mid}{C}}HCH_3$	24	二甲氨基	$-N(CH_3)_2$
6	烯丙基	$-CH_2CH=CH_2$	25	三甲氨基	$-\overset{+}{N}(CH_3)_3$
7	苄基（苯甲基）	$-CH_2-C_6H_5$	26	亚硝基	$-NO$
8	异丙基	$-CH(CH_3)_2$	27	硝基	$-NO_2$
9	乙烯基	$-CH=CH_2$	28	羟基	$-OH$
10	仲丁基	$-CH(CH_3)CH_2CH_3$	29	甲氧基	$-OCH_3$
11	环己基	$-C_6H_{11}$	30	甲酰氧基	$-O-\overset{O}{\overset{\parallel}{C}}-H$
12	叔丁基	$-C(CH_3)_3$	31	乙酰氧基	$-O-\overset{O}{\overset{\parallel}{C}}-CH_3$
13	乙炔基	$-C\equiv CH$	32	氟	$-F$
14	苯基	$-C_6H_5$	33	巯基	$-SH$
15	甲酰基	$-\overset{O}{\overset{\parallel}{C}}-H$	34	甲硫基	$-SCH_3$
16	乙酰基	$-\overset{O}{\overset{\parallel}{C}}-CH_3$	35	磺酸基	$-SO_3H$
17	羧基	$-\overset{O}{\overset{\parallel}{C}}-OH$	36	氯	$-Cl$
18	甲氧羰基（甲酯基）	$-\overset{O}{\overset{\parallel}{C}}-OCH_3$	37	溴	$-Br$
19	乙氧羰基	$-\overset{O}{\overset{\parallel}{C}}-OCH_2CH_3$	38	碘	$-I$

（2）命名方法。

① 根据次序规则比较出两个双键碳原子上连接的原子或基团的大小，看哪个原子或基团优先。当两个双键碳原子上的“较优”原子或基团处于双键的同一侧时，称为 Z 式；当两个双键碳原子上的“较优”原子或基团处于双键的两侧（即相反）时，称为 E 式。

② 将 Z 或 E 加括号放在烯烃名称之前，同时用半字线“-”把它与烯烃名称连接起来，即可得到顺反异构体的全称。例如：

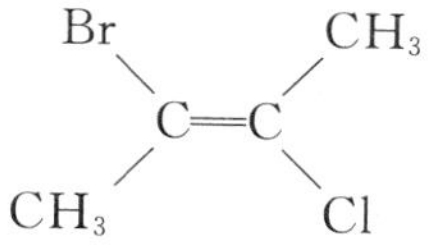

Br　　　CH$_3$
C=C
CH$_3$　　　Cl

—Br>—CH$_3$

—Cl>—CH$_3$

（E）-2-氯-3-溴-2-丁烯

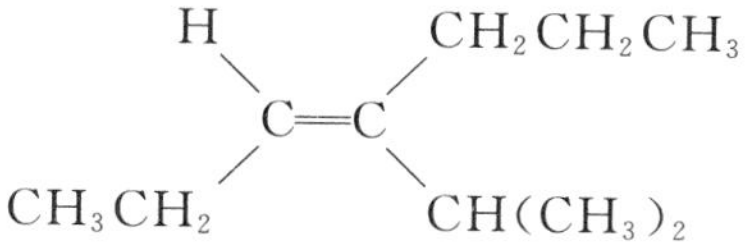

H　　　CH$_2$CH$_2$CH$_3$
C=C
CH$_3$CH$_2$　　　CH(CH$_3$)$_2$

—CH$_2$CH$_3$>—H

—CH(CH$_3$)$_2$>—CH$_2$CH$_2$CH$_3$

（Z）-4-异丙基-3-庚烷

有时可以简单地利用箭头表示出双键碳原子上的原子或基团由大到小的方向，即大→小。当两个箭头的方向一致时，是 Z 式；当两个箭头的方向不一致时，是 E 式。例如：

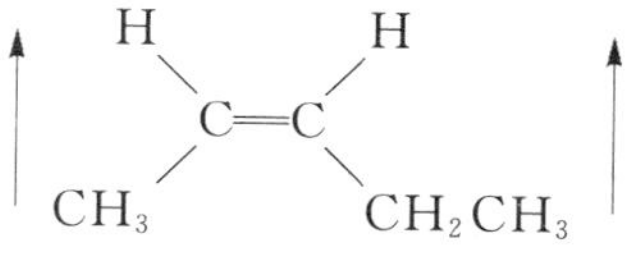

↑　H　　　H　↑
C=C
CH$_3$　　　CH$_2$CH$_3$

（Z）-2-戊烯

↑　H　　　CH$_2$CH$_3$　↓
C=C
CH$_3$　　　H

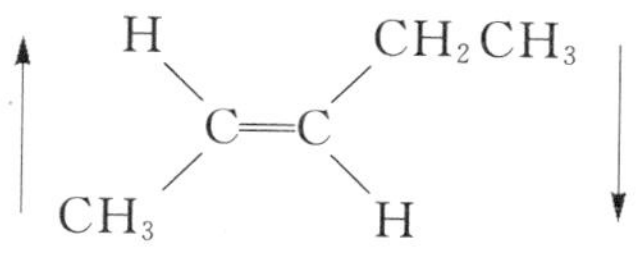

（E）-2-戊烯

注意：顺反命名法和 Z/E 命名法不是一一对应的关系，即顺可以是 Z，也可以是 E，反之也如此。

第二节　烯烃的结构

一、乙烯的结构

现代物理方法证明：乙烯的结构是平面四边形结构，乙烯分子的所有原子在同一平面内，∠HCC＝121.4°，∠HCH＝117.3°。其结构如图 3-2 所示。

C═C 键的键能是 610 kJ·mol^{-1}，C—C 键的键能是 346 kJ·mol^{-1}，可以看出 C═C 键的键能不是 C—C 键键能的 2 倍，说明 C═C 键不是由两个 C—C 键构成的。事实上，C═C 键是由一个 σ 键和一个 π 键构成的，其中 σ 键比较稳定，不容易断裂；π 键不稳定，易于断裂。

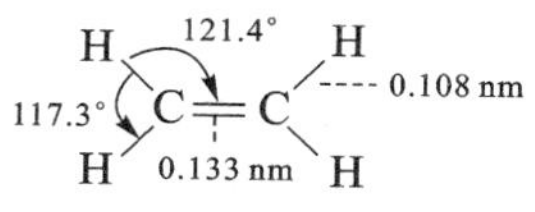

H　121.4°　H
117.3°　C═C　0.108 nm
H　0.133 nm　H

图 3-2　乙烯分子的结构

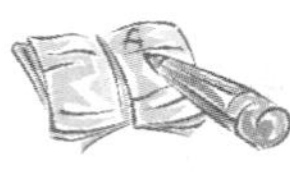

二、碳原子的 sp^2 杂化

杂化轨道理论认为:乙烯分子中的碳原子是由一个 2s 轨道和两个 $2p(2p_x、2p_y)$ 轨道进行 sp^2 杂化形成的,它有三个等同的 sp^2 杂化轨道,余下的一个 $2p(2p_z)$ 轨道没有参与杂化。形成的每个杂化轨道含有 1/3 的 s 轨道成分和 2/3 的 p 轨道成分,因此称为 sp^2 杂化轨道。sp^2 杂化轨道的能量略高于 2s 轨道的而略低于 2p 轨道的。三个等同的 sp^2 杂化轨道在一个平面上对称地分布在碳原子核的周围,轨道对称轴的夹角是 120°。杂化轨道的形成如图 3-3 所示。

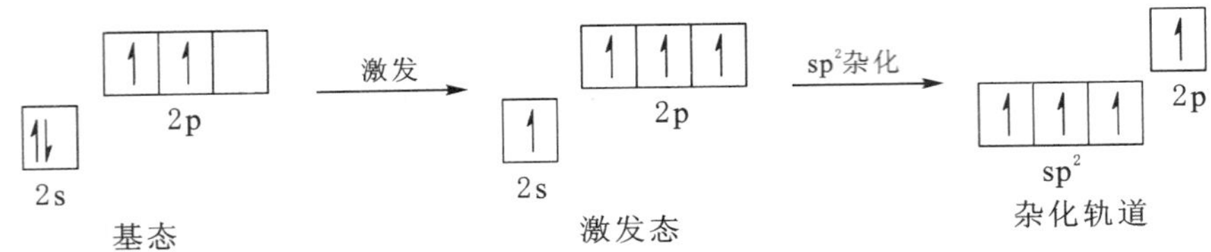

图 3-3　碳原子轨道的 sp^2 杂化

三、乙烯分子的形成

乙烯分子形成时,每个碳原子先以两个 sp^2 杂化轨道分别与两个氢原子的 1s 轨道在对称轴的方向交盖而形成两个 C—H σ 键(见图 3-4),这种轨道称为 σ 轨道。每个碳原子余下的一个 sp^2 杂化轨道在对称轴的方向交盖,形成一个 C—C σ 键,这种轨道也称为 σ 轨道。每个碳原子还有一个没有参与杂化的 p 轨道,它的对称轴垂直于乙烯分子 σ 键键轴所在的平面,而且相互平行,它们在侧面相互交盖而形成另一种键,称为 π 键(见图 3-5),这样形成的轨道,称为 π 轨道,π 轨道中的电子称为 π 电子。

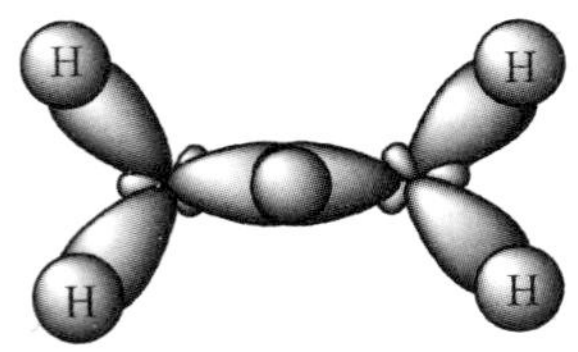

图 3-4　σ 键的生成

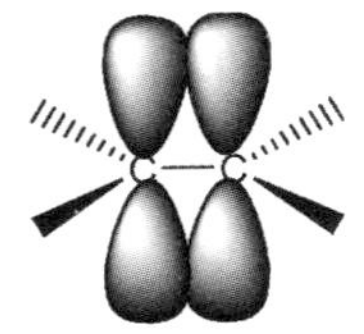

图 3-5　π 键的生成

四、π 键与 σ 键的比较

1. σ 键和 π 键的存在特征

σ 键可以单独存在,并存在于任何含共价键的分子中。两个原子间只能有一个 σ 键。

π 键不能单独存在,必须与 σ 键共存,可存在于双键和三键中。两个原子间可有一个 π 键或两个 π 键。

2. 成键原子轨道

σ 键在键轴上相互交盖，成键轨道方向相同。

π 键相互平行而交盖，成键轨道方向平行。

3. 电子云的重叠及分布情况

σ 键重叠程度大，有对称轴，呈圆柱形对称分布，电子云密集在两个原子之间，对称轴上电子云最密集。

π 键重叠程度较小，呈块状分布，通过键轴有一个对称面，电子云较分散，分布在分子平面上、下两部分，对称面上电子云密集程度最小。

4. 稳定性

在乙烯分子的 C═C 键中，有两个不同的共价键，其中一个是 σ 键，另一个是 π 键。由于 σ 键是在对称轴方向交盖形成的，它可以发生自由旋转而不会被破坏，是比较稳定的，而 π 键是由两个 p 轨道在侧面交盖形成的，交盖程度一般比 σ 键的小，没有轴对称，所以 π 键不如 σ 键牢固，容易断裂。

5. 自由旋转性

σ 键是在对称轴方向交盖形成的，可以发生自由旋转而不会被破坏。与 σ 键不同，π 键不是沿着成键的两个原子核连线轴对称交盖的，而是由 p 轨道在侧面平行交盖形成的，只有当 p 轨道的对称轴平行时交盖程度才最大，如果相对旋转则平行状态被破坏，这时，π 键必将被减弱或被破坏。另外，实验测得 C═C 键的键能是 610 $kJ \cdot mol^{-1}$，C—C 键的键能是 346 $kJ \cdot mol^{-1}$，说明烯烃分子中 π 键的键能是 264 $kJ \cdot mol^{-1}$。因此，如果要使 C═C 键绕键轴发生旋转，则必须提供 264 $kJ \cdot mol^{-1}$ 的能量才能够破坏 π 键，这样高的能量就使得在通常情况下 π 键不能发生自由旋转。

6. 活泼性

σ 键比较稳定。π 键的电子云不像 σ 键的电子云那样集中在两个成键原子核连线之间，而是分散在上、下两侧。原子核对 π 电子的束缚力较小，因此 π 电子具有较大的流动性，受外界影响后容易极化，因此，烯烃表现出较大的活泼性，容易发生加成、氧化等反应。

五、乙烯分子的模型

为了形象地表示乙烯分子的立体结构，常用球棍模型和比例模型来表示它的结构，如图 3-6 所示。

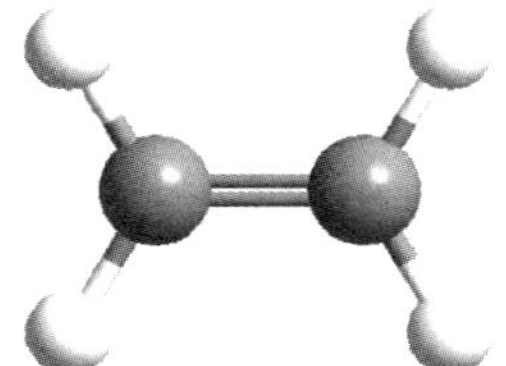

(a) 球棍模型

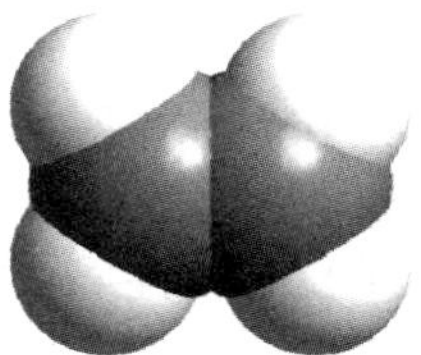

(b) 比例模型

图 3-6 乙烯的模型

第三节　烯烃的来源和制法

一、烯烃的工业来源

乙烯和丙烯是重要的化工原料。乙烯的产量被认为是衡量一个国家石油化学工业发展水平的标志。在工业上主要利用石油馏分或者以天然气作为原料经过热裂解来生产烯烃。

热裂解过程是,先将原料与水蒸气混合,在 750～930 ℃进行反应,然后降温到 300～400 ℃。以上过程必须在不到 1 s 内完成,得到的是一些低级烃的混合物,再通过分离就可以得到乙烯和丙烯。

此外,乙烯和丙烯也可以从炼油厂炼制石油时得到的炼厂气中获得。将从炼厂气中分离出的乙烷、丙烷以及从石油馏分热裂解产品中分离出的乙烷、丙烷,再进行循环裂解来提高乙烯、丙烯的收率。

二、烯烃的制法

1. 醇脱水

在催化剂 H_2SO_4 或 Al_2O_3 的催化作用下,醇发生分子内脱水生成烯烃,这是实验室制备烯烃常用的方法。为了避免醇发生分子间脱水生成醚的副反应发生,反应应控制在稍高的温度下进行。例如:

乙醇脱水

$$\underset{\displaystyle H}{\underset{|}{CH_2}}-\underset{\displaystyle OH}{\underset{|}{CH_2}} \xrightarrow[\text{或 } Al_2O_3,350\sim360\ ℃]{\text{浓硫酸},160\sim170\ ℃} CH_2=CH_2 + H_2O$$

异丙醇脱水

$$CH_3-\underset{\displaystyle OH}{\underset{|}{CH}}-CH_3 \xrightarrow{\text{浓硫酸},170\ ℃} CH_2=CH-CH_3 + H_2O$$

2. 卤代烷脱卤化氢

卤代烷与强碱的醇溶液(如氢氧化钠或氢氧化钾的乙醇溶液)共热,卤代烷脱去一个分子的卤化氢而生成烯烃,这也是实验室制备烯烃常用的方法。例如:

$$CH_3-CH_2-\underset{\displaystyle Cl}{\underset{|}{CH}}-CH_3 \xrightarrow[C_2H_5OH]{NaOH} CH_3-CH=CH-CH_3 + HCl$$

3. 邻二卤代物脱卤

邻二卤代物在金属锌、镁等的催化作用下,失去相邻的两个卤原子而生成烯烃。

例如：

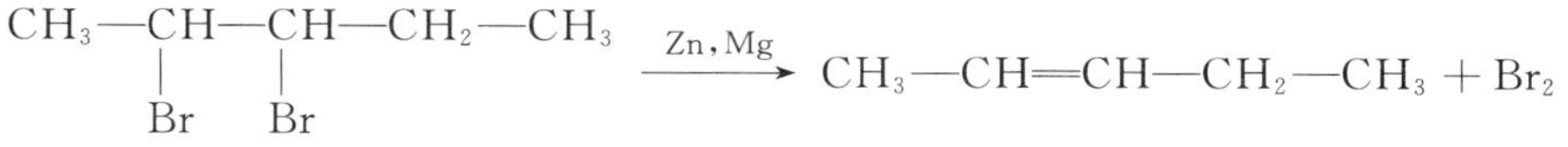

$$\underset{\substack{|\\Br}}{CH_3-CH}-\underset{\substack{|\\Br}}{CH}-CH_2-CH_3 \xrightarrow{Zn,Mg} CH_3-CH=CH-CH_2-CH_3+Br_2$$

第四节　烯烃的物理性质

烯烃在许多物理性质方面与烷烃类似，但是顺反异构体的物理性质有所不同。烯烃是无色物质。在常温、常压下，2～4个碳原子的烯烃是气体，5～18个碳原子的烯烃是易挥发的液体，19个碳原子以上的高级烯烃是固体。从表3-4中可以看出，随着相对分子质量的增加，烯烃的熔点升高。反式异构体比顺式异构体有较高的熔点。随着相对分子质量的增加，直链 α-烯烃的沸点升高。与相应的烷烃相比，直链 α-烯烃的沸点略低。应该注意的是，烯烃的顺式异构体比反式异构体有较高的沸点。

烯烃的相对密度小于1，比水轻。顺式异构体比反式异构体有较大的相对密度。烯烃不溶于水，但是可以溶于四氯化碳、苯、乙醚等非极性或极性很弱的有机溶剂。烯烃可溶于浓硫酸，这一点与烷烃不同。顺式异构体比反式异构体有较大的溶解度。

烯烃的顺反异构体在偶极矩方面表现出一定的差异，一般结构比较对称的烯烃分子，其顺式异构体的偶极矩大于反式异构体的。这是因为偶极矩为矢量，反式异构体由于键矩相反，相互抵消，故其偶极矩等于零；顺式异构体的键矩不能相互抵消，便使其具有一定的偶极矩。顺反异构体在偶极矩方面的差异对其沸点也有影响。在一般情况下，顺式异构体因其偶极矩较大，沸点总是高于反式异构体的。例如，顺-2-丁烯的沸点就比反-2-丁烯的高。

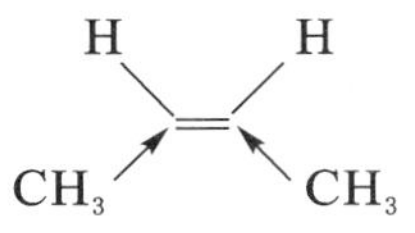

H　　H
CH_3　　CH_3

顺-2-丁烯，μ=0.33 D，沸点3.7 ℃

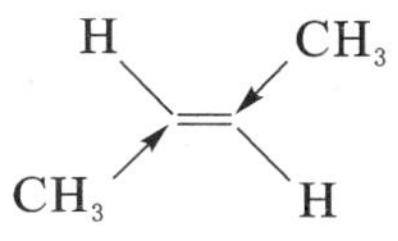

H　　CH_3
CH_3　　H

反-2-丁烯，μ=0 D，沸点0.9 ℃

顺反异构体在偶极矩及沸点方面的差异在区别两者时非常有用，往往可通过比较其偶极矩和沸点来确定哪一个是顺式，哪一个是反式。

但要注意：由于取代基的体积大小、电子因素不同以及相互作用力的差别，虽然绝大部分顺式异构体的偶极矩较大、沸点高、熔点低、化学性质略为活泼，在惰性溶剂中的溶解度也稍大，但仍有例外，不可以以偏概全。

表 3-4　常见烯烃的物理常数

名　称	结构式	熔点/℃	沸点/℃	相对密度
乙烯	$CH_2=CH_2$	−160.1	−104	0.001 26(0 ℃)
丙烯	$CH_2=CHCH_3$	−185	−48.2	0.609(−47 ℃)
1-丁烯	$CH_2=CHCH_2CH_3$	−185.4	−6.3	0.595(20 ℃)
1-戊烯	$CH_2=CH(CH_2)_2CH_3$	−138	29.2	0.641(20 ℃)
1-己烯	$CH_2=CH(CH_2)_3CH_3$	−68.5	64	0.673(20 ℃)
1-庚烯	$CH_2=CH(CH_2)_4CH_3$	−119	95	0.703(19 ℃)
1-辛烯	$CH_2=CH(CH_2)_5CH_3$	−101.7	121.3	0.714(20 ℃)
1-壬烯	$CH_2=CH(CH_2)_6CH_3$	−81.7	146	0.731(20 ℃)
1-癸烯	$CH_2=CH(CH_2)_7CH_3$	−66.3	170.3	0.740(20 ℃)
1-十一碳烯	$CH_2=CH(CH_2)_8CH_3$	−49.2	189	0.763(20 ℃)
1-十二碳烯	$CH_2=CH(CH_2)_9CH_3$	−35.2	213.4	0.758(20 ℃)
1-二十四碳烯	$CH_2=CH(CH_2)_{21}CH_3$	45	390	0.804(20 ℃)
2-甲基丙烯	$CH_2=C(CH_3)_2$	−140.4	−6.6	0.594(20 ℃)
2-甲基-1-戊烯	$CH_2=C(CH_3)(CH_2)_2CH_3$	−135.7	61.5	0.681(20 ℃)
顺-2-丁烯	(H)(CH₃)C=C(H)(CH₃)，两个H同侧	−138.9	3.7	0.621(20 ℃)
反-2-丁烯	(H)(CH₃)C=C(CH₃)(H)，两个H异侧	−105.6	0.9	0.604(20 ℃)

第五节　烯烃的化学性质

烯烃的分子中含有 C═C 键，组成 C═C 键的 π 键不能自由旋转、易断裂，使得 C═C 键成为烯烃的反应中心，烯烃的化学性质很活泼，可以与很多试剂作用，发生加成、氧化、聚合等反应。此外，由于受到 C═C 键的影响，与双键直接相连的碳原子（α-碳原子）上的氢原子（α-氢原子）也可发生取代、氧化反应。

一、加成反应

加成反应是指在一定条件下，烯烃与加成试剂 H_2、X_2、HX、H_2SO_4、H_2O、HOX 等作用，烯烃分子的 C═C 键中的 π 键发生断裂，两个双键碳原子分别与试剂中的两个一价原子或基团结合，形成两个新的 σ 键，生成饱和的加成产物的反应。

1. 催化加氢

在催化剂铂、钯、镍等的作用下，烯烃与氢发生加成反应，生成烷烃。这是制备烷烃的一种方法，同时也是将 C═C 键转化为 C—C 键的一般方法。

$$\mathrm{>C{=}C<} + H_2 \xrightarrow{\text{催化剂}} \mathrm{-\underset{H}{\overset{|}{\underset{|}{C}}}-\underset{H}{\overset{|}{\underset{|}{C}}}-}$$

烯烃　　　　烷烃

反应的特点如下。

(1) 转化率比较高，接近于 100%，而且产物容易纯化。工业上利用此反应可使粗汽油中的少量烯烃通过加氢处理而还原为烷烃，以提高油品的质量。烯烃的加氢反应是定量进行的，而且所用去的氢的数量很易测定，因此，催化氢化还是有机分析上用来测定分子中不饱和度的一种方法，因为一个双键只能吸收 1 mol 氢。

(2) 加氢反应所用的催化剂一般是过渡金属，常把这些催化剂粉浸渍在活性炭和氧化铝颗粒上。工业上常用多孔的 Raney-Ni(雷内镍)粉做催化剂，其制作工艺是把铝镍合金用碱处理，溶去铝后，余下多孔镍粉，其表面积较大，催化活性较高，用它做催化剂时，室温条件下烯烃便能进行加氢反应。

(3) 加氢反应的难易程度与烯烃的结构有关。一般情况下，双键碳原子上取代基多的烯烃不容易进行加成反应。

(4) 一般情况下，催化加氢反应得到的主要是顺式产物。

(5) 加氢反应是放热反应。不饱和化合物氢化反应后放出的热称为氢化热。1 mol 烯烃催化加氢生成烷烃时放出的热量称为烯烃的氢化热。不同结构的烯烃其氢化热有差异。常见烯烃的氢化热如表 3-5 所示。

表 3-5　常见烯烃的氢化热

烯　烃	氢化热/(kJ·mol^{-1})	烯　烃	氢化热/(kJ·mol^{-1})
$CH_2{=}CH_2$	137.2	顺-$CH_3CH{=}CHCH_3$	119.7
$CH_3CH{=}CH_2$	125.9	反-$CH_3CH{=}CHCH_3$	115.5
$CH_3CH_2CH{=}CH_2$	126.8	$(CH_3)_2C{=}CHCH_3$	112.5
$(CH_3)_2C{=}CH_2$	118.8	$(CH_3)_2C{=}C(CH_3)_2$	111.3

可以利用氢化热确定烯烃的稳定性。烯烃的氢化热越高，烯烃分子的内能越高，其相对稳定性越差。与从燃烧热得出的结论一样，利用氢化热的数值可以比较出不同碳架烯烃的

相对稳定性次序：$R_2C{=}CR_2 > R_2C{=}CRH > RCH{=}CHR > RCH{=}CH_2 > H_2C{=}CH_2$，即烯烃分子中双键碳原子上烷基取代越多，烯烃越稳定，多取代的比少取代的稳定，少取代的比不取代的稳定。在烯烃的顺反异构体中，一般是反式异构体的稳定性大于顺式异构体的。

2. 与卤素的加成

烯烃与卤素（主要是氯或溴）的加成反应是亲电加成反应，这个反应在常温下就能迅速发生，生成邻二卤化物。发生卤代反应时，卤素分子受到双键上 π 键电子的影响，将非极性分子极化为一端带正电荷、另一端带负电荷的极性分子，分子中带正电荷的部分向双键靠拢，生成一个带正电荷的碳正离子，然后卤素负离子再加成上去得到产物。

用 X_2 表示卤素，则烯烃与卤素的加成通式是：

$$\underset{\text{烯烃}}{>C{=}C<} + X{-}X \longrightarrow \underset{\text{邻二卤化物}}{-\underset{X}{\overset{|}{\underset{|}{C}}}-\underset{X}{\overset{|}{\underset{|}{C}}}-}$$

反应的特点如下。

(1) 反应条件比较低，在室温下就能迅速反应，可用于鉴别烯烃。在实验室对化合物进行鉴别实验时，必须有明显的现象发生，如有沉淀生成、反应前后有颜色变化、有气体生成和有热量放出等。

将烯烃加入溴的四氯化碳溶液中，红棕色很快褪去，因此，此反应不但可以用来制备邻二卤化物，而且在实验室里常用来鉴别双键的存在。例如：

$$>C{=}C< + \underset{\text{红棕色}}{Br_2} \longrightarrow \underset{\text{无色}}{>\overset{Br}{\overset{|}{C}}-\overset{Br}{\overset{|}{C}}<}$$

$$CH_3{-}CH{=}CH_2 + Br_2 \xrightarrow{CCl_4} \underset{\text{1,2-二溴丙烷}}{CH_3{-}\underset{Br}{\underset{|}{CH}}{-}\underset{Br}{\underset{|}{CH_2}}}$$

(2) 不同卤素的反应活性不同。氟最活泼，反应最剧烈，容易发生分解反应，不仅很难避免取代反应的发生，而且得到的产物往往是碳键断裂的各种产物，反应比较复杂，不易控制，所以没有应用价值。碘最不活泼，除少数烯烃外，其他烯烃一般不与碘发生加成反应，而如果能够发生反应，则反应是可逆的，平衡偏向于烯烃一边，也没有应用价值。因此，常用的卤素是 Cl_2 和 Br_2。

(3) 当烯烃 $C{=}C$ 上的取代基为供电子基团时，可使中间体的稳定性提高，使加成反应有利，速率加快；当烯烃 $C{=}C$ 上的取代基为吸电子基团时，正电荷更集中，使亲电加成反应不利，速率减慢。

(4) 烯烃与溴反应得到的是反式加成产物，产物是外消旋体。烯烃与卤素的加成反应是由亲电试剂首先进攻的分步反应。反应是离子型反应，微量水可促使环状溴正离子的形成。溴与烯烃接近并极化，溴加到双键碳原子上，形成一个环状的鎓离子，这个溴鎓正离子与溴负离子(或其他负离子)再发生加成反应,此时,溴负离子从溴鎓离子中溴原子的背面进攻碳原子,产物是反式加成的。

3. 与卤化氢的加成、马尔科夫尼科夫规则

1) 与卤化氢的加成

烯烃与卤化氢(HCl、HBr、HI)的加成反应也是亲电加成反应,生成卤代烷。反应一般在 CS_2、石油醚或冰乙酸等溶剂中进行。通式:

$$\underset{\text{烯烃}}{>C=C<} + HX \longrightarrow \underset{\text{卤代烷}}{-\underset{H}{\underset{|}{\overset{|}{C}}}-\underset{X}{\underset{|}{\overset{|}{C}}}-}$$

(HX=HCl,HBr,HI)

例如:乙烯与氯化氢在三氯化铝的催化作用下,于 130～250 ℃反应生成氯乙烷。这是工业上生产氯乙烷的方法之一。

$$CH_2=CH_2 + HCl \xrightarrow[130\sim250\ ℃]{AlCl_3} \underset{H}{\underset{|}{CH_2}}-\underset{Cl}{\underset{|}{CH_2}}$$

反应生成的氯乙烷可以作为乙基化试剂使用,也可以用做冷冻剂、溶剂和局部麻醉剂。

乙烯与溴化氢、碘化氢的加成反应在室温、没有催化剂的情况下即可进行。例如:

$$CH_2=CH_2 + HBr \longrightarrow \underset{H}{\underset{|}{CH_2}}-\underset{Br}{\underset{|}{CH_2}}$$

$$CH_2=CH_2 + HI \longrightarrow \underset{H}{\underset{|}{CH_2}}-\underset{I}{\underset{|}{CH_2}}$$

烯烃与卤化氢加成反应的活性次序:

$(CH_3)_2C=C(CH_3)_2 > CH_3CH=C(CH_3)_2 > CH_2=C(CH_3)_2 > CH_3CH=CH_2 > CH_2=CH_2$

卤化氢的活性次序:HCl<HBr<HI。HI 的反应活性最强,但是由于 HI 具有还原性,当加入过量的 HI 时会得到还原产物。因此,加成反应时应用最多的是 HCl 和 HBr。

此加成反应通常采用卤化氢而不采用氢卤酸(卤化氢的水溶液)。其主要原因是氢卤酸中含有水,在酸性条件下,烯烃会与水发生加成反应,使产物变得复杂。另外,氢卤酸的活性弱,即使是浓盐酸都很难与烯烃加成。因此,通常先将卤化氢溶在乙酸中,再与烯烃发生加成反应。

2) 马尔科夫尼科夫规则

对于 HX 这一类试剂,加在双键上的两部分(H 与 X)是不一样的,所以称为不对称试剂。乙烯是对称烯烃,当它与不对称试剂加成时产物只有一种。若不对称试剂和不对称烯烃发生加成反应,加成方式就可能有两种。例如,丙烯与溴化氢加成时,产物可能是:

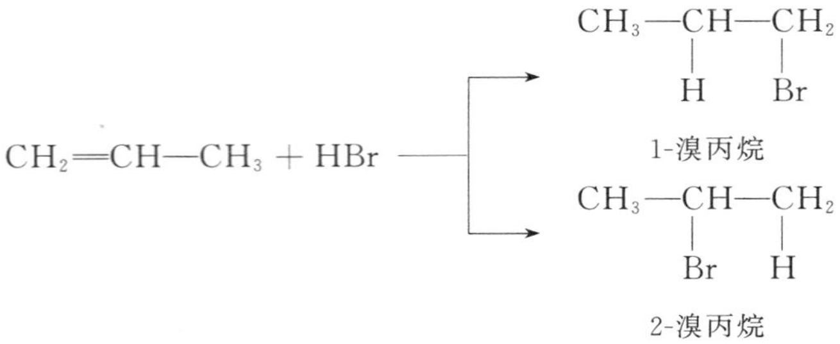

$$CH_2{=}CH{-}CH_3 + HBr \longrightarrow \begin{cases} \underset{\substack{|\\H}}{CH_3{-}CH}{-}\underset{\substack{|\\Br}}{CH_2} & \text{1-溴丙烷} \\ CH_3{-}\underset{\substack{|\\Br}}{CH}{-}\underset{\substack{|\\H}}{CH_2} & \text{2-溴丙烷} \end{cases}$$

实验证明,丙烯与溴化氢加成得到的主要产物是2-溴丙烷,即溴化氢分子中的氢原子加到含氢较多的双键碳原子上,而溴原子则加到含氢较少的双键碳原子上。其他不对称烯烃与卤化氢的加成也会得到相似的结论。应用这个规则可以预测许多反应的主要产物。例如:

$$CH_3CH_2{-}CH{=}CH_2 + HCl \longrightarrow CH_3CH_2{-}\underset{\substack{|\\Cl}}{CH}{-}\underset{\substack{|\\H}}{CH_2}$$

马尔科夫尼科夫规则(马氏规则):不对称烯烃与卤化氢等不对称试剂加成时,卤化氢分子中的氢原子主要加到含氢较多的双键碳原子上,而卤原子则加到含氢较少的双键碳原子上。马氏规则的另一种表述是:不对称烯烃与卤化氢等不对称试剂加成时,卤化氢分子中的氢原子主要加到取代基较少的双键碳原子上,而卤原子则加到取代基较多的双键碳原子上。

不对称烯烃与溴化氢的加成反应比较复杂,一般情况下符合马氏规则,但是在有过氧化物存在时,则会违反马氏规则,出现反常现象。例如:

1-戊烯与溴化氢的加成

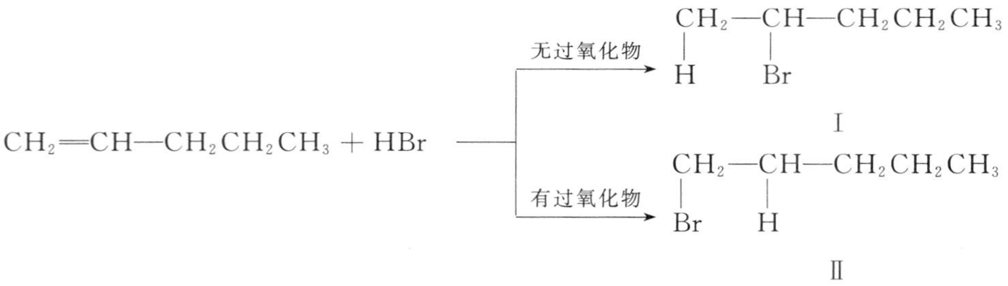

$$CH_2{=}CH{-}CH_2CH_2CH_3 + HBr \longrightarrow \begin{cases} \xrightarrow{\text{无过氧化物}} \underset{\substack{|\\H}}{CH_2}{-}\underset{\substack{|\\Br}}{CH}{-}CH_2CH_2CH_3 & \text{I} \\ \xrightarrow{\text{有过氧化物}} \underset{\substack{|\\Br}}{CH_2}{-}\underset{\substack{|\\H}}{CH}{-}CH_2CH_2CH_3 & \text{II} \end{cases}$$

产物(Ⅰ)符合马氏规则,产物(Ⅱ)不符合马氏规则。在过氧化物存在的情况下,烯烃与溴化氢的加成反应违反马氏规则,称为过氧化物效应,又称为反马氏规则。在烯烃与卤化氢的加成反应中,只有与溴化氢的加成反应有过氧化物效应。

过氧化物效应常用的过氧化物是有机过氧化物,如过氧化苯甲酰和过氧化乙酰等。

$$C_6H_5{-}\overset{\substack{O\\\|}}{C}{-}O{-}O{-}\overset{\substack{O\\\|}}{C}{-}C_6H_5 \qquad CH_3{-}\overset{\substack{O\\\|}}{C}{-}O{-}O{-}\overset{\substack{O\\\|}}{C}{-}CH_3$$

4. 与水的加成

在酸的催化作用下,烯烃可与水直接加成而得到醇。通式:

$$\gt C{=}C\lt + H_2O \xrightarrow{H^+} -\underset{H}{\overset{|}{\underset{|}{C}}}-\underset{OH}{\overset{|}{\underset{|}{C}}}-$$

烯烃　　　　　　　　醇

常用的催化剂是磷酸和硫酸。不同烯烃与水加成的活性次序和烯烃与卤化氢、卤素的加成次序一样。不对称烯烃与水的加成符合马氏规则。例如：

$$CH_3CH_2-CH{=}CH_2 + H_2O \xrightarrow{\text{磷酸-硅藻土}} CH_3CH_2-\underset{OH}{\underset{|}{C}H}-\underset{H}{\underset{|}{C}H_2}$$

烯烃与水的加成反应在工业上的主要应用是制备乙醇、异丙醇等低级醇。例如：

乙醇的制备

$$CH_2{=}CH_2 + H_2O \xrightarrow[300\ ℃,7\ MPa]{\text{磷酸-硅藻土}} \underset{OH}{\underset{|}{C}H_2}-\underset{H}{\underset{|}{C}H_2}$$

异丙醇的制备

$$CH_3-CH{=}CH_2 + H_2O \xrightarrow[195\ ℃,2\ MPa]{\text{磷酸-硅藻土}} CH_3-\underset{OH}{\underset{|}{C}H}-\underset{H}{\underset{|}{C}H_2}$$

5. 与硫酸的加成

烯烃可与冷的浓硫酸起加成反应(间接水合)，生成硫酸氢酯(又称酸性硫酸酯或烷基硫酸)。硫酸氢酯易溶于硫酸，用水稀释后水解生成醇。工业上用这种方法合成醇，称为烯烃间接水合法。

$$\gt C{=}C\lt + H_2SO_4 \longrightarrow -\underset{H}{\overset{|}{\underset{|}{C}}}-\underset{OSO_2OH}{\overset{|}{\underset{|}{C}}}- \xrightarrow{H_2O} -\underset{H}{\overset{|}{\underset{|}{C}}}-\underset{OH}{\overset{|}{\underset{|}{C}}}-$$

烯烃　　　　　　硫酸氢酯　　　　　　醇

其反应实质是硫酸中的一个氢原子加到一个双键碳原子上，硫酸氢根负离子加到另一个双键碳原子上。例如，乙烯与水的加成得到硫酸氢乙酯，硫酸氢乙酯可溶于硫酸，水解生成乙醇：

$$CH_2{=}CH_2 + H_2SO_4 \underset{170\ ℃}{\overset{0\sim45\ ℃}{\rightleftharpoons}} CH_3-CH_2OSO_3H \xrightarrow[-H_2SO_4]{H_2O} CH_3-CH_2OH$$

不对称烯烃与硫酸的加成符合马氏规则。例如，丙烯与硫酸的加成：

$$CH_2{=}\overset{CH_3}{\overset{|}{C}}-CH_3 + H_2SO_4 \longrightarrow CH_3-\underset{OSO_2OH}{\underset{|}{\overset{CH_3}{\overset{|}{C}}}}-CH_3$$

硫酸氢叔丁酯

烯烃与硫酸加成时的活性次序和烯烃与卤化氢的加成次序一样。

烯烃与硫酸的加成反应在工业上的主要应用如下：①利用其产物硫酸氢酯可以溶于硫酸的性质来进行分离、提纯和鉴别烯烃，如利用硫酸洗涤以除去烷烃中少量的烯烃；②可以利用石油裂解气中的乙烯、丙烯等制备乙醇和其他仲醇、叔醇，但会带来环境污染和设备腐蚀的问题。

由乙烯制备乙醇：

$$CH_2{=}CH_2 \xrightarrow{H_2SO_4} CH_3CH_2OSO_3H + CH_3CH_2OSO_2OCH_2CH_3 \xrightarrow{H_2O} CH_3CH_2OH$$

由丙烯制备异丙醇：

$$CH_3{-}CH{=}CH_2 \xrightarrow{H_2SO_4} \underset{\displaystyle OSO_2OH}{CH_3\overset{}{C}HCH_3} \xrightarrow[\triangle]{H_2O} \underset{\displaystyle OH}{CH_3CHCH_3}$$

为了减少“三废”，保护环境，可用固体酸，如杂多酸代替液体酸做催化剂。

6. 与次卤酸的加成

烯烃可与次卤酸进行加成反应，由于次卤酸的酸性很弱，反应主要生成β-卤代醇。次卤酸不稳定，在实际生产过程中，通常用烯烃与卤素的水溶液反应。

例如：将乙烯和氯气通入水中，反应生成氯乙醇和1,2-二氯乙烷。

$$CH_2{=}CH_2 + HO{-}Cl \longrightarrow \underset{\displaystyle OH\quad\ Cl}{CH_2{-}CH_2} + \underset{\displaystyle Cl\quad\ Cl}{CH_2{-}CH_2}$$

不对称烯烃与次卤酸加成时，可以将 HOX 看做 HO^- 和 X^+，主要产物是羟基加在含氢较少的双键碳原子上的化合物，符合马氏规则。例如：

$$CH_3{-}CH{=}CH_2 + HOBr \longrightarrow \underset{\displaystyle \qquad OH\quad\ Br}{CH_3{-}CH{-}CH_2}$$

1-溴-2-丙醇

由于氧的电负性(3.5)大于氯(3.0)和溴的电负性(2.8)，因此上述反应是溴正离子与双键上的 π 电子先结合生成相应的碳正离子，后者再与 HO^- 结合生成溴代醇。

烯烃与次卤酸的加成反应在工业上的主要应用是制备乙二醇和丙三醇的中间产物氯乙醇和1-氯-2-丙醇。

氯乙醇的制备：

$$CH_2{=}CH_2 + Cl_2 + H_2O \longrightarrow \underset{\displaystyle OH\quad\ Cl}{CH_2{-}CH_2} + HCl$$

7. 硼氢化反应

烯烃与硼氢化物发生的加成反应称为硼氢化反应。硼氢化反应是美国化学家 H. C. Brown 发现的极其重要而有广泛应用的有机反应，他因此获得了1979年诺贝尔化学奖。

最基本的硼氢化反应是烯烃和乙硼烷的加成反应，得到三烷基硼。乙硼烷由硼氢化钠和三氟化硼反应制得。

$$3NaBH_4 + 4BF_3 \longrightarrow 2B_2H_6 + 3NaBF_4$$

它实际上是甲硼烷的二聚体。乙硼烷在空气中会自燃，通常应用它的四氢呋喃溶液，在这种溶液中它以甲硼烷配合物的形式存在。它与烯烃的反应非常迅速，除非烯烃的位阻很大，否则不能分离得到单取代或双取代烷基硼烷的中间体，而只能分解出最终产物三烷基硼，氢接在一个双键碳上，硼接在另一个双键碳上。

烷基硼接着进行氧化反应，氧化剂一般是在碱性溶液中的过氧化氢，硼由—OH 取代，生成醇，这相当于烯烃与水的加成。但是，这个反应的加成方向与马氏规则正好相反，硼原子只加在取代基较少和位阻较小的双键碳原子上，因此经氧化后得到的醇的位向与烯烃直接水合反应所得到的醇的位向正好相反。此反应的产率很高。

$$6R-CH=CH_2 + B_2H_6 \longrightarrow 2(R-CH_2CH_2)_3B \xrightarrow[NaOH]{H_2O_2} 6R-CH_2-CH_2-OH$$

反应的特点如下。

(1) 顺式加成。烯烃的硼氢化反应是一个顺式加成过程，例如，1,2-二甲基环戊烯经硼氢化反应后生成顺-1,2-二甲基环戊醇。

(2) 反马氏规则。除了电子因素外，硼氢化反应中的立体位阻也是一个很重要的因素，硼原子较易和双键上不太拥挤的那个碳原子作用。在硼氢化反应中电子效应和立体效应的作用方向正好又是一致的，因此，硼氢化反应表现出很好的位置选择性且与马氏规则所指出的方向相反。

(3) 无重排产物。反应过程中并未检测到有重排产物生成，因此，碳正离子不是反应中间体。

二、氧化反应

烯烃由于 C=C 键的存在，很容易被氧化，主要发生在 π 键上。首先是 π 键断裂，条件强烈时 σ 键也可断裂。氧化剂及反应条件不同，氧化产物也不同。这些氧化反应在合成和确定烯烃分子结构中是很有价值的。

1. 高锰酸钾氧化

高锰酸钾是很强的氧化剂，在有机反应中利用反应条件如酸碱性、温度、浓度、用量、溶剂、催化剂和反应时间的差别，可以控制高锰酸钾的氧化程度，得到不同的产物。

1) 冷的、稀的中性或微碱性高锰酸钾溶液氧化

反应时烯烃中 C=C 键中的 π 键断裂，立即生成 α-二醇（连二醇、邻二醇）和褐色的二氧化锰沉淀，同时生成氢氧化钾。

$$3R-CH_2CH=CH_2 + 2KMnO_4 + 4H_2O \longrightarrow 3R-CH_2\underset{\displaystyle OH}{\underset{|}{C}H}-\underset{\displaystyle OH}{\underset{|}{C}H_2} + 2MnO_2\downarrow + 2KOH$$

生成物 α-二醇比较活泼，在高锰酸钾溶液中容易被进一步氧化，使产物变得复杂，因此该反应没有合成价值。但是，在反应过程中可以观察到高锰酸钾的紫色逐渐消失以及褐色的二氧化锰沉淀生成这两个明显的现象，因此，该反应的主要应用是鉴别烯烃。

2) 热的、浓的酸性高锰酸钾溶液氧化

反应时不但烯烃碳碳双键完全断裂，而且与双键碳原子直接相连的 C—H σ 键也发生断裂，生成碳原子数较少的氧化产物羧酸、酮等。

$$R-CH=CR_2 \xrightarrow[H^+]{KMnO_4} R-\underset{\displaystyle OH}{\underset{|}{C}}=O + R-\underset{\displaystyle R}{\underset{|}{C}}=O$$

$$R—CH=CH_2 \xrightarrow[H^+]{KMnO_4} \underset{\displaystyle OH}{\underset{|}{R—C=O}} + CO_2 + H_2O$$

从以上反应可以看出，产物与烯烃双键碳上连接的氢的数目有关，有两个氢的 $CH_2=$ 构造被氧化成二氧化碳；有一个氢的 $R—CH=$ 构造被氧化成羧酸；无氢的 $R_2C=$ 构造被氧化成酮。因此该反应的主要应用是根据产物推测烯烃的结构，即推断烯烃中双键的位置。

2. 臭氧化

在低温下，将含有臭氧(质量分数为 6%～8%)的氧气通入液态烯烃或烯烃的非水溶剂(如四氯化碳、二氯甲烷、氯仿、甲醇、乙酸、石油醚等)中，臭氧迅速与烯烃作用，生成黏稠状的臭氧化物，此反应称为臭氧化反应。

$$CH_3—CH=CH_2 \xrightarrow{O_3} CH_3—\overset{}{CH}\begin{matrix} / O \backslash \\ \backslash O—O / \end{matrix}CH_2$$

臭氧化物在干燥、游离状态下很不稳定，容易发生爆炸。在一般情况下，不必从反应溶液中分离出来，可直接加水进行水解，产物为醛或酮，或醛、酮的混合物，另外还有过氧化氢生成。

为了抑制生成的醛被过氧化氢继续氧化为羧酸，臭氧化物水解须在还原剂存在的条件下进行，常用的还原剂为锌粉。不同的烯烃经臭氧化后再在还原剂存在下进行水解，可以得到不同的醛或酮。

$$CH_3—CH\begin{matrix} / O \backslash \\ \backslash O—O / \end{matrix}CH_2 \begin{cases} \xrightarrow[\text{还原水解}]{Zn, H_2O} CH_3CHO + HCHO \\ \xrightarrow[\text{氧化水解}]{H_2O_2} CH_3COOH + HCOOH \\ \xrightarrow{LiAlH_4} CH_3CH_2OH + CH_3OH \end{cases}$$

3. 催化氧化

在催化剂活性银等的作用下，烯烃可以被氧气氧化，烯烃中的 C=C 键打开，生成氧化产物。催化氧化是常用的工业制备方法，消耗的是氧气，催化剂可以循环使用，比较经济。

(1) 乙烯在活性银催化作用下氧化生成环氧乙烷。反应在 220～300 ℃，1～3 MPa 的条件下进行。

$$CH_2=CH_2 + O_2 \xrightarrow[250\ ℃]{Ag} H_2C\underset{\backslash O /}{—}CH_2$$

此反应必须严格控制反应条件，若超过 300 ℃，生成产物是水和二氧化碳，不能得到环氧乙烷。目前在工业上仅有乙烯催化环氧化反应得到应用，是生产环氧乙烷的主要方法。

(2) 瓦克(Wacker)法生产醛和酮。

在氯化钯-氯化铜的水溶液中，用空气或氧气氧化乙烯生成乙醛，氧化丙烯生成丙酮，氧化 α-烯烃则生成甲基酮：

$$CH_2=CH_2 + \frac{1}{2}O_2 \xrightarrow[120\ ℃]{PbCl_2\text{-}CuCl_2} CH_3CHO$$

$$CH_3CH{=}CH_2 + \frac{1}{2}O_2 \xrightarrow[120\ ^\circ C]{PbCl_2\text{-}CuCl_2} CH_3COCH_3$$

$$RCH{=}CH_2 + \frac{1}{2}O_2 \xrightarrow[120\ ^\circ C]{PbCl_2\text{-}CuCl_2} RCOCH_3$$

三、聚合反应

在适当的条件下，许多烯烃都有自身加成的性质。这种由低相对分子质量化合物聚合形成高相对分子质量化合物的反应称为聚合反应。

烯烃的聚合反应是烯烃在催化剂或引发剂的作用下，C═C 键中的 π 键断裂后按一定的方式把相当数量的烯烃分子自身加成聚合起来，进而生成一个高分子的长链化合物的过程，这种产物称为高分子化合物或聚合物，进行聚合反应的烯烃原料称为单体，引起聚合反应的物质称为引发剂或催化剂。因为烯烃的聚合反应都是通过双键的断裂而使分子自身加成聚合起来的，所以它又称为加聚反应，简称加聚。

例如，乙烯、丙烯在高压下聚合生成聚乙烯、聚丙烯，可制成常用的聚乙烯和聚丙烯薄膜：

$$n\,CH_2{=}CH_2 \longrightarrow {+}CH_2-CH_2{+}_n$$

聚乙烯

$$n\,CH_2{=}CH{-}CH_3 \longrightarrow {+}CH_2{-}\underset{\displaystyle CH_3}{\underset{|}{CH}}{+}_n$$

聚丙烯

聚乙烯是白色或淡白色的固体物质，具有柔曲性、热塑性和弹性。聚乙烯的机械强度随制造方法的不同而有所不同。高密度聚乙烯的韧性、抗张强度、耐热性以及对溶剂的抵抗能力均比低密度聚乙烯的好。聚乙烯塑料可用做人工髋关节髋臼、输液容器、各种医用导管、整形材料和包装材料等。高聚物在医药上如人工材料等方面的应用意义也日渐增大。

聚丙烯通常为半透明、无色固体，无臭、无毒；由于结构规整而高度结晶化，故熔点高达 167 ℃，耐热，制品可用蒸汽消毒是其突出的优点；密度为 $0.90\ g\cdot cm^{-3}$，是最轻的通用塑料；耐腐蚀，抗张强度为 30 MPa，强度、刚性和透明性都比聚乙烯的好。缺点是耐低温冲击性差，较易老化，但可分别通过改性和添加抗氧剂予以克服。

烯烃能和其他化合物起加成反应，特别是低级的 1-烯烃，在一定的条件下还可在多个相同(可相似)分子间发生自身加成反应。

例如，在磷酸催化作用下，两个分子的丙烯聚合生成二聚体：

$$CH_2{=}CH{-}CH_3 \xrightarrow{H_3PO_4} CH_3{-}\underset{\displaystyle CH_3}{\underset{|}{CH}}{-}CH{=}CH{-}CH_3 + CH_3{-}\underset{\displaystyle CH_3}{\underset{|}{CH}}{-}CH_2{-}CH{=}CH_2$$

再如，在 65％的硫酸催化作用和 100 ℃下，两个分子的异丁烯聚合生成二聚体：

$$CH_2{=}\underset{\displaystyle CH_3}{\underset{|}{C}}{-}CH_3 \xrightarrow[100\ ^\circ C]{65\%H_2SO_4} CH_3{-}\overset{\displaystyle CH_3}{\overset{|}{\underset{\displaystyle CH_3}{\underset{|}{C}}}}{-}CH{=}\underset{\displaystyle CH_3}{\underset{|}{C}}{-}CH_3 + CH_3{-}\overset{\displaystyle CH_3}{\overset{|}{\underset{\displaystyle CH_3}{\underset{|}{C}}}}{-}CH_2{-}\underset{\displaystyle CH_3}{\underset{|}{C}}{=}CH_2$$

四、α-H 原子的反应

C═C 键是烯烃的官能团,由于受到双键的影响,与双键碳原子直接相连的碳原子上的氢表现出一定的活泼性,可以发生氧化反应和氯化反应。

1. 氧化反应

例如:将氧化铜载于氧化硅上做催化剂,于 350~450 ℃和 0.1~0.2 MPa 的条件下,丙烯被空气氧化而生成丙烯醛。

$$CH_2{=}CH{-}CH_3 + O_2 \xrightarrow[350\sim450\ ^\circ C,0.1\sim0.2\ MPa]{CuO\text{-}SiO_2} CH_2{=}CH{-}CHO + H_2O$$

这是目前工业上制备丙烯醛的主要方法。丙烯醛是重要的有机合成中间体,它可以用来制造饲料添加剂蛋氨酸,也是制造甘油等的原料。

2. 氯化反应

例如:丙烯与氯气混合,在常温下可发生加成反应,生成 1,2-二氯丙烷,而在 500 ℃的高温下,主要发生烯丙碳上的氢被取代的反应,生成 3-氯丙烯。

$$CH_2{=}CH{-}CH_3 + Cl_2 \xrightarrow{500\ ^\circ C} \underset{\displaystyle Cl}{CH_2}{-}CH{=}CH_2$$

$$CH_2{=}CH{-}CH_3 + Cl_2 \xrightarrow{\text{室温}} CH_3{-}\underset{\displaystyle Cl}{CH}{-}\underset{\displaystyle Cl}{CH_2}$$

实验室中烯烃的 α-H 原子的溴代反应,可用 N-溴代丁二酰亚胺(NBS 试剂)进行反应,产率较高,可用于制备 α-溴代的烯烃。例如:

O NBr(NBS) O → Br + NH O O

第六节　烯烃的亲电加成反应机理

一、烯烃亲电加成反应机理

将乙烯通入含溴的氯化钠水溶液中,反应产物除了 $BrCH_2CH_2Br$ 外,还有少量 $BrCH_2CH_2Cl$ 生成,但没有 $ClCH_2CH_2Cl$。

$$H_2C{=}CH_2 + Br_2 \xrightarrow[H_2O]{NaCl} CH_2BrCH_2Br + CH_2BrCH_2Cl$$

这一实验表明，乙烯与溴的加成反应，不是简单地将乙烯的双键打开，溴分子分成两个溴原子，同时加到两个碳原子上这样一步完成的。如果是这样的话，则生成物应该只有 $BrCH_2CH_2Br$，不应该有 $BrCH_2CH_2Cl$，因 Cl^- 是不能使 $BrCH_2CH_2Br$ 转变为 $BrCH_2CH_2Cl$ 的。由此可知，乙烯与溴的加成反应不是一步完成的，而是分步进行的。

当溴分子接近双键时，π 电子的排斥作用使非极性的 Br—Br 键发生极化，离 π 键近的溴原子带部分正电荷，另一溴原子带部分负电荷。带部分正电荷的溴原子对双键亲电进攻，生成一个环状的溴鎓正离子，反应式为：

$$CH_2{=}CH_2 + Br_2 \longrightarrow \text{(环状 } H_2C{-}CH_2 \text{ 与 } Br^+ \text{ 相连)} + Br^-$$

接着溴负离子进攻溴鎓正离子中的一个碳原子，得到加成产物。

$$\text{(环状 } Br^+ \text{ 与 } CH_2{-}CH_2 \text{ 相连)} + Br^- \longrightarrow Br{-}CH_2{-}CH_2{-}Br$$

从上述的反应过程可以得出以下结论：

(1) 在这个有机反应过程中，有离子的生成及其变化，该反应属于离子型反应；

(2) 两个溴原子的加成是分步进行的，而首先进攻碳碳双键的是溴分子中带部分正电荷的溴原子，在整个反应中，这一步最慢，是决定反应速率的一步，所以这个反应称为亲电性离子型反应，溴在这个反应中作为亲电试剂；

(3) 两个溴原子先后加到双键的两侧，属于反式加成。

二、马尔科夫尼科夫规则的理论解释

当乙烯与卤化氢加成时，卤原子或氢原子不论加到哪个碳原子上，产物都是相同的。因为乙烯分子是对称分子。但丙烯与卤化氢加成时，情况就不同了，有可能生成两种加成产物：

$$H_2C{=}CH{-}CH_3 + HCl \longrightarrow H_3CCH_2CH_2Cl + CH_3CHClCH_3$$

实验证明，丙烯与卤化氢加成时，主要产物是 2-卤丙烷，即当不对称烯烃与卤化氢加成时，氢原子主要加到含氢较多的双键碳原子上，这就是马尔科夫尼科夫规则（马氏规则）。

马氏规则可用烯烃的亲电加成反应机理来解释。由于卤化氢是极性分子，带正电荷的氢离子先加到碳碳双键中的一个碳原子上，使碳碳双键中的另一个碳原子形成碳正离子，然后碳正离子再与卤素负离子结合形成卤代烷。其中第一步是决定整个反应速率的一步，在这一步中，生成的碳正离子越稳定，反应越容易进行。

$$\overset{3}{C}H_3{-}\overset{2}{C}H{=}\overset{1}{C}H_2 + HCl \begin{cases} \xrightarrow{\text{氢加到 C(1)}} CH_3\overset{+}{C}HCH_3 \quad \text{I} \\ \xrightarrow{\text{氢加到 C(2)}} CH_3CH_2\overset{+}{C}H_2 \quad \text{II} \end{cases}$$

当氢离子加到C(1)上时,C(2)上带有的部分正电荷容易被两个甲基所分散,而氢离子加到C(2)上时,C(1)上带有的部分正电荷只能分散到一个亚甲基上,碳正离子(Ⅰ)的稳定性强于碳正离子(Ⅱ)的稳定性,因此,氢原子主要加到含氢较多的双键碳原子上。

一个带电体系的稳定性,取决于所带电荷的分布情况,电荷越分散,体系越稳定。碳正离子的稳定性也是如此,电荷越分散,体系越稳定。以下几种碳正离子的稳定性由小到大顺序为:

$$\overset{+}{C}H_3 < CH_3\overset{+}{C}H_2 < (CH_3)_2\overset{+}{C}H < (CH_3)_3\overset{+}{C}$$

甲基与氢原子相比,前者是排斥电子的基团。当甲基与带正电荷的中心碳原子相连接时,共用电子对向中心碳原子方向移动,中和了中心碳原子上的部分正电荷,即使中心碳原子的正电荷分散,从而使碳正离子稳定性增加。与中心碳原子相连的甲基越多,碳正离子的电荷越分散,其稳定性越高。因此,上述4个碳正离子的稳定性,从左至右,逐步增加。

第七节　重要的烯烃及其应用

乙烯、丙烯和丁烯都是重要的烯烃,它们是有机合成中的重要的基本原料,是高分子合成中的重要单体,也是合成树脂、合成纤维和合成橡胶的最主要原料。

1. 乙烯

乙烯是稍有甜味的无色气体;燃烧时火焰明亮但有烟,空气中乙烯的体积分数为3%~33.5%时就会形成爆炸性的混合物,遇火星会发生爆炸。在医药上,乙烯与氧的混合物可做麻醉剂。在工业上,乙烯用量最大的是生产聚乙烯,约占乙烯耗量的45%;其次是由乙烯生产二氯乙烷和氯乙烯;另外,乙烯可制备环氧乙烷、乙二醇、苯乙烯、乙醛、乙醇和高级醇等。

2. 丙烯

丙烯是无色、无臭、稍带有甜味的气体;易燃,燃烧时会产生明亮的火焰,在空气中的爆炸极限是2%~11%(体积分数);不溶于水,溶于有机溶剂,是一种低毒类物质。丙烯是三大合成材料的基本原料之一,其用量最大的是生产聚丙烯。另外,丙烯可用来制备丙烯腈、环氧丙烷、异丙醇、苯酚、丙酮、丁醇、辛醇、丙烯酸及其脂类、丙二醇、环氧氯丙烷和合成甘油等。

3. 丁烯

(1) 1-丁烯。1-丁烯是无色气体;易燃,在空气中的爆炸极限是1.6%~10%(体积分数);不溶于水,微溶于苯,易溶于乙醇、乙醚;主要用途是制备丁二烯、异戊二烯、合成橡胶等。

(2) 2-丁烯。2-丁烯是无色气体;易燃,在空气中的爆炸极限是1.6%~9.7%(体积分数);不溶于水,溶于多数有机溶剂;主要用途是制备丁二烯等。

本章小结

一、烯烃的结构

烯烃中的双键碳原子 sp^2 杂化，双键中有一个 σ 键和一个 π 键，掌握 π 键的特点、σ 键与 π 键的区别。

烯烃分子中有顺、反异构，掌握 Z/E 命名法和次序规则。

二、烯烃的命名

1. 普通命名法

普通命名法只适用于少数几个简单烯烃的命名。

2. 衍生命名法

衍生命名法是以烯烃的代表物乙烯为母体，把连在 C═C 键碳上的取代基按照“次序规则”排列先后次序，小的取代基优先列出，再加上母体“乙烯”的命名方法。

3. 系统命名法

选择含有 C═C 键在内的最长碳链作为主链，支链作为取代基，根据主链的含碳原子数命名为“某烯”，从最靠近 C═C 键的一端开始依次用阿拉伯数字 1，2，3，4 等编号；把取代基的位次、数目、名称等写在烯烃名称之前。

三、烯烃的性质

1. 烯烃的物理性质

烯烃的物理性质由其结构决定，掌握烯烃分子熔点、沸点的变化规律。烯烃的熔点是反式异构体的比顺式异构体的略高，而烯烃的沸点则是顺式异构体的比反式异构体的略高。

2. 烯烃的化学性质

(1) 加成反应。与氢、卤素、卤化氢、水、硫酸、次卤酸等物质的加成；对于不对称烯烃的加成遵循马氏规则；过氧化物效应及亲电加成的反应历程。

(2) 氧化反应。高锰酸钾氧化、臭氧化等。

(3) 聚合反应。

(4) α-H 原子的反应。

知识拓展

煤制烯烃成烯烃来源的重要补充

“以煤代油生产低碳烯烃，是保证国家能源安全的重要途径之一”，“煤制甲醇的工艺步骤和烯烃的下游工艺都已经十分成熟”，与会专家在 2009 年中国煤制烯烃技术经济研讨会上指出。

乙烯对外依存度近 50%。根据中国石油和化学工业协会的统计，2008 年中国石油原油产量为 1.79 亿吨，中国乙烯的产量为 1 026 万吨。另据海关总署的数据，2008 年中国石油产品进口总量为 2.18 亿吨，2008 年乙烯进口总量近 1 000 万吨。我国石油和乙烯的对外依存度分别超过和接近 50%。中国石油和化学工业协会估计，“十二五”和“十三五”期间，我国乙烯产能的增速分别达到 4.9%和 5.6%，尽管如此，乙烯仍然无法满足下游市场的需求，2010 年和 2020 年乙烯的自给率只有 56.4%和 62.1%。

时任工业和信息化部产业政策司副司长侯世国在会上表示，以煤代油生产低碳烯烃是实现我国煤代油能源战略，保证国家能源安全的重要途径之一。烯烃的巨大需求量、煤炭的价格优势和石油资源的紧缺，使煤制烯烃项目极具市场竞争力。

煤制烯烃工业化条件初具。煤制烯烃工艺流程包括煤气化、合成气净化、甲醇合成、甲醇制烯烃及烯烃聚合或生产烯烃衍生物五个关键环节。煤制甲醇的工艺步骤和烯烃的下游工艺都已经十分成熟，且有多年的商业化生产经验。因此，甲醇制烯烃成为煤制烯烃的关键环节。

习 题

1. 写出含有五个碳原子的戊烯(C_5H_{10})各构造异构体的结构式。

2. 写出下列化合物的结构式。

(1) (E)-3,4-二甲基-2-戊烯　　(2) 2,3-二甲基-1-己烯

(3) (Z)-3-甲基-4-异丙基-3-庚烯　　(4) (Z)-2,3-二甲基-3-己烯

(5) (2Z,4E)-2,4-己二烯　　(6) 2,4,4-三甲基-2-戊烯

3. 用系统命名法命名下列烯烃。

(1) $(CH_3)_2CH—CH=CH_2$　　(2) $(CH_3)_3CCH=CHCH_2CH_3$

(3) $\mathrm{(Cl)(Br)C=C(H)(C_2H_5)}$（Cl、Br 连于同一碳原子，H、$C_2H_5$ 连于另一碳原子；Cl 与 H 同侧）

(4) $(CH_3)_2CHCH_2C(=CH_2)CH_2CH_3$

(5) 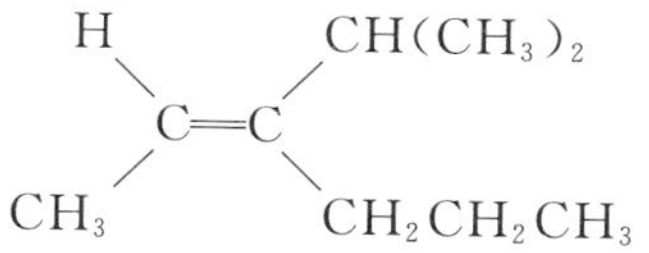
$$\begin{array}{c} H \qquad\qquad CH(CH_3)_2 \\ C{=}C \\ CH_3 \qquad\qquad CH_2CH_2CH_3 \end{array}$$

(6) 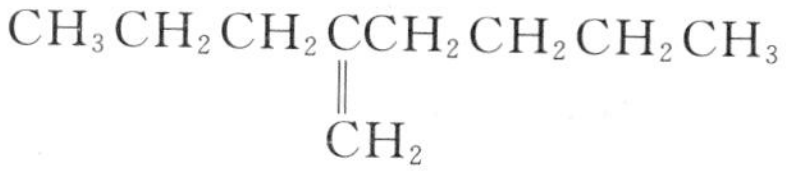
$$\begin{array}{l} CH_3CH_2CH_2\underset{\substack{\| \\ CH_2}}{C}CH_2CH_2CH_2CH_3 \end{array}$$

(7) 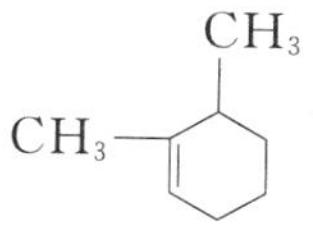 1,6-二甲基环己烯结构（CH_3、CH_3 取代的环己烯）

(8) 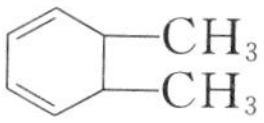 苯并环丁烯结构（两个 $-CH_3$）

(9) 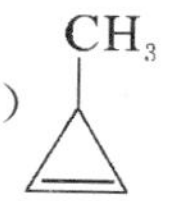 甲基环丙烯结构（CH_3）

4. 用反应式表示异丁烯与下列试剂的反应。

(1) Br_2/CCl_4　　(2) 5%$KMnO_4$ 碱性溶液

(3) 与浓硫酸作用后，加热水解　　(4) HBr

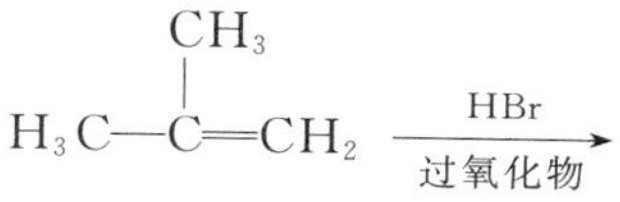

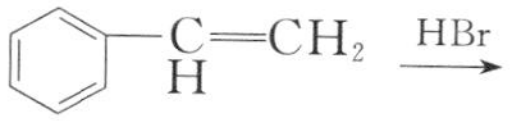

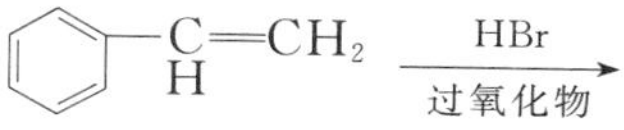

(5) HBr(有过氧化物)

5. 下列碳正离子哪一个较稳定？

(1) $CH_3CH_2\overset{+}{C}HCH_3$　　(2) $CH_3CH_2CH_2\overset{+}{C}H_2$

6. 完成下列反应式。

(1) 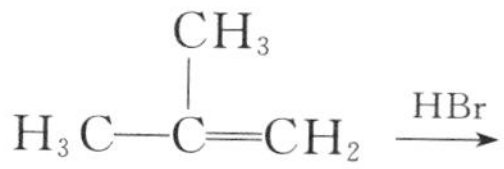 $H_3C{-}\underset{}{\overset{CH_3}{\overset{|}{C}}}{=}CH_2 \xrightarrow{HBr}$

(2) $H_3C{-}\overset{CH_3}{\overset{|}{C}}{=}CH_2 \xrightarrow[\text{过氧化物}]{HBr}$

(3) $C_6H_5{-}\underset{H}{C}{=}CH_2 \xrightarrow{HBr}$

(4) $C_6H_5{-}\underset{H}{C}{=}CH_2 \xrightarrow[\text{过氧化物}]{HBr}$

(5) 环戊烯 $\xrightarrow[\text{光照}]{Br_2}$

(6)  环戊烯 $\xrightarrow[CCl_4]{Br_2}$

(7) $CH_3CH{=}CH_2 \xrightarrow[\text{②}H_2O,\triangle]{\text{①}H_2SO_4}$

(8) $CH_3CH{=}CH_2 \xrightarrow[\text{②}H_2O_2/OH^-]{\text{①}B_2H_6}$

(9) 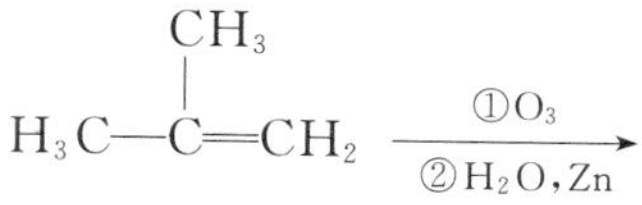 $H_3C{-}\overset{CH_3}{\overset{|}{C}}{=}CH_2 \xrightarrow[\text{②}H_2O,Zn]{\text{①}O_3}$

(10) $C_{10}H_{21}CH{=}CH_2 \xrightarrow[\text{②}H_2O,H^+]{\text{①}F_3CCOOOH}$

7. 推测结构。

(1) A、B 两个化合物，分子式均为 C_6H_{12}，A 经臭氧化，在锌粉保护下还原性水解后得丙酮和丙醛，B 经臭氧化，在锌粉保护下还原性水解后得到丁酮和乙醛。请推断 A、B 的结构式。

(2) 某烯烃的分子式为 $C_{10}H_{20}$，经臭氧化和还原水解后得到 $CH_3COCH_2CH_2CH_3$，推导该烯烃的结构式。

(3) 有两种烯烃 A 和 B，经催化加氢都得到烷烃 C。A 与臭氧作用后，在锌粉存在下，水解得 CH_3CHO 和 $(CH_3)_2CHCHO$；B 在同样条件下反应得 CH_3CH_2CHO 和 CH_3COCH_3。请写出 A、B、C 的结构式。

(4) 化合物甲，其分子式为 C_5H_{10}，能吸收 1 mol H_2，与酸性 $KMnO_4$ 溶液作用生成 1 mol 酸($C_4H_8O_2$)，但经臭氧化和还原水解得两种不同的醛。试推测甲可能的结构式，该烃有没有顺反异构体？

8. 试用化学方法鉴别下列各组化合物。

(1) 己烷、1-己烯、2-己烯

(2) 丙烷、丙烯、氮气

9. 由丙烯通过间接水合法制备醇,要求得到正丙醇,应选择什么合成路线?试用化学反应式表示。

10. 用指定的原料制备下列化合物,试剂可以任选(要求:常用试剂)。

(1) 由 2-溴丙烷制 1-溴丙烷

(2) 由 1-溴丙烷制 2-溴丙烷

(3) 由丙醇制 1,2-二溴丙烷

第四章

炔　烃

目标要求

1. 掌握炔烃的结构、命名。
2. 理解 sp 杂化的特点。
3. 掌握炔烃的重要的化学性质。
4. 了解炔烃的制法及应用。

重点与难点

重点：炔烃的结构及化学性质。

难点：炔烃的结构。

第一节　炔烃的命名

炔烃的系统命名法与烯烃的相同，只是将“烯”字改为“炔”字。例如：

$CH_3C{\equiv}CH$	$CH_3C{\equiv}CCH_3$	$(CH_3)_2CHC{\equiv}CH$
丙炔	2-丁炔	3-甲基-1-丁炔

在炔烃分子中，$C{\equiv}C$ 键处于末端的称为末端炔烃，如 $HC{\equiv}CH$ 、$RC{\equiv}CH$ ；处于中间的称为非末端炔烃，如 $RC{\equiv}CR'$ 。在末端炔烃分子中，$C{\equiv}C$ 键上的氢称为炔氢。

分子中同时含有双键和三键的化合物称为烯炔类化合物。命名时，选择包括双键和三键均在内的碳链为主链，编号时应遵循最低系列原则，书写时先烯后炔。例如：

$CH_3—CH{=}CH—C{\equiv}CH$	$CH_2{=}CH—CH{=}CH—C{\equiv}CH$
3-戊烯-1-炔	1,3-己二烯-5-炔

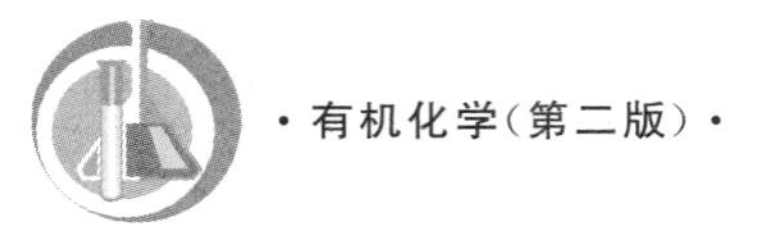

当双键和三键处在相同的位次时,应使双键的编号最小。例如:

$$CH{\equiv}C{-}CH_2{-}CH{=}CH_2$$

1-戊烯-4-炔(不命名为 4-戊烯-1-炔)

第二节　炔烃的结构

乙炔是最简单的炔烃,分子式为 C_2H_2,结构式为 $HC{\equiv}CH$ 。 $—C{\equiv}C—$ 为官能团。根据杂化轨道理论,炔烃分子中的碳原子以 sp 杂化方式参与成键。乙炔分子中的碳原子由一个 2s 轨道和一个 2p 轨道进行杂化,形成两个相等的 sp 杂化轨道,余下的两个 p 轨道未参与杂化,如图 4-1 所示。

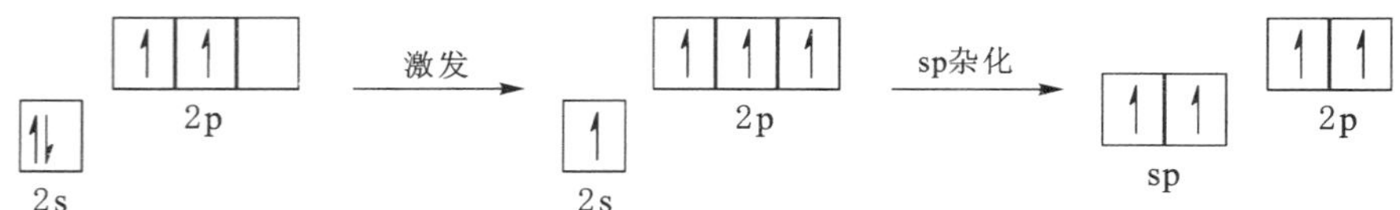

图 4-1　碳原子轨道的 sp 杂化

sp 杂化轨道含有 1/2 的 s 轨道成分和 1/2 的 p 轨道成分,两个碳原子各以一个 sp 杂化轨道互相重叠形成一个 C—C σ 键,每个碳原子又各以一个 sp 轨道分别与一个氢原子的 1s 轨道重叠,各形成一个 C—H σ 键。此外,两个碳原子还各有两个相互垂直的未杂化的 2p 轨道,其对称轴彼此平行,相互“肩并肩”重叠形成两个相互垂直的 π 键,从而构成了碳碳三键,如图 4-2 所示。两个 π 键电子云对称地分布在 C—C σ 键周围,呈圆筒形。

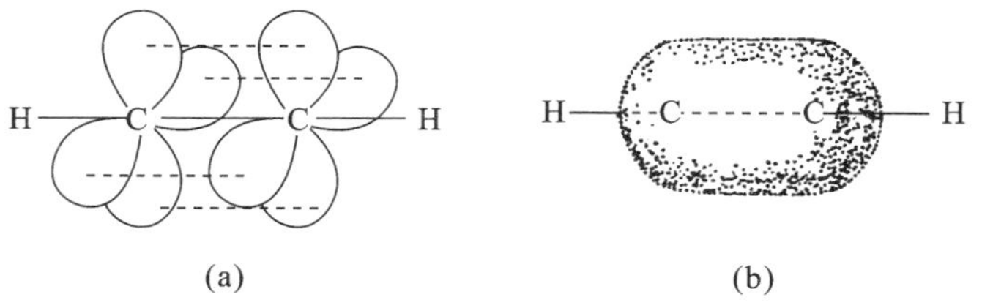

图 4-2　乙炔分子中 π 键的形成及电子云分布

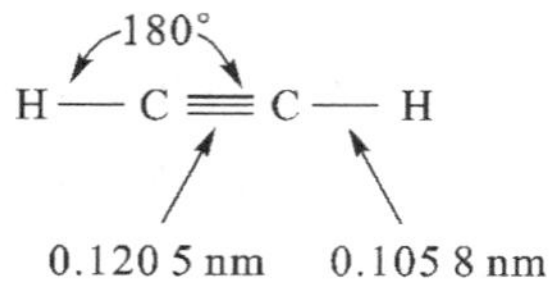

图 4-3　乙炔分子的直线形结构

其他炔烃中的三键,也都是由一个 σ 键和两个 π 键组成的。

现代物理方法证明,乙炔分子中所有原子都在一条直线上,键角(∠HCC)是 180°,C≡C 键的键长是 0.120 5 nm,C—H 键的键长是 0.105 8 nm,如图 4-3 所示。碳碳三键比碳碳双键的键长短,这是由于两个碳原子之间的电子云密度较大,使两个碳原子较乙烯的更为靠近。但三键的键能只有 836.8 $kJ \cdot mol^{-1}$,比三个 σ 键的键能和(345.6 $kJ \cdot mol^{-1} \times 3$)要小,这主要是因为 p 轨道是侧面重叠,重叠程度较小。

乙炔分子的立体模型如图 4-4 所示。由于碳碳三键的几何形状为直线形，三键碳上只可能连有一个取代基，因此炔烃不存在顺、反异构现象，炔烃异构体的数目比含相同碳原子数目的烯烃的少。

(a) 克库勒（Kekulé）模型

(b) 斯陶特（Stuart）模型

图 4-4 乙炔的立体模型示意图

第三节 炔烃的物理性质

炔烃的物理性质与烯烃的相似，也是随着相对分子质量的增加而有规律性地变化。简单炔烃的沸点、熔点及相对密度通常比碳原子数相同的烷烃和烯烃的高一些，如表 4-1 所示。4 个以下碳的炔烃在常温常压下为气体，5～15 个碳的炔烃为液体，16 个以上碳的炔烃为固体。炔烃比水轻，炔烃分子的极性略比烯烃的强，炔烃不溶于水，而易溶于石油醚、苯、醚、丙酮等有机溶剂。

表 4-1 常见炔烃的物理常数

名　　称	构 造 式	熔点/℃	沸点/℃	相 对 密 度
乙炔	$HC\equiv CH$	−81.8	−83.4	0.618(沸点时)
丙炔	$CH_3C\equiv CH$	−101.5	−23.3	0.671(沸点时)
1-丁炔	$CH_3CH_2C\equiv CH$	−122.5	8.5	0.668(沸点时)
1-戊炔	$CH_3CH_2CH_2C\equiv CH$	−98	39.7	0.695
2-戊炔	$CH_3CH_2C\equiv CCH_3$	−101	55.5	0.712 7(17.2 ℃)
3-甲基-1-丁炔	$CH_3CH(CH_3)C\equiv CH$	−89.7	28.35(10 kPa)	0.685 4(0 ℃)
1-己炔	$CH_3(CH_2)_3C\equiv CH$	−124.0	71.4	0.719
1-庚炔	$CH_3(CH_2)_4C\equiv CH$	−80.9	99.8	0.733
1-十八碳炔	$CH_3(CH_2)_{15}C\equiv CH$	22.5	180.0(2 kPa)	0.869 6(0 ℃)

第四节 炔烃的化学性质

炔烃的化学性质和烯烃的相似，也有加成、氧化和聚合等反应。这些反应都发生在三键上。但炔烃中的 π 键和烯烃中的 π 键在强度上有差异，造成了两者在化学性质上也有差别，即炔烃的亲电加成反应活泼性不如烯烃的，且炔烃三键碳上的氢显示出一定的酸性。

炔烃的主要化学反应如下：

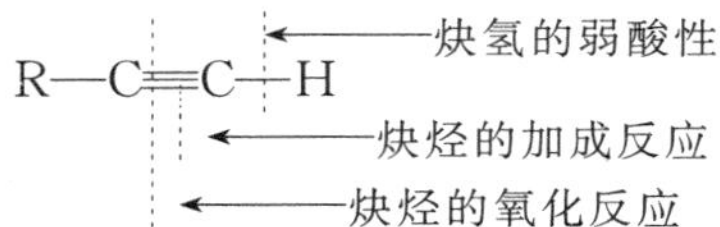

一、加成反应

1. 催化加氢

与烯烃相似，在催化剂铂、钯或镍的存在下，炔烃与足够量的氢气反应生成烷烃，反应难以停止在烯烃阶段。

$$R-C\equiv C-R' \xrightarrow[Pd]{H_2} R-CH=CH-R' \xrightarrow[Pd]{H_2} R-CH_2CH_2-R'$$

如果只希望得到烯烃，则可使用活性较低的催化剂。常用的是林德拉(Lindlar)催化剂(钯附着于碳酸钙上，加少量乙酸铅使之部分毒化，降低该催化剂的活性)，在其催化下，炔烃的氢化可以停留在烯烃阶段。这表明，催化剂的活性对催化加氢的产物有决定性的影响。部分氢化炔烃的方法在合成上有广泛的用途。

$$R-C\equiv C-R' + H_2 \xrightarrow{\text{Lindlar 催化剂}} R-CH=CH-R'$$

$$CH_3C\equiv CH + H_2 \xrightarrow{\text{Lindlar 催化剂}} CH_3CH=CH_2$$

2. 与卤素加成

炔烃也能和卤素(主要是氯和溴)发生亲电加成反应，反应是分步进行的，先加一分子卤素生成二卤代烯，然后继续加成得到四卤代烷烃。

$$CH_3-C\equiv CH \xrightarrow{Br_2/CCl_4} \underset{\text{1,2-二溴丙烯}}{CH_3-\underset{Br}{\underset{|}{C}}=\underset{Br}{\underset{|}{CH}}} \xrightarrow{Br_2/CCl_4} \underset{\text{1,1,2,2-四溴丙烷}}{CH_3-\overset{Br}{\overset{|}{\underset{Br}{\underset{|}{C}}}}-\overset{Br}{\overset{|}{\underset{Br}{\underset{|}{CH}}}}}$$

与烯烃一样，炔烃与红棕色的溴溶液反应生成无色的溴代烃，所以此反应可用于炔烃的鉴别。

但炔烃与卤素的亲电加成反应活性比烯烃的小，反应速率慢。例如，烯烃可使溴的四氯化碳溶液立刻褪色，炔烃却需要几分钟才能使之褪色，乙炔甚至需在光或三氯化铁催化下才能与溴反应，所以当分子中同时存在双键和三键时，首先进行的是双键加成。例如，在低温、缓慢地加入溴的条件下，三键不参与反应：

$$CH_2=CH-CH_2-C\equiv CH + Br_2 \xrightarrow[CCl_4]{-20\ ℃} \underset{\text{4,5-二溴-1-戊炔}}{\underset{Br}{\underset{|}{CH_2}}-\underset{Br}{\underset{|}{CH}}-CH_2-C\equiv CH}$$

炔烃的亲电加成不如烯烃的活泼是由不饱和碳原子的杂化状态不同造成的。三键中的碳原子为 sp 杂化，与 sp^2 杂化和 sp^3 杂化相比，它含有较多的 s 成分。s 成分多，则成键电子更靠近原子核，原子核对成键电子的约束力较大，所以三键的 π 电子比双键的 π 电子难以极化。换言之，sp 杂化的碳原子电负性较强，不容易给出电子，与亲电试剂结合，因而三键的亲电加成反应比双键的加成反应慢。

不同杂化态碳原子的电负性大小顺序为：$sp > sp^2 > sp^3$。

3. 与卤化氢的加成

炔烃也能与卤化氢加成。例如，在氯化汞-活性炭的催化下，乙炔与氯化氢发生加成反应，生成氯乙烯。

$$CH \equiv CH + HCl \xrightarrow[150\sim160\ ^\circ C]{\text{氯化汞-活性炭}} \underset{\text{氯乙烯}}{CH_2 = CHCl}$$

这是工业生产氯乙烯的一种方法。氯乙烯是生产聚氯乙烯的单体。不对称炔烃加卤化氢时，加成产物与烯烃的加成反应产物相似，符合马氏规则。如丙炔与氯化氢发生加成反应，生成 2-氯丙烯和 2,2-二氯丙烷，反应式如下：

$$CH_3-C \equiv CH \xrightarrow{HCl} \underset{\text{2-氯丙烯}}{CH_3-\underset{\displaystyle Cl}{\underset{|}{C}}=CH_2} \xrightarrow{HCl} \underset{\text{2,2-二氯丙烷}}{CH_3-\overset{\displaystyle Cl}{\overset{|}{\underset{\displaystyle Cl}{\underset{|}{C}}}}-CH_3}$$

丁炔与溴化氢的加成反应为：

$$CH_3CH_2C \equiv CH \xrightarrow{HBr} \underset{\text{2-溴-1-丁烯}}{CH_3CH_2\underset{\displaystyle Br}{\underset{|}{C}}=CH_2} \xrightarrow{HBr} \underset{\text{2,2-二溴丁烷}}{CH_3CH_2\overset{\displaystyle Br}{\overset{|}{\underset{\displaystyle Br}{\underset{|}{C}}}}-CH_3}$$

4. 与水的加成

炔烃在一定条件下可以和水发生加成反应，生成醛或酮。如乙炔通常情况下与水不发生反应，但将乙炔气体通入含硫酸汞和稀硫酸的水溶液中，乙炔可以加一分子水生成乙醛。但反应首先生成乙烯醇，因烯醇式结构不稳定，易发生分子内原子或基团的重排而生成醛或酮。这是目前我国工业上制备乙醛的主要方法。

$$CH \equiv CH + H_2O \xrightarrow[\substack{98\sim105\ ^\circ C \\ \text{约 } 0.15\ MPa}]{HgSO_4,\text{稀 } H_2SO_4} \underset{\text{乙烯醇}}{\left[CH_2=\underset{\displaystyle OH}{\underset{|}{CH}} \right]} \longrightarrow \underset{\text{乙醛}}{CH_3-CH=O}$$

其他炔烃与水发生加成反应，加成产物通过分子内的重排生成酮。例如：

$$CH_3-C \equiv CH + H_2O \xrightarrow[HgSO_4]{H_2SO_4} \left[CH_3-\underset{\displaystyle OH}{\underset{|}{C}}=CH_2 \right] \longrightarrow CH_3-\underset{\displaystyle O}{\underset{\|}{C}}-CH_3$$

这类反应的一个缺点是，汞盐毒性大，影响健康，污染水域，所以目前世界各国都在寻找它的低毒或无毒催化剂。工业上主要改用 $PdCl_2$ 催化乙烯水合为乙醛（以乙烯为原料

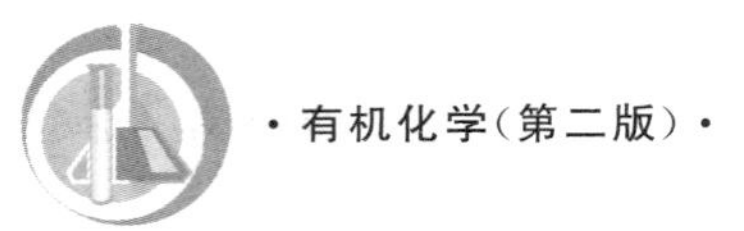

的 Wacker 法),$CuCl_2$ 为辅助催化剂。

5. 与醇的加成

在碱的催化下,乙炔与醇加成生成甲基乙烯基醚。例如:

$$CH\equiv CH + CH_3—OH \xrightarrow[\substack{160\sim165\ ℃ \\ 2\sim2.2\ MPa}]{20\%\ KOH 水溶液} \underset{甲基乙烯基醚}{CH_2=CH—O—CH_3}$$

在碱催化下, C≡C 键与醇的加成不是亲电加成,而是亲核加成。

6. 与乙酸的加成

以乙酸锌-活性炭为催化剂,在气相 170～230 ℃下,乙炔可与乙酸加成生成乙酸乙烯酯。

$$CH\equiv CH + CH_3—COOH \xrightarrow[170\sim230\ ℃]{乙酸锌-活性炭} \underset{乙酸乙烯酯}{CH_3CO—O—CH=CH_2}$$

这是工业上生产乙酸乙烯酯的一种方法。

二、氧化反应

碳碳三键与碳碳双键一样,也是不稳定的化学键,也可以被许多氧化剂所氧化,如炔烃可以被高锰酸钾氧化,并且使高锰酸钾溶液的紫色褪去,反应现象比较明显,通常可以用此方法鉴别炔烃和烷烃。

乙炔可被高锰酸钾氧化生成二氧化碳,高锰酸钾则被乙炔还原生成棕色的二氧化锰沉淀。

$$3CH\equiv CH + 10KMnO_4 + 2H_2O \longrightarrow 6CO_2 + 10KOH + 10MnO_2$$

非末端炔烃,氧化的最终产物是羧酸(C≡C 键断裂)。

$$R—C\equiv C—R' \xrightarrow[过量]{KMnO_4} R—COOH + R'—COOH$$

末端炔烃,氧化的最终产物也是羧酸,同时有二氧化碳生成。

$$RC\equiv CH \xrightarrow[H^+]{KMnO_4} R—\overset{\overset{\large O}{\|}}{C}—OH + CO_2 + H_2O$$

三、炔氢的反应

1. 炔钠的生成——炔烃的制备

硫酸的酸性强度比乙酸的大很多,因此,乙酸根负离子可以定量地把硫酸转变为硫酸氢根负离子。

$$H_2SO_4 + CH_3COO^- \longrightarrow HSO_4^- + CH_3COOH$$

同理,乙炔(CH≡C—H,$pK_a=25$)的酸性强度比氨(HN_2—H,$pK_a=34$)的大很多(10^9 倍),氨基负离子可以定量地把乙炔转变成为乙炔基负离子。

$$CH\equiv CH + NH_2^- \longrightarrow CH\equiv C^- + NH_3$$

在液氨中，用氨基钠(1 mol)处理乙炔是实验室中制备乙炔钠常用的一种方法。

$$CH\equiv CH + \underset{\text{氨基钠}}{Na^+ NH_2^-} \xrightarrow[-33\ ℃]{\text{液氨}} \underset{\text{乙炔钠}}{CH\equiv C^- Na^+} + NH_3$$

乙炔基负离子是一个很强的亲核试剂(碳上带有孤对电子)，在液氨中可与伯卤代烷发生取代反应生成烷基乙炔，即乙炔的烷基化。例如：

$$CH\equiv CH \xrightarrow[-33\ ℃]{NaNH_2,\text{液氨}} CH\equiv CNa \xrightarrow[\text{液氨},-33\ ℃]{CH_3CH_2CH_2CH_2Br} \underset{(89\%)}{CH\equiv CCH_2CH_2CH_2CH_3}$$

$$CH_3CH_2C\equiv CH \xrightarrow[-33\ ℃]{NaNH_2,\text{液氨}} CH_3CH_2C\equiv CNa \xrightarrow[\text{液氨},-33\ ℃]{CH_3CH_2Br} \underset{(75\%)}{CH_3CH_2C\equiv CCH_2CH_3}$$

这是实验室中利用乙炔制备其他炔烃普遍采用的一种方法。

2. 金属炔化物的生成

由于 sp 杂化碳原子的电负性较强，因此三键碳原子上的氢原子具有微弱的酸性，可以被金属取代生成金属炔化物。例如，将乙炔通入硝酸银的氨溶液中，则有灰白色的乙炔银沉淀生成；把乙炔通入氯化亚铜的氨溶液中，则有红棕色的乙炔亚铜沉淀生成。

$$CH\equiv CH + 2Ag(NH_3)_2NO_3 \longrightarrow \underset{\text{乙炔银(灰白色)}}{AgC\equiv CAg\downarrow} + 2NH_4NO_3 + 2NH_3$$

$$CH\equiv CH + 2Cu(NH_3)_2Cl \longrightarrow \underset{\text{乙炔亚铜(红棕色)}}{CuC\equiv CCu\downarrow} + 2NH_4Cl + 2NH_3$$

不仅是乙炔，凡是有 RC≡CH 结构的炔烃(端位炔烃，即 C≡C 键在 C(1)和 C(2)之间的炔烃)都可进行此反应，且上述反应非常灵敏，现象明显，可用来鉴别乙炔和端位炔烃。烷烃、烯烃和 R—C≡C—R′ 类型的炔烃均无此反应。

干燥的炔化银和炔化亚铜不稳定，受热或撞击易发生爆炸，所以，实验完毕后应立即加入稀硝酸使其分解。

四、聚合反应

许多炔烃也能发生聚合反应，在不同的反应条件下，生成不同的聚合产物。例如，把乙炔气体通入含有少量盐酸的氯化亚铜-氯化铵的水溶液中，在 84～96 ℃条件下，两分子乙炔聚合生成乙烯基乙炔。

$$2CH\equiv CH \xrightarrow[\text{少量 HCl,约 70 ℃}]{CuCl\text{-}NH_4Cl\ \text{水溶液}} \underset{\text{乙烯基乙炔}}{CH_2=CH-C\equiv CH}$$

乙烯基乙炔是合成橡胶的重要原料。

炔烃能起聚合反应，但它一般不聚合成高聚物，而是在不同的催化剂作用下，发生不同的低聚反应，如二聚反应、三聚反应和四聚反应。

$$2CH\equiv CH \xrightarrow{CuCl\text{-}NH_4Cl} CH_2=CH-C\equiv CH \xrightarrow[CuCl\text{-}NH_4Cl]{CH\equiv CH}$$

$$\underset{\text{二乙烯基乙炔}}{CH_2=CH-C\equiv C-CH=CH_2}$$

$$CH_2{=}CH{-}C{\equiv}CH + HCl \xrightarrow[12\%\sim14\%\ HCl,约\ 45\ ℃]{CuCl\text{-}NH_4Cl} CH_2{=}CH{-}CCl{=}CH_2$$

2-氯-1,3-丁二烯

2-氯-1,3-丁二烯(无色液体,沸点 59.4 ℃)是生产氯丁橡胶的单体。

$$3CH{\equiv}CH \xrightarrow[50\sim70\ ℃,1.5\ MPa]{(Ph_3)_3PNi(CO)_2}$$ 苯

$$4CH{\equiv}CH \xrightarrow[50\ ℃,1.5\sim2.0\ MPa]{Ni(CN)_2}$$ 环辛四烯

第五节 炔烃的制法

炔烃中最重要的是乙炔。乙炔是有机化学工业的基础原料之一,也是石油化学工业中常说的八大原料("三烯"(乙烯、丙烯和丁烯)、"三苯"(苯、甲苯和二甲苯)、"一炔"(乙炔)、"一萘"(萘))之一。因此,这里主要讨论乙炔的工业制法。

工业上生产乙炔有两种方法。

1. 碳化钙(电石)法

在高温电炉中加热生石灰和焦炭到 2500~3000 ℃,生石灰即与焦炭反应生成碳化钙,碳化钙俗名电石,电石与水反应即得乙炔。

$$CaO + 3C \xrightarrow[电炉]{2500\sim3000\ ℃} CaC_2 + CO$$

$$CaC_2 + 2H_2O \longrightarrow CH{\equiv}CH + Ca(OH)_2$$

在生产电石的原料生石灰和焦炭中,经常混有少量含硫、磷等的杂质,而在生石灰和焦炭生成电石的条件下,这些含硫、磷等的杂质会转变成为硫化钙、磷化钙等混杂在电石中。当电石与水作用生成乙炔时,硫化钙、磷化钙等同时也与水作用生成硫化氢、磷化氢等混杂在乙炔中,这使乙炔具有难闻的臭味。

在实验室或工业上一般采用氧化法除去乙炔中含有的硫化氢、磷化氢等杂质。把乙炔通入次氯酸钠(Cl_2-NaOH)水溶液中,硫化氢、磷化氢等会被氧化成为硫酸盐、磷酸盐等而除去。

电石法是目前应用较普遍的一种制备乙炔的方法。这种方法虽纯度较高,生产流程简单,但生产电石耗电量大,成本高,污染严重,故其发展受到了限制。

2. 甲烷法(电弧法)

以天然气(CH_4)为原料,在约 1500 ℃下,短时间(0.01~0.1 s)内进行一系列反应生成乙炔,这是一个强烈的吸热反应。因此,工业上又同时氧化(加入氧气)一部分甲烷,由此产生的热量用来供给由甲烷合成乙炔的反应。所以此法又称为甲烷的部分氧化法。反应产物包括乙炔、一氧化碳和氢气。

$$4CH_4 + O_2 \xrightarrow[0.01\sim0.1\ s]{约\ 1500\ ℃} CH{\equiv}CH + 2CO + 7H_2$$

此法的优点是原料便宜，特别是在丰产天然气的地方，此法的成本较低，适宜大规模生产。缺点是用此法得到的乙炔纯度较低。

3. 其他炔烃的制法

（1）利用炔钠和伯卤代烃制备。

在乙炔或其他端位炔烃分子中引入烷基，可获得其他炔烃。例如：

$$RC\equiv CH \xrightarrow[\text{液氨}]{NaNH_2} RC\equiv CNa \xrightarrow{R'X} R—C\equiv C—R'$$

（2）二卤代烷脱去一分子卤化氢是比较容易的，是制备不饱和卤代烃的一种常用的方法。在碱性条件下，由邻二卤代烷或偕二卤代烷首先失去一分子的卤化氢生成乙烯基卤代烃。二卤代烷再失去一分子卤化氢较困难，需在较激烈的条件下，如用热的 KOH 或 NaOH(醇)溶液，或使用较强的碱，如 $NaNH_2$，才能形成炔烃。

$$R—\underset{X}{\underset{|}{CH}}—\underset{X}{\underset{|}{CH}}—R \xrightarrow{\text{KOH，醇溶液}} R—\underset{X}{\underset{|}{C}}=CH—R \xrightarrow{\text{KOH，醇溶液}} R—C\equiv C—R$$

$$CH_3—\underset{Br}{\underset{|}{CH}}—\underset{Br}{\underset{|}{CH_2}} \xrightarrow[\triangle]{\text{KOH，乙醇}} CH_3—C\equiv CH + 2HBr$$

$$RCX_2—CH_2R \xrightarrow{NaNH_2} R—C\equiv C—R$$

第六节 重要的炔烃——乙炔

乙炔是基本的有机合成材料。纯的乙炔是无色、无臭味的易燃、有毒气体，燃烧时火焰明亮，可用于照明。乙炔在水中有一定的溶解度，1 L 水在 0 ℃时能溶解 1.7 L 乙炔，在 15.5 ℃时能溶解 1.1 L 乙炔。用天然气或石油作原料制备乙炔时，可以在加压下用水来吸收乙炔，所得溶液在减压下又能释放出乙炔。

乙炔在有机溶剂中的溶解度要比在水中的大得多。1 L 丙酮在 25 ℃和 0.1 MPa 下，能溶解 20.8 L 乙炔，溶解度随压力的增加而增加。如在 1.2 MPa 下，丙酮能溶解 300 L 乙炔。乙炔在丁内酯、N，N-二甲基甲酰胺和 N-甲基吡咯烷酮中的溶解度也很大，这些有机溶剂常用于乙炔的储存、提纯和分离。

乙炔与一定比例的空气混合，可形成爆炸性的混合物，乙炔在空气中的爆炸极限为 3%～80%(体积分数)。为避免爆炸危险，一般可用浸有丙酮的多孔物质(如石棉、硅藻土、活性炭等)吸收乙炔后一起储存在钢瓶中，这样可以进行运输和使用。乙炔在氧气中燃烧所形成的氧炔焰的最高温度可达 3000 ℃，因此广泛用来熔接或切割金属。

本章小结

一、炔烃的结构

炔烃的官能团是碳碳三键(—C≡C—),形成三键的碳原子采取 sp 杂化,三个键中有一个是 σ 键,两个是 π 键。

二、炔烃的命名

与烯烃的命名法相似,将“烯”字改为“炔”字。

三、炔烃的化学性质

1. 加成反应

$$RC\equiv CH \xrightarrow[\text{Pt、Pd 或 Ni}]{2H_2} RCH_2CH_3$$

$$RC\equiv CH \xrightarrow[\text{Lindlar 催化剂}]{H_2} RCH=CH_2$$

$$RC\equiv CH \xrightarrow{X_2} RCX=CHX \xrightarrow{X_2} R-CX_2-CX_2-H$$

$$RC\equiv CH \xrightarrow[\text{按马氏规则}]{HX} R-CX=CH_2 \xrightarrow{HX} R-CX_2-CH_3$$

$$RC\equiv CH \xrightarrow[\text{按反马氏规则}]{\text{HBr+过氧化物}} R-CH=CHBr$$

$$RC\equiv CH \xrightarrow[\text{按马氏规则}]{H_2O,HgSO_4/H_2SO_4} R-\overset{O}{\overset{\|}{C}}-R'$$

2. 氧化反应

$$RC\equiv CR' \xrightarrow{KMnO_4} RCOOH+R'COOH$$

$$RC\equiv CH \xrightarrow{KMnO_4} RCOOH+CO_2$$

3. 生成金属炔化物的反应

$$RC{\equiv}CH \begin{cases} \xrightarrow[NH_3 \cdot H_2O]{AgNO_3} R{-}C{\equiv}C{-}Ag\downarrow \text{（灰白色沉淀）} \\ \xrightarrow[NH_3 \cdot H_2O]{Cu_2Cl_2} R{-}C{\equiv}C{-}Cu\downarrow \text{（红棕色沉淀）} \end{cases} \text{用于鉴别}$$

4. 聚合反应

$$2CH{\equiv}CH \xrightarrow{CuCl\text{-}NH_4Cl} CH_2{=}CH{-}C{\equiv}CH \xrightarrow{CuCl\text{-}NH_4Cl} CH_2{=}CH{-}C{\equiv}C{-}CH{=}CH_2$$

知识拓展

天然橡胶

橡胶分为天然橡胶和合成橡胶两类。天然橡胶主要来源于三叶橡胶树，它是一种以聚异戊二烯为主要成分的天然高分子化合物，分子式为$(C_5H_8)_n$，其成分中91%～94%是橡胶烃（聚异戊二烯），其余为蛋白质、脂肪酸、灰分、糖类等非橡胶物质。这种橡胶树的表皮被割开，就会流出乳白色的汁液，称为胶乳，胶乳经凝聚、洗涤、成型、干燥即得天然橡胶。合成橡胶是由人工合成方法而制得的，采用不同的原料（单体）可以合成出不同种类的橡胶。

橡胶树原产于巴西亚马逊河流域马拉岳西部地区，现已布及亚洲、非洲、大洋洲、拉丁美洲等的40多个国家和地区。种植面积较大的国家有印度尼西亚、泰国、马来西亚、中国、印度、越南、尼日利亚、巴西、斯里兰卡、利比里亚等。我国植胶区主要分布于海南、广东、广西、福建、云南，其中海南为主要植胶区，此外中国台湾也可种植。橡胶树喜高温、高湿、静风和肥沃土壤，要求年平均温度为26～27 ℃，在20～30 ℃范围内都能正常生长和产胶，不耐寒，在5 ℃以下即受冻害；要求年平均降水量1 150～2 500 mm，但不宜在低、湿的地方栽植；适宜在土层深厚、肥沃而湿润、排水良好的酸性沙壤土中生长；橡胶树具有浅根性，枝条较脆弱，对风的适应能力较差，易受风寒，且受风寒后产胶量下降。橡胶树的种子可榨油，为制造油漆和肥皂的原料；果壳可制优质纤维、活性炭、糠醛等；木材质轻、花纹美观，加工性能好，经化学处理后可用来制作高档家具、纤维板、胶合板、纸浆等。

天然橡胶因其具有很强的弹性和良好的绝缘性，可塑性，隔水、隔气性，抗拉性和耐磨性等特点，已成为生产和生活中不可缺少的材料。橡胶的弹性极佳，在外力作用下可以拉伸到原来长度的7～8倍，外力一消失，它又迅速地恢复到原来的状态。橡胶的种类繁多，用途极广，广泛地用于工业、国防、交通、医药卫生领域和日常生活等方面。橡胶的缺点是不耐候，不耐油（可耐植物油）。

1. 写出分子式为C_5H_8的所有炔烃和二烯烃的同分异构体，并用系统命名法命名。

2. 写出下列各炔烃的结构式,并用系统命名法命名。

(1) 异丁基乙炔　　(2) 异丁基仲丁基乙炔

(3) 仲丁基叔丁基乙炔　　(4) 新戊基叔丁基乙炔

3. 用化学方法鉴别下列化合物。

(1) 乙烷、乙烯、乙炔　　(2) 戊烷、1-戊炔、2-戊炔

4. 有 A 和 B 两种化合物,它们的分子式都为 C_5H_8,且都能使溴的四氯化碳溶液褪色。但 A 与硝酸银的氨溶液作用生成灰白色沉淀,B 则不能。当用热的 $KMnO_4$ 溶液氧化时,A 得到 $CH_3CH_2CH_2COOH$ 和 CO_2,B 得到乙酸和丙酸。试推测 A 和 B 的结构。

5. 判断化合物 $\overset{1}{H_2C}{=}\overset{2}{CH}{-}\overset{3}{C}{\equiv}\overset{4}{C}{-}\overset{5}{CH_3}$ 中各个碳原子的杂化类型。

6. 以电石及其他无机试剂为原料,合成丁酮。

7. 具有相同分子式(C_5H_8)的两种化合物,经氢化后都可以生成 2-甲基丁烷。它们都可以与两分子溴加成,但其中一种可以使硝酸银的氨溶液产生灰白色沉淀,另一种则不能。试推测这两种异构体的结构式。

8. 化合物 A 的相对分子质量为 82,每摩尔 A 能吸收 2 mol H_2,当 A 和硫化亚铜的氨溶液作用时,没有沉淀生成,当 A 吸收一分子 H_2 时,产物是 3-己烯,写出 A 可能的结构式。

第五章

二 烯 烃

目标要求

1. 掌握二烯烃的命名方法。
2. 掌握共轭二烯烃的结构特点。
3. 理解共轭效应。
4. 掌握共轭二烯烃的化学性质。
5. 了解1,3-丁二烯在生产实际中的应用。

重点与难点

重点:共轭二烯烃的结构特点;1,3-丁二烯的化学性质。

难点:共轭效应。

第一节 二烯烃的分类和命名

一、二烯烃的分类

分子中含有两个碳碳双键的不饱和烃称为二烯烃,其通式为 C_nH_{2n-2}。根据二烯烃分子中两个双键所在的位置不同,二烯烃可分为三类。

1. 累积二烯烃

两个双键连在同一个碳原子上,即分子中含有 $>C=C=C<$ 结构的烯烃。例如:

$CH_2=C=CH_2$ 丙二烯

$CH_3-CH=C=CH_2$ 1,2-丁二烯

2. 共轭二烯烃

两个双键被一个单键隔开,即分子中含有 >C=C—C=C< 结构的烯烃。例如:

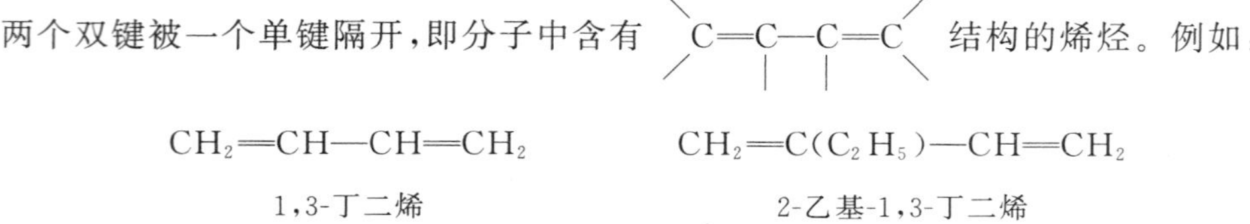

CH_2=CH—CH=CH_2
1,3-丁二烯

CH_2=C(C_2H_5)—CH=CH_2
2-乙基-1,3-丁二烯

3. 孤立二烯烃

两个双键被两个或多个单键隔开,即分子中含有 >C=C—$(CH_2)_n$—C=C< ($n \geqslant 1$)结构的烯烃。例如:

CH_2=CH—CH_2—CH=CH_2
1,4-戊二烯

CH_2=C(CH_3)—CH_2—CH=CH—CH_3
2-甲基-1,4-己二烯

在三种不同类型的二烯烃中,累积二烯烃由于分子中的两个双键连在同一个碳原子上,很不稳定,极少见。而孤立二烯烃分子中的两个双键相距较远,彼此没有什么影响,相当于两个孤立的单烯烃,其性质也与单烯烃的相似。只有共轭二烯烃分子中的两个双键被一个单键连接,由于结构比较特殊,具有不同于其他二烯烃的特殊性质,所以在二烯烃中只重点讨论共轭二烯烃。

二、二烯烃的命名

二烯烃(或多烯烃)的命名和单烯烃的相似。双键的数目用基数词二、三、四等表示,称为"某几烯",双键位次用阿拉伯数字表示,放在"二烯(或多烯)"的前面。例如:

CH_2=C(CH_3)—CH=CH_2
2-甲基-1,3-丁二烯(异戊二烯)

CH_2=CH—CH=CH—CH=CH_2
1,3,5-己三烯

二烯烃也有顺反异构体,而且比单烯烃复杂。命名时在二烯烃名称之前分别用 Z、E 表明每个双键的构型,并用阿拉伯数字加在 Z、E 之前,表明所指双键的位次。如 2,4-己二烯有三种不同的顺反异构体:

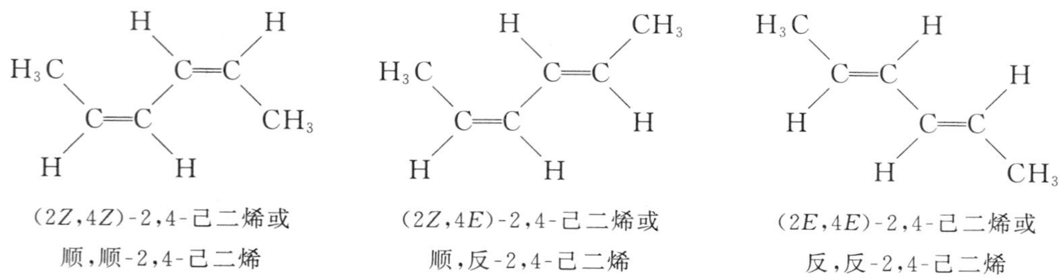

(2Z,4Z)-2,4-己二烯或 顺,顺-2,4-己二烯

(2Z,4E)-2,4-己二烯或 顺,反-2,4-己二烯

(2E,4E)-2,4-己二烯或 反,反-2,4-己二烯

第二节　共轭二烯烃的结构和共轭效应

最简单的共轭二烯烃是1,3-丁二烯，下面就以1,3-丁二烯为例来讨论共轭二烯烃的结构。

一、1,3-丁二烯的结构

1,3-丁二烯的结构式为 $CH_2=CH-CH=CH_2$，分子中的四个碳原子和六个氢原子都在同一个平面上，其键长和键角如图5-1所示。

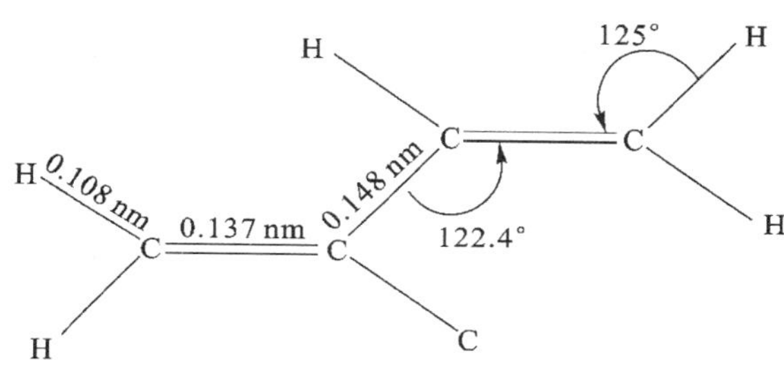

图 5-1　1,3-丁二烯分子的结构

1,3-丁二烯分子中的碳碳双键的键长比一般碳碳双键(0.134 nm)的稍长，而碳碳单键的键长比一般的碳碳单键(0.154 nm)的短，说明碳碳单键和碳碳双键的键长趋于平均化。

杂化轨道理论认为，1,3-丁二烯分子中的四个碳原子都是 sp^2 杂化的。它们各以 sp^2 杂化轨道沿键轴方向相互重叠形成三个C—C σ键，其余的 sp^2 杂化轨道分别与氢原子的s轨道沿键轴方向相互重叠形成六个C—H σ键，这九个σ键都在同一平面上，它们之间的夹角都接近120°。每个碳原子上还剩下一个未参加杂化的p轨道，这四个p轨道的对称轴都与σ键所在的平面相垂直，彼此平行，并从侧面重叠，形成π键。这样p轨道就不仅是在C(1)与C(2)、C(3)与C(4)之间平行重叠，而且在C(2)与C(3)之间也有一定程度的重叠，从而形成了一个包括四个碳原子在内的大π键，这个大π键是一个整体，称为共轭π键，如图5-2所示。

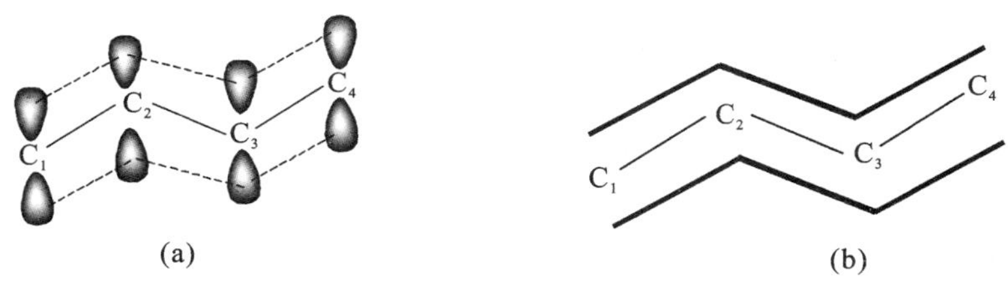

图 5-2　1,3-丁二烯分子中的共轭π键

也就是说，在1,3-丁二烯分子中，并不存在两个独立的双键，而是一个整体共轭π

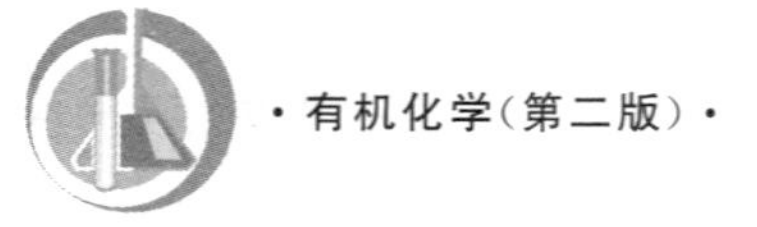

键,但在书写时,仍习惯于写成两个双键的形式。

二、共轭体系

在不饱和化合物中,三个或三个以上互相平行的p轨道形成大π键,大π键中的π电子扩散到三个或三个以上C原子之间,形成一个整体,这种现象称为离域。这样的体系,称为共轭体系。1,3-丁二烯及其他的共轭二烯烃都是共轭体系。在共轭体系中,形成共轭的所有原子是一个整体,它们之间的相互影响称为共轭效应。共轭效应具有如下特点。

(1) π电子的离域,使得共轭分子中单、双键的键长趋于平均化。例如,1,3-丁二烯分子中C(1)—C(2)、C(3)—C(4)的键长为0.137 nm,与乙烯的双键键长0.134 nm相近;而C(2)—C(3)的键长为0.148 nm,比乙烷分子中的C—C键键长0.154 nm短,显示了C(2)—C(3)键具有某些"双键"的性质。

(2) 极性交替现象沿共轭链传递。当共轭体系受到外界试剂进攻时,形成共轭体系的原子上的电荷发生正、负极性交替现象,这种现象可沿共轭链传递而不减弱。例如,1,3-丁二烯分子受到试剂进攻时,发生极化:

$$\underset{4}{\overset{\delta^+}{C}}H_2=\underset{3}{\overset{\delta^-}{C}}H-\underset{2}{\overset{\delta^+}{C}}H=\underset{1}{\overset{\delta^-}{C}}H_2 \longleftarrow \underset{\text{试剂}}{A^+-B^-}$$

分子中的极性交替现象,使共轭二烯烃的加成反应既可发生在C(1)与C(2)(或C(3)与C(4))上,也可发生在C(1)和C(4)上。

(3) 共轭体系能量较低,性质比较稳定。同样,电子离域的结果,使共轭体系的能量显著降低,稳定性明显增加,这可以从氢化热的数据中看出。例如,1,3-戊二烯(共轭体系)和1,4-戊二烯(非共轭体系)分别加氢时,它们的氢化热是明显不同的:

$$CH_2=CH-CH=CH-CH_3+2H_2 \longrightarrow CH_3CH_2CH_2CH_2CH_3 \quad \text{氢化热 } 226\ kJ\cdot mol^{-1}$$

$$CH_2=CH-CH_2-CH=CH_2+2H_2 \longrightarrow CH_3CH_2CH_2CH_2CH_3 \quad \text{氢化热 } 254\ kJ\cdot mol^{-1}$$

虽然两个反应的产物相同,但1,3-戊二烯的氢化热比1,4-戊二烯的低28 $kJ\cdot mol^{-1}$,这说明1,3-戊二烯的能量比1,4-戊二烯的低。这种能量差值是由于共轭体系内电子离域引起的,故称为离域能或共轭能。共轭体系越长,离域能越大,体系的能量越低,化合物越稳定。

三、共轭体系的类型

共轭体系有多种类型,最常见且最重要的共轭体系除了上面讲到的π-π共轭体系(1,3-丁二烯)外,还有p-π共轭体系和超共轭体系。

1. π,π-共轭体系

双键、单键相间的共轭体系称为π-π共轭体系。例如:

$CH_2=CH-CH=CH_2$　　$CH_2=CH-CH=CH-CH=CH_2$　　(环戊二烯)　　(苯)

2. p,π-共轭体系

由π键相连的原子上的p轨道与π键的p轨道相互平行且交盖形成的共轭体系称为p-π共轭体系。例如：

$CH_2{=}CH{-}\ddot{C}l$	$CH_2{=}CH{-}CH_2^+$	$CH_2{=}CH{-}CH_2^-$	$CH_2{=}CH{-}CH_2\cdot$
氯乙烯	烯丙基正离子	烯丙基负离子	烯丙基自由基

3. 超共轭体系

电子的离域不仅存在于π-π共轭体系和p-π共轭体系中，分子中的C—H σ键也能与处于共轭位置的π键、p轨道发生侧面部分重叠，产生类似的电子离域现象。例如，在 $CH_3{-}CH{=}CH_2$ 中，CH_3—的C—H σ键与 $-CH{=}CH_2$ 中的π键发生共轭，称为σ-π共轭；在 $(CH_3)_3C^+$ 中，CH_3—的C—H σ键与碳正离子的p轨道发生共轭，称为σ-p共轭，它们统称为超共轭效应。超共轭效应比π-π和p-π共轭效应弱得多。

1）σ-π超共轭体系

丙烯分子中的甲基可绕C—C σ键旋转，旋转到某一角度时，甲基中的C—H σ键与C═C的π键在同一平面内，C—H σ键轴与π键p轨道近似平行，形成σ-π共轭体系，称为σ-π超共轭体系，如图5-3所示。

2）σ-p超共轭体系

C—H σ键轨道与p轨道形成的共轭体系称为σ-p超共轭体系。如乙基碳正离子即为σ-p超共轭体系。烷基碳自由基也能形成σ-p超共轭体系，如图5-4所示。

图5-3　丙烯分子中的σ-π超共轭体系　　**图5-4　烷基碳自由基σ-p超共轭体系**

不论σ-π超共轭还是σ-p超共轭，α-C—H键的σ轨道越多，参与共轭的概率越大，共轭作用越强，但与π-π共轭相比，超共轭作用要弱得多。

四、共轭效应

由于共轭链两端的原子的电负性不同，共轭体系中电子离域有方向性，在共轭链上正电荷、负电荷交替出现，沿共轭链一直传递下去，这种效应称为电子共轭效应（C效应）。电子共轭效应有吸电子共轭效应（−C效应）和给电子共轭效应（+C效应）。

1. 吸电子共轭效应

电负性大的原子接在共轭链端上，使共轭电子向电负性大的元素端离域，称为吸电子共轭效应。例如：

$$-\underset{|}{C}{=}\underset{|}{C}{-}\underset{|}{C}{=}O$$

2. 给电子的共轭效应

含有孤对电子的元素接在共轭链一端,使共轭电子背离有电子对的元素端离域,称为给电子共轭效应(+C 效应)。例如:

$$\ddot{X}—CH═CH— \qquad \overset{\ominus}{C}H_2—CH═CH—$$

3. 共轭效应与有机物的稳定性

(1) 烷基正离子的稳定性:

$$叔\ R^+ > 仲\ R^+ > 伯\ R^+ > CH_3^+$$

(2) 烷基自由基的稳定性:

$$叔\ R\cdot > 仲\ R\cdot > 伯\ R\cdot > CH_3\cdot$$

第三节 共轭二烯烃的化学性质

共轭二烯烃分子中的碳碳双键与单烯烃的相似,也可发生加成、氧化和聚合等一系列反应。此外,由于共轭效应的影响,共轭二烯烃还可发生一些特殊的反应。

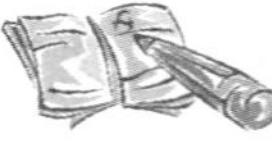

一、1,2-加成和 1,4-加成反应

共轭二烯烃在与等物质的量卤素或卤化氢等试剂加成时,既可发生 1,2-加成反应,也可发生 1,4-加成反应,所以可得到两种产物。例如:

$$CH_2═CHCH═CH_2 + Br_2 \xrightarrow{1,2-加成} CH_2═CH—\underset{Br}{CH}—\underset{Br}{CH_2}$$

3,4-二溴-1-丁烯

$$CH_2═CHCH═CH_2 + Br_2 \xrightarrow{1,4-加成} \underset{Br}{CH_2}—CH═CH—\underset{Br}{CH_2}$$

1,4-二溴-2-丁烯

控制反应条件,可调节两种产物的比例。如在低温或非极性溶剂条件下有利于 1,2-加成产物的生成,在升高温度或极性溶剂条件下则有利于 1,4-加成产物的生成。例如:

$$CH_2═CHCH═CH_2 + Br_2 \xrightarrow[-15\ ℃]{正己烷} \underset{(62\%)}{CH_2═CH—\underset{Br}{CH}—\underset{Br}{CH_2}} + \underset{(38\%)}{\underset{Br}{CH_2}—CH═CH—\underset{Br}{CH_2}}$$

$$CH_2═CHCH═CH_2 + Br_2 \xrightarrow[-15\ ℃]{CHCl_3} \underset{(37\%)}{CH_2═CH—\underset{Br}{CH}—\underset{Br}{CH_2}} + \underset{(63\%)}{\underset{Br}{CH_2}—CH═CH—\underset{Br}{CH_2}}$$

$$CH_2=CHCH=CH_2 + HBr \xrightarrow{-80\ ℃} \underset{(80\%)}{CH_2=CH-\underset{Br}{CH}-\underset{H}{CH_2}} + \underset{(20\%)}{\underset{H}{CH_2}-CH=CH-\underset{Br}{CH_2}}$$

$$CH_2=CHCH=CH_2 + HBr \xrightarrow{40\ ℃} \underset{(20\%)}{CH_2=CH-\underset{Br}{CH}-\underset{H}{CH_2}} + \underset{(80\%)}{\underset{H}{CH_2}-CH=CH-\underset{Br}{CH_2}}$$

共轭二烯烃与卤化氢加成时，符合马氏规则。

二、双烯合成

在一定条件下，共轭二烯烃可与具有碳碳双键或碳碳三键的化合物进行1,4-加成反应，生成环状化合物，这类反应称为双烯合成反应，也称Diels-Alder反应。例如：

$$\underset{\text{双烯体}}{CH_2=CH-CH=CH_2} + \underset{\text{亲双烯体}}{CH_2=CH_2} \xrightarrow[17\ h]{165\ ℃,90\ MPa} \underset{\text{环己烯}}{[\ \ ]}$$

在双烯合成反应中，含有共轭双键的二烯烃称为双烯体，与双烯体发生双烯合成反应的不饱和化合物称为亲双烯体。如果亲双烯体连有吸电子基团(如—CHO、—COOH、—CN、$—NO_2$ 等)，或者双烯体中有供电子基团(如—R 等)，反应就比较容易进行。例如：

$$CH_2=CH-CH=CH_2 + HC(=O)\ldots \text{(HC=CH—C(=O)—O—C(=O))} \xrightarrow[\text{苯}]{100\ ℃} [\ \ ]$$

双烯合成是合成六元环状化合物的一种方法。共轭二烯烃与顺丁烯二酸酐的加成产物是固体，在高温时又可以分解为原来的二烯烃，所以可用于共轭二烯烃的鉴定与分离。

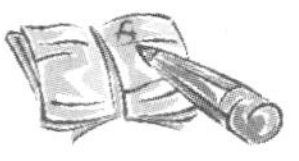

三、聚合反应

共轭二烯烃比较容易发生聚合反应生成高分子化合物，工业上利用这一反应生产合成橡胶。例如：

$$nCH_2{=}CH{-}CH{=}CH_2 \xrightarrow{\text{齐格勒-纳塔催化剂}} \left[\begin{array}{c} -CH_2 \quad H_2C- \\ \diagdown \quad \diagup \\ C{=}C \\ \diagup \quad \diagdown \\ H \qquad H \end{array}\right]_n$$

上述反应按1,4-加成方式,首尾相接而生成聚合物。由于链节中,相同的原子或基团在碳碳双键同侧,所以称为顺式。这种聚合方式称为定向聚合。

由定向聚合生产的顺丁橡胶,由于结构排列有规律,具有耐磨、耐低温、抗老化、弹性好等优良性能,因此其产量居合成橡胶的第二位,仅次于丁苯橡胶的产量。

第四节　重要共轭二烯烃的工业制法

1,3-丁二烯是无色、可燃性气体,沸点为-4.4 ℃,不溶于水,溶于汽油、苯等有机溶剂,是合成橡胶的重要单体。工业上的主要制法简介如下。

一、从裂解气的 C_4 馏分中提取

以石油中一些馏分为原料生产乙烯和丙烯时,C_4 馏分中含有大量1,3-丁二烯,可用溶剂将其提取出来。工业上采用的溶剂有糠醛、乙腈、二甲基甲酰胺(DMF)、二甲基亚砜(DMSO)和乙酸铜-氨溶液等。

二、由丁烷或/和丁烯脱氢产生

在催化剂作用下,丁烷或/和丁烯在较高温度下脱氢产生1,3-丁二烯。

$$\left.\begin{array}{l} CH_3{-}CH_2{-}CH{=}CH_2 \\ CH_3{-}CH{=}CH{-}CH_3 \\ CH_3{-}CH_2{-}CH_2{-}CH_3 \end{array}\right] \xrightarrow[\text{加热}]{\text{脱氢催化剂}} CH_2{=}CH{-}CH{=}CH_2$$

本章小结

一、二烯烃的分类和命名

二烯烃的分类:① 累积二烯烃;② 共轭二烯烃;③ 孤立二烯烃。

二烯烃的系统命名法与单烯烃的相似,只是选择主链时,要选择包括两个双键的碳链作为主链。

二、共轭效应

1. 1,3-丁二烯的结构

1,3-丁二烯的结构式为 CH_2═CH—CH═CH_2，分子中的四个碳原子和六个氢原子都在同一个平面上，p 轨道不仅是在 C(1)与 C(2)、C(3)与 C(4)之间平行重叠，而且在 C(2)与 C(3)之间也有一定程度的重叠，从而形成了一个包括四个碳原子在内的大 π 键。

2. 共轭体系的特点

(1) π 电子的离域，使得共轭分子中单、双键的键长趋于平均化。

(2) 极性交替现象沿共轭链传递。当共轭体系受到外界试剂进攻时，形成共轭体系的原子上的电荷发生正、负极性交替现象，这种现象可沿共轭链传递而不减弱。

(3) 共轭体系能量较低，性质比较稳定。电子离域的结果，使共轭体系的能量显著降低，稳定性明显增加。

3. 共轭体系类型

(1) π-π 共轭体系。

双键、单键相间的共轭体系称为 π-π 共轭体系。

(2) p-π 共轭体系。

由 π 键相连的原子上的 p 轨道与 π 键的 p 轨道相互平行且交盖形成的共轭体系称为 p-π 共轭体系。

(3) 超共轭体系。

电子的离域不仅存在于 π-π 共轭体系和 p-π 共轭体系中，分子中的 C—H σ 键也能与处于共轭位置的 π 键、p 轨道发生侧面部分重叠，产生类似的电子离域现象，从而形成超共轭体系。

三、共轭二烯烃的性质

1. 1,2-加成和 1,4-加成反应

共轭二烯烃在与等物质的量卤素或卤化氢等试剂加成时，既可发生 1,2-加成反应，也可发生 1,4-加成反应，得到两种产物。

2. 双烯合成反应

在一定条件下，共轭二烯烃可与具有碳碳双键或碳碳三键的化合物进行 1,4-加成反应，生成环状化合物，这类反应称为双烯合成反应，也称 Diels-Alder 反应。

3. 聚合反应

共轭二烯烃比较容易发生聚合反应生成高分子化合物，工业上常利用这一反应生产合成橡胶。

知识拓展

石 油

石油又称原油,是从地下深处开采的未加工的棕黑色可燃黏稠液体,主要是各种烷烃、环烷烃、芳香烃的混合物。它是古代海洋或湖泊中的生物经过漫长的演化形成的混合物,与煤一样属于化石燃料,是现代社会最重要的能源之一。石油也是许多化学工业产品如溶剂、化肥、杀虫剂和塑料等的原料。虽然其基本元素类似,但从地下开采的天然石油,在不同产区和不同地层,反映出的石油品种则纷繁众多,其物理性质有很大的差别。石油的分类有多种方法,按组成的不同,可分为石蜡基石油、环烷基石油和中间基石油三类;按硫含量的不同,可分为超低硫石油、低硫石油、含硫石油和高硫石油四类;按密度的不同,可分为轻质石油、中质石油、重质石油及特重质石油四类。

研究表明,石油的生成至少需要200万年的时间,在现今已发现的油藏中,时间最老的可达到5亿年之久。在地球不断演化的漫长历史过程中,有一些"特殊"时期,如古生代和中生代,大量的植物和动物死亡后,构成其身体的有机物质不断分解,与泥沙或碳酸质沉淀物等物质混合组成沉积层。沉积物不断地堆积加厚,导致温度和压力上升,随着这种过程的不断进行,沉积层变为沉积岩,进而形成沉积盆地,这就为石油的生成提供了基本的地质环境。伴随各种地质作用,沉积盆地中的沉积物持续不断地堆积。当温度和压力达到一定程度后,沉积物中动植物的有机物质转化为碳氢化合物分子,最终生成石油和天然气。

非生物成油的理论是天文学家托马斯·戈尔德在俄罗斯石油地质学家尼古莱·库德里亚夫切夫的理论基础上发展的。这个理论认为,在地壳内已经有许多碳,这些碳自然地以碳氢化合物的形式存在。碳氢化合物比岩石空隙中的水轻,因此沿岩石缝隙向上渗透。石油中的生物标志物是由居住在岩石中的、喜热的微生物导致的,与石油本身无关。美国在2003年的一项研究表明,有不少枯干的油井在经过一段时间的弃置以后,仍然可以生产石油。因此,石油可能并非生物生成的矿物,而是碳氢化合物在地球内部经过放射线作用之后的产物。

中国是世界上最早发现和应用石油的国家,900多年前宋代著名学者沈括对中国古代地质学和古生物学知识提出了卓越的见解。他的见解比西欧学者最初认识到化石是生物遗迹要早400年。有一次沈括奉命察访河北西路时,发现太行山山崖间有很多螺蚌壳及如鸟卵之石,从而推断这里原来是太古时代的海滨,是由于海滨的介壳和淤泥堆积而形成的,并根据古生物的遗迹正确地推断出海陆的变迁。

1. 给下列二烯烃命名。

$H_2C=C(CH_2CH_3)-CH=CH_2$

$H_3C-C(CH_3)=CH-C(CH_3)=CH_2$

$CH_2=CH-CH=CHCH_2CH_3$

$H_2C=C(CH_3)-CH_2-CH_2-C(CH_3)=CH_2$

2. 写出下列反应的主要产物。

$CH_2=CH-CH=CH_2+HBr\xrightarrow{\text{低温}}$

$CH_3CH=CH-CH=CH_2+Br_2\xrightarrow{CCl_4}$

$H_3C-CH=CH-CH=CH_2+CH_2=CH_2\xrightarrow{\triangle}$

$H_3C-C(=CH_2)-C(=CH_2)-CH_3+CH_2=CH-CHO\xrightarrow{\triangle}$

$nCH_2=CH(CH_3)-CH=CH_2\xrightarrow{\text{齐格勒-纳塔催化剂}}$

第六章

脂 环 烃

目标要求

1. 掌握脂环烃的命名、化学性质。
2. 理解脂环烃的环的大小与稳定性的关系。

重点与难点

重点：脂环烃的命名、性质及脂环烃的环的大小与稳定性的关系。

难点：环己烷及取代环己烷的构象分析(船式和椅式、a键和e键)。

脂环烃是指碳干为环状而性质和开链烃相似的烃类。脂环烃及其衍生物广泛存在于自然界中。如石油中含有环己烷、甲基环己烷、甲基环戊烷和二甲基环戊烷，以及少量环烷酸等。植物香精油中含有大量不饱和脂环烃及其含氧衍生物。

第一节　脂环烃的分类及命名

一、脂环烃的分类

根据不同的分类方法，可将脂环烃分为不同的几类。

(1) 根据脂环中是否含有不饱和键，将脂环烃分为以下两大类：

$$脂环烃\begin{cases}饱和脂环烃\\不饱和脂环烃\end{cases}$$

(2) 根据组成的环的个数不同，将脂环烃分为以下两大类：

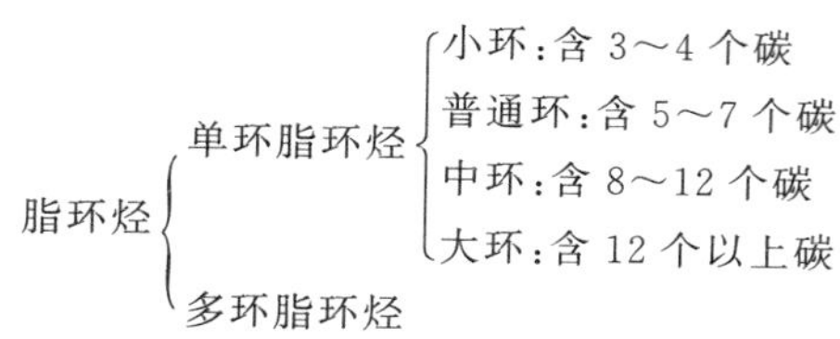

二、脂环烃的命名

脂环烃的命名方法与开链烃的相似，只是在开链烃母体名称前加一个“环”字。

1. 单环脂环烃的命名

1）环烷烃的命名

如果环上没有取代基，则根据组成环的碳原子数，称为“环某烷”。例如：

CH_2（三个 CH_2 成环）　　简写 △

环丙烷

CH_2（六个 CH_2 成环）　　简写 ⬡

环己烷

如果环上带有一个取代基，则称为“某基环某烷”。例如：

⬡$-CH_3$

甲基环己烷

⬠$-CH_2CH_3$

乙基环戊烷

如果环上带有两个或多个相同的取代基，则须将环进行编号，编号时，从一个取代基所连的碳原子开始，按最短的路线到另一个取代基，注意使取代基的代数和为最小。例如：

CH_3-⬡$-CH_3$

1,3-二甲基环己烷

CH_3CH_2-⬠$(-CH_2CH_3)-CH_2CH_3$

1,1,3-三乙基环戊烷

如果环上带有不同的取代基，以含碳最少的取代基作为 1 位，使环上取代基的位次尽可能最小。例如：

CH_3-⬡$-CH_2CH_3$

1-甲基-3-乙基环己烷

如果环上带有的取代基比较复杂，则将脂环作为取代基，侧链作为母体，按烷烃的命名方法命名。例如：

$CH_3-CH(-\triangle)-CH_2-CH(-CH_3)-CH_2-CH_3$

3-甲基-5-环丙基己烷

如果环上所带的取代基为不饱和基团，则将脂环作为取代基，侧链作为母体，按相应不饱和烃的命名方法命名。例如：

$$CH_3—\underset{\triangle}{C}=CH_2$$

2-环丙基丙烯

2）环烯烃的命名

如果是环上不带有取代基的单环环烯烃，则根据组成环的碳原子数，称为“环某烯”。双键的位置不需要标注。例如：

环己烯　　　　环戊烯

如果环上带有取代基，须将环进行编号，编号时，以双键碳原子作为第 1 位，通过双键按最短的路线到取代基。例如：

CH_3

4-甲基环己烯

如果环上带有多个双键，则从一个双键碳原子开始，按最短的路线到另一个双键，两个双键的位置需要标注。例如：

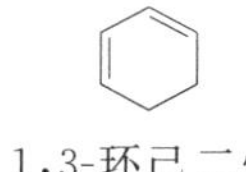

1,3-环己二烯

如果带有取代基，则尽可能使取代基的位置最小。例如：

5-甲基-1,3-环己二烯　　　　1-甲基-1,3-环戊二烯

2. 多环脂环烃的命名

1）螺环烷烃的命名

分子中两个碳环共用一个碳原子的烷烃，称为螺环烷烃。其中，两个碳环公用的碳原子，称为螺原子。

命名时，根据组成螺环的碳原子总数称为“螺某烷”，在“螺”字后面的方括号中，用阿拉伯数字标出两个碳环碳原子数目（螺原子不计算在内），将小的数字排在前面，数字之间用逗号分开。例如：

螺[3,4]辛烷

如果环上带有取代基，则须将环进行编号。编号是从小环中与螺原子相邻的一个碳原子开始，经过共有碳原子到较大的环。尽可能使取代基的位置最小。例如：

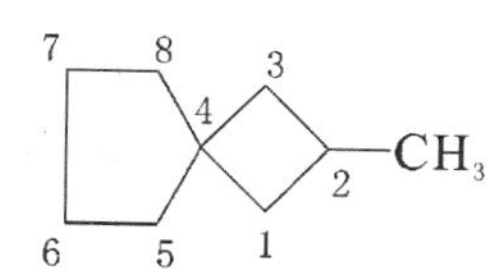

2-甲基螺[3,4]辛烷

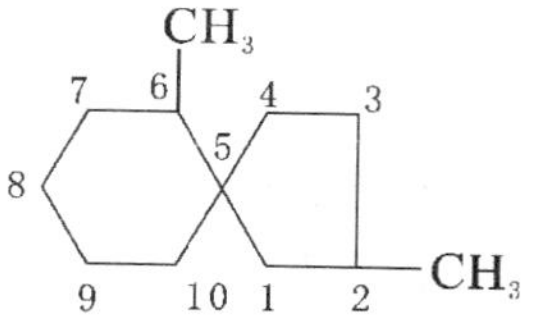

2,6-二甲基螺[4,5]癸烷

2）桥环烷烃的命名

分子中两个或两个以上碳环共有两个或两个以上碳原子的多环烷烃，称为桥环烷烃。其中，共有的两个碳原子称为桥头碳原子，两桥头碳原子之间的碳链称为桥。

桥环烷烃命名时，根据组成桥环的个数，可用“二环”、“三环”等作词头，然后根据成环碳原子总数称为“某烷”，在“环”字后的方括号中用阿拉伯数字标出桥上两个桥头碳原子之间的碳原子数。

二环桥环烃可以看做两个桥头碳原子之间用三道桥连接起来的，因此方括号中有三个数字，它们应按照由大到小的次序排列，数字之间下角用逗号隔开。如果桥上没有碳原子，则用 0 填充。例如：

二环[3,2,1]辛烷　　二环[3,2,0]庚烷

如果环上带有取代基，则须将桥环进行编号，编号是从一个桥头碳原子开始沿最长的桥到另一桥头碳原子，再沿次长的桥回到第一个桥头碳原子，最短的桥上的碳原子最后编号。例如：

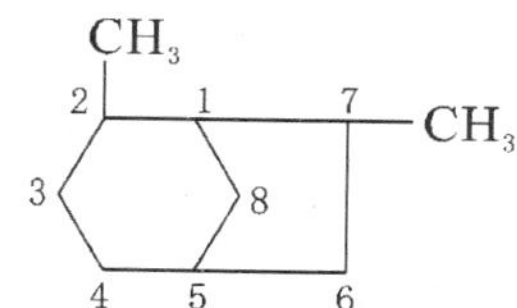

2,7-二甲基二环[3,2,1]辛烷

第二节　脂环烃的结构

一、脂环烃的结构和稳定性

通过环烷烃的化学性质可以看出，在环烷烃中，环的稳定性与环的大小有关，其中，三碳环最不稳定，四碳环比三碳环稍稳定，五碳环较稳定，六碳环及六碳以上的环都较稳定，那么，如何解释这一事实呢？有以下两种学说。

1. 拜尔张力学说

为了解释脂环烃的稳定性，1885 年，拜尔(A. von Baeyer)提出了张力学说。其中部

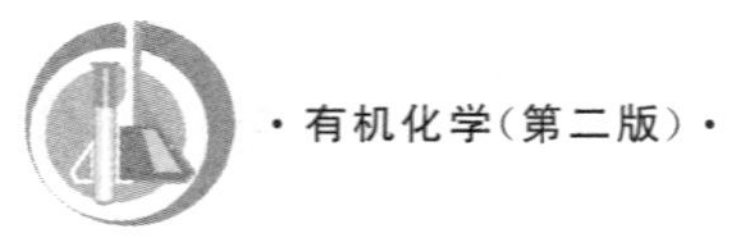

分合理的要点如下：

(1) 当碳与其他原子连接时，任何两个键之间的夹角都为四面体角(109.5°)。

(2) 碳环中的碳原子都在同一平面内，环的键角与109.5°相差越大越不稳定。

据测定，环丙烷分子中C—C—C的键角为105.5°，H—C—H的键角为114°。可见，相邻碳原子的sp^3杂化轨道为了形成环丙烷必须将其正常键角压缩成105.5°，这就使分子本身产生一种恢复正常键角的力，这种力称为角张力。角张力的存在是环丙烷不稳定的重要原因。此外，轨道重叠程度越大，形成的键越牢固。显然在轨道重叠时，其形成的105.5°键角不及正常情况下的109.5°大，实际上呈弯曲状，所以常把这种键称为弯曲键或香蕉键。

环丁烷是正方形的，夹角是90°。因此其键角必须被压缩到90°才能适应环的几何形状。与环丙烷相比，环丁烷的角张力小，所以环丁烷比环丙烷稳定。

对于环戊烷来说，其夹角是108°，非常接近四面体的夹角。因此，环戊烷基本上没有张力。

对于环己烷以上的环烷烃，其夹角都大于正常四面体的夹角，都应该是不稳定的。但实际上它们都是非常稳定的。因此，理论与实际不相符。其主要原因是当年拜尔在讨论环张力时，认为组成环的所有碳原子都在同一个平面上。而实际上，从环丁烷开始，组成环的碳原子都不在同一个平面上。这是拜尔学说的缺点。

2. 现代共价键理论

根据现代共价键理论，要形成一个共价键，两个原子必须处于使两个原子轨道重叠的地位。重叠程度越大，则键越强。当碳原子以sp^3轨道与另一碳原子的sp^3轨道键合时，两原子都必须处在sp^3轨道的对称轴的方向，“头对头”地重叠。因此，要求形成的C—C—C的键角是109.5°。但在环丙烷中，C—C—C的键角不可能是109.5°，只能是60°。因此，这些碳原子不可能处于sp^3轨道指向的位置，即“头对头”的位置，只是在sp^3轨道的顶端重叠，因而重叠较少，键也就要弱些。这种重叠不好的键，也就产生了角张力。

根据量子力学计算，C—C—C的键角为105.5°，H—C—H的键角为114°，但碳原子间并不连成直线，而是以弯曲方向重叠，成键后C—C—C键是弯曲的，如图6-1所示。

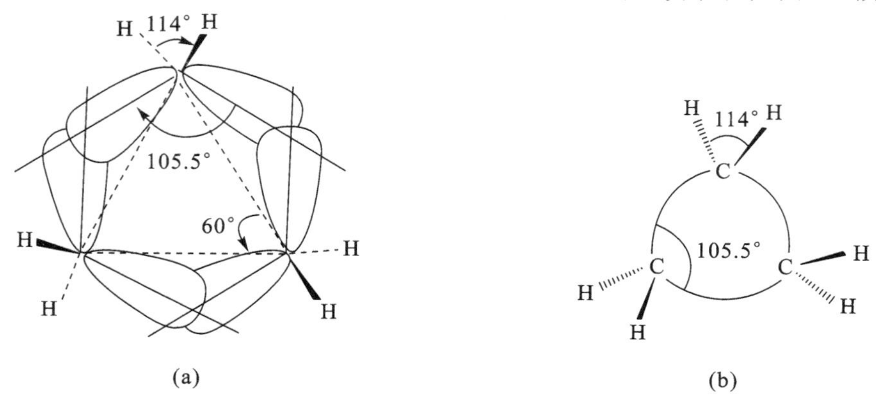

图6-1 具有张力的环丙烷轨道结构

二、环己烷的构象

在环己烷分子中，碳原子以 sp^3 杂化，六个原子不在同一平面内，C—C 键之间的夹角可以保持为 109.5°，因此很稳定。

1. 环己烷的两种极限构象

1）椅式构象

六个碳原子排列在两个平面内，若碳原子 1,3,5 排列在上面的平面，则碳原子 2,4,6 排列在下面的平面，两个平面间的距离为 0.05 nm，此即为椅式构象，如图 6-2(a)所示。穿过分子画一直线，分子以它为轴旋转一定角度后，可以获得与原来分子相同的构象，此直线即为该分子的对称轴。

2）船式构象

船式构象如图 6-2(b)所示。环己烷的 C—C 键可在环不破裂的范围内旋转，在放置中，船式、椅式可以相互转变。

图 6-2 环己烷的两种构象

用物理方法测出船式构象的能量比椅式构象的能量高 29.7 $kJ \cdot mol^{-1}$，故在常温下环己烷几乎完全以较稳定的椅式构象存在。在椅式构象中当相邻碳原子的键都处于交叉式的位置时，较稳定。

在船式构象中，当碳原子的键(2,3 和 5,6)处于全重叠式的位置时，由于重叠的氢原子间有斥力(位阻)作用，且“船头”和“船尾”的距离较近，因而斥力较大，范德华张力也较大。环己烷的椅式、船式构象的纽曼投影式如图 6-3 所示。

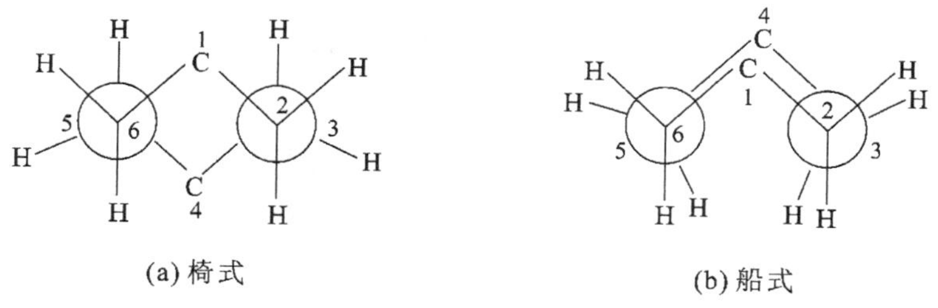

图 6-3 环己烷的椅式、船式构象的纽曼投影式

在重叠式中，前后两 C—C 键之间有电子云的斥力，倾向于叉开。因此重叠式的内能较高，交叉式的内能较低，它们之间的内能差是由于键扭转而产生的，故称为扭转张力。

2. 直立键和平伏键

如果将环己烷中六个碳原子所处的空间看做两个平面，则 C(1)、C(3)和 C(5)处在同一平面，C(2)、C(4)和 C(6)处在同一平面，从图 6-4 可以看出，椅式环己烷分子中 12 个 C—H 键可分为两类：一类是六个 C—H 键与分子的轴线平行，称为直立键(axial bond)，又称为 a 键；另一类是六个 C—H 键分别与 a 键成 109.5°角，横卧在它的四周，称为平伏键(equatorial bond)，又称为 e 键，如图 6-4 所示。

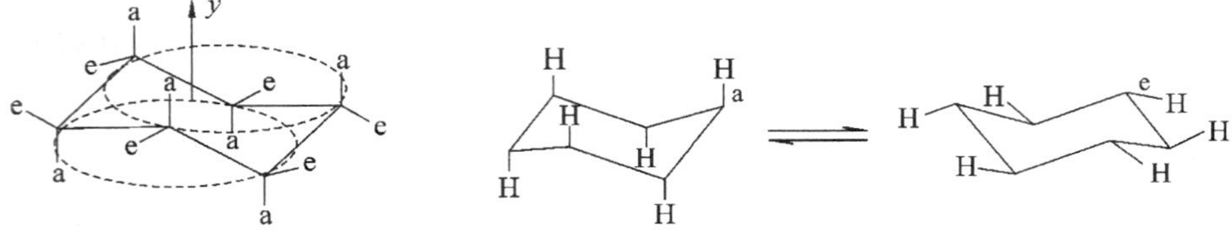

图 6-4　环己烷的 a 键和 e 键　　　图 6-5　环己烷构象转换体

3. 环己烷各构象之间的转换

一个椅式构象也可以通过 C—C 键的转动而变为另一个椅式构象，这种构象的互变，称为转环作用。转环作用是由分子热运动所产生的，不需经过 C—C 键的断裂，在室温下，就能迅速转环。在互相转变中，a 键都变成了 e 键，同时，e 键也都变成了 a 键，如图6-5所示。

第三节　脂环烃的物理性质

脂环烃的物理性质与相应的链烃的相似，但环烷烃的熔点、沸点和相对密度都较相应烷烃的要高些。脂环烃比水轻，不溶于水，易溶于有机溶剂。在常温、常压下，环丙烷与环丁烷为气体，环戊烷、环己烷为液体，高级环烷烃为固体。一些环烷烃的熔点、沸点和相对密度如表 6-1 所示。

表 6-1　一些环烷烃的物理常数

名　称	熔点/℃	沸点/℃	相对密度 d_4^{20}
环丙烷	−127.6	−33	0.720
环丁烷	−80	13	0.703
环戊烷	−94	49	0.746
甲基环戊烷	−142.4	71.8	0.747
环己烷	6.5	81	0.778
甲基环己烷	−126.6	101	0.769
环庚烷	−12	118	0.810
环辛烷	14	149	0.830

第四节　脂环烃的化学性质

脂环烃的化学性质与烷烃的类似，可发生取代和氧化反应，但由于碳环的存在，还具有一些与烷烃不同的特性。如三元和四元脂环烃由于分子中存在张力，因此化学性质比较活泼，它们与烯烃相似，可以发生开环加成反应，生成链状化合物。

一、取代反应

脂环烃能进行与开链烃一样的化学反应，如与 Cl_2 在光照条件下发生游离基取代反应。

$$\text{环戊烷} + Cl_2 \xrightarrow{\text{光照}} \text{环戊基}-Cl + HCl$$

脂环烃与烷烃在化学性质上没有什么本质的区别。但在脂环烃中，小环脂环烃的化学性质比较特殊。如环丙烷与溴在光照下反应，除生成少量取代产物外，主要得到的是加成产物。

二、加成反应

环丙烷和环丁烷虽然是饱和烃，但可与氢、卤素、卤化氢等发生加成反应而开环，因此小环可以比做一个双键。不过，随着环的增大，它的反应性能逐渐减弱，五元、六元环烷烃，即使在相当强烈的条件下也不开环。

1. 催化氢化

在催化剂如 Ni 的存在下，环丙烷在 80 ℃即可开始加氢，在 120 ℃时反应很容易。环丁烷在 120 ℃即可以开始加氢，在 200 ℃时反应很容易。

$$\text{环丙烷} + H_2 \xrightarrow[120\ ℃]{Ni} CH_3CH_2CH_3$$

$$\text{环丁烷} + H_2 \xrightarrow[200\ ℃]{Ni} CH_3CH_2CH_2CH_3$$

而环戊烷、环己烷等较大的环烷烃在 300 ℃以下不发生开环，300 ℃以上才开环。

$$\text{环戊烷} + H_2 \xrightarrow[300\sim370\ ℃]{Ni} CH_3CH_2CH_2CH_2CH_3$$

2. 与卤素反应

环丙烷在常温下可与卤素加成而开环。例如：

$$\text{环丙烷} + Br_2 \xrightarrow{\text{常温}} \underset{Br}{CH_2}CH_2\underset{Br}{CH_2}$$

环丁烷需要在加热的情况下，才可以与卤素加成而开环。例如：

$$\square + Br_2 \xrightarrow{加热} \underset{Br}{\underset{|}{CH_2}}CH_2CH_2\underset{Br}{\underset{|}{CH_2}}$$

而环戊烷、环己烷等较大的环烷烃即使在加热条件下也不开环,主要是发生取代反应。例如:

$$\text{(环戊烷)} + Br_2 \xrightarrow{300\ ℃以上} \text{(环戊基)}-Br + HBr$$

3. 与卤化氢反应

环丙烷在常温下,可与卤化氢加成而开环。例如:

$$\triangleright + HBr \xrightarrow{常温} CH_3CH_2CH_2Br$$

环丁烷也需要在加热的情况下,才可以与卤化氢加成而开环。例如:

$$\square + HBr \xrightarrow{加热} CH_3CH_2CH_2CH_2Br$$

环丙烷的烷基衍生物与 HX 加成时,符合马氏规则,氢原子加在含氢较多的碳原子上,卤原子加在含氢较少的碳原子上。例如:

$$\text{(1-甲基-2,2-二甲基环丙烷: }CH_3\text{、}CH_3\text{、}CH_3\text{)} + HBr \longrightarrow CH_3-\overset{\overset{CH_3}{|}}{\underset{\underset{Br}{|}}{C}}-\underset{\underset{CH_3}{|}}{CH}-CH_3$$

三、氧化

常温下环烷烃与一般氧化剂不起反应,即使是环丙烷也不起反应,因此可用高锰酸钾鉴别环烷烃和烯烃。在加热或催化剂作用下,用空气中的氧气或硝酸等强氧化剂氧化环己烷等,将发生环的破裂,生成二元酸。例如:

$$\text{(环己烷)} + O_2 \xrightarrow[100\ ℃,0.1\ MPa,乙酸]{Co} \begin{matrix} CH_2CH_2COOH \\ | \\ CH_2CH_2COOH \end{matrix}$$

己二酸

己二酸是合成尼龙的单体。

环烷烃对氧化剂很稳定,不能被氧化剂所氧化。

第五节 重要的脂环烃

一、环己烷

环己烷为无色、易燃性液体,沸点为 81 ℃,不溶于水,能与乙醇、乙醚等有机溶剂混溶。环己烷用硝酸氧化，生成己二酸；在钴催化剂存在下进行液相空气氧化，生成环己醇和环己酮的混合物；在光照下与亚硝酰氯（NOCl）反应，生成环己酮肟。己二酸是合成尼龙 66 的原料，环己酮肟是合成尼龙 6 的原料。环己烷在无水氯化铝作用下，异构化生成甲基环戊烷；用 Raney-Ni、铂或钯为催化剂，在 200～400 ℃和 3.92 MPa 下脱氢生成苯。

环己烷在工业上主要由苯加氢制得，也可以从裂化汽油中提取。

二、环戊二烯

环戊二烯是 1,3-环戊二烯的简称，是无色、有特殊气味的液体，熔点为 85 ℃，沸点为 41～42 ℃，不溶于水，易溶于乙醇、乙醚、石油醚等有机溶剂。

环戊二烯是一个很活泼的化合物，它具有烯烃和共轭二烯烃的性质。例如，环戊二烯能和氯等发生加成反应，生成一系列的含氯化合物。环戊二烯工业上主要从石油馏分中分离得到，也可由环戊烯或环戊烷催化脱氢来制备。环戊二烯广泛地应用于合成树脂、杀虫剂和塑料等方面。

本章小结

一、脂环烃的命名

分子中含有碳环，而性质与开链烃相似的烃类称为脂环烃。结构简单的脂环烃以环为母体，支链作为取代基。结构复杂的脂环烃，将脂环作为取代基，侧链作为母体，按相应的开链烃命名。

二、脂环烃的化学性质

大环脂环烃和开链烷烃的化学性质相似，主要发生取代反应，不易开环。小环脂环烃比较容易发生开环，它与氢气、卤素、卤化氢都可发生开环加成反应。

三、环己烷的构象

（1）环己烷有两种极限构象（椅式和船式），其中椅式构象为优势构象。

（2）在一元取代环己烷中，取代基在 e 键上的构象较稳定。

（3）在不同结构的二元取代环己烷中，结构复杂的取代基在 e 键上的构象较稳定。

（4）在多元取代环己烷中，取代基在 e 键上的越多，其构象越稳定。

知识拓展

可 燃 冰

可燃冰学名天然气水合物，其化学式为 $CH_4 \cdot 8H_2O$。可燃冰是深藏于海底的含甲烷的冰，是在深海的高压、低温条件下，水分子通过氢键紧密缔合成的三维网状体，是将海底沉积的古生物遗体所分解的甲烷等气体分子纳入网状体中所形成的天然气水合物。这些天然气水合物就像一个个淡灰色的冰球，故称为可燃冰。这些冰球一旦从海底升到海面就会砰然而逝。

可燃冰中所包含的气体量是标准状态下水合物中所包含气体量的 170 倍，在由水分子组成的容积空隙中，气体体积占有率为 70%～80%。在标准状态下，1 m^3 可燃冰中包含 120～150 m^3 甲烷气体。众所周知，甲烷完全燃烧生成二氧化碳和水，同时放出大量的热能，因此可燃冰被誉为“绿色燃料”，有望取代煤、石油和天然气，成为 21 世纪的新能源。科学家估计，海底可燃冰分布的范围约占海洋总面积的 10%，相当于 4 000 万平方千米，是迄今为止海底最具价值的矿产资源，足够人类使用 1 000 年。

然而，可燃冰在给人类带来新的能源前景的同时，也对人类生存环境提出了严峻的挑战。可燃冰中甲烷的温室效应为 CO_2 的 20 倍，其温室效应造成的异常气候和海面上升正威胁着人类的生存。全球海底可燃冰中的甲烷总量约为地球大气中甲烷总量的 3 000 倍，若有不慎，让海底可燃冰中的甲烷逃逸到大气中去，则将产生无法想象的后果。

1. 写出分子式为 C_6H_{12} 的脂环烃的构造异构体，并命名。

2. 命名下列化合物。

(1) 环丙基—CH=CH_2　(2) 环戊基—CH_2CH_3　(3) 1,3-二甲基环己烷结构（环上连 CH_3、CH_3）

(4) CH_3—环戊烷—CH_2CH_3　(5) 环己烯—CH_3　(6) 环戊二烯—CH_2CH_3

3. 写出下列化合物的结构式。

(1) 1-甲基-2-异丙基环戊烷　(2) 4-甲基环己烷　(3) 烯丙基环己烷

(4) 2-甲基-1,3-环戊二烯　(5) 环丁基环己烷

4. 完成下列反应式。

(1) 环己烷 $+Cl_2 \xrightarrow{\text{光照}}$　(2) 环己烯 $+Br_2 \longrightarrow$　(3) 1-甲基环己烯（CH_3）$+HCl \longrightarrow$

(4) 乙基环戊二烯（环上取代基 CH_2CH_3） + 顺丁烯二酸酐（$HC=CH$，两端 $C=O$，以 O 成环） ⟶

(5) 环丙基—$CH=CH_2$ $\xrightarrow[H^+]{KMnO_4}$

5. 用化学方法鉴别下列化合物。

环己烷、环己烯、丙基环丙烷

6. 化合物 A 的分子式为 C_4H_8，它能使溴的四氯化碳溶液褪色，但不能使稀的酸性高锰酸钾溶液褪色。1 mol A 与 1 mol HBr 作用生成 B，B 也可以从 A 的异构体 C 与 HBr 作用得到。化合物 C 的分子式也是 C_4H_8，它能使溴的四氯化碳溶液褪色，也能使稀的高锰酸钾溶液褪色。试推断化合物 A、B、C 的结构式，并写出各步反应式。

第七章

芳 烃

目标要求

1. 掌握芳烃的分类和命名。
2. 理解苯的结构特征和大 π 键的形成。
3. 掌握单环芳烃化合物的化学性质和苯环的定位取代规律。
4. 了解芳烃化合物的物理性质及反应机理。
5. 了解萘、蒽等芳烃结构及休克尔规则。

重点与难点

重点：单环芳烃的化学性质。

难点：苯环的定位取代规律及苯环亲电取代反应机理。

在有机化学发展初期，人们从天然香树胶、香精油等物质中获取了一些化合物，它们的性质与脂肪族化合物有一定的差异，由于当时还不知道它们的结构，因此，根据这些化合物大多数有芳香气味的性质，称它们为芳香族化合物。随着化学的发展，人们发现，大多数芳香族化合物中含有苯环结构，因此就把含有苯环的化合物称为芳香族化合物。芳香族化合物具有芳香性，容易发生亲电取代反应，而不易发生加成和氧化反应。

第一节　芳烃的分类、同分异构现象和命名

一、芳烃的分类

芳烃的全称为芳香烃。根据分子中所含苯环的数目，可将芳烃分为单环芳烃、多环芳烃和稠环芳烃。

单环芳烃是指只含一个苯环的芳烃，包括苯及其同系物。例如：

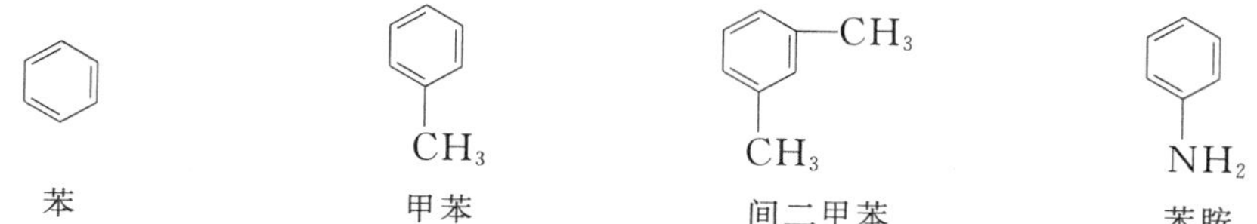

苯　　甲苯　　间二甲苯　　苯胺

多环芳烃是指分子中含有两个或两个以上苯环，并通过单键或碳链连接的芳烃。例如：

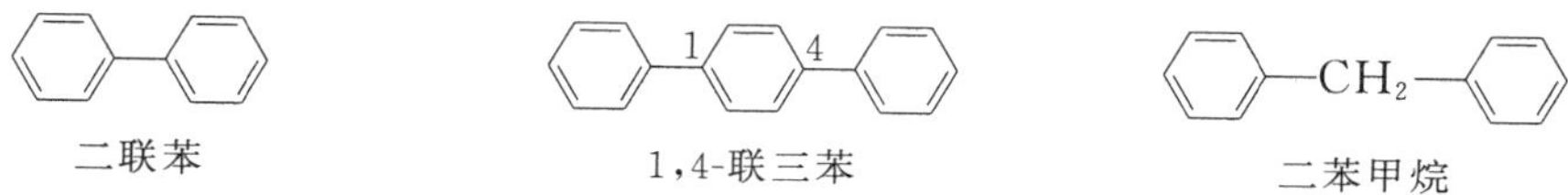

二联苯　　1,4-联三苯　　二苯甲烷

稠环芳烃是指分子中含有两个或两个以上苯环，苯环之间共用相邻两个碳原子的芳烃。例如：

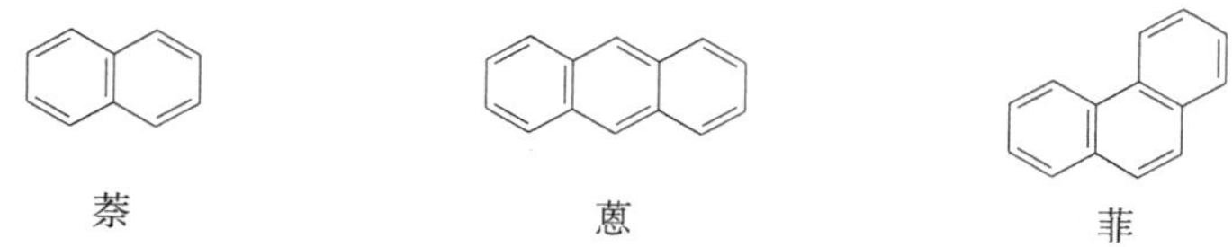

萘　　蒽　　菲

二、芳烃的异构现象及其命名

苯是最简单的单环芳烃。单环芳烃包括苯、苯的同系物和苯基取代的不饱和烃。

1. 芳基

芳烃分子去掉一个氢原子所剩下的基团称为芳基，用 Ar 表示。重要的芳基如下：

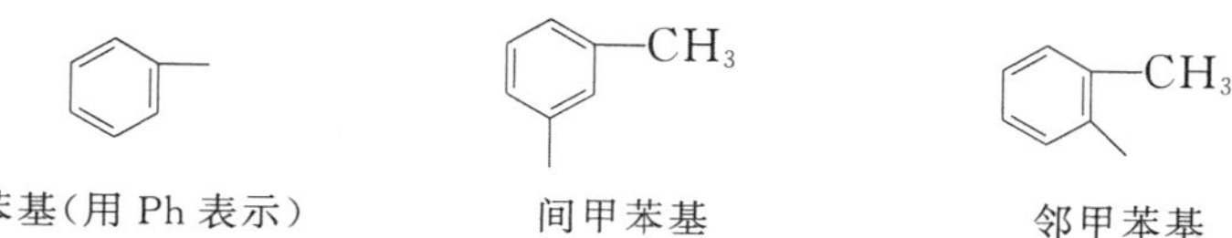

苯基(用 Ph 表示)　　间甲苯基　　邻甲苯基

2. 一元取代苯

(1) 当苯环上连的是烷基—R，—NO_2，—X 等基团时，则以苯环为母体，称为“某基苯”。例如：

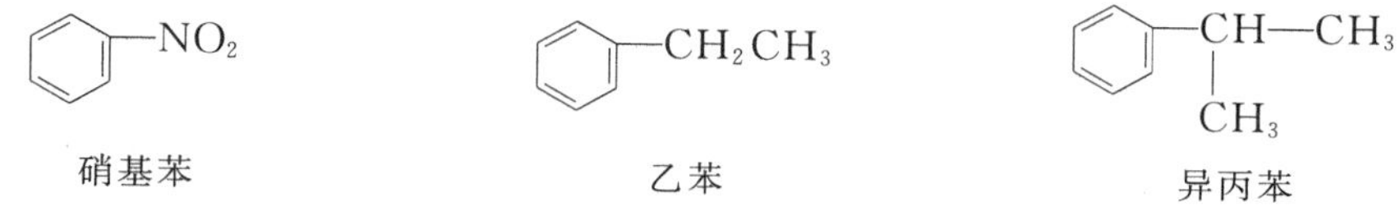

硝基苯　　乙苯　　异丙苯

(2) 当苯环上连有—COOH，—SO_3H，—NH_2，—OH，—CHO，—CH═CH_2 或—R 等较复杂基团时，则把苯环作为取代基。例如：

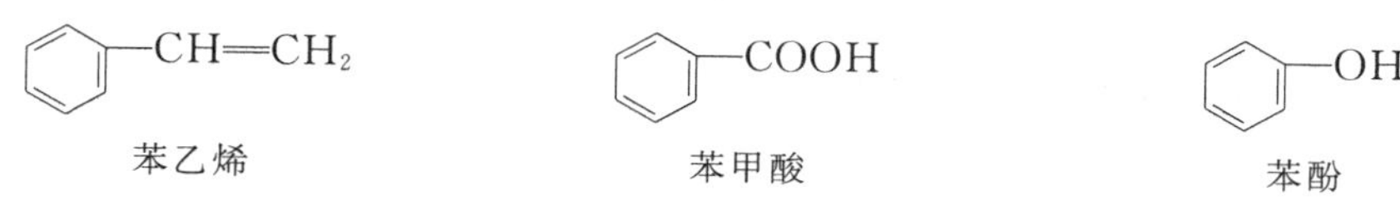

苯乙烯　　苯甲酸　　苯酚

苯磺酸　　　　2-甲基-3-苯基丁烷

3. 二元取代苯

二元取代苯有三种异构体。取代基的位置用邻(o-)、间(m-)、对(p-)或 1,2-、1,3-、1,4-表示。例如：

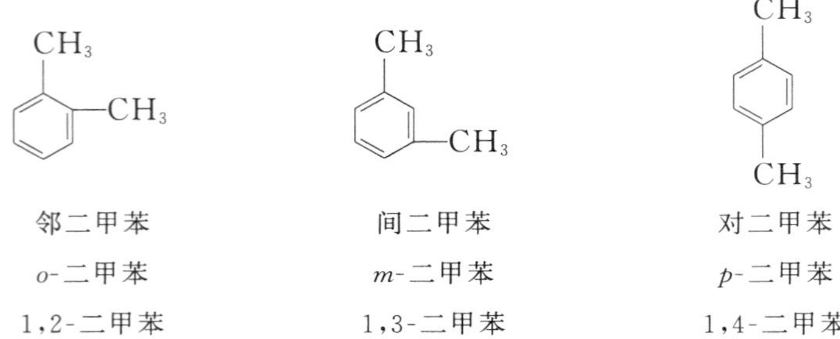

邻二甲苯	间二甲苯	对二甲苯
o-二甲苯	m-二甲苯	p-二甲苯
1,2-二甲苯	1,3-二甲苯	1,4-二甲苯

4. 多元取代苯的命名

(1) 取代基相同时，其位置用连、偏、均命名，或用 1,2,…表示取代基所在位置，规则与链烃的相同。

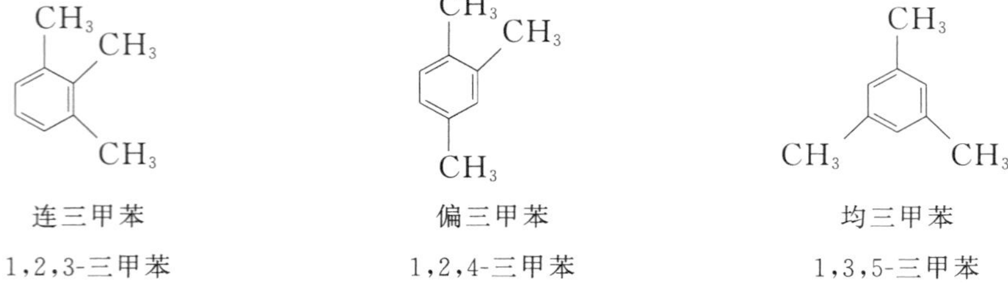

连三甲苯	偏三甲苯	均三甲苯
1,2,3-三甲苯	1,2,4-三甲苯	1,3,5-三甲苯

(2) 母体选择原则：若取代基不同，按—NO_2、—X、—OR(烷氧基)、—R(烷基)、—NH_2、—OH、—COR(酰基)、—CHO、—CN、—$CONH_2$(酰胺)、—COX(酰卤)、—COOR(酯)、—SO_3H、—COOH 等次序排列，排在后面的为母体，排在前面的作为取代基。例如：

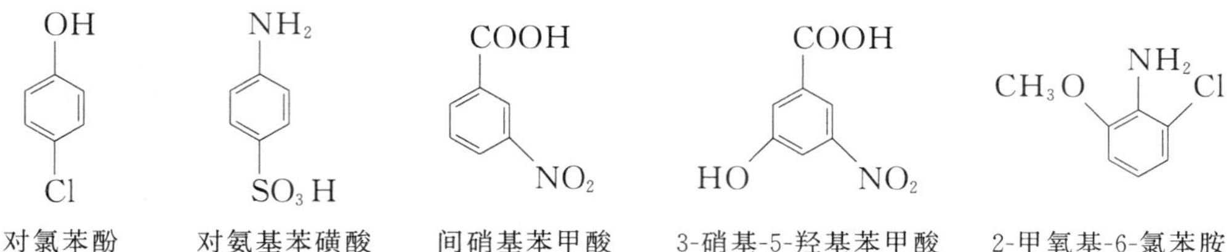

对氯苯酚　　对氨基苯磺酸　　间硝基苯甲酸　　3-硝基-5-羟基苯甲酸　　2-甲氧基-6-氯苯胺

第二节　单环芳烃的结构

根据元素分析可知，苯的分子式为 C_6H_6。仅从苯的分子式判断，苯应具有很高的不饱和度，并能进行不饱和烃的典型反应——加成、氧化、聚合，然而苯是十分稳定的化合物。通常情况下，苯很难发生加成反应，也难以被氧化，在一定条件下，能发生取代反应。

一、苯的凯库勒式

1865 年，凯库勒根据碳四价、氢一价的原则，从苯的分子式 C_6H_6 出发，提出苯分子为环状结构的概念，如图 7-1 所示。

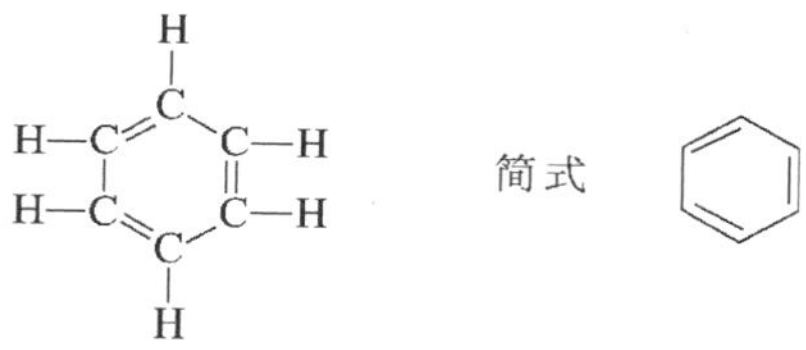

简式

图 7-1　苯的凯库勒结构式

这个式子虽然可以说明苯分子的组成以及原子间连接的次序，但这个式子仍存在着缺点，它不能说明下列问题：

第一，既然含有三个双键，为什么苯不起类似烯烃的加成反应？

第二，根据上式，苯的邻二元取代物应当有两种，然而实际上只有一种，即

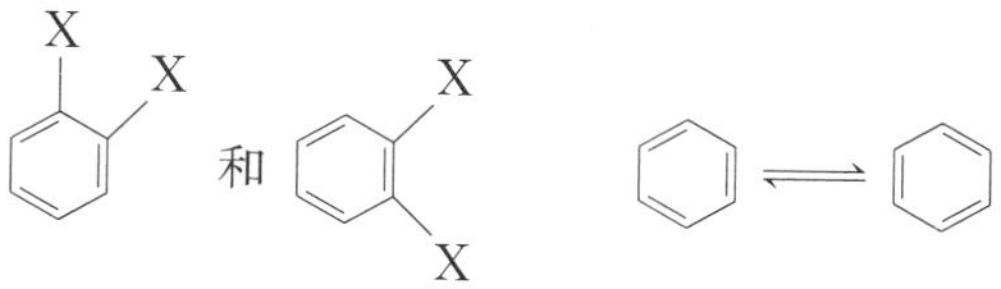

和

凯库勒曾用两个式子来表示苯的结构，并且设想这两个式子之间的摆动代表着苯的真实结构，显然，凯库勒式不能表明苯的真实结构。

二、苯分子结构的价键观点

应用现代物理方法证明，苯分子的结构是一个平面六边形，键角为 120°，C—C 键长都是 0.1397 nm（见图 7-2）。虽然键角与预测的完全相同，但键长数据说明苯分子中不存在双键（0.133 nm）和单键（0.154 nm）之分。所以不能用所谓的 1,3,5-环己三烯来表示苯分子的真实

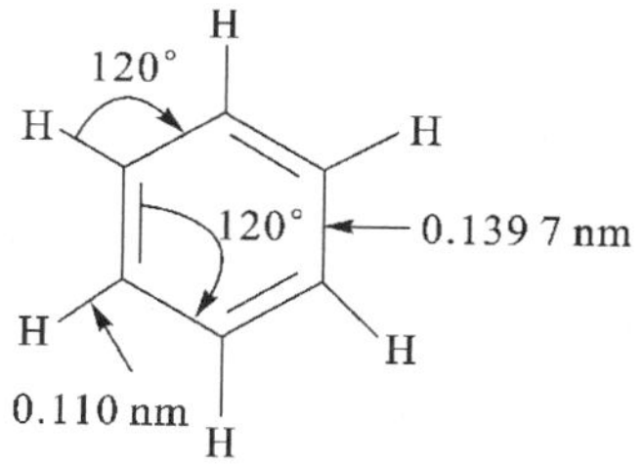

120°
120°
0.139 7 nm
0.110 nm

图 7-2　苯分子的结构

结构。

杂化轨道理论认为：在苯分子中六个碳原子都是采用 sp^2 杂化的，各碳原子均以 sp^2 杂化轨道相互沿对称轴的方向正面重叠形成六个 C—C σ 键，组成一个平面正六边形，每个碳原子再以一个 sp^2 杂化轨道与氢原子的一个 s 轨道沿对称轴正面重叠，形成六个 C—H σ 键。由于是 sp^2 杂化，所以键角是 120°，分子中所有的碳原子和氢原子都在同一平面上，C—C 的键长都相同，为 0.1397 nm。每个碳原子剩下一个未参加杂化的 p 轨道，其对称轴都垂直于碳环平面，且相互平行，结果这些相互平行的 p 轨道从侧面进行重叠，形成一个环状共轭体系 π_6^6（见图 7-3）。大 π 键的电子云对称地分布于六碳环平面的上、下两侧（见图 7-4）。

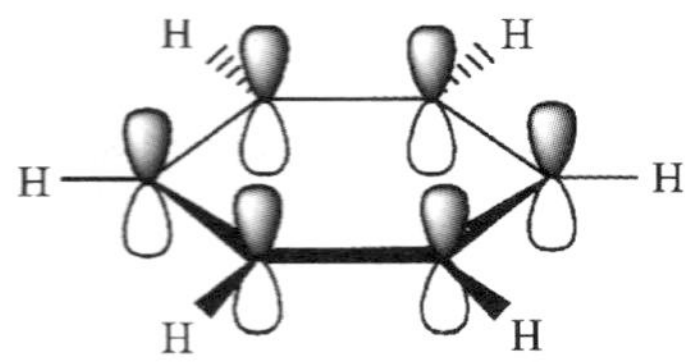

图 7-3　苯分子中的 p 轨道

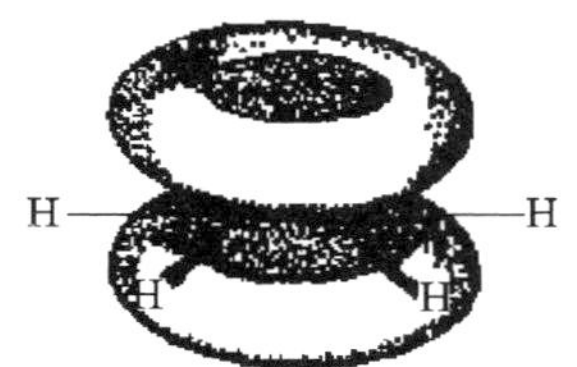

图 7-4　苯分子中的 π 电子云

由于六个碳原子完全等同，所以大 π 键电子云在六个碳原子之间均匀分布，即电子云分布完全平均化，因此 C—C 键长完全相等，不存在单、双键之分。苯环共轭大 π 键的高度离域，使分子能量大大降低，因此苯环具有高度的稳定性。

苯分子的稳定性可用氢化热数据来证明。例如，环己烯的氢化热为119.5 kJ · mol^{-1}。如果把苯的结构看成凯库勒式所表示的环己三烯，它的氢化热应是环己烯的 3 倍，即为 358.5 kJ · mol^{-1}，而实际测得苯的氢化热仅为 208 kJ · mol^{-1}，比 358.5 kJ · mol^{-1} 低 150.5 kJ · mol^{-1}。这充分说明苯分子不具有环己三烯那样的结构，即分子中不存在三个典型的碳碳双键。苯和环己三烯氢化热的差值 150.5 kJ · mol^{-1} 称为苯的离域能或共轭能。正是苯具有离域能，使苯比环己三烯稳定得多。环己烯的氢化反应为：

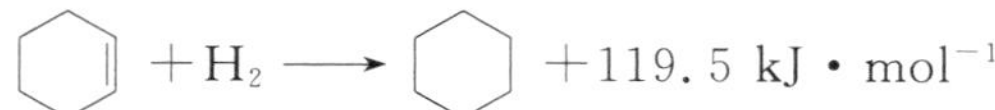

三、苯的结构表示方法

虽然苯的结构已基本清楚，但目前还没有合适的结构式来表示。历史上表示苯的结构，不下十余种方法，但都不理想。习惯上仍采用凯库勒式，但决不能认为苯环是由单、双键交替组成的，还可用六边形内加一个圆圈来表示苯的结构。圆圈表示苯环中的 π 电子云为一个整体，即 π_6^6 体系。特殊情况下也有用正六边形加六个圆点来表示苯的结构的，六个圆点表示六个 π 电子为六个碳原子所有。

第三节 单环芳烃的物理性质

常见的单环芳烃一般为无色液体，具有特殊的气味和一定的毒性，不溶于水，易溶于汽油、石油醚等有机溶剂，相对密度为 0.86～0.93。由于苯及同系物含碳量比较高，所以燃烧时有浓烈的黑烟。单环芳烃的沸点一般也随相对分子质量的增加而增高。熔点的高低不仅与相对分子质量有关，还与分子的对称性有关。对称性大的分子在晶格中能较为有序地排列，故熔点较高。如邻、间、对二甲苯的熔点分别是 −25.5 ℃、−47.9 ℃、13.3 ℃，可以用低温结晶法分离对二甲苯。单环芳烃的物理常数见表 7-1。

表 7-1 单环芳烃的物理常数

名　称	熔点/℃	沸点/℃	相对密度 d_4^{20}	折光率 n_D^{20}
苯	5.5	80.1	0.876 5	1.500 1
甲苯	−95	110.6	0.866 9	1.496 1
乙苯	−95	136.2	0.867 0	1.495 9
邻二甲苯	−25.5	144.4	0.880 2	1.505 5
间二甲苯	−47.9	139.1	0.864 2	1.497 2
对二甲苯	13.3	138.4	0.861 1	1.495 8
苯乙烯	−36.6	145.2	0.906 0	1.546 8
苯乙炔	−44.8	142.4	0.928 1	1.548 5
异丙苯	−96	152.4	0.861 8	1.491 5
正丙苯	−99.5	159.44	0.862 0	1.492 0

第四节 单环芳烃的化学性质

单环芳烃都含有苯环，由于苯环中离域的 π 电子云分布在分子平面的上、下两侧，受原子核的约束较 σ 电子的小，所以容易进行亲电取代，而不易发生加成反应。

一、取代反应

1. 硝化反应

以浓硫酸、浓硝酸（混酸）与苯共热，苯环上的氢被硝基取代的反应称为硝化反应。继续增加硝酸的浓度，提高反应温度，就能得到间三硝基苯。甲苯与浓硝酸和浓硫酸在超过

100 ℃条件下,可得三硝基甲苯(TNT 炸药)。

$$\text{苯} \xrightarrow[60\ ℃]{\text{浓硫酸,浓硝酸}} \text{硝基苯}(NO_2) \xrightarrow{95\ ℃} \text{间二硝基苯}(NO_2, NO_2) \xrightarrow{100\sim110\ ℃} \text{1,3,5-三硝基苯}(NO_2, O_2N, NO_2)$$

$$\text{甲苯}(CH_3) \xrightarrow[30\ ℃]{\text{浓硫酸,浓硝酸}} \text{邻硝基甲苯}(CH_3, NO_2) + \text{对硝基甲苯}(CH_3, NO_2)$$

(58%)　(38%)

由此可见,苯比甲苯难于硝化,而硝基苯更难于硝化。

亲电取代反应机理如下。

亲电试剂 E^+ 进攻苯环,与苯环的 π 电子作用生成 π 配合物,紧接着 E^+ 从苯环 π 体系中获得两个电子,与苯环的一个碳原子形成 σ 键,生成 σ 配合物,σ 配合物内能高,不稳定,sp^3 杂化的碳原子失去一个质子,恢复芳香结构,形成取代产物,如苯的硝化反应。当用混酸(硝酸和硫酸)硝化苯时,混酸中的硝酸作为碱,从酸性更强的硫酸中接受一个质子形成质子化的硝酸,质子化的硝酸分解成硝酰正离子。在硝化过程中,真正的硝化试剂是硝酰(或硝基)正离子,即硝酰正离子为亲电试剂。

第一步:硝酰正离子的产生。

$$H_2SO_4 + HONO_2 \rightleftharpoons HSO_4^- + H_2^+O—NO_2$$

$$H_2^+O—NO_2 \rightleftharpoons H_2O + NO_2^+$$

$$H_2O + H_2SO_4 \rightleftharpoons H_3O^+ + HSO_4^-$$

$$2H_2SO_4 + HO—NO_2 \rightleftharpoons 2HSO_4^- + H_3O^+ + NO_2^+$$

第二步:硝酰正离子作为亲电试剂进攻苯环,生成中间体碳正离子,这一步为慢反应,决定反应速率。

硝酰正离子是一个强的亲电试剂,苯环上的 π 电子由于受六个碳原子核的吸引,与一般烯键的 π 电子相比,它们与碳的结合更紧密,但与定域的 σ 键相比,它们与碳的结合仍然是松弛的,容易受亲电试剂的进攻。亲电试剂与苯接近,然后与苯环上的一个碳原子相连,该碳原子由原来的 sp^2 杂化转变为 sp^3 杂化,并与试剂以 σ 键相结合形成一个带正电荷的环状的活性中间体,即中间体碳正离子(由于该中间体碳正离子形成了一个新的 σ 键,又称为 σ 配合物)。

$$\text{苯} + NO_2^+ \underset{}{\overset{\text{慢}}{\rightleftharpoons}} \text{σ 配合物}(+, H, NO_2)$$

离域式表明,中间体碳正离子的正电荷分散在五个碳原子上。显然,这比正电荷定域在一个碳原子上更为稳定,但与苯相比,因该碳正离子中出现了一个 sp^3 杂化的碳原子,破坏了苯环原有的封闭的环形共轭体系,使其失去了芳香性,能量升高。因此,该碳正离子势能很大,由此转变成产物,必须跨越一个较高的能垒,如图 7-5 的曲线(Ⅰ)所示。中间体碳正离子的存在已被实验证实，有些比较稳定的中间体碳正离子可以制备，并能在低温条件下分离出来。

第三步：碱（负离子）从碳正离子的 sp^3 杂化态的碳原子上夺取一个质子，使其生成硝基苯。此时产物恢复了苯环的共轭体系结构。显然，该步反应只需要较少的能量。如果碱不夺取质子，而去进攻环上的正电荷，则反应与碳碳双键的加成相似，应得到加成产物。而实验结果证明只有取代产物生成。其原因是，发生取代反应的过渡态势能较低，且产物的能量比苯的低；如果生成加成产物，过渡态势能较高，且产物的能量比苯的能量高，整个反应是吸热的，则无论从动力学还是从热力学的角度考虑，进行加成反应都是不利的。上述过程的能量变化如图 7-5 的曲线（Ⅱ）所示。

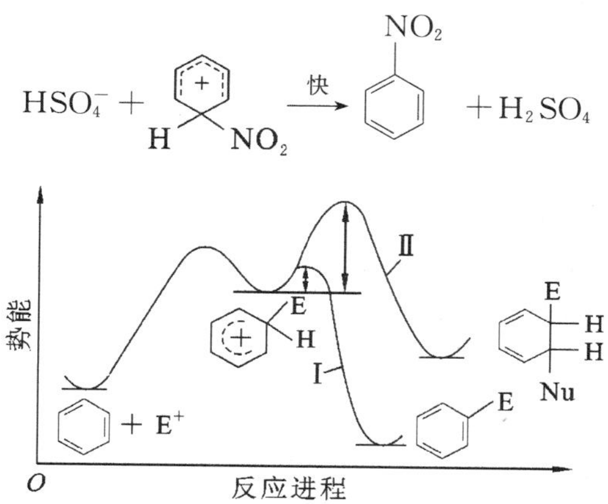

图 7-5　苯进行亲电取代反应和加成反应的能量变化示意图

2. 卤代反应

在催化剂存在下，苯环上的氢原子被卤素取代的反应称为卤代反应。卤素与苯环上的氢发生取代的活性顺序为 F＞Cl＞Br＞I。氟的亲电性很强，不易控制，所以不直接合成。溴与氯在相应的卤化铁或铁的催化下与苯环发生取代反应。碘与苯环发生取代反应须有氧化剂的参与，以便产生亲电的碘正离子。例如：

$$C_6H_6 \xrightarrow[FeCl_3]{Cl_2} C_6H_5Cl$$

$$C_6H_5Cl \xrightarrow[FeCl_3]{Cl_2} \text{邻-}C_6H_4Cl_2 + \text{对-}C_6H_4Cl_2 + \text{间-}C_6H_4Cl_2$$

（39%）　　（55%）　　（6%）

$$C_6H_5CH_3 + X_2 \xrightarrow{Fe} \text{邻-}CH_3C_6H_4X + \text{对-}CH_3C_6H_4X$$

卤代反应的机理如下。

氯或溴本身不能与苯起取代反应,必须在 Lewis 酸的帮助下,才能使氯或溴分子极化。因此,溴化的第一步是苯环形成 π 配合物,在 Lewis 酸 $FeBr_3$ 帮助下,进一步生成 σ 配合物,苯环两个 π 电子与 Br^+ 生成 C—Br 键。

$$C_6H_6 \xrightarrow[FeBr_3]{Br_2} C_6H_6 \cdots \overset{\delta^+}{Br}—\overset{\delta^-}{Br} \quad FeBr_3 \longrightarrow [C_6H_6Br]^+ \cdot [FeBr_4]^-$$

π 配合物　　　　σ 配合物

被进攻的那个碳原子脱离了共轭体系,剩下的四个 π 电子则分布在余下的五个碳原子上,因而带了一个正电荷。

$$[C_6H_6Br]^+ \cdot [FeBr_4]^- \longrightarrow C_6H_5Br + H^+[FeBr_4]^- \longrightarrow HBr + FeBr_3$$

在$[FeBr_4]^-$的作用下,碳正离子很快消去一个质子,恢复了原来的苯环。

应该注意,当无催化剂时,在紫外线或加热条件下,苯同系物侧链上的 α-H 原子易被卤素(氯或溴)取代,发生卤代反应。例如:

$$C_6H_5CH_3 + Cl_2 \xrightarrow[\text{或高温}]{\text{光照}} C_6H_5CH_2Cl \xrightarrow[\text{光照或高温}]{Cl_2} C_6H_5CHCl_2 \xrightarrow[\text{光照或高温}]{Cl_2} C_6H_5CCl_3$$

氯化苄　　苯二氯甲烷　　苯三氯甲烷

3. 磺化反应

苯环的氢原子被磺酸基($—SO_3H$)取代而生成苯磺酸的反应,称为苯的磺化反应。例如:

$$C_6H_6 + HO—SO_3H \xrightarrow{\triangle} C_6H_5SO_3H + H_2O$$

$$C_6H_5CH_3 \underset{}{\overset{H_2SO_4}{\rightleftharpoons}} o\text{-}CH_3C_6H_4SO_3H + p\text{-}CH_3C_6H_4SO_3H + m\text{-}CH_3C_6H_4SO_3H$$

	邻位	对位	间位
0 ℃	(43%)	(53%)	(4%)
100 ℃	(13%)	(79%)	(8%)

磺化反应机理如下。

在磺化反应中亲电试剂为 SO_3。虽然 SO_3 不带正电荷,但它是缺电子的原子团,易于进攻苯环。

第一步:SO_3 的生成。

$$H_2SO_4 + H_2SO_4 \rightleftharpoons H_3SO_4^+ + HSO_4^-$$
$$H_3SO_4^+ \rightleftharpoons H_2O + HSO_3^+$$
$$H_2SO_4 + H_2O \rightleftharpoons H_3O^+ + HSO_4^-$$
$$HSO_3^+ + HSO_4^- \rightleftharpoons SO_3 + H_2SO_4$$
$$\overline{\qquad\qquad\qquad\qquad\qquad\qquad}$$
$$2H_2SO_4 \rightleftharpoons H_3O^+ + HSO_4^- + SO_3$$

第二步：SO_3 作为亲电试剂进攻苯环，生成中间体碳正离子。

$$C_6H_6 + \overset{\delta^+}{S}O_2{=}\overset{\delta^-}{O} \rightleftharpoons [C_6H_6(H)(SO_3^-)]^+ \underset{H_3^+O}{\overset{HSO_4^-}{\rightleftharpoons}} C_6H_5SO_3H$$

与硝化反应、卤代反应不同，磺化反应是可逆的，苯磺酸与稀硫酸共热时可水解脱下磺酸基。

$$C_6H_5SO_3H + H_2O \xrightarrow{180\ ℃} C_6H_6 + H_2SO_4$$

此反应常用于有机合成中控制环上某一位置不被其他基团取代，或用于化合物的分离和提纯。例如：

$$C_6H_5CH_3 \xrightarrow[100\ ℃]{H_2SO_4} p\text{-}CH_3C_6H_4SO_3H \xrightarrow{Cl_2} 2\text{-Cl-}4\text{-}SO_3H\text{-}C_6H_3CH_3 \xrightarrow[H^+]{水蒸气} o\text{-}CH_3C_6H_4Cl$$

4．傅-克(Friedel-Crafts)反应

傅-克反应分为傅-克烷基化反应和酰基化反应。烷基化反应是卤代烷同苯在 Lewis 酸如 $AlCl_3$、$FeCl_3$的作用下，生成烷基苯的反应。例如：

$$C_6H_6 + CH_3CH_2Br \xrightarrow[0\sim25\ ℃]{AlCl_3} C_6H_5CH_2CH_3\ (76\%) + HBr$$

三个碳以上的卤代烷进行烷基化反应时，常伴有异构化(重排)现象发生：

$$C_6H_6 + CH_3CH_2CH_2Cl \xrightarrow{AlCl_3} C_6H_5CH(CH_3)_2 + C_6H_5CH_2CH_2CH_3$$

异丙苯(65%～69%)　正丙苯(31%～35%)

这是由于生成的一级烷基碳正离子易重排成更稳定的二级烷基碳正离子。因此，发生取代反应时，异构化产物多于非异构化产物。更高级的卤代烷在苯环上进行烷基化反应时，将会存在更为复杂的异构化现象。

反应机理为：

$$CH_3CH_2Br + AlCl_3 \longrightarrow CH_3\overset{\delta^+}{C}H_2\text{---}\overset{\delta^-}{Br}\text{---}AlCl_3 \longrightarrow CH_3\overset{+}{C}H_2 + [AlCl_3Br]^-$$

$$C_6H_6 + CH_3\overset{+}{C}H_2 \longrightarrow [C_6H_6(H)(CH_2CH_3)]^+ \xrightarrow{-H^+} C_6H_5CH_2CH_3$$

常用的催化剂：$AlCl_3$、$FeCl_3$、BF_3、$ZnCl_2$、$SnCl_4$ 等。其活性依次降低。

常用的烷基化剂：RX、$RCH{=}CH_2$、ROH、ROR 等。

酰基化反应是指在 Lewis 酸催化下，酰氯或酸酐等与芳烃发生亲电取代反应生成酮的反应。酰基化反应的特点：产物纯、产量高(因酰基不发生异构化，也不发生多元取代)。例如：

$$C_6H_6 + CH_3C(=O)Cl \xrightarrow{AlCl_3} C_6H_5C(=O)CH_3 + HCl$$

乙酰氯　　　　苯乙酮(97%)

$$CH_3C_6H_5 + (CH_3CO)_2O \xrightarrow{AlCl_3} CH_3\text{—}C_6H_4\text{—}C(=O)CH_3 + CH_3COOH$$

乙酸酐　　　　对甲基苯乙酮(80%)

苯及同系物的取代反应都是亲电取代反应，其机理可用通式表示如下：

$$C_6H_6 + E^+ \longrightarrow [C_6H_6 \cdot E^+] \longrightarrow [C_6H_6E]^+ \xrightarrow{-H^+} C_6H_5\text{—}E$$

π配合物　　σ配合物

二、加成反应

苯易于取代而难于加成，但在合适条件下也可以加成。

1. 与 X_2 加成

苯与氯加成，产物为六氯化苯，也称六氯代环己烷，俗称六六六，它曾作为农药大量使用，但由于残毒严重而逐渐被淘汰，很多国家已禁止使用。

$$C_6H_6 + 3Cl_2 \xrightarrow[50\ ^\circ C]{\text{光照}} C_6H_6Cl_6$$

2. 与 H_2 加成

在较高的温度和压力下，有催化剂存在时，苯与 H_2 发生加成反应。这是工业上制备环己烷的方法。

$$C_6H_6 \xrightarrow[200\sim240\ ^\circ C,\ 3.92\ MPa]{H_2,\ Ni} C_6H_{12}$$

三、氧化反应

苯不易氧化，只有在高温和催化剂作用下，才氧化生成顺丁烯二酸酐。

$$C_6H_6 + O_2 \xrightarrow[400\sim500\ ℃]{V_2O_5} \text{顺丁烯二酸酐} + CO_2 + H_2O$$

烃基苯的侧链可被强氧化剂如 $KMnO_4$、$K_2Cr_2O_7$、HNO_3 等酸性溶液氧化，含 α-H 的烷基被氧化成羧基，而且不论烷基的碳链长短，都生成苯甲酸。例如：

$$\left.\begin{array}{l} C_6H_5-CH_2CH_3 \\ C_6H_5-CH(CH_3)_2 \\ C_6H_5-CH_2CH_2CH_2CH_3 \end{array}\right\} \xrightarrow{KMnO_4/H^+} C_6H_5-COOH$$

当苯环上不含 α-H 时，侧链不发生氧化反应。

$$C_6H_5-C(CH_3)_3 \xrightarrow[\triangle]{KMnO_4} \text{不反应}$$

第五节　苯环上亲电取代的定位规律

一取代苯有两个邻位、两个间位和一个对位，在发生一元亲电取代反应时，都可接受亲电试剂进攻，如果取代基对反应没有影响，则生成物中邻、间、对位产物的比例应为 2∶2∶1。但从前面的性质可知，原有取代基不同，发生亲电取代反应的难易就不同，第二个取代基导入苯环的相对位置也不同。例如：

$$C_6H_6 \xrightarrow[60\ ℃]{\text{混酸}} C_6H_5NO_2 \xrightarrow[95\ ℃]{\text{发烟 } HNO_3 + H_2SO_4} m\text{-}C_6H_4(NO_2)_2\ (93.2\%)$$

$$C_6H_5CH_3 \xrightarrow[30\ ℃]{\text{混酸}} \begin{cases} o\text{-}CH_3C_6H_4NO_2\ (57\%) \\ CH_3-C_6H_4-NO_2\ (p)\ (40\%) \end{cases}$$

可见，苯环上原有的取代基具有决定第二个取代基导入苯环位置的作用，也影响着亲电取代反应的难易程度。这种原有取代基决定新取代基导入苯环的位置的作用称为取代基的定位效应。

一、定位规律

1. 定位基的分类

苯环上新导入取代基的位置主要取决于原有取代基的性质。苯环上原有的取代基称为定位基(或指示基)。根据新导入取代基的位置和反应的难易，把常见的定位基分为三类。

第一类定位基，也称邻对位定位基。如—O^-、—NR_2、—NHR、—NH_2、—OH、—OR、—NHCOR、—OCOR、—R、—C_6H_5、—CH═CH_2、—CR_3 等都是供电子基。它们与苯环直接相连时，能活化苯环，使反应速率比苯的反应速率快，并使新取代基导入其邻位和对位。

第二类定位基，也称间位定位基。如—$\overset{+}{N}R_3$、—NO_2、—CF_3、—CCl_3、—CN、—SO_3H、—CHO、—COR、—COOH、—COOR、—$CONH_2$、—$CONR_2$ 等都是吸电子基。它们与苯环直接相连时，能钝化苯环，使反应速率比苯的反应速率慢，钝化能力依次减弱，并使新取代基导入其间位。

第三类定位基，既能使苯环略微钝化，又能使新取代基导入苯环的邻位和对位。此类定位基主要是指卤素(—F、—Cl、—Br、—I)及—CH_2Cl 等。

2. 二元取代苯的定位规律

苯环上已有两个取代基时，第三个取代基导入的位置主要取决于原有的两个取代基的类别和相对强度，另外还受空间阻碍的影响。

(1) 当苯环上原有的两个定位基的定位效应一致时，第三个取代基进入的位置仍由上述定位规律决定。例如：

Br　COOH　　　OH　NO_2　　　CF_3　SO_3H

(2) 当苯环上原有的两个定位基的定位效应不一致时，若两个定位基为同类，则第三个取代基进入的位置主要由强定位基决定。例如：

OCH_3　Cl　　　OH　CH_3　　　$NHCOCH_3$　Cl

若两个定位基为不同类，则第三个取代基进入的位置主要由第一类定位基决定。例如：

Cl
8% 很少，有位阻
COOH
约92%

NHCOCH$_3$
很少，有位阻
NO$_2$

(3) 当苯环上原有的两个定位基的定位效应相近时，得到混合物。例如：

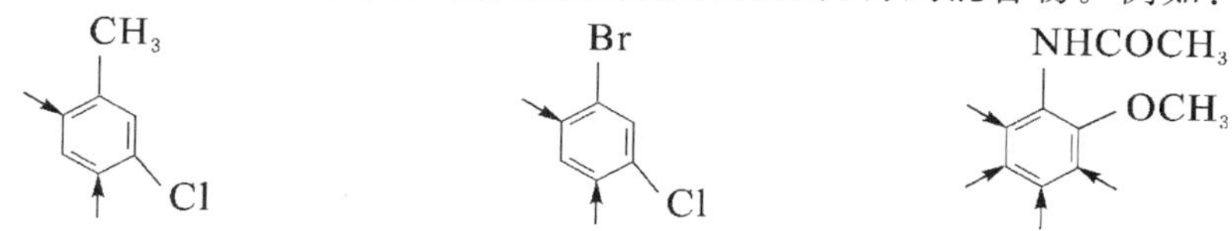

二、空间效应

苯环上原有的定位基的空间位阻与新引入基团的空间位阻的相互作用，对新引入基团的位置也有一定的影响。例如，当苯环上的定位基是邻对位定位基时，实验结果表明，随着定位基空间位阻的增大，空间效应也增大。产物的邻位异构体减少，对位异构体增加。

当苯环上的定位基不变时，随着新引入基团的空间位阻的增大，空间效应增大，也导致产物的邻位异构体减少，对位异构体增加。

三、定位规律的解释

定位基的定位效应主要是由定位基的电子效应决定的。苯环是一个闭合的共轭体系，π 电子高度离域。当苯环上引入一个取代基后，这个取代基使苯分子中各碳原子的电子云密度发生变化，出现电子云密度大小相间的现象。如用分子轨道法近似计算出取代苯环上不同位置的有效电荷分布，若以无取代苯环上各位置有效电荷为零，则甲苯、硝基苯、苯胺及氯苯等分子中，在其取代基的邻、间及对位的有效电荷分布如图 7-6 所示。

(a) 苯：0，0，0，0，0，0

(b) 甲苯：CH$_3$；−0.017，+0.001，−0.011

(c) 硝基苯：NO$_2$；+0.260，+0.102，+0.274

(d) 苯胺：NH$_2$；−0.03，0.00，−0.02

(e) 氯苯：Cl；+0.043，+0.116，+0.028

图 7-6 取代基的邻、间及对位的有效电荷分布

以上就是苯环上亲电取代反应定位规律的理论依据。现以甲苯、硝基苯和氯苯的取代基定位为例进行说明。

1. 甲苯

甲苯中的甲基上的碳原子为 sp^3 杂化，苯环上的碳原子为 sp^2 杂化，sp^2 杂化轨道的 s 成分较多。s 成分越多，电子云离核越近，核对电子的吸引力越大，轨道电负性越大。因此，苯环上的碳原子能吸引甲基电子偏向苯环，使苯环上的电荷密度增加，有利于亲电取代反应发生。

另外，甲苯中的甲基还是一个供电子基团，供电子诱导效应（+I）使苯环上电子云密度增加，从而有利于亲电试剂的进攻，故甲苯比苯易于发生亲电取代反应。

CH_3　sp^3杂化　sp^2杂化

诱导效应　　超共轭效应　　交替极化

由于甲苯的 σ-π 共轭是沿共轭链传递的，都使苯环上电子云密度增加，故在共轭链上会出现电子云密度较大和较小的交替现象，甲苯的邻、间及对位的有效电荷即具有正、负电荷相间的特点，结果在苯分子中甲基的邻、对位电子云密度较大，有利于亲电试剂进攻，主要生成邻位和对位产物。

另外，从反应历程来看，当亲电试剂（E^+）进攻甲苯的不同位置时，在其第一步反应中，可能形成三种碳正离子中间体：

(1)　　(2)　　(3)

(1)式和(3)式是叔碳正离子，甲基与带正电荷的碳直接相连，有利于分散正电荷，因而主要生成邻位和对位产物。

2. 硝基苯

由于硝基苯中的氮原子受到氧原子的影响，氧原子的电负性远大于碳原子的，故硝基是一个强吸电子基，对苯环表现为吸电子诱导效应（−I），使苯环钝化。另一方面，硝基是一个 π 体系，它与苯环的大 π 键形成一个更大的共轭体系——π-π 共轭体系，使苯环上的电子云向硝基方向移动，所以硝基对苯环存在一个吸电子的共轭效应（—C）。

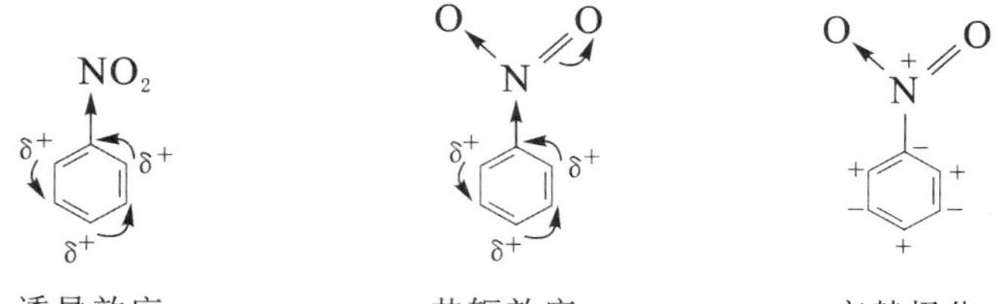

诱导效应　　共轭效应　　交替极化

−I 和 −C 的方向是一致的，均使苯环上的电子云密度降低，不利于亲电试剂的进攻，因此硝基苯进行亲电取代反应比苯要困难。但由于 −C 使邻、对位的电子密度降低得多，而使间位的电子密度相对降低得少，故亲电取代试剂较易进攻间位，亲电取代反应主要产物是间位产物。其他间位基的定位解释与硝基苯的相同。

3. 氯苯

氯原子是邻对位定位基，但它会使苯环钝化。因为卤素原子半径比较大，它们最外层 p

轨道上的孤对电子不能与苯环的共轭离域大 π 键产生有效共轭，而且由于卤素原子的电负性比碳原子的要大得多，吸电子诱导效应（−I）更强烈，使诱导效应大于共轭效应，两种电子效应方向相反，总的作用结果使苯环电子云密度降低，苯环钝化，参与亲电取代反应的活性降低，所以氯苯比苯难于发生亲电取代反应。但是供电子共轭效应（+C）又使氯苯的邻、对位电子云密度稍大于间位电子云密度，亲电试剂较易进攻邻、对位，所以主要得到的是邻、对位产物。卤素原子的半径从氟到碘是递增的，电负性从氟到碘是递减的，共轭效应和诱导效应的综合结果导致卤苯进行亲电取代反应速率顺序为 $C_6H_5F > C_6H_5Cl \approx C_6H_5Br > C_6H_5I$。

四、定位规律的应用

根据定位规律可以预测亲电取代反应的主要产物，可以帮助选择较佳的合成路线，合成指定的目标分子。

【例 7-1】 由苯合成间硝基氯苯和对硝基氯苯。

苯 —硝化→ 硝基苯（NO_2） —氯化→ 间硝基氯苯（先硝化后氯化）

苯 —氯化→ 氯苯（Cl） —硝化→ 邻硝基氯苯 + 对硝基氯苯（先氯化后硝化）

【例 7-2】 由苯合成 3-硝基-4-氯苯磺酸。

通过产物的结构分析可知，第一步进行硝化或磺化都不行，所以第一步只能进行氯化，然后才能使硝基和磺酸基引入氯的邻、对位。第二步控制温度在 100 ℃，可得到对氯苯磺酸的主要产物，再进行硝化，可得产物。

苯 —氯化→ 氯苯 —100 ℃→

硝化：邻硝基氯苯（Cl、NO_2）+（对硝基氯苯）—磺化→ 3-硝基-4-氯苯磺酸（Cl、NO_2、SO_3H）

磺化：对氯苯磺酸（Cl、SO_3H）+（邻氯苯磺酸）—硝化→ 3-硝基-4-氯苯磺酸（Cl、NO_2、SO_3H）

多　　　　很少

应该指出,定位规律是个经验规律,在实践中有机反应是很复杂的,邻、间、对位的相对活性不仅与定位基的电子效应、立体效应有密切关系,而且与反应条件如催化剂的强度、温度的高低、亲电试剂的强弱等也有直接的关系。

第六节　稠环芳烃

一、萘

萘($C_{10}H_8$)是最简单的稠环芳烃,重要的化工原料之一,主要存在于煤焦油中,含量约为 6%。常温常压下,萘为白色闪光晶体,沸点为 218 ℃,熔点为 80.6 ℃,易升华,不溶于水,易溶于一些有机溶剂。

萘的分子结构与苯的类似,10 个碳原子的轨道也是 sp^2 杂化,每个碳原子的杂化轨道分别与相邻碳原子的杂化轨道或氢原子的 1s 轨道重叠形成 σ 键,构成一个平面的双环结构,每一个碳原子中没有参与杂化的 p 轨道与平面结构相垂直,从侧面形成一个闭合共轭大 π 键。

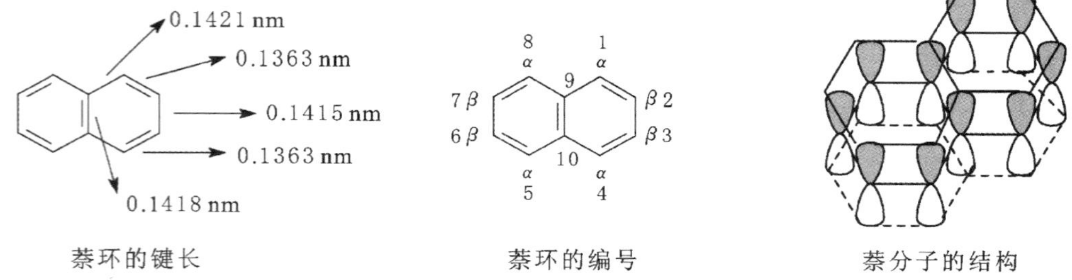

萘环的键长　　萘环的编号　　萘分子的结构

由于萘环的键长没有完全平均化,因此没有苯环稳定,比苯环容易发生加成反应和氧化反应。萘环 α-碳原子上的电子云密度比 β-碳原子上的大,因此萘环的亲电取代反应多发生在 α 位上。

1. 亲电取代反应

萘环上 α 位和 β 位电子云密度不同,反应活性也不同。

1) 硝化反应

萘用混酸硝化,在常温下即可进行,产物几乎全是 α-硝基萘。

$$\text{萘} \xrightarrow[30\sim60\ ℃]{HNO_3,\ H_2SO_4} \text{α-硝基萘}(NO_2)\quad (79\%)$$

α-硝基萘是黄色针状晶体,熔点为 61 ℃,不溶于水而溶于有机溶剂。

2）卤代反应

萘与溴的四氯化碳溶液一起加热回流，反应在不加催化剂的情况下就能进行，得到 α-溴萘。氯萘的制备是在氯化铁催化下，将氯气通入熔融的萘中，主要得到 α-氯萘。

Cl（95%）←Cl_2，$FeCl_3$／100～110 ℃— 萘 —Br_2，CCl_4／回流→ Br（72%～75%）

3）磺化反应

萘的磺化反应与苯的磺化反应一样，是可逆反应。因为 α 位比 β 位活泼，所以当用浓硫酸磺化时，磺化反应的取向取决于反应的温度，在较低温度（40～80 ℃）时生成 α-萘磺酸，而在较高温度（165 ℃）时，则主要生成 β-萘磺酸。若把 α-萘磺酸与硫酸共热至 165 ℃，也能转变为 β-萘磺酸。

萘 —100% H_2SO_4／40～80 ℃→ H 8 SO_3H（96%）

↓165 ℃

萘 —95% H_2SO_4／165 ℃→ SO_3H（85%）

α 位虽然活泼，但磺酸基的体积比较大，处在异环相邻 α 位（8 位）上的氢原子的范德华半径之内，由于空间位阻，α-萘磺酸较不稳定。在较低的温度下，α-萘磺酸的生成速率快，α-萘磺酸生成后不易逆向转变，所以得到 α 位取代产物。当在较高温度下时，先生成的 α-萘磺酸会发生显著的逆反应。β-萘磺酸没有空间位阻，稳定性较大，逆反应很少。高温下因 α-萘磺酸逆反应而生成的萘，就会转化成 β-萘磺酸。因此，高温下磺化主要得到 β-萘磺酸。

4）傅-克酰基化反应

萘环发生烷基化反应生成多取代产物。酰基化产物可以控制为单取代产物。傅-克酰基化反应在非极性溶剂中进行，产物以 α 位取代产物为主，但难以与 β 位取代产物分离。

萘 —CH_3COCl，$AlCl_3$／CS_2，−15 ℃→ $COCH_3$（α）＋ $COCH_3$（β）

3 ∶ 1

在极性溶剂中，产物以 β 位取代产物为主。

2. 氧化反应

萘比苯容易被氧化，氧化条件不同，产物也不同。例如：

萘 ＋O_2 —V_2O_5／450 ℃→ 邻苯二甲酸酐（C=O，O，C=O）

邻苯二甲酸酐

$\xrightarrow[10\sim15\ ℃]{CrO_3,CH_3COOH}$

1,4-萘醌

萘环上的烷基不能被氧化成羧酸，而是烷基所在萘环被氧化成萘醌或酸酐。

3. 还原反应

萘的加成反应比苯的容易，但比烯烃的困难。用金属钠与溶解在乙醇中的萘反应时，萘被还原成 1,4-二氢化萘。

$\xrightarrow{Na,CH_3CH_2OH}$

1,4-二氢化萘

若在强烈条件下还原，则生成四氢化萘或十氢化萘。

$\xleftarrow[加热,加压]{H_2,Pd\text{-}C}$ $\xrightarrow[加热,加压]{H_2,Pt\text{-}C}$

1,2,3,4-四氢化萘　　十氢化萘

二、其他稠环芳烃

1. 蒽

蒽($C_{14}H_{10}$)是无色片状晶体，有弱的蓝色荧光，熔点为 216 ℃，沸点为 340 ℃，不溶于水，难溶于乙醇和乙醚，能溶于苯等有机溶剂。蒽存在于煤焦油中。

蒽分子可以看做由三个苯环稠合而成的，所有原子都处在一个平面上，分子中也存在闭合共轭大 π 键，键长也没有完全平均化，因此没有苯稳定。蒽环的碳原子编号如下：

α γ α β β β β α γ α　或　8 9 1 7 2 6 3 5 10 4

稠环芳烃随着分子稠合环数目的增加，稳定性逐渐下降，越来越容易进行氧化和加成反应。蒽的 γ 位最活泼，反应优先发生在 γ 位。

蒽容易在 γ 位上起加成反应。例如，蒽催化加氢或化学还原($Na+C_2H_5OH$)生成 9,10-二氢化蒽。

$\xrightarrow[Pt\text{-}C]{H_2}$

9,10-二氢化蒽

蒽的其他反应也往往发生在 γ 位。例如，重铬酸钾加硫酸可使蒽氧化为蒽醌。

$$\text{蒽} \xrightarrow[\triangle]{K_2Cr_2O_7,H_2SO_4} \text{蒽醌（约90\%）}$$

蒽醌在常温、常压下是浅黄色晶体，熔点为 275 ℃，不溶于水，难溶于多数有机溶剂，易溶于浓硫酸。蒽醌是合成许多蒽醌类衍生物的重要原料。

2. 菲

菲为无色片状晶体，有荧光，熔点为 101 ℃，沸点为 340 ℃，不溶于水，易溶于苯和乙醚等有机溶剂，溶液呈蓝色荧光。菲主要存在于煤焦油的蒽油馏分中。

（菲的结构式）或（菲的结构式，编号 1～10）

菲的芳香性与稳定性皆比蒽的强，化学活性比蒽的弱，性质与蒽的相似，也可发生加成、氧化和取代反应等，并首先发生在 9、10 位。

芳香烃中稠环芳烃很多，其他一些比较重要的稠环芳烃还有茚、芴、苊等。

茚　　芴　　苊

第七节　休克尔规则及非苯芳烃

非苯芳烃是指分子中不含苯环，而且有一定程度芳香性的碳氢化合物。这些分子都具有环状平面结构和闭合共轭离域大 π 键，构成环状结构的化学键的键长趋于平均化，分子的稳定性较高，容易发生亲电取代反应而难以发生氧化反应和加成反应。自提出芳香性的概念以来，人们对芳香性的属性及评价标准做了大量的工作，特别是休克尔(Hückel)的工作。

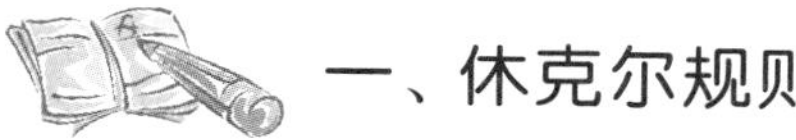

一、休克尔规则

休克尔规则也称 $4n+2$ 规则。1931 年，德国化学家休克尔利用量子力学的简化分子轨道法(HMO)计算单环交替多烯体系的 π 电子能级分布时，发现含有 $4n+2$ 个 π 电子的体系其价电子全部填充在成键的分子轨道中，并且刚好填满形成了闭壳层结构，这样的体系具有一定的稳定性，性质与苯的相似，称之为芳香体系；含有不是 $4n+2$ 个 π 电子的体系，π 电子除了填充在成键轨道外，有的还填充在非键轨道和反键轨道上，因此体系不够稳定，性质似链状多烯的，不具有芳香性，称之为非芳香体系。因此，休克尔提出了芳香体系的规则，即 $4n+2$ 规则($n=0,1,2,\cdots$)。

这个规则可概括地描述为：环状交替多烯化合物分子中，环上 π 电子数符合 $4n+2$ 通式，可望是芳香体系，此体系具有一定的芳香性。也就是说，单环多烯烃要有芳香性，必须满足三个条件：①成环原子共平面或接近于平面，平面扭转不大于 0.1 nm；②环状闭合共轭体系；③环上 π 电子数为 $4n+2$($n=0,1,2,\cdots$)。这就是休克尔规则。

二、非苯系芳香烃的实例

1. 环戊二烯负离子

当环戊二烯与金属钠或镁作用时，形成环戊二烯金属化合物。此化合物溶于液氨中有明显的导电作用，证明了环戊二烯负离子的存在。

$$+\mathrm{Na}\longrightarrow \quad +\frac{1}{2}\mathrm{H_2}$$

环戊二烯负离子

环戊二烯负离子的 π 电子数目为两个 π 键上的四个电子和亚甲基负离子上的两个电子之和，即 $4n+2=6(n=1)$，能形成环状闭合的 π_5^6 体系，符合休克尔规则，具有芳香性。现已证实它是一个平面对称体系，能够发生亲电取代反应。

2. 环辛四烯负离子

环辛四烯是淡黄色液体，它的性质和烯烃的一样，很容易发生加成反应，不具有芳香性，因为环辛四烯的 π 电子数为 8，不符合休克尔规则。近代物理方法测定表明：环辛四烯的结构为盆状结构，分子中的 8 个碳原子不在一个平面上，环辛四烯分子中的碳原子都为 sp^2 杂化，在带电荷以前，“船头”π 键和“船底”π 键不在一个平面上，分别垂直于“船头”平面和“船底”平面，因此 π 键之间不能相互重叠形成共轭体系。它的键长和键角差不多接近于烯烃分子中单键和双键的键长和键角。当它在四氢呋喃溶液中同金属钾反应，则变为二价负离子，带电荷以后，环中的两个“船头”π 键或两个“船底”π 键断裂，各加上一个电子，碳环伸展为平面结构，分子形状由盆形转变为平面八边形，所有碳原子的 p 轨道都垂直于碳环平面，从侧面相互重叠，形成环状闭合共轭离域大 π 键。

环辛四烯　　　　环辛四烯负离子

环辛四烯负二价离子比环辛四烯多了两个 π 电子，共 10 个 π 电子，符合休克尔规则，具有一定芳香性。

3. 大环芳香体系

碳原子数大于或等于 10 的具有交替的单、双键的环状多烯烃通称为轮烯，通式为

$(CH)_x$。以 x 的具体数目命名，如 $x=10$ 时，称为[10]轮烯，当 $x=14$ 时，称为[14]轮烯。

[10]轮烯　　　　[14]轮烯

[10]轮烯和[14]轮烯的 π 电子数目符合休克尔规则，但由于环内氢原子具有较强的斥力，致使碳环不在一个平面(平面扭曲不大于 0.1 nm)上，这样 π 键就不能有效重叠成共轭体系，故两者为非苯芳烃。

[18]轮烯含 18 个 π 电子，符合休克尔规则，γ 射线衍射法证明，环上各 C—C 键键长相等，氢原子具有较弱的斥力，轮环接近平面分子，因此属于非苯芳烃。

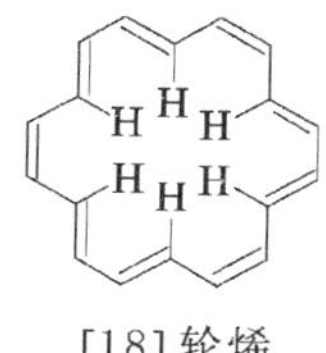

[18]轮烯

[22]轮烯和[26]轮烯均符合休克尔规则，证明有芳香性。更大的具有芳香性的轮烯尚未发现，是否符合休克尔规则也不能定论。

第八节　芳烃的来源和应用

一、芳烃的来源

1. 从煤焦油中提取

将煤在隔绝空气的条件下加热到 1000 ℃以上，可以得到煤焦油。煤焦油中含多种芳香族化合物和某些含硫或含氮的杂环化合物。将煤焦油分馏，可以得到苯、甲苯、二甲苯、苯酚、萘、蒽等，所以煤焦油是芳香族化合物的主要来源之一。分馏的残余物是沥青。稠环芳烃大量存在于煤焦油中，现在已从煤焦油中分离出几百种稠环芳烃。许多稠环芳烃有致癌性，称为致癌芳烃。例如：

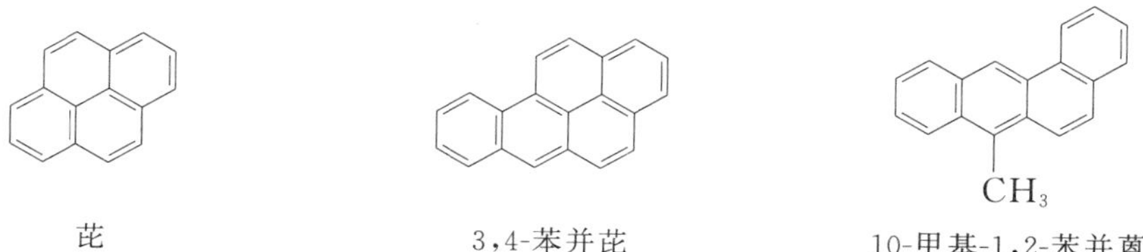

芘　　　　3,4-苯并芘　　　　10-甲基-1,2-苯并蒽

煤是由埋藏在地下的动植物，在没有空气的情况下，受长期地质应力和细菌的作用，经复杂的化学变化而形成的。如果把煤仅仅用做燃料，煤中许多宝贵物质被白白烧掉，是很不经济的，因而积极开展煤的综合利用是十分重要的。

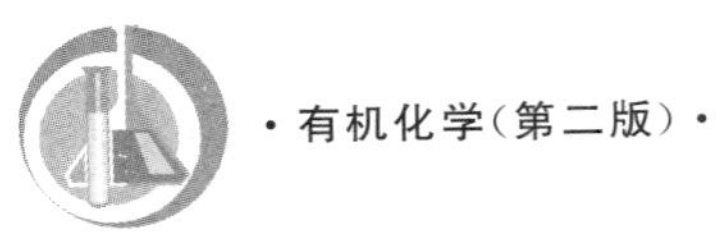

2. 石油的催化重整

随着化学工业的发展,对芳香化合物的需要远远超过从煤焦油中所得的量。以石油为原料也可以获得芳香化合物。在催化剂的作用下,通过一定的温度和压力,使石油中的化合物分子结构发生变化的化学过程称为石油的催化重整。石油的催化重整是从石油中获取芳香烃的主要方法。

(1) 烷烃脱氢环化,再脱氢形成芳烃。

$$CH_3CH_2CH_2CH_2CH_2CH_3 \xrightarrow[Pt]{-H_2} \text{环己烷} \xrightarrow[Pt]{-3H_2} \text{苯}$$

(2) 环烷烃脱氢形成芳烃。

$$CH_3\text{—环己烷} \xrightarrow[Pt]{-3H_2} \text{苯—}CH_3$$

二、芳烃的应用

芳烃类化合物是重要的基本有机化工原料,可用于制备大多数芳香类有机化合物,包括芳香类高分子材料。

苯是化学工业和医药工业的重要基本原料,可用于制备药品、染料、塑料、树脂、合成橡胶、合成洗涤剂等。甲苯可用于制备 TNT 炸药、防腐剂、合成纤维等。聚苯乙烯是一种很好的塑料,绝缘、耐水、耐腐蚀,具有良好的透光性和成型性,可用于制造高频绝缘材料、光学材料等。

近年来发现许多微生物可以利用石油中的不同成分作为它们的"粮食"。例如,有的微生物喜欢吃直链的烃,有的则喜欢吃环烷烃,等等。因此可以利用不同的微生物来分离、提纯石油中的某些组分。在微生物以石油产品为食物的生长和代谢过程中,能产生有机酸、氨基酸、维生素、蛋白质以及糖类物质等,而许多氨基酸、维生素以及糖类物质一向是以粮食作物为原料来制取的,如改用石油产品为原料,用微生物发酵法来制取,一方面可以大大减少工业用粮,另一方面,用化学方法合成上述化合物时,往往需要高温、高压或强酸、强碱催化等条件,因此对设备材料的要求比较苛刻,常需耐高温、耐压、耐腐蚀等材料,而微生物发酵法都是在常温、常压及比较温和的条件下进行的,所以对设备材料的要求比化学合成法的要低。因此,以石油产品为原料,用微生物发酵法制取有机化合物便成为目前新的研究领域之一。

本章小结

一、芳香烃的命名

芳香烃简称芳烃,根据分子中所含苯环的数目,可分为单环芳烃和多环芳烃。

一元取代苯的命名:当苯环上连有烷基—R、$—NO_2$、—X 等基团时,则以苯环为母体,称为“某基苯”。当苯环上连有—COOH、—SO_3H、—NH_2、—OH、—CHO、—CH=CH_2 或—R等较复杂基团时，则把苯环作为取代基。

二元取代苯的命名：取代基的位置用邻（*o*-）、间（*m*-）、对（*p*-）或 1，2-、1，3-、1，4-表示。

多元取代苯的命名：取代基相同时，其位置用连、偏、均命名，或用 1，2，3，…表示取代基所在碳位，规则与链烃的相同。

二、单环芳烃的主要化学性质

1. 亲电取代反应

（1）硝化反应。

$$C_6H_6 \xrightarrow[60\ ℃]{\text{浓硫酸、浓硝酸}} C_6H_5-NO_2 + H_2O$$

（2）卤代反应。

$$C_6H_6 + X_2 \xrightarrow{Fe} C_6H_5-X + HX$$

（X=Cl，Br）

（3）磺化反应。

$$C_6H_6 + HO-SO_3H(\text{发烟}) \overset{\triangle}{\rightleftharpoons} C_6H_5-SO_3H + H_2O$$

（4）傅-克反应。

$$C_6H_5-R(H) \xrightarrow[1\ mol\ AlCl_3]{CH_3COCl} \text{R(H)}-C_6H_4-\overset{O}{\overset{\|}{C}}-CH_3 + HCl$$

$$C_6H_6 + RX \xrightarrow[0\sim25\ ℃]{AlCl_3} C_6H_5-R + HCl$$

2. 加成反应

（1）X_2 加成。

$$C_6H_6 + 3Cl_2 \xrightarrow[50\ ℃]{\text{光照}} C_6H_6Cl_6$$

（2）H_2 加成。在较高的温度和压力下，有催化剂存在时加成。

$$C_6H_6 + 3H_2 \xrightarrow[200\sim240\ ℃,3.92\ MPa]{Ni} C_6H_{12}$$

3. 氧化反应

$$C_6H_5-CH_3 \xrightarrow{[O]} C_6H_5-COOH$$

$$\text{间乙基甲苯} \xrightarrow{[O]} \text{间苯二甲酸}$$

CH₂CH₃ … —CH₃ → COOH … —COOH

([O]=$KMnO_4$,K_2CrO_7,HNO_3)

三、苯环上亲电取代的定位规律

苯环上的亲电取代反应进行的难易程度及取代基进入的位置与苯环上已有的取代基的性质有密切关系。

第一类定位基,也称邻对位定位基。它们与苯环直接相连时,使苯环活化,反应速率比苯的反应速率快,并使新取代基导入苯环指示基的邻位和对位。

第二类定位基,也称间位定位基,多是吸电子基。它们与苯环直接相连时,使苯环钝化,反应速率比苯的反应速率慢,并使新的取代基导入苯环指示基的间位。

第三类定位基,钝化性顺序为 F>Cl>Br>I。它们使苯环钝化,并使新取代基导入苯环指示基的邻位和对位。

知识拓展

致 癌 烃

芳烃不仅在物理性质、化学性质上与脂肪烃有所不同,在对有机体的作用方面也有其特殊性。许多多环芳烃包括联苯类及稠环芳烃是目前已确认的有致癌作用的物质。煤、石油、木材、烟草等在不完全燃烧时都能产生稠环芳烃,如芘、3-甲基胆蒽。研究化学致癌者认为,这些烃本身不引起癌变,而是这些烃进入人体后,经过某些生物过程转化为较活泼的物质,这些活泼物质与体内 DNA(脱氧核糖核酸)结合后,便能引起细胞变异。

致癌烃是引起恶性肿瘤的一类多环稠苯芳烃。这一类化合物都含有四个或更多的苯环,主要存在于煤焦油和沥青中。长期接触其蒸气,可能引起皮肤癌。因此,为了保证人民健康,我们必须防止多环稠苯芳烃对环境的污染。常见的致癌烃有 3,4-苯并芘、1,2,3,4-二苯并芘等。

在汽车排放的废气,石油、煤等未燃烧完全的烟气,柏油马路散发出的蒸气,以及燃烧的烟草烟雾里都含有致癌的稠环芳烃。现已把测定空气苯并芘的含量作为环保监测项目中的重要指标之一。

习 题

1. 写出分子式为 C_9H_{12} 的单环芳烃的所有异构体的结构式并命名。
2. 用系统命名法命名下列化合物。

(1) （邻甲基异丙苯结构式）　(2) $C_6H_4(CH_3)—CH_2—CH=CH_2$（邻位）　(3) 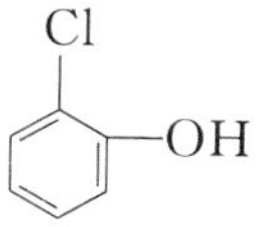 Cl、—OH 取代苯（邻位）

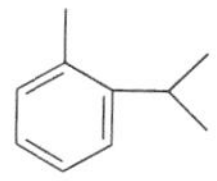

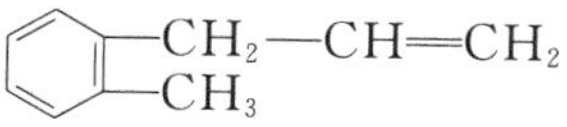

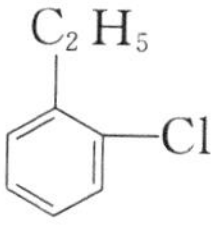

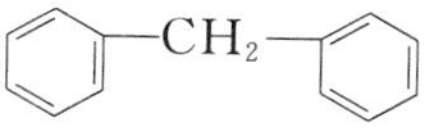

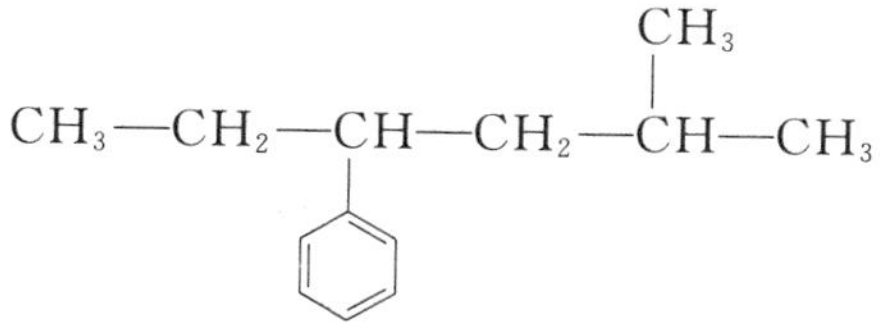

(4) C_2H_5、—Cl 取代苯（邻位）　(5) 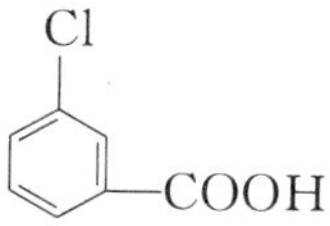 Cl、—COOH 取代苯（间位）　(6) $C_6H_5—CH_2—C_6H_5$

(7) $CH_3—CH_2—\underset{\displaystyle C_6H_5}{CH}—CH_2—\overset{\displaystyle CH_3}{CH}—CH_3$　(8) OCH_3、—NO_2 取代苯（间位）

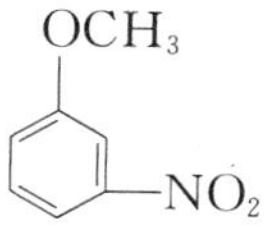

3. 写出下列各化合物的结构式。

(1) 3,5-二氯-2-硝基甲苯　(2) 2-硝基-1,3-二甲苯

(3) 2,6-二硝基-3-甲氧基甲苯　(4) 2-苯-1-溴乙烷

4. 比较下列各化合物进行硝化反应的难易。

(1) 苯、1,2,3-三甲苯、间二甲苯、甲苯

(2) $C_6H_5NHCOCH_3$、$C_6H_5COCH_3$、C_6H_6

(3) 苯、硝基苯、甲苯

(4) 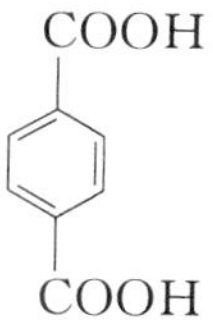 对苯二甲酸（COOH、COOH 对位）、对甲基苯甲酸（COOH、CH_3 对位）、苯甲酸（COOH）、甲苯（CH_3）

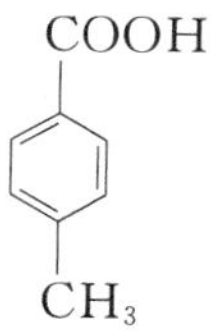

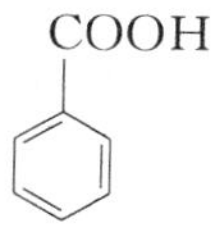

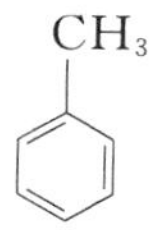

(5) 硝基苯（NO_2）、$C_6H_5CH_2NO_2$、乙苯（CH_2CH_3）、间二硝基苯（NO_2、NO_2 间位）

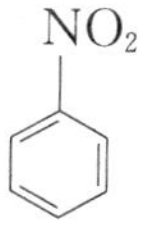

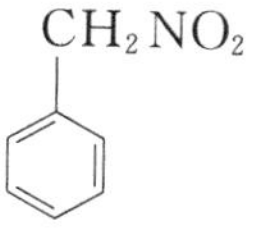

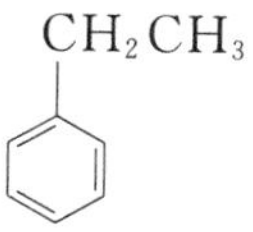

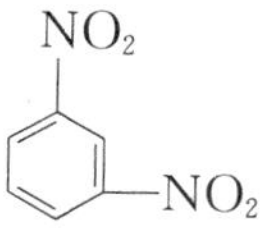

5. 完成下列反应方程式。

(1) 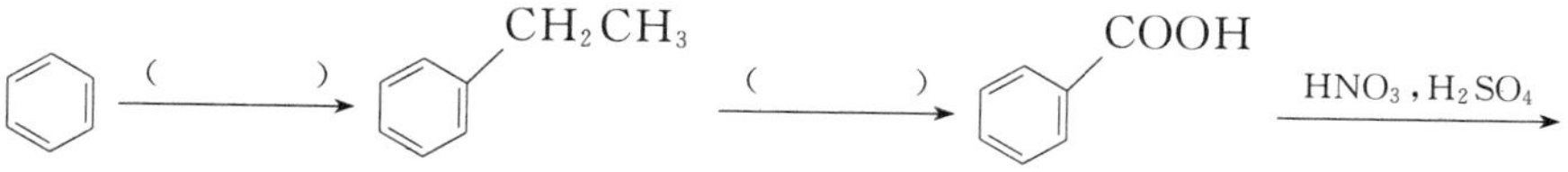 $C_6H_6 \xrightarrow{(\qquad)} C_6H_5CH_2CH_3 \xrightarrow{(\qquad)} C_6H_5COOH \xrightarrow{HNO_3,H_2SO_4}$

(2) $C_6H_6 + CH_3—\overset{\displaystyle O}{\overset{\|}{C}}—Cl \xrightarrow{AlCl_3}$

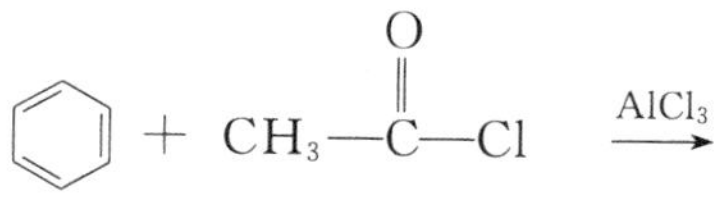

(3) $C_6H_6 + CH_3CH_2Cl \xrightarrow{AlCl_3} \qquad \xrightarrow[Fe]{Br_2}$

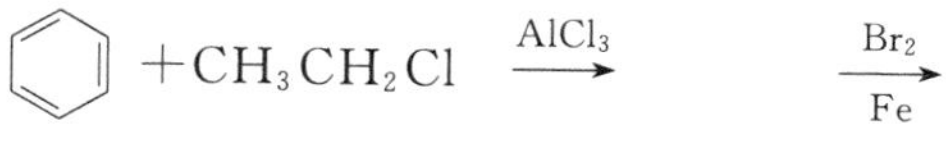

(4) $C_6H_5NO_2 \xrightarrow{浓\ H_2SO_4}$

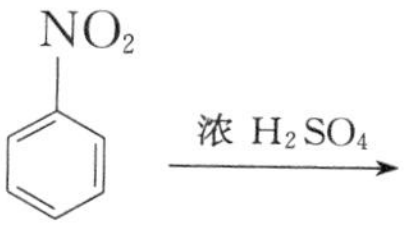

(5) $C_6H_5—CH_3 + Cl_2 \xrightarrow{光照}$

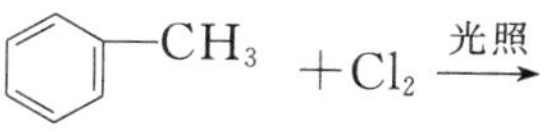

6. 用箭头标出下列化合物硝化反应时主要产物中硝基的位置。

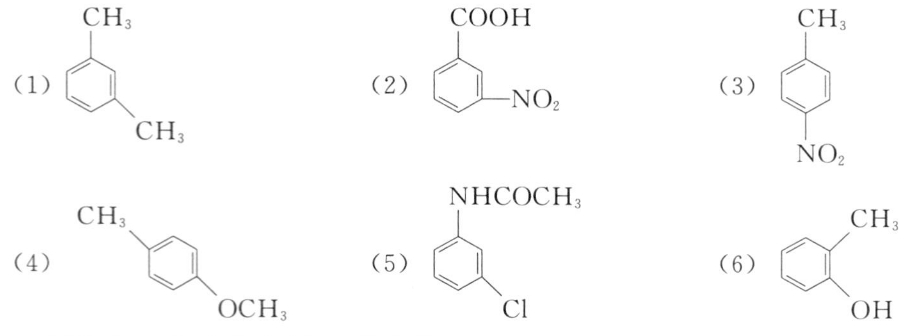

7. 用化学方法区别下列各组化合物。

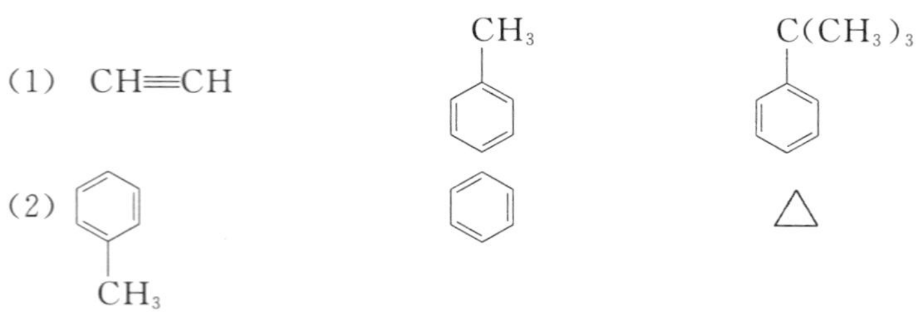

8. 甲、乙、丙三种芳烃的分子式均为 C_9H_{12},用高锰酸钾的酸性溶液氧化,甲得到一种二元酸,乙得到一种一元酸,丙得到一种三元酸,当硝化时,甲、乙都得到两种一硝基化合物,而丙只得到一种一硝基化合物,试推导甲、乙、丙可能的结构式。

第八章

卤代烃

目标要求

1. 掌握卤代烃的分类和命名。
2. 掌握卤代烃的化学性质及扎依采夫规则。
3. 理解亲核取代和消除反应机理及影响因素。
4. 了解卤代烷的制备方法及鉴别。

重点与难点

重点：卤代烃的重要反应及其应用。

难点：亲核取代(S_N1、S_N2)反应机理和消除(E1、E2)反应机理。

卤代烃是指烃分子中的氢原子被卤原子取代所得到的化合物。卤代烃的结构通式可用(Ar)R—X表示，X代表卤原子，是卤代烃的官能团。卤代烃的性质比烃活泼得多，能发生多种化学反应，转化成其他类型的化合物。因此，烃分子中引入卤原子，在有机合成中是非常有用的。自然界中极少存在含有卤素的化合物，它们主要分布于海洋生物中，而绝大多数卤代烃是人工合成的。

第一节　卤代烃的分类和命名

一、卤代烃的分类

卤代烃具有多种分类方法。

(1) 根据与卤原子相连的烃基结构的不同，可将卤代烃分为脂肪族卤代烃和芳香族卤代烃，脂肪族卤代烃又包括饱和卤代烃和不饱和卤代烃。例如：

脂肪族饱和卤代烃	脂肪族不饱和卤代烃	芳香族卤代烃
$CH_3CH_2CH_2I$	$CH_3CH{=}CHCH_2I$	C_6H_5—Br
1-碘丙烷	1-碘-2-丁烯	溴苯

(2) 根据与卤原子相连的碳原子的种类,可将卤代烃分为伯卤代烃(1°卤代烃)、仲卤代烃(2°卤代烃)和叔卤代烃(3°卤代烃)。例如:

伯卤代烃	仲卤代烃	叔卤代烃
$CH_3CH_2CH_2CH_2X$	$CH_3CH_2CHXCH_3$	$CH_3CH_2CX(CH_3)CH_3$
1-卤代丁烷	2-卤代丁烷	2-甲基-2-卤代丁烷

(3) 根据所含卤原子的数目,可将卤代烃分为一卤代烃、二卤代烃和多卤代烃。例如:

一卤代烃	二卤代烃	多卤代烃
CH_3Cl	Br—CH_2—CH_2—Br	$CHCl_2$—$CHCl_2$
1-氯甲烷	1,2-二溴乙烷	1,1,2,2-四氯乙烷

(4) 根据所含卤原子的种类不同,可将卤代烃分为氟代烃、氯代烃、溴代烃和碘代烃。

二、卤代烃的命名

1. 普通命名法

普通命名法是按与卤原子相连的烃基的名称来命名的,称为“某基卤”的命名方法。例如:

$CH_3CH_2CH_2Br$	$CH_2{=}CHCH_2Cl$	C_6H_5—CH_2Cl
正丙基溴	烯丙基氯	苄基氯

也可在母体烃名称前面加上“卤代”,称为“卤代某烃”,“代”字常省略。例如:

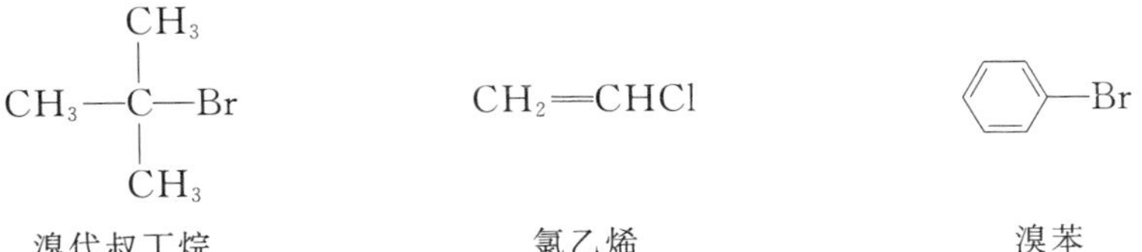

溴代叔丁烷	氯乙烯	溴苯

多卤代烃有沿留下来的特殊名称。例如:

CHX_3	$CHCl_3$	$CHBr_3$	CHI_3	CCl_4
卤仿	氯仿	溴仿	碘仿	四氯化碳

2. 系统命名法

命名比较复杂的卤代烃一般用系统命名法，以烃为母体，卤原子为取代基。

1）脂肪族饱和卤代烃

选择连有卤原子的最长碳链为主链，按取代基及卤原子“最低系列”原则给主链碳原子编号。当出现卤原子与烷基的位次相同时，应给予烷基以较小的位次编号；当不同卤原子的位次相同时，给予原子序数较小的卤原子以较小的编号。例如：

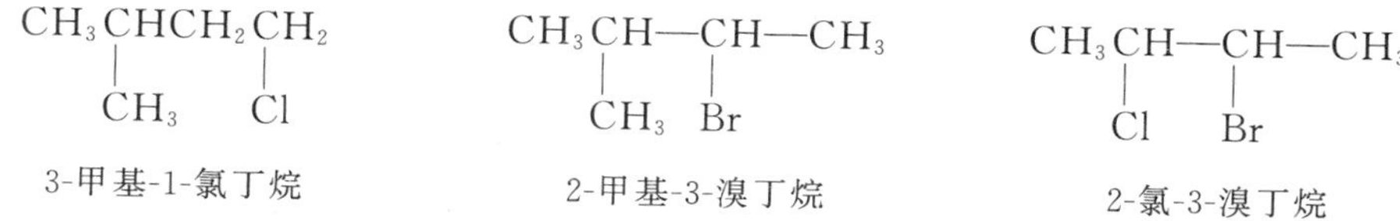

3-甲基-1-氯丁烷　　2-甲基-3-溴丁烷　　2-氯-3-溴丁烷

2）脂肪族不饱和卤代烃

选择含有不饱和键且连接有卤原子的最长碳链作为主链，并使不饱和键有尽量小的编号。例如：

3-氯-1-丙炔　　4-溴-2-戊烯

3）芳香族卤代烃

一般以芳烃作为母体，卤原子为取代基。用“邻、间、对”或阿拉伯数字表示取代基的位次。当卤原子连在苯环侧链时，以烷烃为母体，卤原子和芳基作为取代基。例如：

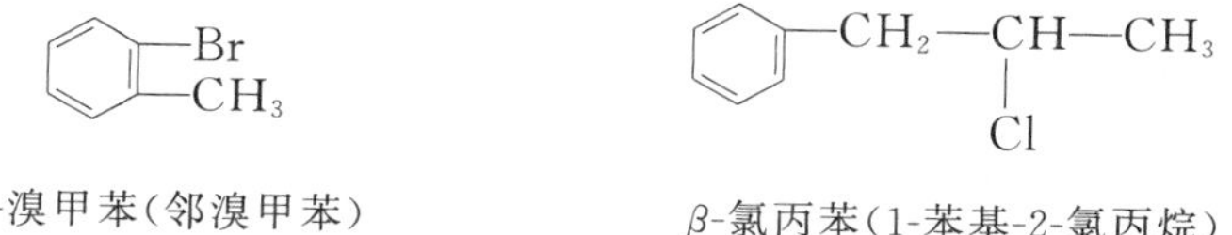

2-溴甲苯（邻溴甲苯）　　β-氯丙苯（1-苯基-2-氯丙烷）

第二节　卤代烃的物理性质

在室温下，除氟甲烷、氟乙烷、氟丙烷、氯甲烷、溴甲烷、氯乙烷等是气体外，常见的卤代烃均为液体。纯净的卤代烷多数为无色的。溴代烷和碘代烷对光较敏感，特别是碘代烷因易受光、热的作用而分解，产生游离碘而逐渐变为红棕色。卤代烷在铜丝上燃烧时能产生绿色火焰，可以作为鉴定有机化合物中是否含有卤素的定性分析方法（氟代烃除外）。

一卤代烷有不愉快的气味，其蒸气有毒。氯乙烯对眼睛有刺激性，有毒，是一种致癌物（使用时应注意防护）。一卤代芳烃具有香味，但苄基卤则具有催泪性。

由于卤原子的引入，C—X 键具有较强的极性，使卤代烃分子间的引力增大，从而使卤代烃的沸点升高，相对密度增加。卤代烃的沸点比碳原子数相同的烷烃的高。在烃基相同的卤代烃中，碘代烃的沸点最高，氟代烃的沸点最低。一卤代烃的密度大于碳原子数相同的烷烃的密度，随着碳原子数的增加，这种差异逐渐减小。分子中卤原子增多，密度增大。一氯代烷的相对密度小于1,一溴代烷、一碘代烷及多卤代烷的相对密度均大于1。在同系列中,相对密度随碳原子数的增加而降低,这是由于卤素在分子中所占的比例逐渐减少。常见卤代烃的一些物理常数见表8-1。卤代烷不溶于水,易溶于乙醇、乙醚等有机溶剂。某些卤代烷如 $CHCl_3$、CCl_4 等本身就是良好的溶剂。

表8-1 常见卤代烃的一些物理常数

R—	氯化物		溴化物		碘化物	
	沸点/℃	相对密度 d_4^{20}	沸点/℃	相对密度 d_4^{20}	沸点/℃	相对密度 d_4^{20}
CH_3—	−24.2	0.916	3.5	1.676	42.4	2.279
CH_3CH_2—	12.3	0.898	38.4	1.460	72.3	1.936
$CH_3CH_2CH_2$—	46.6	0.891	71.0	1.354	102.5	1.749
$(CH_3)_2CH$—	35.7	0.862	59.4	1.314	89.5	1.703
$CH_3(CH_2)_3$—	78.5	0.886	101.6	1.276	130.5	1.615
$CH_3CH_2CH(CH_3)$—	68.3	0.873	91.2	1.259	120	1.592
$(CH_3)_2CHCH_2$—	68.9	0.875	91.5	1.264	120.4	1.605
$(CH_3)_3C$—	52.0	0.842	73.3	1.221	100	1.545
$CH_3(CH_2)_4$—	108.2	0.88	129.6	1.22	150	1.52
CH_2═CH—	−13.9	0.911	16	1.493	56	2.037
CH_2═$CHCH_2$—	45	0.983	70	1.398	103	1.84
Ph—	132	1.106	156	1.495	188.5	1.832
Ph—CH_2—	179	1.102	201	1.438	93	1.734

第三节　卤代烃的化学性质

卤原子是卤代烃的官能团。由于卤原子的电负性比碳原子的大,C—X键是一个极性共价键,因此,卤代烃的化学性质比较活泼,易发生取代反应、消除反应和与金属的反应。在外界电场的影响下,C—X键可以被极化,极化性强弱的顺序为:C—I>C—Br>C—Cl。可极化度越大,共用电子对就越松散,越易断裂发生反应。

一、亲核取代反应

1. 亲核取代反应

卤原子的电负性较强,C—X键的共用电子对偏向于卤原子,使卤原子带有部分负电荷,碳原子带有部分正电荷。因而,α-碳原子易受到带负电荷的试剂(如 OH^-、OR^-、

CN^-)或含有未共用电子对的试剂(如 NH_3)的进攻，C—X 键发生异裂，卤原子以负离子的形式离开。这种富电子的、碱性的和具有进攻碳“核”倾向的试剂称为亲核试剂，通常用 Nu^- 表示。由亲核试剂引起的取代反应称为亲核取代反应。亲核取代反应的通式为：

$$\rangle C^{\delta^+}—X^{\delta^-} + Nu^- \longrightarrow \rangle C—Nu + X^-$$

常见的亲核取代反应为：

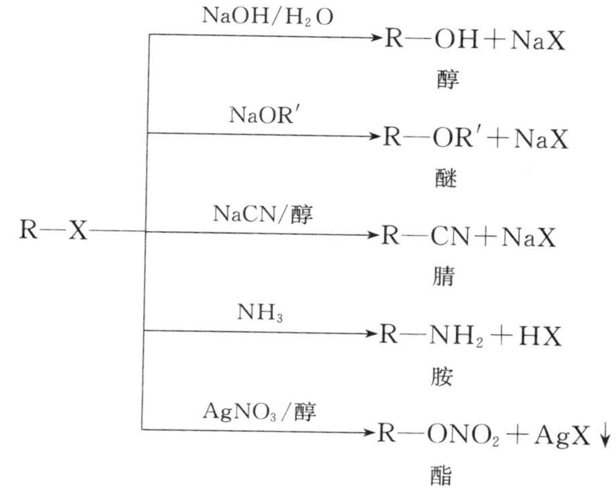

前四个反应可分别作为醇类、醚类、腈类和胺类的制备方法，例如：

$$C_6H_5-CH_2CH_2Cl \xrightarrow[H_2O]{NaOH} C_6H_5-CH_2CH_2OH + NaCl$$

$$CH_3CH_2Cl + CH_3CH_2ONa \longrightarrow CH_3CH_2OCH_2CH_3 + NaCl$$

$$CH_3CH(CH_3)Cl + NaCN \xrightarrow{醇} CH_3CH(CH_3)CN + NaCl$$

$$CH_3CH_2Br + NH_3 \longrightarrow CH_3CH_2NH_2 + HBr$$

卤代烃与硝酸银作用生成卤化银沉淀，这是鉴别卤代烃的简便方法。

2. 亲核取代反应机理

实验证明，溴甲烷在水-乙醇溶液中水解时的反应速率和溴甲烷浓度与 OH^- 浓度乘积成正比，即

$$v_{CH_3Br} = k[CH_3Br][OH^-]$$

而 2-甲基-2-溴丙烷的水解速率只和卤代烷的浓度成正比，与 OH^- 浓度无关。

$$v_{(CH_3)_3CBr} = k'[(CH_3)_3CBr]$$

显然这两种卤代烷的水解是以完全不同的反应机理进行的。为了解释这种现象，英国伦敦大学休斯(Hughes)和英果尔德(Ingold)教授早在 20 世纪 30 年代就提出了单分子亲核取代反应机理和双分子亲核取代反应机理。

1) 单分子亲核取代(S_N1)反应机理

以 2-甲基-2-溴丙烷为例，整个反应分两步进行。第一步是离去基团带着一对电子逐

渐离开中心碳原子，即 C—Br 键发生部分断裂，经由过渡态 1，当 C—Br 完全断裂时就生成能量较高、反应活性较大的碳正离子中间体。由于从 C—Br 键异裂成离子需要的能量较高，故这一步反应是很慢的。其解离时所需要的能量可从生成的离子的溶剂化能中得到补偿。第二步是碳正离子中间体与亲核试剂很快结合，经由过渡态 2 生成产物叔丁醇。第二步反应是很迅速的，因此第一步是决定反应速率的步骤，称为决定步骤，亦称控制步骤。由于在决定反应速率的步骤中只有反应物一种分子参加，所以按这种机理进行的反应称为单分子亲核取代反应，单分子亲核取代常用符号 S_N1 表示。

S_N1 反应机理可表示为：

第一步：$$CH_3-\underset{CH_3}{\overset{CH_3}{\overset{|}{\underset{|}{C}}}}-Br \rightleftharpoons \left[CH_3-\underset{CH_3}{\overset{CH_3}{\overset{|}{\underset{|}{C^{\delta+}}}}}\cdots\overset{\delta-}{Br}\right]^{\neq} \rightleftharpoons CH_3-\underset{CH_3}{\overset{CH_3}{\overset{|}{\underset{|}{C^{+}}}}} + :Br^-$$

过渡态1　　碳正离子

第二步：$$CH_3-\underset{CH_3}{\overset{CH_3}{\overset{|}{\underset{|}{C^{+}}}}} + OH^- \rightleftharpoons \left[CH_3-\underset{CH_3}{\overset{CH_3}{\overset{|}{\underset{|}{C^{\delta+}}}}}\cdots\overset{\delta-}{OH}\right]^{\neq} \longrightarrow CH_3-\underset{CH_3}{\overset{CH_3}{\overset{|}{\underset{|}{C}}}}-OH$$

过渡态2

2）双分子亲核取代(S_N2)反应机理

实验证明，溴甲烷水解反应的机理为 S_N2 反应机理，反应一步完成。

亲核试剂(OH^-)从离去基团(Br^-)的背面进攻中心碳原子，与此同时，溴原子带着一对电子逐渐离开。中心碳原子上的三个氢由于受 OH^- 进攻的影响而向溴原子一边偏转。当三个氢原子与中心碳原子处于同一平面时，OH^-、Br^- 和中心碳原子处在垂直于该平面的一条直线上，体系能量达到最高，这就是过渡态。这时 O—C 键部分形成，C—Br 键部分断裂，接着亲核试剂与中心碳原子结合生成 C—O 键，而溴原子带着一对电子以 Br^- 形式完全离去。

S_N2 反应机理可表示为：

$$HO^- + H_3C-Br \longrightarrow \left[\overset{\delta-}{HO}\cdots\underset{H\ \ H}{\overset{H}{C}}\cdots\overset{\delta-}{Br}\right]^{\neq} \longrightarrow HO-CH_3 + :Br^-$$

反应物　　过渡态　　产物　　离去基团

3. 影响亲核取代反应机理的因素

亲核取代反应的 S_N1 和 S_N2 两种反应机理往往在反应中互相竞争。究竟哪一种机理占优势，与卤代烷中烷基(R)的结构、进攻试剂的亲核性大小、溶剂的极性大小、离去基团(X)的性质等有关。

1）烷基(R)的结构对亲核取代反应的影响

一般来说，影响反应速率的因素有两种：一是电子效应，一是空间效应。一卤代烷主

要进行 S_N2 反应，如下所示。

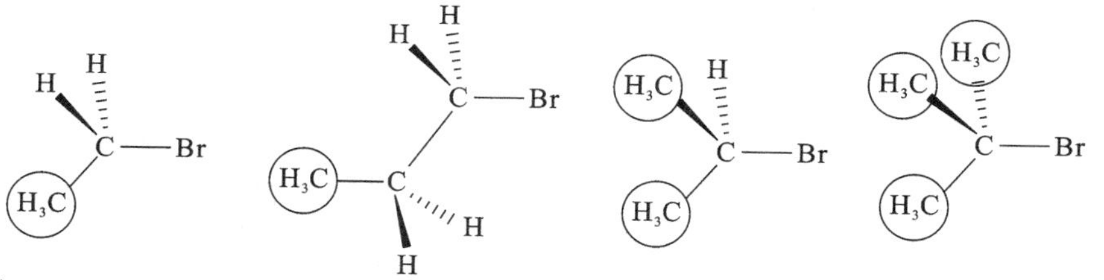

相对速率	100	7.9	0.22	~0

当甲基上的氢逐步被甲基取代时，反应速率明显下降。双分子的亲核取代反应是亲核基团从与卤素相连接的碳原子的背后进攻的，这样如果所连接的碳原子背后空间位阻很大，进入基团与碳原子接触就比较困难，从而导致反应进行得很慢或根本不能进行（图中的数据可以说明）。因此，影响 S_N2 反应速率的主要因素是空间位阻，空间位阻愈大，反应速率愈慢。

三级卤代烷主要进行 S_N1 反应，因为 S_N1 反应为碳正离子中间体过程，所以三级碳正离子最稳定，最易形成，二级碳正离子次之，一级碳正离子稳定性最差，这是由电子效应引起的。另外，由于三级卤代烷的碳原子上有三个烷基，当亲核基团从三级碳原子的背后进攻时，空间位阻很大，比较拥挤，彼此互相排斥，而如果形成碳正离子，是一个三角形的平面结构，三个取代基成 120°，相互之间的距离最远，可以减少拥挤，所以反应按 S_N1 机理进行。

下列为溴代烷进行 S_N1 反应的相对速率：

RBr	$(CH_3)_3CBr$	$(CH_3)_2CHBr$	CH_3CH_2Br	CH_3Br
相对速率	100	0.023	0.013	0.034

因此，从烷基结构来看，亲核取代反应的反应性为：

CH_3X	RCH_2X	R_2CHX	R_3C	$—CH═CHCH_2X$	$—CH═CHX$
S_N2	S_N2	S_N2、S_N1	S_N1	S_N2、S_N1	不进行亲核取代反应

2）离去基团（卤原子）对亲核取代反应的影响

在亲核取代反应中 C—X 键断裂，X 因带有一对电子而离开，称为离去基团。C—X 键弱，X 容易离去；C—X 键强，X 不易离去。一般来说，离去基团的碱性愈弱，形成的负离子愈稳定，就愈容易被亲核基团取代而离去，这样的离去基团就是一个好的离去基团。氢碘酸、氢溴酸、盐酸都是强酸，其共轭碱的碱性顺序为：$I^- < Br^- < Cl^-$。因此，卤素作为离去基团的卤代烷的反应性为：RI＞RBr＞RCl。

碘代烷中碘离子易于离去的原因是碘离子的体积大，电荷比较分散，因而碱性较弱，键能低。

3）溶剂的极性大小对亲核取代反应的影响

溶剂的极性越大，越有利于 S_N1 反应，不利于 S_N2 反应。这是因为，极性溶剂不仅可以促进 C—X 键的断裂，而且能与极性过渡态或生成的碳正离子溶剂化，从而促使反应的活化能降低，使反应速率加快。相反，极性小的溶剂或非极性溶剂则有利于 S_N2 反应。

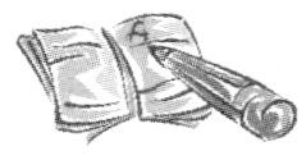

二、消除反应

1. 消除反应

由于卤原子的电负性比较大，卤代烷中的 C—X 键的极性可以通过诱导效应影响到 β-碳原子，使 β-氢原子较活泼。当卤代烷与强碱(NaOH、KOH 等)的乙醇溶液共热时，分子内消去一分子卤化氢形成烯烃。这种从分子内消去一个小分子，形成不饱和烃的反应称为消除反应，常用 E 表示。因为反应脱去的氢原子位于卤代烃的 β 位，所以这种反应又称为 β-消除反应。

$$\underset{\displaystyle\text{H}\quad\ \text{X}}{\overset{\beta\ |\quad\ |\ \alpha}{—\text{C}—\text{C}—}} \longrightarrow \ \rangle\text{C}=\text{C}\langle \ +\text{HX}$$

例如：

$$\underset{\displaystyle\ \ |\atop \text{Br}}{CH_3CHCH_3} \xrightarrow[\text{KOH},\triangle]{C_2H_5OH} CH_3CH=CH_2+KBr+H_2O$$

$$\underset{\displaystyle\text{Br}}{CH_3—CH}—\underset{\displaystyle\text{Br}}{CH_2} \xrightarrow[\text{或 } NaNH_2]{KOH/C_2H_5OH} CH_3C\equiv CH$$

反应通常在强碱(如 NaOH、KOH、NaOR、$NaNH_2$等)及极性较小的溶剂(如乙醇)条件下进行。

2. 消除反应的取向

卤代烃在发生消除反应时，如果只有一种 β-碳原子，则仅生成单一的产物。但如果卤代烃中存在两种或两种以上 β-碳原子，消除生成烯烃时，就会产生不同的烯烃产物。

$$CH_3CH_2\underset{\displaystyle\text{Br}}{CH}CH_3 \xrightarrow[\text{乙醇}]{KOH} \underset{(81\%)}{CH_3CH=CHCH_3} + \underset{(19\%)}{CH_3CH_2CH=CH_2}$$

$$CH_3CH_2—\overset{\displaystyle CH_3}{\underset{\displaystyle\text{Br}}{C}}—CH_3 \xrightarrow[\triangle]{KOH,C_2H_5OH} \underset{(71\%)}{CH_3CH=C(CH_3)_2} + \underset{(29\%)}{CH_3CH_2—\overset{\displaystyle CH_3}{C}=CH_2}$$

大量实验证明，如果有两种或两种以上的 β-氢原子，在发生消除反应时，主要产物是脱去连有氢原子较少的 β-碳上的一个氢原子而得到的产物。这一经验规律称为扎依采夫(Saytzeff)规则。

3. 消除反应机理

卤代烃的消除反应和亲核取代反应一样也有两种反应机理：单分子消除(E1)反应机理和双分子消除(E2)反应机理。

1) 单分子消除(E1)反应机理

单分子消除反应机理与单分子亲核取代反应机理相似，反应分两步进行。第一步像

S_N1 反应一样，C—X 键发生异裂，生成碳正离子，反应速率较慢。第二步是试剂作为碱夺取 β-碳原子上的氢，β-碳原子此时也转变为 sp^2 杂化状态，形成 π 键(E1 反应)。

$$\overset{\beta}{-\underset{H}{\overset{|}{C}}}-\overset{\alpha}{\underset{|}{\overset{|}{C}}}-X \xrightleftharpoons{慢} \left[-\underset{H}{\overset{|}{C}}-\underset{|}{\overset{|}{C^{\delta+}}}\cdots\overset{\delta-}{X} \right]^{\neq} \rightleftharpoons -\underset{H}{\overset{|}{C}}-\underset{|}{\overset{|}{C^{+}}} + X^-$$

2）双分子消除(E2)反应机理

E2 反应和 S_N2 反应都是一步完成的反应，但不同的是 E2 反应机理中碱试剂进攻卤代烷分子中的 β-氢原子，使氢原子以质子形式与试剂结合而脱去，同时卤原子则在溶剂作用下带着一对电子离去，形成 C═C 而生成烯烃。

$$:B^- + -\underset{|}{\overset{H}{\overset{|}{C}}}\overset{\beta}{}-\overset{\alpha}{\underset{X}{\overset{|}{C}}}- \xrightarrow{慢} \left[\begin{matrix}\overset{\delta-}{B}\cdots H & \\ \vdots & \\ -C\cdots C- \\ & \vdots \\ & \underset{\delta-}{X}\end{matrix} \right]^{\neq} \xrightarrow{快} \gt C=C\lt + HB$$

4. 消除反应和取代反应的竞争

取代反应和消除反应同时存在，又相互竞争(S_N1 反应与 E1 反应竞争，S_N2 反应与 E2 反应竞争)，但在适当条件下，只有其中一种反应占优势。

1）卤代烃的结构

在强碱和极性较小的溶剂中，直链伯卤代烷与强亲核试剂之间主要发生取代反应，仲卤代烷和叔卤代烷与强碱性试剂之间主要发生消除反应。

$$\xrightarrow{S_N2\ 反应增强}$$
$$3^\circ\ R-X \qquad 2^\circ\ R-X \qquad 1^\circ\ R-X$$
$$\xleftarrow[消除反应增强]{}$$

2）亲核试剂的种类

亲核试剂的碱性越强，浓度越大，体积越大，越有利于试剂进攻 β-碳上的氢，发生消除反应；反之，则有利于取代反应。

3）反应的溶剂

溶剂的极性对取代反应和消除反应的影响是不同的，这主要表现在双分子机理中。极性较高的溶剂有利于取代反应(S_N2)，极性较低的溶剂有利于消除反应(E2)，这是因为在取代反应过渡态中负电荷分散程度比消除反应过渡态的小。因此，当溶剂的极性增加时，对 S_N2 反应过渡态的稳定作用比 E2 反应的大。

$$\left[\overset{\delta-}{HO}\cdots \overset{|}{C}\cdots\overset{\delta-}{X} \right]^{\neq} \qquad \left[\overset{\delta-}{HO}\cdots H\cdots \underset{|}{\overset{|}{C}}=\!\!=\underset{|}{\overset{|}{C}}\cdots\overset{\delta-}{X} \right]^{\neq}$$

S_N2 E2

故用卤代烃制备醇(取代)一般在 NaOH 水溶液中(极性较大)进行，而制备烯烃(消除)则在 NaOH 醇溶液中(极性较小)进行。

4）反应温度

在消除反应过程中涉及 C—H 键的拉长(在取代反应中不涉及此键)，活化能比取代反应的高，升高温度对消除反应有利。虽然提高温度亦能使取代反应加快，但其影响程度没有消除反应的大。所以提高反应温度将增加消除产物的比例。

【例 8-1】 2-氯戊烷与 NaOH 的水溶液反应的主要产物和 2-溴丁烷与 KOH 的乙醇溶液反应的主要产物相同吗?

解 NaOH 的水溶液与 KOH 的乙醇溶液相比,前者是碱性比较弱的亲核试剂,且溶剂的极性比较强,因此,2-氯戊烷与 NaOH 的水溶液的反应倾向于取代反应,主要产物是 2-戊醇;2-溴丁烷与 KOH 的乙醇溶液的反应则倾向于消除反应,主要产物是 2-丁烯。

三、与金属的反应

卤代烷能与一些金属直接反应,产物的结构特征是碳原子与金属原子直接结合,这类化合物称为金属有机化合物。

1. 与金属镁作用

卤代烷与金属镁反应生成的有机镁化合物(烷基卤化镁)被称为格利雅(Grignard)试剂,简称格氏试剂。格氏试剂是金属有机化合物中最重要的一类化合物,在有机合成中有非常重要的应用。格氏试剂是由卤代烷与金属镁在无水乙醚中反应得到的。

$$\mathrm{R{-}X} \xrightarrow[\text{醚}]{\mathrm{Mg}} \mathrm{R{-}Mg{-}X}$$

生成格氏试剂的反应速率与卤代烷的结构及种类有关。烃基相同、卤原子不同的卤代烃的反应速率顺序为:碘代烷>溴代烷>氯代烷。卤素相同、烃基不同的卤代烷的反应速率顺序为:伯卤代烷>仲卤代烷>叔卤代烷。

但由于碘代烷价格昂贵,故在合成格氏试剂时,除甲基格氏试剂(因 CH_3Br 和 CH_3Cl 都是气体,使用不便)外,常用反应活性适中的溴代烷。与卤素相连的烃基不同,反应难易有一定的差异。如烯丙型、苄基型卤代烃反应很容易,而乙烯型氯代物必须选择沸点更高的溶剂四氢呋喃(THF),以便反应在较高的温度下进行。

制备格氏试剂必须用无水乙醚,仪器应绝对干燥,反应最好在氮气保护下进行,以避免其与空气接触。这是因为格氏试剂容易被水分解,可与氧及二氧化碳发生反应。

$$\mathrm{RMgX + CO_2 \longrightarrow R{-}\overset{\overset{\displaystyle O}{\|}}{C}{-}OMgX}$$

$$\mathrm{RMgX + HO{-}H \longrightarrow RH + HOMgX}$$

$$\mathrm{2RMgX + O_2 \longrightarrow 2ROMgX}$$

因格氏试剂中含有强极性的 C—Mg 共价键,碳原子带有部分负电荷,所以它的性质非常活泼,是有机合成中重要的强亲核试剂。利用格氏试剂可以制备烷烃、醇、羧酸等许多有机物。

$$\overset{\delta^-}{\mathrm{R}} \vdots \overset{\delta^+}{\mathrm{Mg}}\mathrm{{-}X} \xrightarrow{\text{无水乙醚}} \begin{cases} \xrightarrow{\mathrm{H{-}OR}} \mathrm{RH + Mg(OR)X} \\ \xrightarrow{\mathrm{H{-}OH}} \mathrm{RH + Mg(OH)X} \\ \xrightarrow{\mathrm{H{-}NH_2}} \mathrm{RH + Mg(NH_2)X} \\ \xrightarrow{\mathrm{H{-}X}} \mathrm{RH + MgX_2} \end{cases}$$

2. 与金属锂作用

卤代烃与金属锂作用生成有机锂化合物。例如：

$$CH_3CH_2CH_2CH_2Br + 2Li \xrightarrow[-10\ ^\circ C]{乙醚} CH_3CH_2CH_2CH_2Li + LiBr$$

(80%～90%)

有机锂化合物的制法和反应性能与格氏试剂的极为类似，但有机锂化合物更为活泼。有机锂化合物在溶解性能上比格氏试剂的好，可溶于乙醚、苯、石油醚、烷烃等多种非极性溶剂中，制备和反应时需要严格的无水、无氧的外部条件。

四、不同类型卤代烃的鉴别

卤代烃与 $AgNO_3$ 的醇溶液反应，生成卤化银沉淀。

$$R{-}X + AgNO_3 \xrightarrow{醇} \underset{硝酸酯}{R{-}ONO_2} + AgX\downarrow \quad (X=Cl、Br、I)$$

卤代烃的结构对反应速率有较大的影响。利用不同结构的卤代烃与 $AgNO_3$ 的醇溶液反应生成卤化银沉淀的速率不同，可以进行不同类型卤代烃的区分。表 8-2 列出了 3 种类型卤代烃与 $AgNO_3$ 的醇溶液的反应现象。

表 8-2　3 种类型卤代烃与 $AgNO_3$ 的醇溶液的反应现象

卤代烃的类型	反应现象
卤代烯丙型	室温下立即产生 AgX 沉淀
卤代烷型	加热后缓慢产生 AgX 沉淀
卤代乙烯型	加热后也不产生 AgX 沉淀

1. 卤代烯丙型卤代烃

卤代烯丙型卤代烃也称烯丙基型卤代烃，这类卤代烃的结构特征是卤原子与碳碳双键相隔一个饱和碳原子。例如：

$$H_2C{=}CH{-}CH_2{-}X \qquad C_6H_5{-}CH_2{-}X$$

这类卤代烃中卤原子与碳碳双键之间不存在共轭效应，但卤原子离去后，形成的碳正离子中存在 p-π 共轭效应，正电荷得到分散，使碳正离子趋向稳定而容易生成，有利于取代反应的进行。因此，该类卤代烃中的卤原子比较活泼，其反应活性略强于叔卤代烷的。

2. 卤代烷型卤代烃

卤代烷型卤代烃也称为烷型卤代烃，这类卤代烃包括卤代烷及卤原子与不饱和键相隔两个或两个以上饱和碳原子的卤代烯烃、卤代芳烃。例如：

$$H_3C{-}X \qquad H_2C{=}CH{-}(CH_2)_2{-}X \qquad C_6H_5{-}CH_2{-}CH_2{-}X$$

这类卤代烃中的卤原子的活泼性顺序为：叔卤代烷＞仲卤代烷＞伯卤代烷。

3. 卤代乙烯型卤代烃

卤代乙烯型卤代烃也称为乙烯型卤代烃，这类卤代烃的结构特征是卤原子与不饱和键上的碳原子直接相连。例如：

$H_2C{=}CH{-}X$　　$C_6H_5{-}X$

这类卤代烃中的卤原子上的孤对电子占据的 p 轨道与不饱和键中的 π 键形成 p-π 共轭，导致 C—X 键的稳定性增强，卤原子的活泼性很低，不易发生取代反应。

第四节　卤代烯烃和卤代芳烃

一、分类和命名

1. 分类

根据卤原子和不饱和碳原子的相对位置，卤代烯烃和卤代芳烃可分为以下三种类型。

(1) 乙烯基型和芳基型卤代烃：卤原子与不饱和碳原子直接相连。例如：

$CH_2{=}CH{-}X$　　$C_6H_5{-}X$

(2) 烯丙基型和苄基型卤代烃：卤原子与不饱和碳原子之间相隔一个饱和碳原子。例如：

$CH_2{=}CHCH_2{-}X$　　$C_6H_5{-}CH_2{-}X$

(3) 隔离型卤代烯烃和卤代芳烃：卤原子与不饱和碳原子之间相隔两个或两个以上饱和碳原子。例如：

$CH_2{=}CH(CH_2)_n{-}X$　　$C_6H_5{-}(CH_2)_n{-}X$　　$(n\geqslant 2)$

2. 命名

卤代烯烃通常采用系统命名法命名，即以烯烃为母体，编号时使双键位置最小。例如：

$CH_2{=}CHCH_2Cl$　　3-氯丙烯

$CH_3CH(Br)CH{=}C(CH_3)CH_3$　　2-甲基-4-溴-2-戊烯

（环己烯环上连 —Cl）　　3-氯环己烯

卤代芳烃的命名有两种方法：一是卤原子连在芳环上时，把芳环当做母体，卤原子作为取代基；二是卤原子连在侧链上时，把侧链当做母体，卤原子和芳环均作为取代基。例如：

$Cl{-}C_6H_4{-}CH_3$　　4-氯甲苯

（萘环1位连 Br）　　1-溴萘(α-溴萘)

$C_6H_5{-}CH_2Cl$　　氯化苄(苄基氯)

$C_6H_5{-}CH_2CH(Br)CH_3$　　1-苯基-2-溴丙烷

二、双键和芳环位置对卤原子活性的影响

三种类型的卤代烯烃和卤代芳烃分子中都具有两个官能团，除具有烯烃或芳烃的通性外，由于卤原子对双键或芳环的影响及影响程度的不同，还表现出了各自的反应活性。

1. 乙烯基型和芳基型卤代烃

这类卤代烃的结构特点是卤原子直接与不饱和碳原子相连，分子中存在 p-π 共轭体系。例如，氯乙烯和氯苯分子中存在的 p-π 共轭体系如图 8-1 所示。

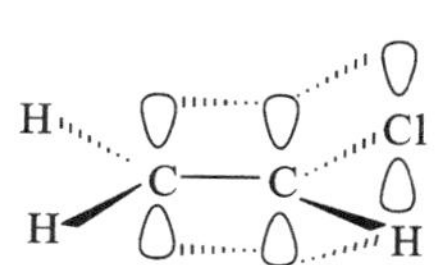

(a) 氯乙烯的p-π共轭体系

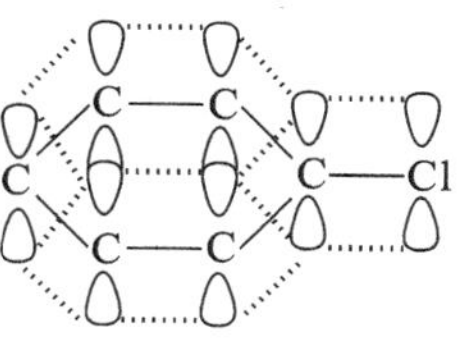

(b) 氯苯的p-π共轭体系

图 8-1 氯乙烯和氯苯的 p-π 共轭体系

共轭效应使 C—Cl 键的键长缩短，键能增大，C—Cl 键难以断裂，卤原子的反应活性显著降低。因此，乙烯基型和芳基型卤代烃中的卤原子的活性比相应的卤代烷的弱，在通常情况下，它们不与 NaOH、C_2H_5ONa、NaCN 等亲核试剂发生取代反应，甚至与硝酸银的醇溶液共热也不生成卤化银沉淀。

另外，在乙烯基型卤代烃分子中，由于卤原子的诱导效应较强，C═C 键上的电子云密度有所下降，所以在进行亲电加成反应时速率较乙烯的慢。

2. 烯丙基型和苄基型卤代烃

这类卤代烃的结构特点是卤原子与不饱和碳原子之间相隔一个饱和碳原子，无论是按 S_N1 还是按 S_N2 机理进行取代反应，由于共轭效应使 S_N1 反应的碳正离子中间体或 S_N2反应的过渡态势能降低而稳定，使反应易于进行。所以烯丙基型和苄基型卤代烃的卤原子反应活性比相应的卤代烷的要高，室温下即能与硝酸银的醇溶液作用生成卤化银沉淀。烯丙基型卤代烃的碳正离子和 S_N2 反应过渡态如图 8-2 所示。

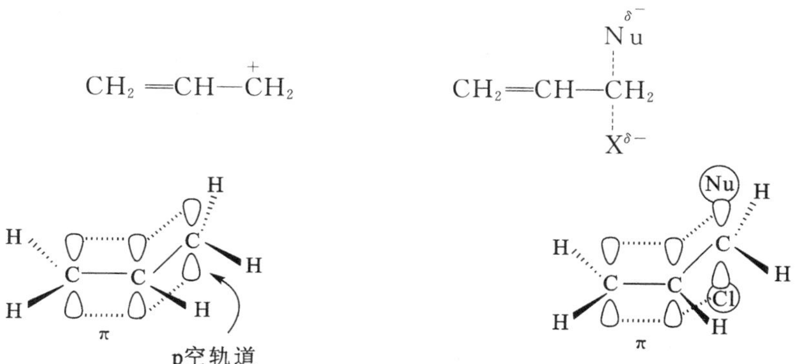

(a) 烯丙基型卤代烃的碳正离子的p-π共轭体系　　(b) 烯丙基卤代烃的S_N2反应过渡态

图 8-2 烯丙基型卤代烃的碳正离子和 S_N2 反应过渡态

3. 隔离型卤代烯烃和卤代芳烃

隔离型卤代烯烃和卤代芳烃分子中的卤原子与碳碳双键或芳环相隔较远,彼此相互影响很小,化学性质与相应的烯烃或卤代烷的相似。它们在加热条件下可与硝酸银的醇溶液作用产生卤化银沉淀。

综上所述,三类不饱和卤代烃的亲核取代反应的活性次序可归纳如下:

$$\left.\begin{matrix}\text{烯丙基型卤代烃}\\ \text{苄基型卤代烃}\end{matrix}\right\} > \left.\begin{matrix}\text{隔离型卤代烯烃}\\ \text{隔离型卤代芳烃}\end{matrix}\right\} > \left.\begin{matrix}\text{乙烯基型卤代烃}\\ \text{芳基型卤代烃}\end{matrix}\right\}$$

第五节　重要的卤代烃及其应用

 一、三氯甲烷

三氯甲烷俗名氯仿,为无色、具有甜味的液体,沸点为 61 ℃,不能燃烧,也不溶于水,它可以溶解许多高分子化合物,是常用的溶剂和合成原料。氯仿早在 1847 年就用于外科手术的麻醉,因其对心脏、肝脏的毒性较大,目前临床已很少使用。

氯仿在光照条件下,能被逐渐氧化为剧毒的光气。因此,氯仿用棕色瓶盛装,并加入 1%的乙醇以破坏光气。

$$CHCl_3 + O_2 \longrightarrow \underset{\text{光气}}{Cl_2C{=}O} + HCl$$

氯仿被一些国家列为致癌物并禁止在食品、制药等工业中使用。

 二、四氯化碳

四氯化碳是一种无色液体,沸点为 76.5 ℃,不溶于水。四氯化碳容易挥发,其蒸气比空气重,而且不易燃烧,所以是常用的灭火剂,用于油类和电器设备的灭火,但是在灭火时常能产生光气,故必须注意通风。四氯化碳也是良好的有机溶剂,但其毒性较强,能损害肝脏,被列为危险品。

 三、氯乙烷

氯乙烷是带有甜味的气体,沸点为 12.2 ℃,低温时可液化;工业上用做冷却剂,在有机合成上用以进行乙基化反应;施行小型外科手术时,用做局部麻醉剂,将氯乙烷喷洒在要施行手术的部位,因氯乙烷的沸点低,能很快蒸发,吸收热量,温度急剧下降,使局部暂

时失去知觉。

四、血防 846

血防 846 的分子式为 $C_8H_4Cl_6$，又称六氯对-二甲苯，是白色、有光泽的结晶粉末，无味，熔点为 107～112 ℃，易溶于氯仿，可溶于乙醇和植物油，不溶于水。血防 846 作为一种广谱抗寄生虫病药，临床上用于治疗血吸虫病和肝吸虫病等。

$$Cl_3C-C_6H_4-CCl_3$$

血防846

五、四氟乙烯

四氟乙烯为无色气体，沸点为－76.3 ℃，不溶于水，溶于有机溶剂。四氟乙烯在过硫酸铵引发下，经加压可用于制备聚四氟乙烯。

$$nCF_2=CF_2 \xrightarrow[\text{加压}]{\text{过硫酸铵}} \left[CF_2-CF_2 \right]_n$$

聚四氟乙烯是一种性能优良的塑料，化学稳定性高，不与强酸、强碱作用，不与王水反应，可耐高温 250 ℃，耐低温－269 ℃，耐腐蚀，又具有较好的机械强度，有“塑料王”之称。聚四氟乙烯的商品名为 Toflon，可用于制造人造血管等医用材料、实验室用电磁搅拌磁心的外壳，以及不粘锅等。

六、氟利昂

氟利昂(freon)是一类含氟及氯的多卤代烷烃的统称，实际上多是指含有一个和两个碳原子的氟氯烷，如 CF_2Cl_2、$CFCl_3$ 等。CF_2Cl_2(二氟二氯甲烷)的商品名为 Freon-12，为无毒、不燃烧、无腐蚀性、非常稳定并很容易被压缩的气体，广泛用做制冷剂及气溶胶喷雾剂(如杀虫剂、喷发胶、空气清新剂等加压容器中使用的喷射剂)。但在大量使用这些物质后，由于它们很稳定，便漂流聚集于大气层的上部，在日光辐射下，C—Cl 键可被均裂产生氯原子，每一个氯原子可使 100 000 个臭氧分子分解，这就严重破坏了能吸收紫外辐射的臭氧层，使太阳对地球的紫外线辐射增强。受紫外线辐射的影响，人类免疫系统失调，患白内障、皮肤癌的人增多，农作物减产，海洋浮游生物的生存受到影响，等等，危害很大，近年来已签订有关国际协定，逐渐禁止使用和生产相关氟利昂产品。

本章小结

(1) 烃分子中的氢原子被卤原子取代所得到的化合物称为卤代烃，简称卤烃。

(2) 卤代烃主要分为脂肪族卤代烃和芳香族卤代烃，又分为伯卤代烃、仲卤代烃和叔

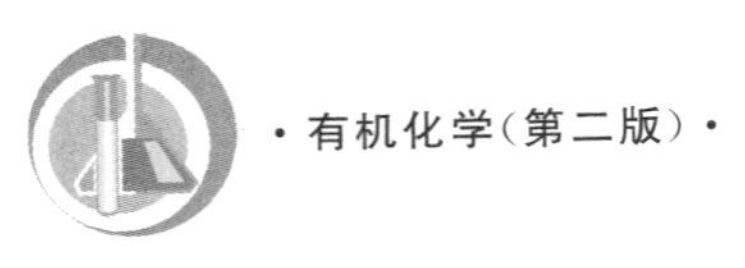

卤代烃。

(3) 简单的卤代烃称为“某烃基卤”,复杂的卤代烃是以卤原子为取代基,烃为母体,按烃的系统命名原则命名的。

(4) 卤原子吸电子能力很强,因此与之直接相连的碳原子的电子云密度较低,易受亲核试剂的进攻,故卤代烃可与 H_2O(NaOH)、RONa(醇)、NaCN、NH_3、$AgNO_3$(醇)等发生亲核取代反应。

(5) 卤代烃在强碱催化、高温时消除 HX,生成烯烃,遵循扎依采夫规则。

(6) 用无水乙醚作溶剂,卤代烃与镁发生反应,生成非常活泼的金属有机化合物——格氏试剂。

(7) 利用不同的卤代烃与 $AgNO_3$ 的醇溶液反应生成沉淀的颜色差异,可以区别不同卤素取代的卤代烃;利用不同卤代烃与 $AgNO_3$ 的醇溶液反应速率的差异,也可以区别不同类型的卤代烃。

不同卤代烃发生化学反应的活泼性次序为:

① R—I>R—Br>R—Cl;

② 烯丙基型卤代烃>叔卤代烷>仲卤代烷>伯卤代烷>乙烯型卤代烃。

知识拓展

卤代烃与环境

卤代烃是化学工业上常用的重要原料,可以用卤代烃制造醇、醚、腈、胺等有机化合物,卤代烃在医药、农药、油漆上广泛应用。另外氟代烃的一些特殊用途也引人注目。

(1) $ClBrCHCF_3$ 可作为麻醉药,不易燃烧,比环丙烷、乙醚安全。

(2) 某些氟化物是氧的良好运输体,可作为血液代用品。

(3) CCl_2F_2、CCl_3F、$F_2ClCClF_2$ 是很多喷雾剂(杀虫剂、清洁剂)的推进剂。

(4) CCl_2F_2(Freon-12)、$HCClF_2$(Freon-22)是电冰箱和空调的制冷剂。

(5) 聚四氟乙烯(teflon)是一种非常稳定的塑料,能耐高温、强酸、强碱,无毒性,有自润作用,是常用的工程和医用材料,也可用做炊事用具的“不粘”内衬。

因而,卤代烃的生产一直在稳步地增长。但随着生成途径和使用方式的不同,卤代烃源源不断地进入我们生活的环境中,也给环境造成严重的污染。污染环境的卤代烃主要有多氯联苯(PCB)、二噁英、氟利昂、有机氯杀虫剂等。

20 世纪 90 年代初,由于卤代烃的广泛应用,全球的年生产能力达 100 万吨以上。氟利昂因化学性能稳定,不易分解,残留在大气中并不断上升,引起了人们对其最终去向的注意。1985 年的一份研究报告指出,地球表面臭氧浓度正以每年 1%以上的速率降低。1987 年,南极上空已出现臭氧空洞。1999 年 9 月,南极上空臭氧层的浓度只有往年常量的 2/3。人们发现,氟利昂成为了臭氧层的主要破坏者。它们到达臭氧层后,吸收 3 260 nm 波长以下的阳光,分解出氯自由基,其与臭氧作用生成 ClO· 自由基,引发链反应,一个 Cl 原子可以破坏多

个 O_3 分子，从而产生对臭氧层的破坏作用。

贴近地面的臭氧是一种污染，但是高高浮在臭氧层的臭氧可以吸收 200～300 nm 波长的紫外光。臭氧层一旦出现空洞，每受到 1% 的破坏，抵达地球表面的紫外线将增加 20% 左右，便会引起植物生长受到抑制。20 世纪 80 年代后，国际上接连签署了多个关于限制使用和生产氟利昂的协议，以更好地保护生态环境。但即使完全停止排放氟利昂，据估计至少也要到 30～50 年后臭氧层才能恢复到原来的水平。因此，近年来，对氟利昂代用品的研究受到人们的重视，氟利昂代用品也应运而生。它们主要包括含氢的氟利昂，它们在到达臭氧层之前的对流层里就能被分解，不含氯的氟利昂如 CH_2F_2 等，即使它们到达臭氧层，也不会对臭氧层产生破坏作用。

习　题

1. 选择题。

(1) $CH_3\overset{I}{C}HCH_2\underset{Cl}{C}H\overset{CH_3}{C}HCH_2CH_3$ 的正确名称是（　　）。

A. 3-甲基-4-氯-6-碘庚烷　　B. 2-碘-4-氯-5-甲基庚烷

C. 4-氯-6-碘-3-甲基庚烷　　D. 5-甲基-4-氯-2-碘庚烷

(2) 与 $AgNO_3$（乙醇）反应，立即生成白色沉淀的是（　　）。

A. $CH_3CH=CHCH_2Cl$　　B. $CH_2=CHCH_2CH_2Cl$

C. $CH_3CH_2CH=CHCl$　　D. $CH_3CH_2CHClCH_3$

(3) 仲卤烷和叔卤烷在消除 HX 时，遵循（　　）。

A. 反马氏规则　　B. 马氏规则　　C. 次序规则　　D. 扎依采夫规则

(4) 鉴别 $CH_3CH=CHCH_2Br$ 和 $(CH_3)_3CBr$ 应选用（　　）。

A. Br_2（氯仿）　　B. Br_2（水）　　C. $AgNO_3$（水）　　D. $AgNO_3$（醇）

(5) 烃基相同时，RX 与 $NaOH(H_2O)$ 反应，反应速率最快的是（　　）。

A. RF　　B. RCl　　C. RBr　　D. RI

2. 用系统命名法命名下列化合物。

(1) $H_3C-\underset{CH_3}{CH}-CH_2-\underset{Cl}{CH}-\underset{CH_3}{CH}-CH_3$　　(2) $H_3C-CH=CH-\underset{CH_3}{CH}-Br$

(3) $C_6H_5-CH_2-\underset{Br}{CH}-CH_3$　　(4) $C_6H_4\begin{matrix}-Br\\-CH_3\end{matrix}$

3. 给出下列各物质的结构简式。

(1) 二氯二氟甲烷　　(2) 环己基氯

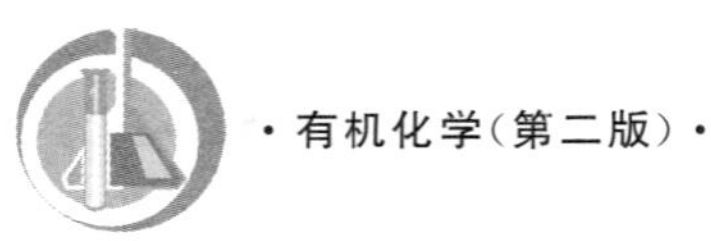

(3) 1-氯-2-苯基乙烷　　　　(4) 3-甲基-2-氯-2-戊烯

4. 写出1-溴丁烷与下列试剂反应的产物。

(1) NH_3　　　　(2) $NaOC_2H_5$

(3) $(CH_3)_3COH$　　　　(4) Mg,纯乙醚

(5) NaOH,H_2O

5. 完成下列反应式。

(1) $CH_3CH_2CH(CH_3)CHBrCH_3 \xrightarrow{NaOH/H_2O}$

(2) $CH_3I+CH_3ONa \longrightarrow$

(3) $CH_3CH_2CH_2CHBrCH_3 \xrightarrow[\triangle]{KOH/醇}$

(4) 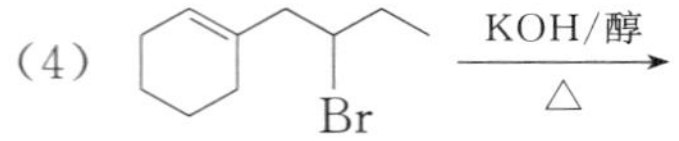 $\xrightarrow[\triangle]{KOH/醇}$

(5) $C_2H_5Br+C_6H_5ONa \longrightarrow$

6. 用化学方法区分下列各组化合物。

(1) 氯苯和苄氯

(2) 溴苯和1-苯基-2-溴乙烯

(3) 2-氯丙烷和2-碘丙烷

7. 某卤代烃C_3H_7Cl(A)与KOH的醇溶液共热,生成C_3H_6(B)。B氧化后得到乙酸、二氧化碳和水,B与HCl作用得到A的同分异构体C。试写出A、B和C的结构简式。

第九章

对映异构

目标要求

1. 了解平面偏振光、旋光性、比旋度等概念。

2. 掌握对映异构现象与分子结构的关系；掌握手性、对映体、非对映体、外消旋体、内消旋体等概念。

3. 掌握含有一个和两个手性碳原子化合物的对映异构及 D/L、R/S 标记法。

4. 了解对映异构体的生物学意义。

重点与难点

重点：对映异构现象与分子结构的关系。

难点：R/S 标记法。

有机化合物结构复杂，种类繁多，其主要原因是有机化合物中普遍存在着同分异构现象。同分异构可分为构造异构和立体异构两大类。构造是指有一定分子组成的化合物，其分子中原子间的相互连接方式和次序。所以构造异构是指分子式相同，但构造不同，即分子中原子间的连接方式和次序不同的异构，它包括碳链异构、官能团异构、位置异构和互变异构。立体异构是指分子中原子或官能团的连接顺序或方式相同，但在空间的排列方式不同而产生的异构，它包括构象异构、顺反异构和对映异构（也称旋光异构）。顺反异构和旋光异构又称为构型异构，它与构象异构的区别是：构型异构体的相互转化需要断裂价键，室温下能够分离异构体；而构象异构体的相互转化是通过碳碳单键的旋转来完成的，不必断裂价键，室温下不能够分离异构体。具体分类如下：

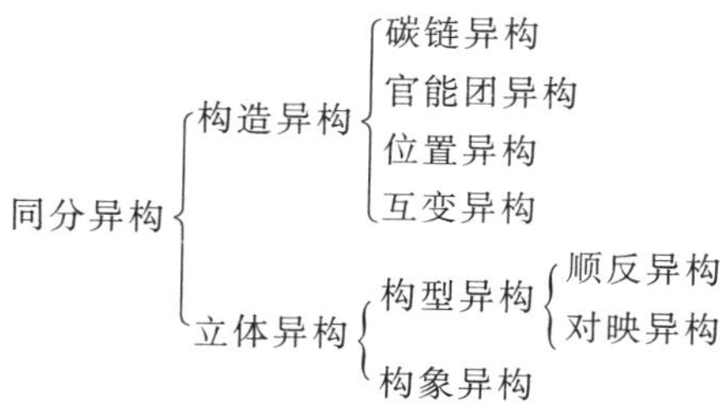

本章主要讨论对映异构。对映异构又称旋光异构或光学异构,它与化合物的一种特殊的物理性质——旋光性有关。

第一节　物质的旋光性

一、偏振光

光波是一种电磁波,其振动方向与其前进方向相互垂直(如图 9-1(a)所示)。在普通光里,光波可在垂直于它前进方向的任何可能的平面上振动。图 9-1(b)表示一束普通光的横截面,双箭头表示在不同方向上振动的光。

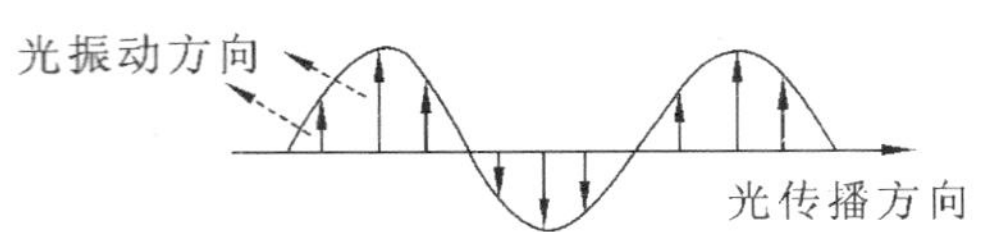

(a) 光的前进方向与振动方向

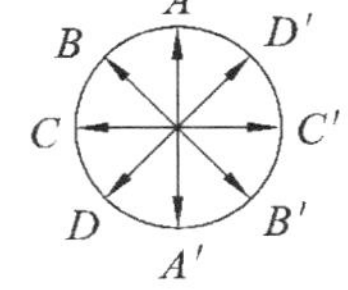

(b) 普通光的振动平面

图 9-1　普通光的振动情况

如果让这种普通光通过一个尼科尔(Nicol)棱镜,这种棱镜像一个栅栏,只允许振动方向与其晶轴平行的光线 AA' 通过,其他平面的光线如 BB'、CC'、DD' 等均被阻挡,所以通过尼科尔棱镜的光就变成只在一个平面内振动的光(如图 9-2 所示)。这种只在一个平面内振动的光称为平面偏振光,简称偏振光或偏光。偏振光的振动平面称为偏振面。

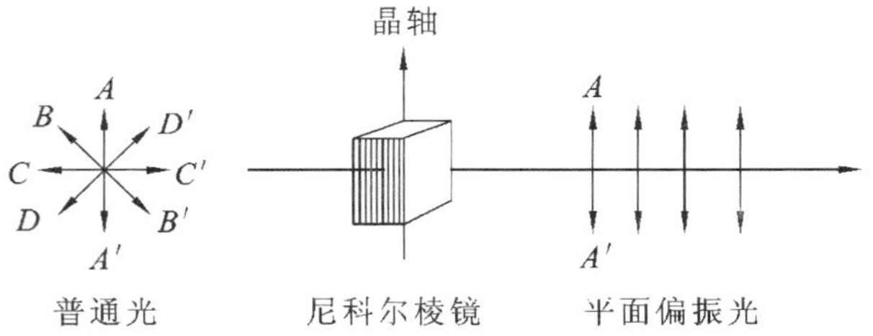

图 9-2　平面偏振光的形成

二、旋光性物质与非旋光性物质

在让偏振光透过一些物质(液体或溶液)时发现,有些物质如水、乙醇等不能使偏振光的振动平面发生改变,如图 9-3(a)所示,而有些物质如乳酸、葡萄糖等,却能使偏振光的振动平面旋转一定的角度 α,如图 9-3(b)所示。

这种能使偏振光振动平面旋转的性质称为物质的旋光性。具有旋光性的物质称为旋光性物质或光学活性物质。能使偏振光的振动平面向右旋转的称为右旋体，用“＋”表示；能使偏振光的振动平面向左旋转的称为左旋体，用“－”表示。偏振光的振动平面旋转的角度称为旋光度，通常用 α 表示。不能使偏振光的振动平面发生改变的物质称为不旋光物质或非旋光性物质。

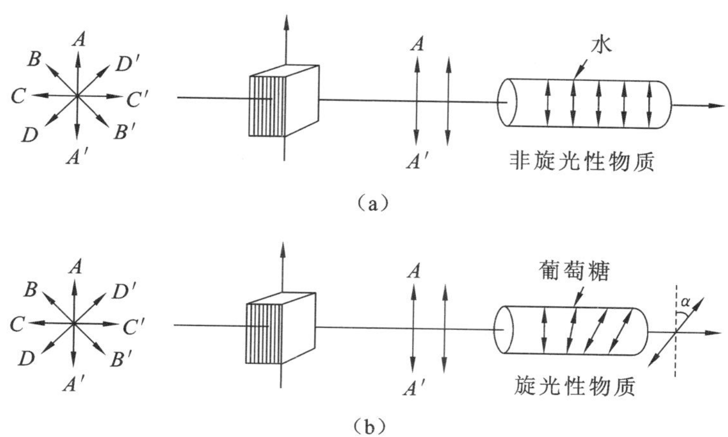

图 9-3　物质的旋光性

三、旋光度和比旋度

1. 旋光度

旋光物质的旋光方向和旋光度可用旋光仪进行测定。旋光仪主要由一定波长的单色光源、两个尼科尔棱镜、盛液管、旋转刻度盘和目镜组成，如图 9-4 所示。第一个棱镜是固定的，其作用是将光源的普通光转变成偏振光，称为起偏镜。第二个棱镜是可以转动的，它与旋转刻度盘相连，称为检偏镜，用来测定物质使偏振光振动面旋转的角度和方向，在旋转刻度盘上可以直接读出偏振光振动面旋转的角度。盛液管用来盛放样品液。

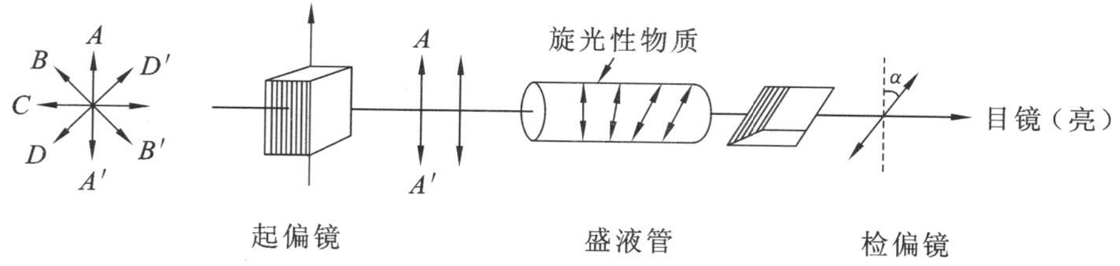

图 9-4　旋光仪结构示意图

如果不放盛液管，当普通光线通过起偏镜成为偏振光后，再使偏振光通过检偏镜时，则在目镜中可以观察到：当两个尼科尔棱镜平行放置（晶体相互平行）时，偏振光可通过检偏镜直达目镜，这时亮度最大，如图 9-5(a)所示；当两个棱镜呈其他角度时，光线的亮度发

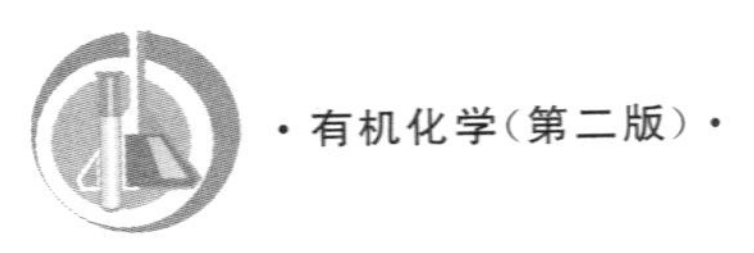

生不同程度的减弱,接近 90°时较暗,接近 0°时较明亮,如图 9-5(b)所示。

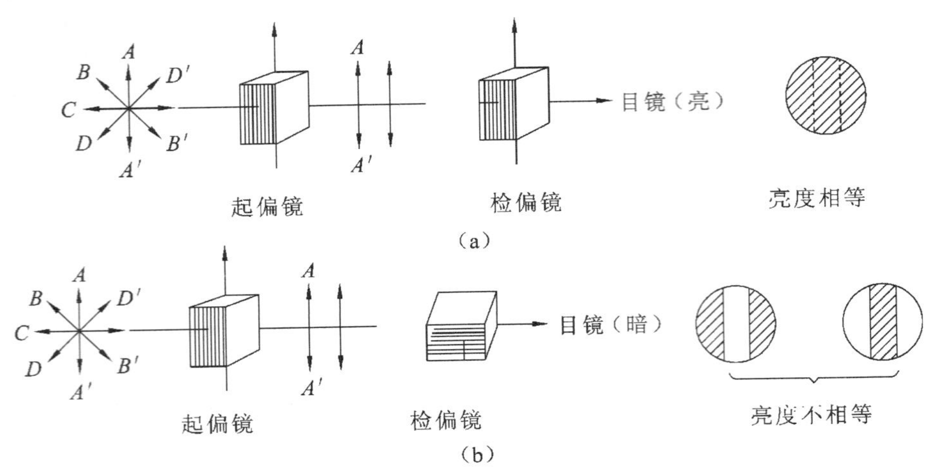

图 9-5　旋光仪的工作原理

实际测定时,应先调节,使得起偏镜与检偏镜的镜轴平行,此时偏振光可通过检偏镜直达目镜,亮度最大,这时刻度盘的位置就是仪器的零点。在盛液管内放入被检测的物质后,从目镜中观察到亮度仍然不变,表明该物质对偏振光的振动平面没有影响,没有旋光性;当从目镜中观察到亮度变暗,表明该物质具有旋光性。此时将检偏镜旋转一定的角度,使偏振光的透射量重新达到最大,刻度盘上的读数与零点之间的差,就是该物质的旋光度。检偏镜旋转的方向就是该旋光性物质的旋光方向,所以使用旋光仪能够测量物质是否有旋光性,会使偏振光振动平面向左还是向右旋转,以及旋转了多少度。

旋光性物质旋光度的大小主要取决于以下几种因素。

(1) 物质的分子结构:物质的旋光性是由旋光性物质的分子引起的。

(2) 盛液管的长度:盛液管的长度不同,旋光度也不同。例如,同一种物质在 20 cm 长的盛液管中比在 10 cm 长的盛液管中的旋光度要大。

(3) 物质的浓度:旋光性物质在一定长度的盛液管中,浓度大的物质旋光度也大。

(4) 测定时所用光线(单色光)的波长、温度以及溶剂等也会影响所测的旋光度。

因此,在不同条件下测定同一种旋光性物质的旋光度值时,所得的结果也不一样。

2. 比旋度$[\alpha]_{\lambda}^{t}$

为了比较各种不同旋光性物质的旋光度的大小,就必须消除其他外界因素的干扰,而只考虑物质本身的结构对旋光度的影响。如果固定实验条件,则测得的同种物质的旋光度即为常数,它能反映该旋光性物质的本性,因此引入了比旋度(又叫比旋光度)的概念。

比旋度的定义为当温度和光源的波长一定时,浓度为 1 mL 溶液中含 1 g 溶质的样品液,在 10 cm 长的盛液管中所测得的旋光度,用$[\alpha]_{\lambda}^{t}$ 表示,t 为测定时的温度,λ 为采用光的波长,一般用钠光,用 D 表示。一种纯物质的比旋度$[\alpha]_{D}^{t}$ 是一个常数,因此通常用比旋度描述旋光性化合物的旋光性。

在表示比旋度时,需要标明测量时的温度、光源的波长以及所使用的溶剂,改变溶剂也会使比旋度发生变化，因此在不以水为溶剂时，需注明溶剂的名称，所用溶剂须标在比旋度值后面的括号中。例如，在温度为 20 ℃时，用钠光灯为光源测得的酒石酸在 5%的乙醇中的比旋度为右旋 3.79°，应记为：$[\alpha]_D^{20}=+3.79°$(乙醇，5%)。

比旋度与测得的旋光度(α)之间有以下关系：

$$[\alpha]_\lambda^t=\frac{\alpha}{lC}$$

式中：$[\alpha]_\lambda^t$ 代表比旋度；λ 是测量时所采用的光波波长；t 是测量时的温度；α 是由旋光仪测得的溶液的旋光度；l 是盛液管的长度，dm(1 dm＝10 cm)；C 是被测溶液的质量浓度，g·mL^{-1}。

如果待测的旋光性物质是液体，可直接放入盛液管中测定，不必配成溶液，但在计算时必须把公式中的浓度 C 换成该液体的密度。

上面的公式可用来计算物质的比旋度，以判断未知物，也可用以测定物质的浓度或鉴定物质的纯度。在临床上大量输液必须用等渗溶液，药厂生产葡萄糖溶液的浓度，就可以通过测定旋光度来计算。

【例 9-1】 有一葡萄糖溶液，测得它的旋光度是＋3.4°，查知它的比旋度为$[\alpha]_D^{20}=+52.5°$，盛液管的长度为 1 dm，计算葡萄糖溶液的浓度。

解 $$C=\frac{\alpha}{[\alpha]_D^{20}l}=\frac{+3.4}{+52.5\times 1}\ \text{g}\cdot\text{mL}^{-1}=0.065\ \text{g}\cdot\text{mL}^{-1}$$

【例 9-2】 一胆甾醇的氯仿溶液，其浓度为 100 mL 溶剂中含溶质 6.15 g。将该溶液盛于 5 cm 长的盛液管中，于 20 ℃时用钠光测得其旋光度为－1.2°，计算它的比旋度。

解 $$[\alpha]_D^{20}=\frac{\alpha}{Cl}=\frac{-1.2°}{\frac{6.15}{100}\times\frac{5}{10}}=-39.0°$$

第二节 手性与对称性

一、手性的概念

物质的旋光性与分子本身结构有密切的关系，产生对映异构现象的结构原因是具有手性。

众所周知，人的左手与右手外形非常相似，但两只手的五根手指的排列顺序是相反的，因此可以相互对映，却不能够完全重合，如图 9-6(a)所示。如果将左手放到镜子前面，其镜像恰好与右手相同，如图 9-6(b)所示，左、右手的关系是互为实物和镜像的关系，相互对映但不能重合。物体与其镜像不能重合的例子很多，如螺丝钉、人的耳朵等。

物质的这种相互对映但不能重合的特征称为手性或手征性。

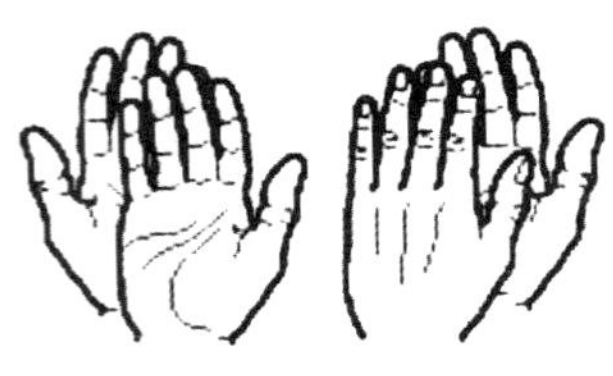

(a) 左手和右手不能重合

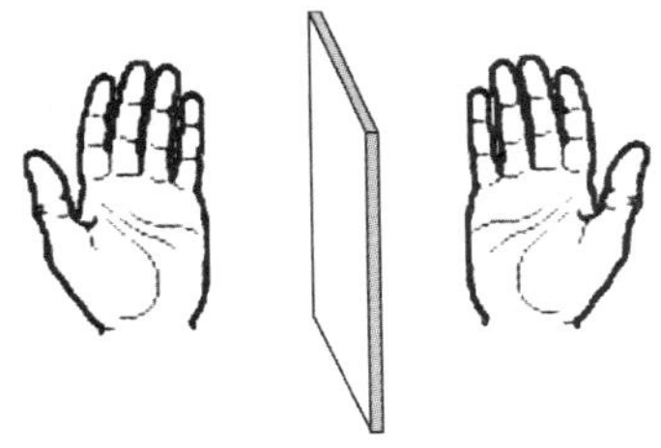

(b) 左手的镜像是右手

图 9-6　人的左、右手的相互关系

二、分子的手性与旋光性

手性不仅存在于宏观物质中,在微观的有机化合物分子中也存在类似的现象,许多分子能与其镜像重合,如甲烷、乙醇、乙醚、丙酮等的分子(如图 9-7 所示)。但也有许多分子与其镜像不能重合,如(+)-乳酸及(-)-乳酸的分子(如图 9-8 所示),结构之间的关系好比人的左手与右手的关系,它们具有手性,称为手性分子。乳酸分子($CH_3C^*HOHCOOH$)的中心碳原子连有四个不同的原子或基团,这样的碳原子称为手性碳原子,标以"*"号。

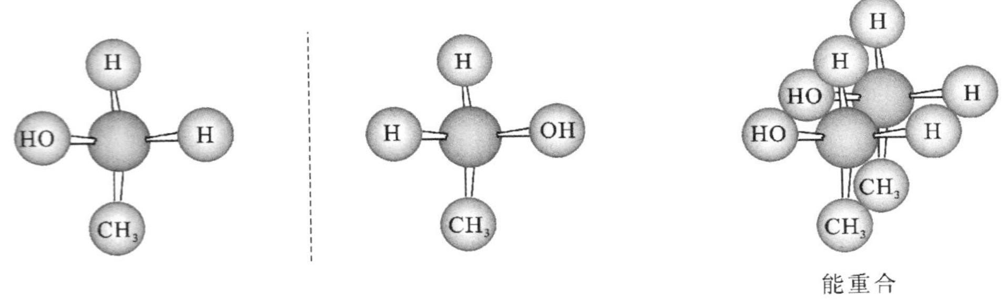

图 9-7　乙醇的分子模型

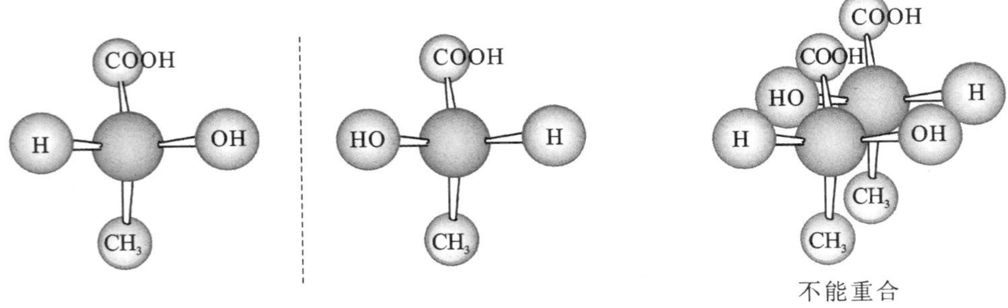

图 9-8　乳酸对映异构体的分子模型

早在 19 世纪人们就发现许多天然的有机化合物如樟脑、酒石酸等晶体有旋光性,而且即使溶解成溶液仍具有旋光性,这说明它们的旋光性不仅与晶体有关,而且与分子结构有关。

1848 年,法国巴黎师范大学化学家、微生物学家巴斯德(L. Pasteur,1822—1895)在研究酒石酸钠铵晶体时,发现无旋光性的酒石酸钠铵是不同的两种互为镜像的晶体的混合物。

1874 年,波兰物理学家范德霍夫(van't Hoff)和拉贝尔(Lebel)提出:碳原子是四价的,当碳原子连有四个不同的原子或基团时,原子或基团在空间上有两种不同的排列,且呈物体与镜像的对映关系。由于范德霍夫对有机化学发展所作出的巨大贡献,1901 年他成为 Nobel 化学奖的第一个获得者。

两种晶体之间互为实物和镜像的对映关系,不能重合,就像人的两只手一样呈镜面对映,但不能重合,具有手性,是手性分子,有旋光性。具有旋光性的分子都是手性分子。如果一个分子与其镜像等同,即能重合,则称为非手性分子,非手性分子没有旋光性。

判断只具有一个手性碳原子的化合物是否有旋光性,是以该化合物分子是否为手性分子作为依据的。凡是手性分子都有旋光性。反之,物质具有旋光性,其分子一定是手性分子。因此,手性是物质具有旋光性的充分必要条件。

三、对映体和外消旋体

人们研究乳酸 $CH_3CH(OH)COOH$ 时发现,从肌肉中提取的乳酸的$[\alpha]_D^{20}=+3.82°$,而以葡萄糖为原料经左旋乳酸杆菌发酵制得的乳酸的$[\alpha]_D^{20}=-3.82°$,它们的熔点均为 53 ℃,两者互为对映体,而通过人工合成法所得的乳酸却没有旋光性,即$[\alpha]_D^{20}=0$,它的熔点是 16.8 ℃。人们发现它是由(+)-乳酸与(−)-乳酸等量混合而成的,由于两个对映体的旋光方向相反、数值相等而互相抵消,所以此混合物无旋光性,这种由一对对映体等量混合而成的没有旋光性的混合物称为外消旋体,用(±)表示,如(±)-乳酸。外消旋体与其他任意两种物质的混合物不同,外消旋体常有固定的物理常数。外消旋体的物理性质与左、右旋体不同(见表 9-1),而化学性质基本相同。

表 9-1 三种乳酸性质的比较

	$[\alpha]_D^{20}$	熔点/℃	pK_a
(+)-乳酸	+3.82°	53	3.79
(−)-乳酸	−3.82°	53	3.79
(±)-乳酸	0	16.8	3.86

需要注意的是,手性碳原子是一种手性中心,但手性中心不一定是手性碳原子。有手性碳原子的分子不一定是手性分子。

四、对称性

物质具有手性(分子的手性而不是碳原子的手性)就有旋光性和对映异构现象,那么,物质具有怎样的分子结构才与镜像不能重合而具有手性呢?

分子与其镜像不能完全重合是手性分子的特征,分子的手性产生于分子的内部结构,与分子的对称性有关,所以判断一个分子是否具有手性,需考察其是否存在对称因素,最常见的分子对称因素有对称面和对称中心。

1. 对称面

假如某分子能被一个平面分成两部分,而一部分正好是另一部分的镜像,此平面就是该分子的对称面,用 σ 表示。

例如,同一个碳上连有两个相同原子或基团的 C_{abx_2} 型化合物,有一个对称面,如图 9-9(a)、9-9(b)所示,无手性。单烯烃 C═C 所连的原子共平面,这个平面就是分子的对称面,如图 9-9(c)所示。

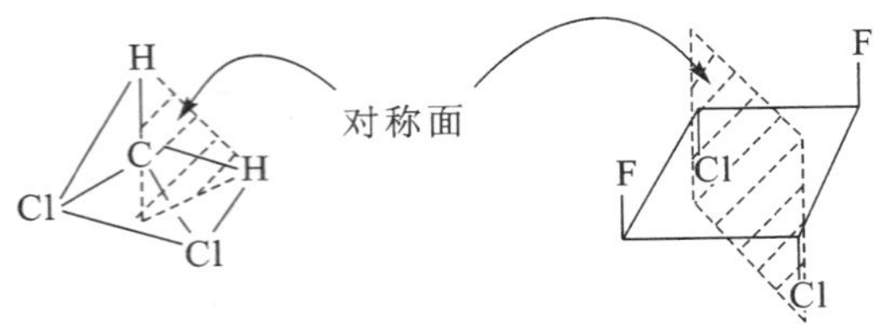

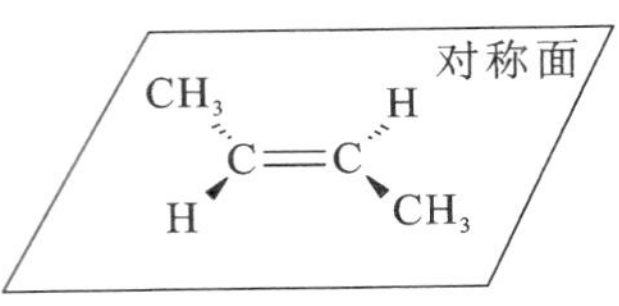

(a) 二氯甲烷的对称面　(b) (顺、顺)-1,3-二氟-2,4二氯环丁烷的对称面　(c) 单烯烃的对称面

图 9-9　平面对称分子

分子中有对称面,它和它的镜像就能够重合,分子就没有手性,是非手性分子,因而它没有对映异构体和旋光性。

2. 对称中心

如果分子中有一个 i 点,从任何一个原子或基团向 i 点引连线并延长,在等距离处都能遇到相同的原子或基团,则 i 点称为该分子的对称中心,如图 9-10 所示。具有对称中心的化合物和它的镜像是能重合的,因此它不具有手性,没有旋光性。

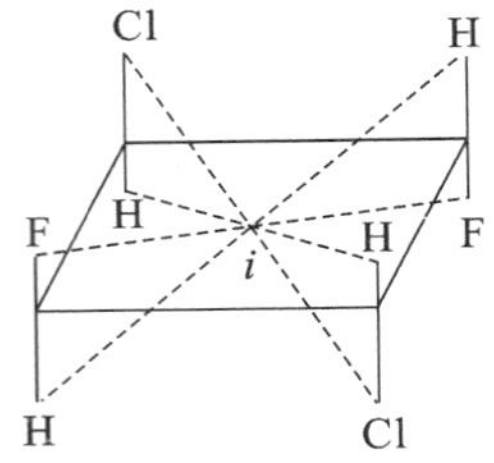

(a)(反)-2,4-二氟-(反)-1,3-二氯环丁烷

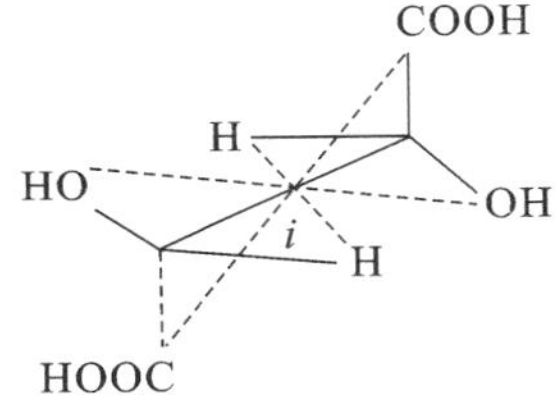

(b) 内消旋酒石酸

图 9-10　中心对称分子

第三节　含一个手性碳原子的开链化合物

一、构型的表示方法

含一个手性碳原子的分子,由于与其相连的四个原子或基团在空间上的排列方式不

同，而有两种不同的立体异构体，是一对对映体。由于对映体在结构上的区别是空间构型不同，采用传统的平面结构式无法表示基团在空间的相对位置。如果采用立体的模型图，书写又非常不方便。要在平面的纸上表示立体的分子构型，一般常用透视式和投影式。目前普遍使用的是平面投影式，它是 1891 年费歇尔(Fischer)提出的，所以又称为费歇尔投影式。

1. 透视式

透视式是将手性碳和另外两个基团放在纸面上，并用实线连接，再用楔形实线表示伸向纸面前的基团，用虚线表示伸向纸面后的基团。乳酸 $CH_3CH(OH)COOH$ 的两种旋光异构体的透视式如图 9-11 所示。

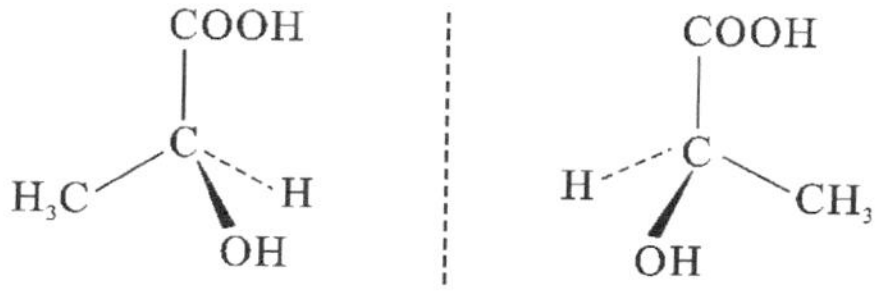

图 9-11　乳酸的透视式

用透视式表示手性分子的构型虽然清晰、直观，但书写麻烦，对于结构复杂的分子，更增加了书写的难度，故通常用费歇尔投影式来表示。

2. 费歇尔投影式

费歇尔投影式是将一个立体模型放在幕前，用光照射模型，在幕上投影出平面影像，这种采用投影的方法把手性分子的构型表示在纸面上的表示方法称为费歇尔投影式。书写原则是用一个十字形的交叉点代表这个手性碳原子，位于纸平面上，横线和竖线表示四个价键，分别连四个不同的原子或原子团；水平线所连的两个原子或基团表示伸向纸平面的前方，竖直线所连的两个原子或基团表示伸向纸面后方，即“横前竖后”；投影时将碳键竖直摆放，并把命名时编号最小的碳原子放在上端，这样乳酸的两种对映异构体的费歇尔投影式如图 9-12 所示。

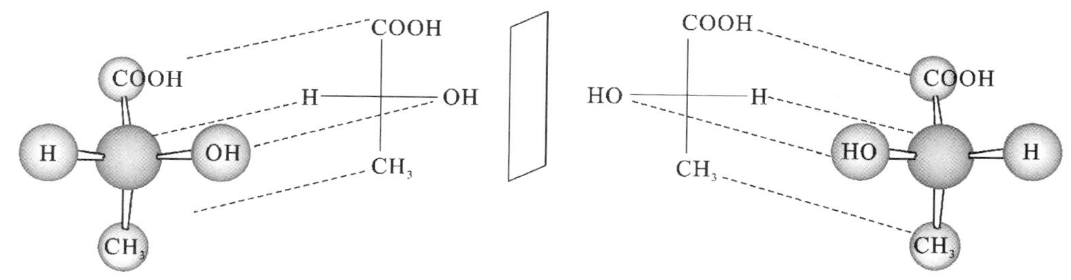

图 9-12　乳酸分子模型和费歇尔投影式

费歇尔投影式是用平面式代表三维空间的立体结构，所以在书写投影式时，必须严格地按照规定表示分子构型的立体概念。由于同一个分子模型摆放的位置可以多种多样，所以费歇尔投影式也有很多种，这就经常需要判断不同的费歇尔投影式是代表同一个化合物，还是一对对映体。因而在使用费歇尔投影式时，要注意以下几点。

(1) 投影式不能离开纸面翻转,否则就改变了 C* 上原子或基团的空间指向(横前竖后),构型就会改变,成为其对映体。

(2) 投影式也不能旋转 90°或 270°,因为这样会改变手性碳原子的构型(横前竖后),也会变成它的对映体,例如:

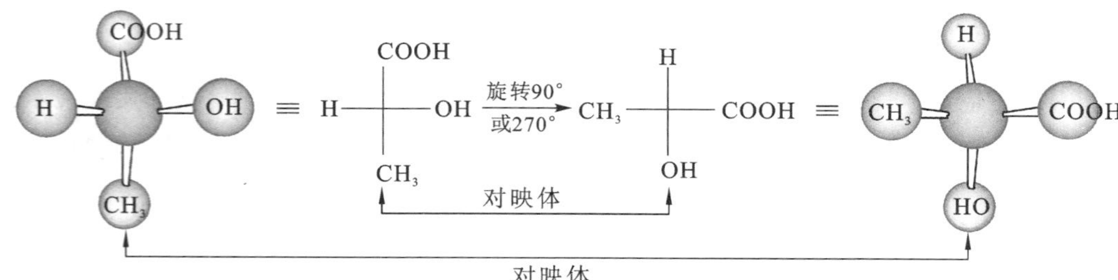

(3) 投影式可以在纸面上旋转 180°,这样不会改变分子的构型关系,如果在纸面上旋转 180°能重合,则为同一个化合物,例如:

$$\begin{array}{c} COOH \\ HO\!-\!\!\!-\!\!\!+\!\!\!-\!\!\!-H \\ CH_3 \end{array} \equiv \begin{array}{c} CH_3 \\ H\!-\!\!\!-\!\!\!+\!\!\!-\!\!\!-OH \\ COOH \end{array}$$

二、构型的标记

构型标记法也称为构型的命名法。一个手性碳原子上的原子或基团在空间上有两种不同的排列,即有两种构型。在对映体的名称之前应注明其构型。常用对映体构型的命名法有以下两种方法。

1. D/L 标记法

物质分子中各原子或基团在空间的实际排布称为这种分子的绝对构型。在 1951 年以前,人们无法确定手性分子的真实构型(即绝对构型)。为解决这一问题,人为地规定以(+)-甘油醛的构型为标准,来标记其他与甘油醛相关联的旋光性化合物的相对构型,这种方法称为 D/L 标记法。在费歇尔投影式中,三个碳原子在竖线上,醛基位于上方,羟甲基位于下方,羟基在手性碳原子右边,氢原子在左边,这种构型被定为 D 构型,称为 D-(+)-甘油醛;它的对映体被定为 L 构型,称为 L-(−)-甘油醛。

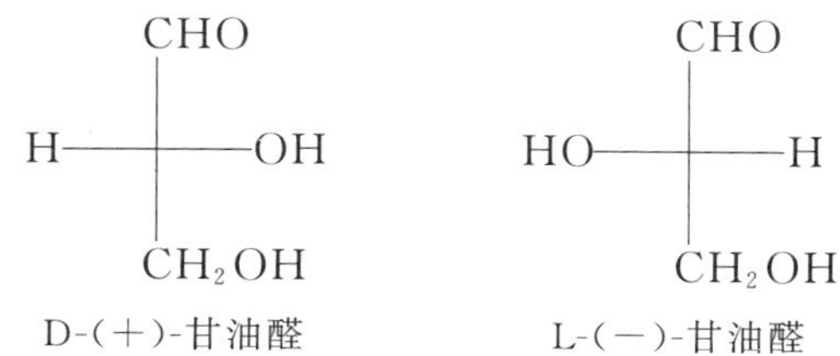

D-(+)-甘油醛　　L-(−)-甘油醛

2. *R*/*S* 标记法

1970 年,国际上根据 IUPAC 的建议采用了 *R*/*S* 构型系统命名法,这种命名法是根据化合物的实际构型或投影式来命名的，因此是绝对构型。

其方法如下：将化合物 C_{abcd} 中手性碳原子上所连的四个基团按次序规则排出先后次序，如 a＞b＞c＞d，然后将上述排列次序中最小基团 d 放在离观察者眼睛最远的地方，这时其他三个原子或基团（a、b、c）就指向观察者，然后再观察这三个原子或基团按优先次序由大到小的顺序，若 a→b→c 是顺时针方向排列的，则该手性碳原子的构型为 *R*；若 a→b→c 为逆时针排列，则该手性碳原子的构型为 *S*。正如司机面向汽车方向盘，a、b、c 在盘上，最不具优势的基团是在方向盘杆上。示意如下：

a→b→c顺时针方向为*R*构型　　　　a→b→c逆时针方向为*S*构型

对于乳酸来说，按次序规则，四个基团的顺序为：—OH＞—COOH＞—CH_3＞—H，然后将四个基团中最小的（—H）放在离眼睛最远的位置，观察剩余三个基团从大到小的排列顺序，即由—OH 经—COOH 到—CH_3 的走向，如为顺时针方向，用 *R* 表示；如为逆时针方向，用 *S* 表示。

顺时针方向为*R*构型　　　　逆时针方向为*S*构型

使用透视式比较容易确定对映异构体的构型，但在熟悉了这种方法之后，即使使用费歇尔投影式，也不难确定分子构型，如乳酸的一对对映异构体可表示为：

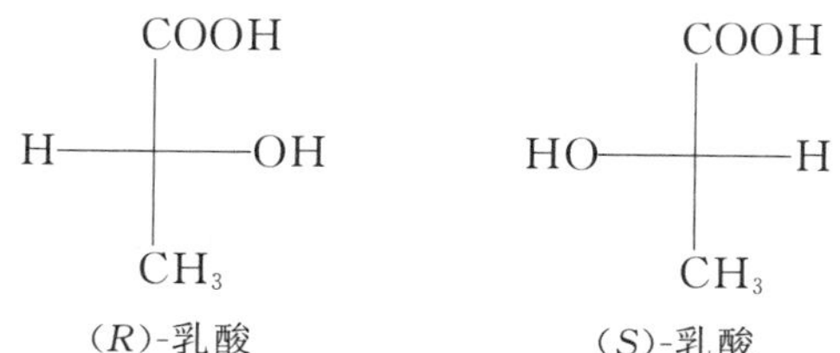

(*R*)-乳酸　　　　(*S*)-乳酸

利用费歇尔投影式可以直接确定 *R*/*S* 构型，使用起来更方便，但要注意以下两点。

(1) 当次序最小的基团在费歇尔投影式的竖键上（相当于在纸平面下方，远离观察者）时，可直接按其余三个基团的优先次序（大→中→小）确定 *R*/*S*，与规定相符，即顺时针为 *R* 构型，逆时针为 *S* 构型。

(2) 当次序最小的基团在费歇尔投影式的横键上（相当于在纸平面上方，靠近观察者）时，仍按其余三个基团的优先次序判断 *R*/*S*，但与规定相反，顺时针为 *S* 构型，逆时针为 *R* 构型，即反方向判断。例如：

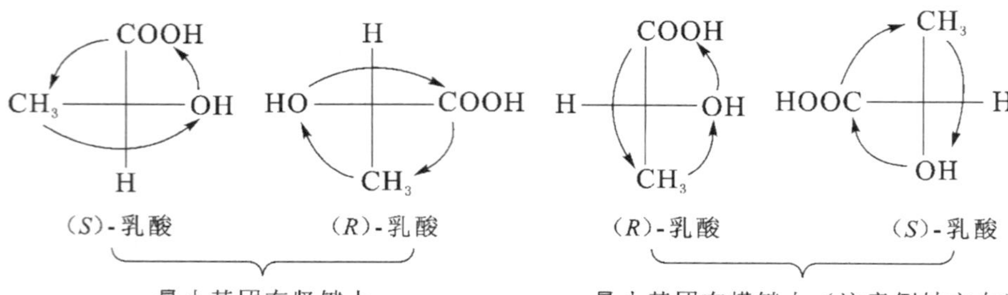

R/*S* 标记法仅表示手性分子中四个基团在空间上的相对位置。对于一对对映体来说,一个异构体的构型为 *R*,另一个的构型则必然是 *S*。对于需要标出构型的化合物,系统命名法规定,用带括号的 *R*/*S* 标明其构型,置于化合物名称之前。需要指出的是,D/L 和 *R*/*S* 标记法一样,是一种人为的构型标记法,与化合物的旋光方向之间没有联系,这两种标记法之间也不存在对应关系。

第四节　含两个手性碳原子的开链化合物

对于含有两个手性碳原子的化合物的旋光异构问题,根据两个手性碳原子所连的四个原子或基团是否对应相同,可分两种情况讨论。

一、含两个不同手性碳原子的对映异构

2,3-二羟基丁醛($CH_3—CH(OH)—CH(OH)—CHO$)是含有两个手性碳原子的化合物,C(2)手性碳原子连接的四个原子或基团分别是—OH、—CHO、$CH_3CH(OH)$—和—H,C(3)手性碳原子所连的四个基团分别是—CH_3、—OH、—CH(OH)CHO 和—H。这两个手性碳原子所连的四个原子和基团不完全相同,因此 2,3-二羟基丁醛属于含有两个不同手性碳原子的化合物,可以形成如下四种不同构型的分子。

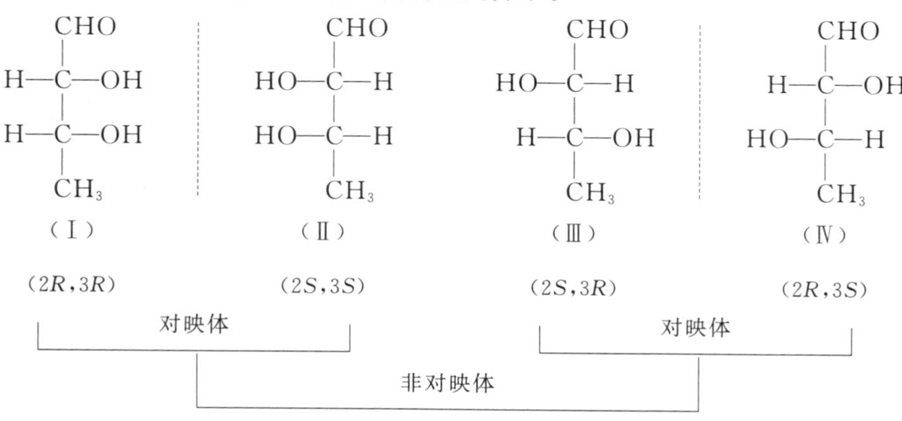

在上述四个异构体中，Ⅰ和Ⅱ、Ⅲ和Ⅳ分别是一对对映体。但Ⅰ和Ⅲ、Ⅰ和Ⅳ、Ⅱ和Ⅲ、Ⅱ和Ⅳ都不是对映体。像上面这样不互为对映体的旋光异构体称为非对映异构体，简称非对映体。

在非对映体中，只有一个手性碳原子的构型不同，而其余手性碳原子的构型均相同的异构体，称为差向异构体。例如：Ⅰ和Ⅲ互为C(2)差向异构体；Ⅱ和Ⅲ互为C(3)差向异构体。

一般情况下，对映体除旋光方向相反外，其他物理性质和化学性质相同；而非对映体的化学性质基本相同，物理性质完全不同。

含有一个手性碳原子的化合物有两个对映异构体，含有两个不相同的手性碳原子的化合物有四个对映异构体，分子中每增加1个手性碳原子将多产生一对对映体。含有手性碳原子的数目越多，其对映异构体的数目也越多。含有 n 个不相同手性碳原子的化合物，理论上对映异构体的数目为 2^n 个，可组成 2^{n-1} 对对映体。

二、含有两个相同的手性碳原子的旋光异构体

酒石酸(2,3-二羟基丁二酸)分子内含有两个相同的手性碳原子，每个手性碳原子上所连的基团也相同，都连着—OH、—COOH、—CH(OH)COOH和—H四个不同基团。酒石酸的旋光异构体可表示为：

(Ⅰ)		(Ⅱ)	(Ⅲ)	(Ⅳ)
COOH H—┼—OH H—┼—OH COOH	≡	COOH HO—┼—H HO—┼—H COOH	COOH HO—┼—H H—┼—OH COOH	COOH H—┼—OH HO—┼—H COOH
(2*R*,3*S*)		(2*S*,3*R*)	(2*S*,3*S*)	(2*R*,3*R*)

内消旋体(同一种化合物)：(Ⅰ)、(Ⅱ)；对映体：(Ⅲ)、(Ⅳ)；非对映体：内消旋体与(Ⅲ)、(Ⅳ)

在上述四个投影式中，Ⅰ和Ⅱ似乎是一对对映体，而实际上是同一种化合物，将Ⅱ在纸平面上旋转180°，则与Ⅰ完全重合。Ⅰ中有两个相同的手性碳原子，式中存在一个对称面，对称面的上下两部分互为实物与镜像的关系，C(2)是 *R* 型，而C(3)是 *S* 型，它们的旋光方向相反，而旋光的度数相等，旋光性从分子内部相互抵消，因此分子无旋光性，这种因分子内手性碳原子构型不同，旋光性彼此抵消，分子无旋光性的立体异构体称为内消旋体(用meso表示)。虽然内消旋体有手性碳原子，但分子内有对称因素，在C(2)、C(3)之间放一面镜子，则这两个手性碳原子在分子内形成实物和镜像的关系，故整个分子没有旋光性，是非手性分子。手性碳原子是使分子具有手性的普通因素，但内消旋酒石酸的结构说明，含有手性碳原子并不是分子具有手性的充分和必要条件。因此，酒石酸仅有三种异构体，即右旋体、左旋体和内消旋体。

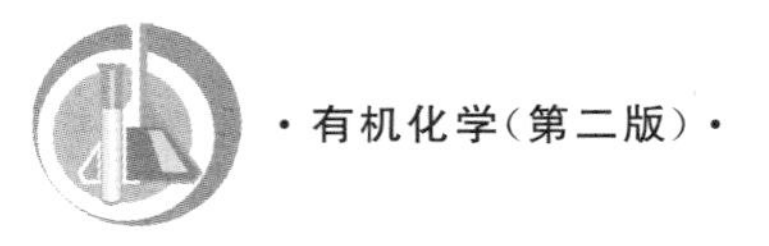

含有 n 个相同手性碳原子的化合物,其对映异构体的数目都小于 2^n(n 是手性碳原子数)。

第五节　外消旋体的拆分

由不旋光的化合物合成手性分子时,在没有外界手性因素的影响下,得到的总是由等量的对映异构体组成的外消旋体。外消旋体是由一对对映体等量混合而成的,对映异构体除了旋光方向相反以外,其他的物理性质完全相同,因此用一般的物理方法如蒸馏、重结晶等不能把一对对映体分离开来,必须用特殊的方法才能把它们分开。将外消旋体分离成旋光异构体的过程通常称为拆分。拆分的方法很多,一般有下列几种。

(1) 机械法。利用外消旋体中对映体在结晶形态上的差别,借助肉眼或通过放大镜进行辨认,而把两种结晶体分开的方法称为机械法。1848 年,巴斯德(L. Pasteur)首先用这种方法得到酒石酸钠铵的两种晶体。

(2) 微生物法。酶(enzyme)是生命过程中的化学反应催化剂。酶都是有旋光活性的大分子,而且对化学反应有特殊的专一性,就像一把钥匙只能开一把锁一样。某一种酶只对某一特定构型的立体异构体有作用,而对其他构型的异构体无作用,所以可以选择适当的酶作为某些外消旋体的拆分试剂。例如,分离(±)-苯丙氨酸,可将它们先乙酰化生成(±)-N-乙酰基苯丙氨酸,然后再用乙酰水解酶使它们水解。另外,利用某些微生物也可以达到上述目的,因为生物在生长过程中总是只利用对映异构体中的一个作为它生长的营养物质。例如,在(±)-酒石酸中放入青霉素,青霉素会将(+)-酒石酸消耗掉,经过一定时间以后,在培养液中留下的是(−)-酒石酸。

(3) 晶种结晶法。在外消旋体的过饱和溶液中,加入一定量的左旋体或右旋体作为晶种,则与晶种相同的异构体便优先析出,把这种晶体滤出后,再向滤液中加入外消旋体制成过饱和溶液,于是溶液中的另一种异构体又优先结晶析出,这种方法称为晶种结晶法。例如,向某一外消旋体(±)-A 的过饱和溶液中加入(+)-A 的晶种,则(+)-A 优先析出一部分,滤出析出的(+)-A,则滤液中(−)-A 便过量,这样在滤液中再加入外消旋混合物,又可析出一部分(−)-A 结晶,过滤,如此反复处理,就可以得到相当数量的左旋体和右旋体。这种方法已用于工业生产。例如,在氯霉素的生产中,便是利用此法分离出具有较强药效的(−)-氯霉素。

(4) 柱层析法。柱层析法是色谱法的一种,是利用不同物质对同一吸附剂的不同吸附作用来分离混合物的方法。如果选用具有适当的光学活性的吸附剂,则一对对映体被吸附的强弱会有所不同,再选用适当的淋洗剂,就可以分别将它们淋洗出来,从而达到分离的目的。

(5) 化学法。这种方法应用最为广泛,它的原理是把对映体转变成非对映体,然后加以分离。将对映体转变成非对映体的方法是使它们和某一种旋光性化合物发生反应,生成非对映体。由于非对映体的物理性质不同,就可以用一般的物理方法把它们拆分开来,然后去掉与它们发生反应的旋光物质,就可得到纯(+)-和(−)-异构体。这种方法最适用于酸或碱的外消旋体的拆分。例如，对于外消旋碱的拆分经常使用旋光性的酸（右旋或左旋），常用的是酒石酸、苹果酸等。拆分的步骤可用通式表示如下：

$$\underset{\text{外消旋体}}{(\pm)\text{-}RNH_2} + \underset{\text{旋光性酸}}{2(+)\text{-}R'COOH} \longrightarrow \left.\begin{array}{l}(+)\text{-}RNH_2(+)\text{-}R'COOH \\ (-)\text{-}RNH_2(+)\text{-}R'COOH\end{array}\right\}\text{非对映体的混合物}$$

重结晶

$$(+)\text{-}RNH_2(+)\text{-}R'COOH \qquad (-)\text{-}RNH_2(+)\text{-}R'COOH$$

NaOH

$$(+)\text{-}RNH_2 + (+)\text{-}R'COONa \qquad (-)\text{-}RNH_2 + (+)\text{-}R'COONa$$

拆分外消旋酸时，则需用具有旋光性的碱，如吗啡、奎宁、士的宁等。这些自然界的旋光性酸、碱称为拆分剂。

本章小结

一、基本概念

偏振光　比旋度　手性　手性碳原子　对映异构体　对称因素　外消旋体　内消旋体

二、构型的表示方法

1. 透视式

透视式是将手性碳和另外两个基团放在纸面上，并用实线连接，再用楔形实线表示伸向纸面前的基团，用虚线表示伸向纸面后的基团。

2. 费歇尔投影式

费歇尔投影式即平面投影式，与手性碳水平线相连的基团朝向纸平面的前方，与竖直线相连的基团朝向纸平面的后方。费歇尔投影式只能在纸平面内旋转 180°或其偶数倍，不能离开纸面翻转。

三、构型的标记

1. D/L 标记法

利用费歇尔投影式表示(+)-甘油醛的一对对映体的构型时，把三个碳原子的基团放在竖线上，醛基位于上方，羟甲基位于下方，羟基在手性碳原子右边，氢原子在左边，这种构型被定为 D 构型，称为 D-(+)-甘油醛；它的对映体被定为 L 构型，称为 L-(−)-甘油醛。

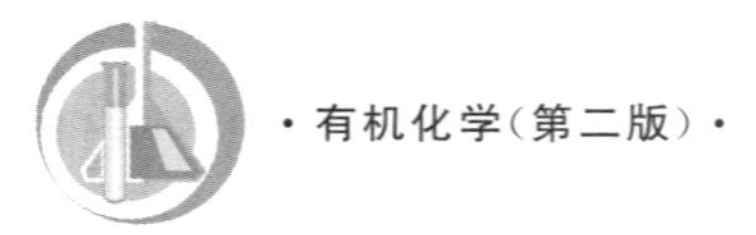

2. R/S 标记法

首先按照次序规则,将手性碳原子上的四个原子或基团按先后次序排列,较优的原子或基团排在前面,然后将排在最后的原子或基团放在离眼睛最远的位置,其余三个原子或基团放在离眼睛最近的平面上,再按先后次序观察其余三个原子或基团的排列走向,若为顺时针排列,为 R 构型,若为逆时针排列,为 S 构型。

四、外消旋体的拆分

外消旋体的拆分有五种方法:机械法、微生物法、晶种结晶法、柱层析法、化学法。

知识拓展

手性药物

手性是自然界普遍存在的特征,生物大分子如蛋白质、多糖、核酸等都具有手性。当手性药物进入体内时,因受体内手性物质的选择性控制,其代谢途径和药理作用并不相同,生物活性和药效也不相同,而且其毒副作用也存在差异。药物能起作用的仅是其中的一只"手",这只高活性的"手"称为优对映体;而另一只"手"效力微小或干脆使不出"劲",或不能很好地契合而成为无效对映体,或与其他大分子契合产生不同的药理作用,甚至产生毒性,称为劣对映体。

以前由于对此缺少认识,人类曾经有过惨痛的教训。发生在欧洲的震惊世界的"反应停"事件就是一例。20 世纪 50 年代,德国一家制药公司开发出一种镇静催眠药"反应停"(沙利度胺),对于消除孕妇妊娠反应效果很好,但很快发现许多孕妇服用后,生出了无头或缺腿的先天畸形儿。虽然各国当即停止了销售,但已造成上万名"海豹儿"出生的灾难性后果。后来经过研究发现,"反应停"是包含一对对映异构体的消旋药物,它的一种构型(R)-(+)对映体有镇静作用,另一种构型(S)-(—)对映体才是真正的罪魁祸首——对胚胎有很强的致畸作用。

2001 年度诺贝尔化学奖授予了美国化学家诺尔斯(W. S. Knowles)、日本化学家野依良治(R. Noyori)和美国化学家夏普雷斯(K. B. Sharpless),以表彰他们在手性催化氢化反应和手性催化氧化反应研究方面作出的卓越贡献。瑞典皇家科学院指出:"这三位科学家的发现对科学研究以及新药、新材料的发展产生了极大的影响,并已在许多药物和其他生理活性化合物的商业合成上得到了广泛的应用。"这三位科学家获奖的意义还在于:他们的发明帮助人们在认识和改造世界中建立了信心,提供了一种有力的工具,即可以通过手性催化反应得到手性产物。

手性药物不仅具有技术含量高、疗效好、副作用小的优点,而且与创制新药相比,开发手性药物风险小、周期短、耗资少、成果大,不仅具有重大的科学价值,也蕴藏着巨大的经济效益。目前,我国面临入世后的激烈竞争,如何发展有自主知识产权的手性药物及合成方法，已成为化学、生物学、医学和药学等学科亟待攻克的热点问题。专家对我国手性药物的研发提出了四点建议：一是加强单一异构体的合成技术开发；二是开发具有自主知识产权的新药；三是重视手性分析设备，特别是手性柱的开发应用；四是加强与制剂、生物学等学科的合作交流。随着手性技术的不断改进，手性药物不断增加，所占比例越来越高，一系列从消旋药物研发出来的手性药物不断问世。单一对映体手性药物已在临床上得到了广泛应用。

1. 下列化合物有无手性碳原子？若有手性碳原子，请用“ * ”标出。

(1) $CH_3CH_2CH_2\underset{\displaystyle CH_3}{\underset{|}{C}}HCH_2CH_3$　　(2) $C_6H_5CHClCH_3$

(3) $C_6H_5CH_2\underset{\displaystyle CH_3}{\underset{|}{C}}HCH_2C_6H_5$　　(4) $HOOCCH_2\underset{\displaystyle OH}{\underset{|}{C}}HCOOH$

(5) 环己烷 1-OH，2-Cl

OH

Cl

2. 下列化合物中哪些是同一物质？哪些是对映体？并命名。

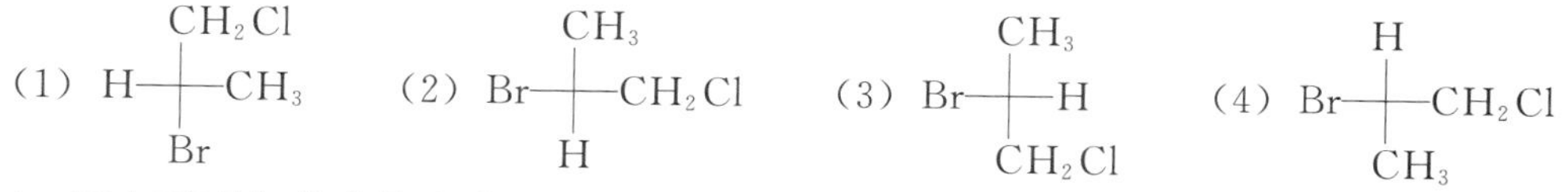

3. 画出下列各化合物所有可能的旋光异构体的投影式，标明成对的对映体和内消旋体，并用 R，S 标定它们的构型。

(1) $CH_3\underset{\displaystyle NH_2}{\underset{|}{C}}HCOOH$　　(2) 2-丁醇

(3) 3-氯-2-溴-戊烷　　(4) $CH_3CHOHCHOHCH_3$

第十章

醇、酚、醚

目标要求

1. 掌握醇的分类、命名及同分异构。
2. 掌握醇的化学性质和制法。
3. 掌握酚的结构特征、化学性质及苯酚的制法。
4. 掌握醚的结构特征、化学性质及制法。
5. 了解醇、酚、醚的物理性质。

重点与难点

重点：醇、酚、醚的命名及性质。

难点：醇的脱水反应规律及取代酚的酸性比较。

第一节　醇的分类、构造异构和命名

醇可以看成烃分子中饱和碳原子上的氢原子被羟基(—OH)取代的化合物。例如：

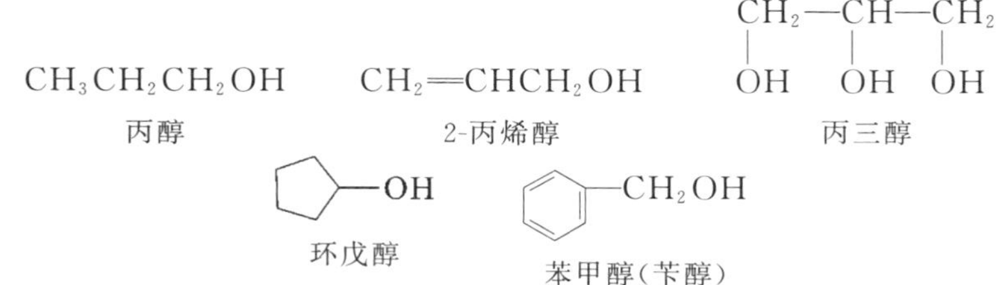

烃分子中碳碳双键碳原子(不饱和碳原子)上的氢原子被羟基取代的化合物，称为烯醇式醇或烯醇。与羟基连接在饱和碳原子上的2-丙烯醇等不同，羟基连接在不饱和碳原子上的烯醇，一般是不稳定的，容易发生重排而转变成相应的醛或酮。

一、醇的分类

(1) 根据分子中所含羟基的数目,醇可分为一元醇、二元醇、三元醇等。二元醇和三元以上的醇,统称为多元醇。例如:

CH_3OH 甲醇

$HOCH_2—CH_2OH$ 乙二醇

$HOCH_2—CH(OH)—CH_2OH$ 丙三醇

(2) 根据分子中的烃基的不同,醇可分为脂肪醇和芳(香)醇。在脂肪醇中,根据分子中是否含有不饱和键,又可分为饱和醇和不饱和醇等。饱和一元醇可用 R—OH 表示,其通式为 $C_nH_{2n+1}OH$。

(3) 饱和一元醇还可根据羟基所连接的碳原子的不同分为:伯醇——羟基与伯碳原子相连;仲醇——羟基与仲碳原子相连;叔醇——羟基与叔碳原子相连。例如:

CH_3CH_2OH 乙醇(伯醇)

$CH_3—CH(OH)—CH_3$ 异丙醇(仲醇)

$(CH_3)_3C—OH$ 叔丁醇(叔醇)

二、醇的构造异构

具有相同碳原子的饱和一元醇,因碳架不同和羟基位次不同而产生异构体。例如:具有四个碳原子的丁醇,由于碳架异构和羟基位次异构,可以产生四个异构体。

$CH_3CH_2CH_2CH_2OH$ 正丁醇

$CH_3—CH(CH_3)—CH_2OH$ 异丁醇

$CH_3—C(CH_3)_2—OH$ 叔丁醇

$CH_3CH_2CH(CH_3)—OH$ 仲丁醇

三、醇的命名

1. 普通命名法

普通命名法是一种常用的命名方法,即在烃基名称后面加“醇”字。例如:

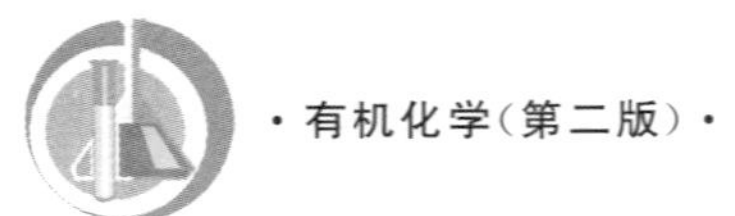

$$\begin{array}{l} CH_3-CH-OH \\ \quad\quad\ | \\ \quad\quad CH_3 \end{array}$$

异丙醇

$$CH_3CH_2CH_2CH_2CH_2OH$$

正戊醇

OH

环己醇

2. 衍生命名法

衍生命名法是以甲醇为母体，将其他醇看做甲醇的衍生物的命名方法。例如：

$$\begin{array}{l} CH_3CH_2-CH-OH \\ \quad\quad\quad\quad\ | \\ \quad\quad\quad\quad CH_3 \end{array}$$

甲基乙基甲醇

$$\begin{array}{ccccccc} & & & & CH_3 & & \\ & & & & | & & \\ CH_3- & CH & - & CH & -C- & CH_3 \\ & | & & | & | & \\ & CH_3 & & OH & CH_3 & \end{array}$$

异丙基叔丁基甲醇

3. 系统命名法

系统命名法的要点如下：

(1) 选择连有羟基的碳原子在内的最长碳链作为主链，支链作为取代基；

(2) 从靠近羟基的一端开始依次将主链的碳原子进行编号；

(3) 根据主链所含碳原子数称为“某醇”，羟基的位次用阿拉伯数字注明，写在“某醇”之前。

(4) 依次将取代基的位次和名称写在“某醇”的最前面。例如：

$$\begin{array}{ccccc} CH_3- & CH & - & CH & -CH_3 \\ & | & & | & \\ & CH_3 & & OH & \end{array}$$

3-甲基-2-丁醇

$$\begin{array}{ccccc} & & & OH & \\ & & & | & \\ CH_3- & CH & - & C & -CH_2CH_3 \\ & | & & | & \\ & CH_3 & & CH_3 & \end{array}$$

2,3-二甲基-3-戊醇

将不饱和醇进行系统命名时，应选择同时含有羟基和重键(双键或三键)碳原子在内的最长碳链为主链，编号时，尽可能使羟基位次最小，根据主链碳原子数目称为“某烯醇”或“某炔醇”。例如：

$$\begin{array}{l} \overset{1}{C}H_3\overset{2}{C}H\overset{3}{C}H_2\overset{4}{C}H=\overset{5}{C}H_2 \\ \quad\quad | \\ \quad\ \ OH \end{array}$$

4-戊烯-2-醇

(不是1-戊烯-4-醇)

$$\begin{array}{l} CH_3C\equiv CCHCH_3 \\ \quad\quad\quad\quad\ | \\ \quad\quad\quad\quad OH \end{array}$$

3-戊炔-2-醇

(不是2-戊炔-4-醇)

多元醇命名时，选择含有尽可能多的羟基的碳链作为主链，羟基的位次用阿拉伯数字标明，羟基数目用汉字数目标明，均写在“醇”字前边。例如：

$$\begin{array}{ccccc} & CH_3 & & CH_3 & \\ & | & & | & \\ CH_3- & C & - & C & -CH_3 \\ & | & & | & \\ & OH & & OH & \end{array}$$

2,3-二甲基-2,3-丁二醇

$$\begin{array}{ccc} CH_2 & CH_2 & CH_2 \\ | & & | \\ OH & & OH \end{array}$$

1,3-丙二醇

$$C_6H_5-\overset{2}{C}H_2\overset{1}{C}H_2OH$$

2-苯基乙醇(β-苯基乙醇)

脂环醇则从连有羟基的环碳原子开始编号。例如：

6-乙基-2-环己烯-1-醇

第二节 醇的物理性质

低级饱和一元醇是无色、透明而又比水轻的液体。甲醇、乙醇、丙醇带有酒味，从丁醇到十一醇，具有难闻的气味，十二个以上碳的醇为无色、无味的蜡状固体。二元醇和多元醇具有甜味，故乙二醇又称甘醇，丙三醇俗称甘油。常见醇的物理常数见表 10-1。

表 10-1 常见醇的物理常数

名称	结构式	熔点/℃	沸点/℃	相对密度 d_4^{20}	溶解度/[g·(100 g (H_2O))$^{-1}$]
甲醇	CH_3OH	−97.8	64.7	0.7914	∞
乙醇	CH_3CH_2OH	−117.3	78.3	0.7893	∞
1-丙醇	$CH_3CH_2CH_2OH$	−126.0	97.4	0.8035	∞
2-丙醇	$(CH_3)_2CHOH$	−88.5	82.4	0.7855	∞
1-丁醇	$CH_3CH_2CH_2CH_2OH$	−89.5	117.2	0.8098	7.9
2-丁醇	$CH_3CH_2CHOHCH_3$	−115	99.5	0.8080	9.5
2-甲基-1-丙醇	$CH_3CH(CH_3)CH_2OH$	−108	108	0.8018	12.5
2-甲基-2-丙醇	$(CH_3)_2CHOH$	25.5	82.3	0.7887	∞
1-戊醇	$CH_3(CH_2)_3CH_2OH$	−79	137.3	0.8144	2.7
1-己醇	$CH_3(CH_2)_4CH_2OH$	−46.7	158	0.8136	0.59
1-庚醇	$CH_3(CH_2)_5CH_2OH$	−34.1	175	0.8219	0.2
1-辛醇	$CH_3(CH_2)_6CH_2OH$	−16.7	194.4	0.8270	0.05
1-十二醇	$CH_3(CH_2)_{10}CH_2OH$	26	259	0.8309	—
烯丙醇	$CH_2{=}CH{-}CH_2OH$	−129	97.1	0.8540	∞
环己醇	⬡—OH	25.1	161.1	0.9624	3.6
苯甲醇	Ph—CH_2OH	−15.3	205.3	1.0419	4
乙二醇	CH_2OHCH_2OH	−11.5	198	1.1088	∞
丙三醇	$CH_2OHCHOHCH_2OH$	20	290(分解)	1.2613	∞

饱和一元醇的沸点随着碳原子数目的增加而上升,碳原子数目相同的醇,支链越多,沸点越低。低相对分子质量的醇,其沸点比相对分子质量相近的烷烃高得多。例如,甲醇(相对分子质量为32)的沸点为64.7 ℃,而相对分子质量和甲醇相近的乙烷(相对分子质量为30)的沸点为-88.6 ℃,这是因为醇分子中的羟基H—O键高度极化,这样,一个醇分子中的羟基上带部分正电荷的氢可与另一醇分子中的羟基上带部分负电荷的氧原子相互吸引形成氢键。由于醇分子间借氢键而相互缔合,使液态醇汽化时,不仅要破坏醇分子间的范德华力,而且还需额外的能量以破坏氢键。醇的烃基对缔合有阻碍作用,烃基越大,阻碍作用越大,所以直链饱和一元醇的沸点随碳原子数的增加和相应的烷烃的越来越接近。另外,烷基的支链越多,空间阻碍越大,沸点越低。

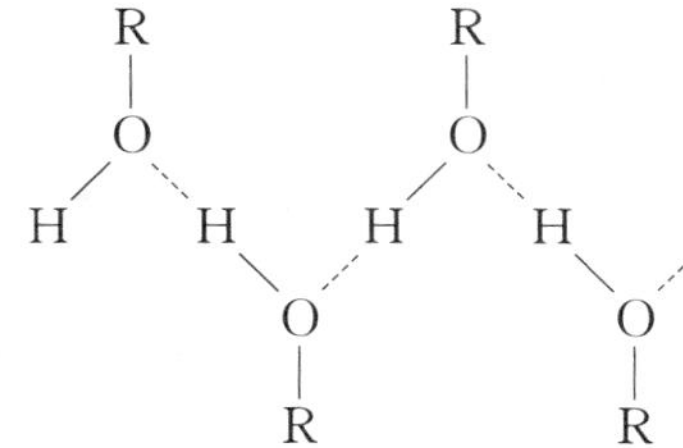

低级醇能与水混溶,随着相对分子质量的增加,溶解度降低。这是由于低级醇分子与水分子之间形成氢键,使得低级醇与水无限混溶,随着醇分子碳链的增长,一方面长的碳链起了屏蔽作用,使醇中的羟基与水形成氢键的能力下降;另一方面羟基所占的比例下降,烷基比例增加,起主导作用,故醇随着相对分子质量的增加,其溶解度下降。

水和无机盐能生成结晶水合物。低级醇与水相似,也能与某些无机盐生成结晶醇合物,如$MgCl_2 \cdot 6CH_3OH$、$MgCl_2 \cdot 6CH_3CH_2OH$、$CaCl_2 \cdot 4CH_3OH$、$CaCl_2 \cdot 4CH_3CH_2OH$等。结晶醇合物溶于水,不溶于有机溶剂,因此在实验室中不能用无水氯化钙等干燥醇类,但是它可用来除去合成产物中少量的醇类杂质,如除去乙醚中杂有的少量乙醇。

第三节 醇的化学性质

最简单的醇为甲醇,测定其结构发现C—O—H的键角为108.9°,由此表明醇分子中的氧原子呈sp^3杂化状态,两个sp^3杂化轨道分别与氢原子、碳原子成键,两对孤对电子分别占据其他两个sp^3杂化轨道。由于醇分子中氧的电负性比氢、碳的都强,因此氧原子上电子云密度较高,与其相连的碳原子和氢原子上的电子云密度较低,使分子呈现较强的极性。

醇的化学性质主要由羟基决定。C—O键与O—H键易受试剂进攻而发生反应。α-碳原子上的氢受羟基的影响,也具有一定的活性。因此,醇可以发生O—H键断裂、C—O键断裂和β-H键断裂等的反应。

$$
\begin{array}{c}
\beta\,| \quad \alpha \quad ② \quad ① \\
—C—C—O—H \\
③ | \quad | \\
H \quad H
\end{array}
$$

① O—H 键断裂，氢原子被取代；

② C—O 键断裂，羟基被取代；

③ α-H 和 β-H 参加反应。

一、醇的酸碱性

1. 醇的酸性

醇类似于水，能与活泼金属钠、钾反应，放出氢气。

$$HOH + Na \longrightarrow NaOH + \frac{1}{2}H_2\uparrow$$

$$ROH + Na \longrightarrow \underset{\text{醇钠}}{RONa} + \frac{1}{2}H_2\uparrow$$

但金属钠在醇中的反应比在水中缓和得多，反应所产生的热量不足以使氢自燃。因此，可以利用乙醇与金属钠的反应来销毁残余的金属钠，使之不致发生燃烧和爆炸。

生成的醇钠的碱性大于氢氧化钠的，所以醇钠容易水解，又生成原来的醇。

$$RONa + H_2O \longrightarrow ROH + NaOH$$

2. 醇的碱性

与水相似，醇分子中氧上的孤对电子使其具有碱性，能从强酸如 HCl、H_2SO_4 中接受一个质子，生成质子化的醇。

$$R\ddot{\underset{\cdot\cdot}{O}}H + H_2SO_4 \rightleftharpoons [R-\underset{\underset{H}{|}}{\ddot{O}}-H]^+ + HSO_4^-$$

因此，不溶于水的醇可溶于这些强酸中（常用的是浓硫酸）。利用此性质可将不溶于水的醇从烷烃、卤代烷中分离出来。

二、羟基被卤原子取代的反应

1. 醇与氢卤酸的反应

醇可与氢卤酸反应，生成相应的卤代烃，这是制备卤代烃的方法之一。

$$ROH + HX \longrightarrow RX + H_2O$$

实验证明，醇和氢卤酸反应的速率与氢卤酸的种类和醇的结构都有关系。不同的卤化氢的反应活性顺序为：HI>HBr>HCl>HF。不同结构醇的反应活性顺序为：苄基醇或烯丙基醇>R_3COH>R_2CHOH>RCH_2OH>CH_3OH。例如：

$$CH_3CH_2CH_2OH \xrightarrow[\triangle]{\text{浓 HI}} CH_3CH_2CH_2I + H_2O$$

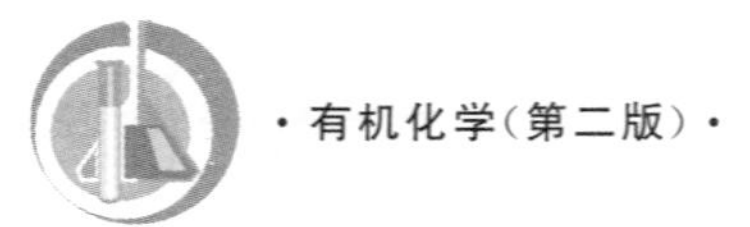

$$CH_3CH_2CH_2CH_2OH \xrightarrow[\text{回流}]{NaBr, H_2SO_4} CH_3CH_2CH_2CH_2Br + H_2O$$

$$C_6H_5{-}CH_2OH \xrightarrow[\triangle]{\text{浓 } HCl} C_6H_5{-}CH_2Cl + H_2O$$

用浓盐酸与无水氯化锌配制成的试剂称为卢卡斯(Lucas)试剂,在室温下,它与不多于六个碳原子的醇作用,根据反应速率不同,可以用来鉴别伯、仲、叔醇。

$$C_6H_5{-}CH_2OH \xrightarrow[\text{室温}]{\text{浓 } HCl\text{,无水 } ZnCl_2} C_6H_5{-}CH_2Cl + H_2O \qquad \text{立即混浊}$$

$$CH_2{=}CHCH_2OH \xrightarrow[\text{室温}]{\text{浓 } HCl\text{,无水 } ZnCl_2} CH_2{=}CHCH_2Cl + H_2O \qquad \text{立即混浊}$$

$$R_3COH \xrightarrow[\text{室温}]{\text{浓 } HCl\text{,无水 } ZnCl_2} R_3CCl + H_2O \qquad \text{立即混浊}$$

$$R_2CHOH \xrightarrow[\text{室温}]{\text{浓 } HCl\text{,无水 } ZnCl_2} R_2CHCl + H_2O \qquad \text{几分钟后混浊}$$

$$RCH_2OH \xrightarrow[\text{室温}]{\text{浓 } HCl\text{,无水 } ZnCl_2} RCH_2Cl + H_2O \qquad \text{不混浊,加热后混浊}$$

低级醇能溶解于卢卡斯试剂中,生成的卤代烷不溶,故一旦反应生成了卤代烷,反应液就会出现混浊或分层。

2. 醇与 PX_3、$SOCl_2$ 的反应

醇与 PX_3、$SOCl_2$ 的反应也是实验室中制备卤代烃的一种方法。

$$3R{-}OH + PX_3 \longrightarrow 3R{-}X + \underset{\text{亚磷酸}}{H_3PO_3} \qquad (X{=}Cl, Br)$$

在实际实验中,三溴化磷或三碘化磷常用红磷与溴或碘作用而生成。

$$2P + 3X_2 \longrightarrow 2PX_3 \qquad (X{=}Br, I)$$

例如:

$$CH_3CH_2OH \xrightarrow[P]{I_2} CH_3CH_2I$$

$$3(CH_3)_2CHCH_2OH + PBr_3 \xrightarrow[4\ h]{-10\sim0\ ^\circ C} 3(CH_3)_2CHCH_2Br + H_3PO_3$$

$$(55\%\sim60\%)$$

氯代烷常用亚硫酰氯在吡啶存在下制备。

$$ROH + SOCl_2 \xrightarrow{\text{吡啶}} RCl + SO_2 + HCl$$

三、醇的脱水反应

醇分子脱水是消除反应,常通过两种方法实现,常用的脱水剂有浓硫酸和氧化铝。

1. 分子内脱水

(1) 醇与强酸(常用的酸是 H_2SO_4 或 H_3PO_4)共热,发生分子内脱水而生成烯烃。例如:

$$\underset{\text{H}}{\overset{\beta}{\text{CH}_2}}-\underset{\text{OH}}{\overset{\alpha}{\text{CH}_2}} \xrightarrow[170\ ℃]{\text{浓 } H_2SO_4} CH_2=CH_2+H_2O$$

$$CH_3CH_2CH_2CH_2OH \xrightarrow[150\ ℃]{75\%H_2SO_4} CH_3CH_2CH=CH_2+H_2O$$

$$2CH_3CH_2\underset{\text{OH}}{CH}CH_3 \xrightarrow[95\ ℃]{60\%H_2SO_4} \underset{\text{主要产物}}{CH_3CH=CHCH_3} + \underset{\text{次要产物}}{CH_3CH_2CH=CH_2} + 2H_2O$$

$$CH_3-\overset{CH_3}{\underset{OH}{C}}-CH_3 \xrightarrow[90\ ℃]{20\%H_2SO_4} CH_3-\underset{CH_3}{C}=CH_2 + H_2O$$

脱水反应的取向与卤代烃消除卤化氢的相似，符合扎依采夫规则，即反应主要趋于生成碳碳双键上烃基较多的、较稳定的烯烃。

$$CH_3CH_2\overset{CH_3}{\underset{OH}{C}}CH_3 \xrightarrow[87\ ℃]{46\%H_2SO_4} \underset{\text{主要产物}}{CH_3CH=\overset{CH_3}{C}CH_3} + \underset{\text{次要产物}}{CH_3CH_2\overset{CH_3}{C}=CH_2}$$

$$CH_3-\overset{CH_3}{\underset{H}{C}}-\overset{CH_3}{\underset{OH}{C}}-CH_3 \xrightarrow[80\ ℃]{85\%H_3PO_4} \underset{(80\%)}{CH_3\overset{CH_3}{C}=\overset{CH_3}{C}CH_3} + \underset{(20\%)}{CH_3-\overset{CH_3}{CH}-\overset{CH_3}{C}=CH_2}$$

醇的反应活性大小顺序是：叔醇＞仲醇＞伯醇。

(2) 醇蒸气在高温下通过催化剂(通常用氧化铝)脱水生成烯烃。气相醇脱水反应的温度要求较高(约 360 ℃)，反应过程中很少有重排现象发生，催化剂经再生可重复使用。例如：

$$CH_3CH_2CH_2CH_2OH \xrightarrow[350\sim400\ ℃]{Al_2O_3} CH_3CH_2CH=CH_2$$

以 $POCl_3$ 为脱水剂，吡啶为溶剂，0 ℃时即可使仲醇和叔醇脱水生成烯烃，脱水在温和的碱性条件下进行。例如：

$$\text{1-甲基环己醇 (CH}_3\text{, OH)} \xrightarrow[\text{吡啶},0\ ℃]{POCl_3} \underset{(96\%)}{\text{1-甲基环己烯 (CH}_3)}$$

2. 分子间脱水

醇与浓硫酸，在较低温度下，也可发生分子间脱水，生成醚。

$$R\boxed{-OH+H}O-R \xrightarrow[\triangle]{H_2SO_4} R-O-R+H_2O$$

在较高温度下，提高酸的浓度有利于分子内脱水，生成烯烃；用过量的醇在较低温度下，有利于分子间脱水，生成醚。例如：

$$CH_3CH_2OH \begin{cases} \xrightarrow[170\ ℃]{\text{浓 } H_2SO_4} CH_2=CH_2 & \text{E 反应} \\ \xrightarrow[140\ ℃]{\text{浓 } H_2SO_4} CH_3CH_2OCH_2CH_3 & S_N \text{ 反应} \end{cases}$$

 四、成酯反应

1. 与硫酸的反应

$$CH_3OH + HOSO_2OH \rightleftharpoons \underset{\text{硫酸氢甲酯}}{CH_3OSO_2OH} + H_2O$$

硫酸是二元酸,它可以与醇反应生成酸性酯或中性酯。但因反应是可逆的,一般条件下很难得到中性酯,通常是将生成的酸性酯分离出来,再进行减压蒸馏得到中性硫酸酯。

$$CH_3OSO_2OH + CH_3OH \xrightleftharpoons{\text{减压蒸馏}} \underset{\text{硫酸二甲酯}}{CH_3OSO_2OCH_3} + H_2O$$

2. 与硝酸、亚硝酸的反应

醇与亚硝酸的反应:

$$\underset{\displaystyle\overset{|}{CH_3}}{CH_3CH}CH_2CH_2OH + HONO \longrightarrow \underset{\displaystyle\overset{|}{CH_3}}{CH_3CH}CH_2CH_2ONO + H_2O$$

亚硝酸异戊酯

醇与硝酸的反应:

$$\begin{matrix} CH_2OH \\ | \\ CHOH \\ | \\ CH_2OH \end{matrix} + 3HONO_2 \xrightarrow[10\ ℃]{\text{浓 } H_2SO_4} \begin{matrix} CH_2ONO_2 \\ | \\ CHONO_2 \\ | \\ CH_2ONO_2 \end{matrix} + 3H_2O$$

三硝酸甘油酯

三硝酸甘油酯和亚硝酸异戊酯在临床上作为治疗血管扩张及心绞痛的药物。

3. 与磷酸的反应

磷酸酯也是一类重要的化合物,常用做萃取剂、增塑剂和杀虫剂。磷酸酯大多是由醇与磷酰氯反应制得:

$$3ROH + POCl_3 \longrightarrow (RO_3)P=O + 3HCl$$

4. 与羧酸的反应

醇与有机酸(或酰氯、酸酐)反应生成羧酸酯:

$$R-\overset{\displaystyle O}{\overset{\|}{C}}-OH + ROH \xrightleftharpoons{H^+} R-\overset{\displaystyle O}{\overset{\|}{C}}-OR + H_2O$$

 五、脱氢和氧化

1. 脱氢

醇分子中与羟基直接相连的 α-碳原子上若有氢原子,由于羟基的影响,O—H 较易脱

氢或氧化生成羰基化合物。伯醇、仲醇的蒸气在高温下通过高活性铜(或银)催化剂发生脱氢反应,分别生成醛或酮,而叔醇由于没有 α-H,很难氧化。例如:

$$RCH_2—OH \xrightleftharpoons{Cu,300\ ℃} R—\overset{\overset{\large O}{\|}}{C}—H + H_2$$

$$\underset{\underset{\large R'}{|}}{RCH}—OH \xrightleftharpoons{Cu,300\ ℃} R—\overset{\overset{\large O}{\|}}{C}—R' + H_2$$

上述反应是可逆的,若将醇与适量的空气或氧通过催化剂进行氧化脱氢,氧与氢结合成水,反应可以进行到底。

2. 氧化

伯醇分子中与羟基直接相连的 α-碳原子上含有氢原子,这种 α-H 由于受相邻羟基的影响,易被氧化,先生成醛,继续氧化,生成羧酸。用 $KMnO_4$ 或 $K_2Cr_2O_7$ 作氧化剂。

$$\underset{醇}{RCH_2OH} \xrightarrow[H_2SO_4]{KMnO_4\ 或\ K_2Cr_2O_7} \left[R—\overset{\overset{\large OH}{|}}{\underset{\underset{\large H}{|}}{C}}—OH \right] \xrightarrow{-H_2O} \underset{醛}{RCHO} \xrightarrow[H_2SO_4]{KMnO_4\ 或\ K_2Cr_2O_7} \underset{羧酸}{R\overset{\overset{\large O}{\|}}{C}—OH}$$

欲得到醛,必须把生成的醛立即从反应混合物中蒸馏出去,以防止进一步氧化为酸,或者使用温和的氧化剂(CrO_3-吡啶配合物),也可使反应停留在醛的阶段。

$$C_6H_5—CH=CHCH_2OH \xrightarrow[CH_2Cl_2,25\ ℃]{CrO_3\text{-吡啶配合物}} \underset{(81\%)}{C_6H_5—CH=CHCHO}$$

仲醇氧化生成含同数目碳原子的酮。酮较难进一步氧化。例如:

$$\text{环己醇(}C_6H_{11}—OH\text{)} \xrightarrow[60\ ℃]{K_2Cr_2O_7,稀\ H_2SO_4} \underset{(85\%)}{\text{环己酮(}C_6H_{10}{=}O\text{)}}$$

叔醇分子中与羟基相连的 α-碳原子上没有氢原子,在上述条件下不易被氧化。

$$R—\overset{\overset{\large R}{|}}{\underset{\underset{\large R}{|}}{C}}—OH \xrightarrow[一般氧化剂]{[O]} 不被氧化$$

在强烈氧化条件下,叔醇能被氧化,但碳链断裂,生成含碳原子数较少的氧化产物。

检查司机是否酒后驾车的呼吸分析仪就是利用了乙醇氧化的原理。

第四节 醇的制法

一、烯烃水合法

1. 直接水合法

简单的醇(如乙醇、异丙醇等)可以在酸催化下,用烯烃直接水合制备。例如:

$$CH_2{=}CH_2 + H_2O \xrightarrow[300\ ℃,7\sim8\ MPa]{\text{磷酸,硅藻土}} CH_3CH_2OH$$

$$CH_3CH{=}CH_2 + H_2O \xrightarrow[195\ ℃,2\ MPa]{\text{磷酸,硅藻土}} CH_3\underset{\displaystyle OH}{\underset{|}{C}}HCH_3$$

2. 间接水合法

烯烃与硫酸反应生成硫酸氢酯,然后水解得到醇。例如:

$$CH_2{=}CH_2 \xrightarrow[60\sim90\ ℃,1.7\sim3.5\ MPa]{H_2SO_4} CH_3CH_2OSO_3H \xrightarrow[\triangle,-H_2SO_4]{H_2O} CH_3CH_2OH$$

二、卤代烃水解

$$R{-}X + H_2O \xrightarrow{OH^-} R{-}OH + HX$$

伯卤代烃和仲卤代烃在碱性条件下进行水解可得到醇。例如,由烯丙基氯或苄氯合成烯丙醇或苄醇。

$$CH_2{=}CH{-}CH_2Cl + H_2O \xrightarrow{Na_2CO_3} CH_2{=}CH{-}CH_2OH + HCl$$

$$C_6H_5{-}CH_2Cl + H_2O \xrightarrow[105\ ℃]{12\%\ Na_2CO_3} C_6H_5{-}CH_2OH + HCl$$

三、醛、酮的还原

醛或酮分子中的羰基可催化加氢还原成相应的醇。醛还原得伯醇,酮还原得仲醇。常用的催化剂为 Ni、Pt 和 Pd 等。

$$R{-}\overset{\displaystyle O}{\overset{\|}{C}}{-}H + H_2 \xrightarrow{Ni} \underset{\text{伯醇}}{RCH_2OH}$$

$$R{-}\overset{\displaystyle O}{\overset{\|}{C}}{-}R + H_2 \xrightarrow{Ni} \underset{\text{仲醇}}{R\overset{\displaystyle OH}{\overset{|}{C}}HR}$$

若使用某些金属氢化物作为还原剂,如氢化锂铝($LiAlH_4$)、硼氢化钠($NaBH_4$)等,它们只还原羰基,不还原碳碳双键,能用来制备不饱和醇。例如:

$$CH_3CH{=}CHCHO + H_2 \xrightarrow{LiAlH_4} CH_3CH{=}CHCH_2OH$$

四、由格氏试剂合成

格氏试剂与醛或酮发生加成反应,再经水解可以得到伯、仲、叔醇。

$$\overset{\delta^+}{C}=\overset{\delta^-}{O}+\overset{\delta^-}{R}-\boxed{MgX} \longrightarrow \underset{R}{\overset{|}{C}}-\underset{MgX}{O} \xrightarrow{H_2O} \underset{R}{C}-OH + Mg(OH)X \xrightarrow{HX} MgX_2 + H_2O$$

格氏试剂与甲醛作用，得到伯醇。

格氏试剂与其他醛作用，得到仲醇。

格氏试剂与酮作用，得到叔醇。

选择适当的格氏试剂和适当的醛、酮，就可以制备各种不同结构的醇，这是合成醇的重要方法之一。

第五节　重要的醇

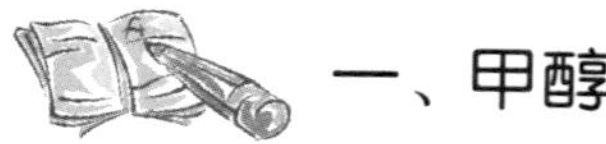

一、甲醇

甲醇最初是由木材干馏得到的，故称为木醇。现在工业上生产甲醇是用一氧化碳和氢气，或以天然气为原料，在高温、高压、催化剂存在下直接合成得到。

$$CO+2H_2 \xrightarrow[300\sim410\ ℃,20\sim30\ MPa]{CuO\text{-}ZnO\text{-}Cr_2O_3} CH_3OH$$

$$CH_4+\frac{1}{2}O_2 \xrightarrow[\text{铜管}]{200\ ℃,10\ MPa} CH_3OH$$

甲醇为无色、易燃液体，能与水混溶。用金属镁处理甲醇，可以除去甲醇中微量的水而得无水甲醇。甲醇有毒，饮用约 10 mL 会使人失明，30 mL 甚至导致死亡。这是因为甲醇在体内被氧化成甲醛，甲醛损坏视网膜，进一步被氧化成甲酸后导致酸中毒。

甲醇的用途很多，主要用来合成甲醛、农药，用做溶剂和甲基化试剂以及制备有机玻璃、涤纶、纤维的原料。它还可以单独或混入汽油里作为汽车或喷气式飞机燃料。

二、乙醇

乙醇是酒的主要成分，俗称酒精。我国古代用粮食酿酒实际上就是用微生物发酵的方法制备乙醇。现在工业上生产乙醇主要以石油裂解产物乙烯为原料，利用间接水合法或直接水合法得到。

间接水合法：

$$CH_2=CH_2+H_2SO_4 \xrightarrow{60\sim90\ ℃,1.7\sim3.5\ MPa} CH_3CH_2OSO_3H \xrightarrow[\triangle,-H_2SO_4]{H_2O} CH_3CH_2OH$$

直接水合法：

$$CH_2=CH_2+H_2O \xrightarrow[300\ ℃,7\sim8\ MPa]{\text{磷酸,硅藻土}} CH_3CH_2OH$$

工业乙醇是含 95.6%乙醇与 4.4%水的恒沸混合物，沸点为 78.15 ℃，不能直接用蒸馏的方法除去所含水分。实验室中通常用生石灰与乙醇共热,吸收水分蒸馏得到99.5%的乙醇。欲使含水量进一步降低,则在无水乙醇中加入镁,除去微量水分后蒸馏,可得到99.95%的乙醇。

纯乙醇为无色液体,沸点为78.3 ℃,易燃。乙醇的用途很广,它是重要的化工原料,可以合成许多有机化合物。70%~75%的乙醇在医药上用做消毒剂、防腐剂,也是常用的溶剂。为防止廉价的工业乙醇被用于制备酒类,常加入少量有毒、有臭味、有颜色的物质(如甲醇、吡啶染料),这种酒精称为变形酒精。在汽油中加入乙醇,即得乙醇汽油。

三、异丙醇

异丙醇是无色、透明的液体,有类似乙醇的气味,沸点为82.5 ℃,溶于水、乙醇和乙醚。工业上由丙烯的水合反应生产。以石油裂解产物丙烯为原料,与硫酸反应后水解,经蒸馏得异丙醇。异丙醇主要用于制备丙酮、二异丙醚、乙酸异丙酯和麝香草酚等,其次用做溶剂,代替乙醇用做洗涤剂和用于消毒。

四、苯甲醇

苯甲醇又称苄醇,是有芳香气味的无色液体,沸点为205.3 ℃,微溶于水,能与乙醇、乙醚、苯等混溶,存在于植物的香精油中。工业上由苄基氯与碳酸钠、碳酸钾的水溶液经水解反应制备。苯甲醇用于制备花香油和药物等,也用做香料的溶剂和定香剂。苯甲醇有微弱的麻醉作用,在青霉素钾盐注射液中加入适量的苯甲醇,可以减轻注射时的疼痛感。

五、乙二醇

乙二醇是有甜味的、无色、黏稠液体,又称甘醇。其沸点为197.8 ℃,很易吸湿,能与水、乙醇和丙酮混溶,不溶于乙醚、苯和卤代烃。

一般以乙烯为原料,用乙烯次氯酸法和乙烯氧化法制备乙二醇。

乙烯次氯酸法:

$$CH_2{=}CH_2 \xrightarrow[70\sim80\ ℃]{Cl_2+H_2O} \underset{\substack{|\\Cl}}{CH_2}-\underset{\substack{|\\OH}}{CH_2} \xrightarrow[105\sim110\ ℃,0.1\ MPa]{H_2O,Na_2CO_3} \underset{\substack{|\\OH}}{CH_2}\underset{\substack{|\\OH}}{CH_2}$$

乙烯氧化法:

$$CH_2{=}CH_2 \xrightarrow[250\ ℃,0.1\ MPa]{O_2,Ag} \underbrace{CH_2-CH_2}_{O} \xrightarrow[190\ ℃,0.22\ MPa]{H_2O} \underset{\substack{|\\OH}}{CH_2}\underset{\substack{|\\OH}}{CH_2}$$

乙二醇可作为高沸点溶剂,用于合成树脂、增塑剂、合成纤维、化妆品和炸药等。60%乙二醇水溶液的凝固点为-49 ℃,是较好的防冻剂。

六、丙三醇

丙三醇是无色、无臭、具有甜味的黏稠液体，又称甘油，沸点为 290 ℃，能与水以任何比例混溶，有很大的吸湿性，不溶于乙醚、氯仿等有机溶剂。用油脂经水解反应制肥皂的副产物是甘油。工业上常以丙烯为原料用氯丙烯法和丙烯氧化法直接合成甘油。

第六节 酚的分类、命名和结构

一、酚的分类

羟基直接与芳环相连的化合物称为酚，其通式为 ArOH。根据酚羟基的数目，可以将酚分为一元酚、二元酚和多元酚。例如：

一元酚

OH, CH₃, OCH₃, SO₃H

苯酚　4-甲基苯酚　邻甲氧基苯酚（愈创木粉）　1-萘酚（α-萘酚）　5-羟基-1-萘磺酸

二元酚

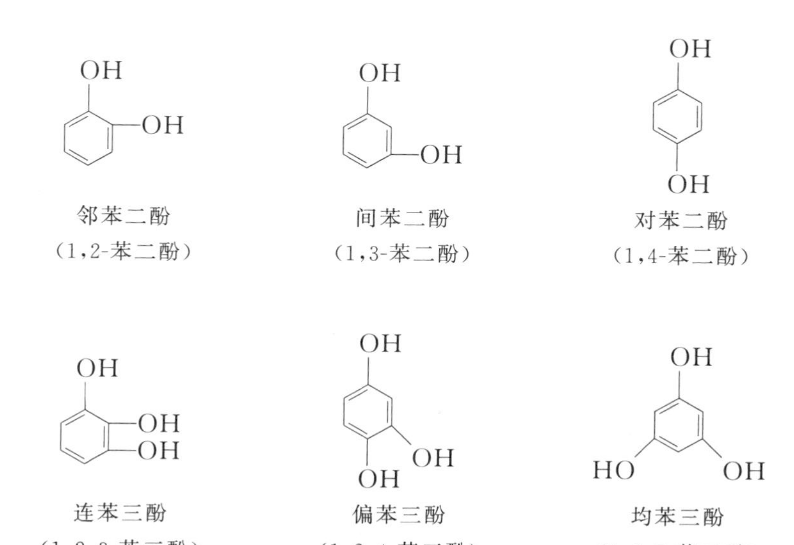

邻苯二酚（1,2-苯二酚）　间苯二酚（1,3-苯二酚）　对苯二酚（1,4-苯二酚）

多元酚

连苯三酚（1,2,3-苯三酚）　偏苯三酚（1,2,4-苯三酚）　均苯三酚（1,3,5-苯三酚）

二、酚的命名

一般是以苯酚为母体,苯环上连接的其他基团作为取代基来命名。但当芳香环上连有—COOH、—SO_3H、>C═O 时,则把羟基作为取代基来命名。羟基连在稠环上的化合物,其命名与苯酚类的相似。例如:

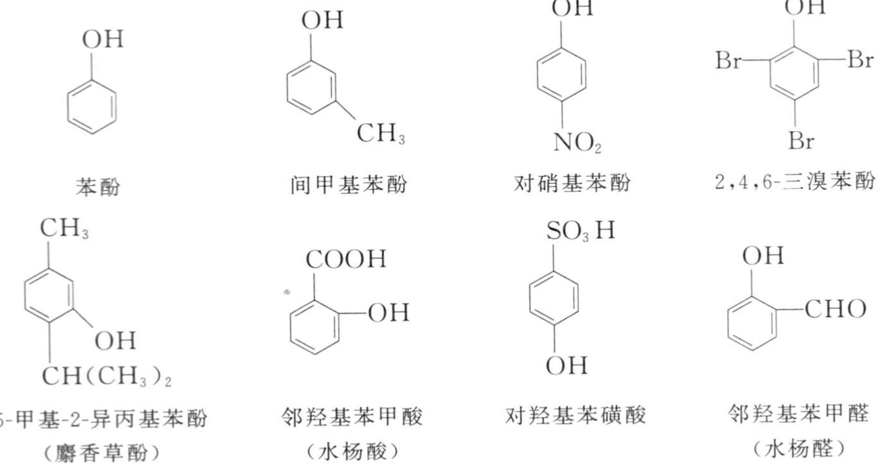

三、酚的结构

酚和醇分子中都含有羟基,它们在结构上的区别是:酚羟基与芳环上 sp^2 杂化的碳原子相连,而醇羟基与 sp^3 杂化的碳原子相连。酚很稳定,这是由于酚羟基氧原子上未共用电子对和苯环 π 电子云形成 p-π 共轭,如图 10-1 所示。

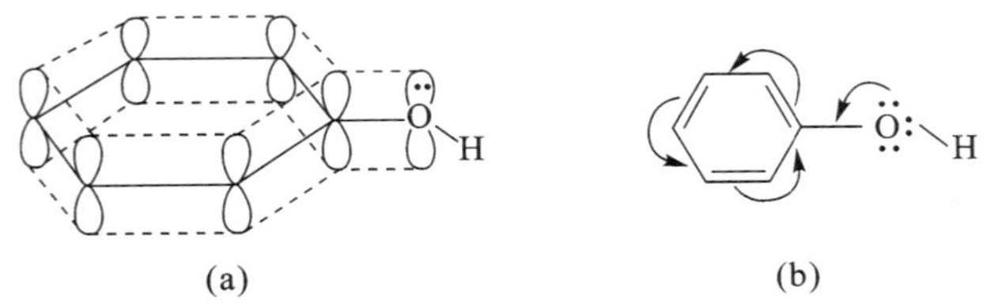

图 10-1 酚分子中 p-π 共轭示意图

第七节 酚的物理性质

大多数酚在常温下是结晶固体,只有少数烷基酚是高沸点的液体。由于酚分子中含有羟基,能在分子间形成氢键,因此其熔点、沸点比相对分子质量相近的芳烃、卤代芳烃的高。酚与水也能形成分子间氢键，故苯酚及其同系物在水中有一定溶解度。纯净的酚一般是无色的，长期放置的酚由于被空气中的氧气氧化而略带红色。低级酚有特殊的刺激性气味，尤其对眼睛、呼吸道黏膜、皮肤有刺激和腐蚀作用。酚能溶于乙醇、乙醚、苯等有机溶剂中。常见酚的物理常数见表 10-2。

表 10-2 常见酚的物理常数

名　称	熔点/℃	沸点/℃	溶解度 /[g·(100 g (H_2O))$^{-1}$]	pK_a(20 ℃)
苯酚	40.8	181.8	8	10
邻甲苯酚	30.5	191	2.5	10.29
间甲苯酚	11.9	202.2	2.6	10.09
对甲苯酚	34.5	201.8	2.3	10.26
邻硝基苯酚	44.5	214.5	0.2	7.22
间硝基苯酚	96	194(9.332 kPa)	1.4	8.39
对硝基苯酚	114	295	1.7	7.15
邻苯二酚	105	245	45	9.85
间苯二酚	110	281	123	9.81
对苯二酚	170	285.2	8	10.35
1,2,3-苯三酚	133	309	62	—
α-萘酚	96	279	难溶	9.34
β-萘酚	123	286	0.1	9.01

第八节 酚的化学性质

酚羟基由于受到苯环的影响，在性质上与醇羟基有明显的差别。而苯环由于受到羟基的活化，比相应的芳烃更容易发生亲电取代反应。

一、酚羟基的反应

1. 酸性

酚具有酸性，其酸性(如苯酚的 pK_a≈10，水溶液能使石蕊试液变红)比醇(pK_a≈18)、水的(pK_a=15.7)强，但比碳酸(pK_a=6.38)的弱，因此酚能溶于氢氧化钠水溶液而生成酚钠，但不能与碳酸氢钠反应。相反，将二氧化碳通入酚钠水溶液，酚即游离出来。

$$C_6H_5-OH + NaOH \xrightarrow{H_2O} C_6H_5-O^- Na^+ + H_2O$$

$$C_6H_5-O^- Na^+ + CO_2 + H_2O \longrightarrow C_6H_5-OH + NaHCO_3$$

苯酚的酸性为什么比醇的强？由于酚羟基氧原子上孤对电子与苯环 π 电子共轭，电子离域，使氧原子上的电子云密度降低，有利于氢以质子形式解离，解离后生成苯氧负离子，其负电荷能更好地离域而分散到整个共轭体系中，从而使苯氧负离子比苯酚更稳定。与酚相比，无论是醇羟基氧上孤对电子还是氢解离后的烷氧负离子的负电荷都不能与烷基发生共轭作用，故醇的酸性比酚的弱得多。

$$C_6H_5\ddot{O}H + H_2O \rightleftharpoons C_6H_5O^{\delta^-} + H_3O^+$$

电子离域　　　　电荷离域

当苯酚环上连有给电子基时，因不利于负电荷分散，取代苯氧负离子的稳定性降低，酸性减弱。当苯酚环上连有吸电子基时，因有利于负电荷离域，取代苯氧负离子的稳定性更高，酸性增强。相同的取代基在芳环上与羟基所处的位置不同，对酚的酸性也有不同的影响。例如，邻硝基苯酚或对硝基苯酚，硝基的负诱导效应和负共轭效应，使苯负氧离子上的负电荷离域到硝基上，从而使硝基苯氧负离子更加稳定，所以邻硝基苯酚或对硝基苯酚的酸性比苯酚的强。苯酚的邻位、对位上硝基愈多，酸性愈强。间硝基苯酚不能通过共轭效应使负电荷离域到硝基的氧上，只有拉电子的诱导效应，因此间硝基苯酚的酸性虽比苯酚的强，但比邻位、对位硝基苯酚的弱。

$$p\text{-}O_2NC_6H_4\ddot{O}H + H_2O \rightleftharpoons p\text{-}O_2NC_6H_4O^{\delta^-} + H_3O^+$$

	苯酚	邻硝基苯酚	间硝基苯酚	对硝基苯酚	2,4-二硝基苯酚	2,4,6-三硝基苯酚
pK_a	9.89	7.23	8.40	7.15	4.09	0.25

2. 酚醚的生成

与醇相似，酚也可以生成醚。但酚醚不能通过酚分子之间脱水制得，可在碱性溶液中与烃基化试剂反应生成醚。例如：

$$C_6H_5OH \xrightarrow{NaOH} C_6H_5ONa \xrightarrow{CH_3CH_2CH_2Br} C_6H_5OCH_2CH_2CH_3 + NaBr$$

$$C_6H_5OH \xrightarrow{NaOH} C_6H_5ONa \xrightarrow{(CH_3)_2SO_4} C_6H_5OCH_3 + CH_3OSO_3Na$$

目前可用无毒的碳酸二甲酯($(CH_3O)_2C{=}O$)代替硫酸二甲酯制备苯甲醚。二苯醚可用酚钠与芳卤制得，因芳环上卤原子不活泼，故需催化加热。

$$C_6H_5ONa + C_6H_5Br \xrightarrow[210\ ℃]{Cu} C_6H_5\text{-}O\text{-}C_6H_5 + NaBr$$

二苯醚

酚醚的化学性质较稳定，但与氢碘酸作用可分解为原来的酚。

$$C_6H_5-OCH_3 + HI \xrightarrow{\triangle} C_6H_5-OH + CH_3I$$

在有机合成上，常用酚醚来“保护酚羟基”，以免羟基在反应中被破坏，待反应终了后，再将醚分解为相应的酚。

3. 酚酯的生成

由于酚羟基与芳环共轭，降低了氧原子上的电子云密度，因此酚的亲核性比醇的弱，酚的成酯反应比醇的困难。酚很难与羧酸直接发生酯化作用，而在酸（H_2SO_4、H_3PO_4）或碱（吡啶、K_2CO_3）的催化下，可与酰氯或酸酐反应生成酯。

$$C_6H_5OH + C_6H_5COCl \xrightarrow{K_2CO_3} C_6H_5COO-C_6H_5 + HCl$$

苯甲酰氯　　苯甲酸苯酯

$$o\text{-}HOC_6H_4COOH + (CH_3CO)_2O \xrightarrow[85\ ℃]{H_3PO_4} o\text{-}(CH_3COO)C_6H_4COOH + CH_3COOH$$

乙酰水杨酸（阿司匹林）

此外，酚羟基不能与氢卤酸发生取代反应，PX_3 虽然能与酚作用，但要比醇困难得多。

4. 与三氯化铁的显色反应

许多酚与三氯化铁水溶液作用产生颜色，因此可利用该反应鉴别酚（烯醇式化合物也能产生颜色反应）。酚能与三氯化铁水溶液反应，生成配合物。

$$6C_6H_5OH + FeCl_3 \longrightarrow [Fe(OC_6H_5)_6]^{3-} + 3Cl^- + 6H^+$$

不同的配合物呈现不同的颜色。例如：

苯酚	邻甲苯酚	邻苯二酚	间苯二酚	对苯二酚	1,2,4-苯三酚	1,2,3,5-苯四酚
蓝紫色	蓝色	绿色	深紫色	暗绿色	蓝绿色	浅棕红色

二、苯环上的亲电取代反应

羟基是强的邻对位定位基，它使苯环电子云密度增加，特别是邻、对位增加得更多，所以苯酚很容易发生亲电取代反应。

1. 卤代

苯酚卤代非常容易，它与溴水反应，立即出现白色沉淀。

OH $+3Br_2 \xrightarrow{H_2O}$ Br—(OH)—Br，Br ↓ $+3HBr$

白色

2,4,6-三溴苯酚的溶解度很小，反应灵敏度很高，常用于苯酚的定性检验。如果在低温、非极性试剂中进行溴代，可使反应停留在一取代物阶段。

OH —Br + OH, Br $\xleftarrow[0\ ℃]{Br_2,CCl_4}$ OH $\xrightarrow[30\ ℃,H_2O]{Br_2,HBr}$ OH —Br, Br

(33%)　(67%)　(87%)

OH $\xrightarrow[CH_3COOH,H_2O]{Br_2,25\ ℃}$ OH, Br

(100%)

2. 磺化

苯酚很容易磺化。温度不但影响苯酚磺化反应的速率，同时也影响磺酸基引入的位置。在室温下，浓硫酸与苯酚反应主要得到邻羟基苯磺酸。在 100 ℃时，得到的是对羟基苯磺酸。邻羟基苯磺酸和硫酸在 100 ℃共热，也转位生成对羟基苯磺酸。如果进一步磺化可得 4-羟基-1,3-苯二磺酸。

OH $+H_2SO_4$(浓) —室温→ OH —SO_3H；—100 ℃→ OH, SO_3H

（邻位产物 $\xrightarrow[100\ ℃]{H_2SO_4}$ 对位产物）

$\xrightarrow{发烟\ H_2SO_4}$ OH —SO_3H, SO_3H

4-羟基-1,3-苯二磺酸

引进两个磺酸基使苯环钝化，硝化时就不易被氧化。另外磺化反应是可逆的，硝化时两个磺酸基可以下来，被硝基取代(硝化不可逆)，这是一种间接制备苦味酸的方法。

3. 硝化

在室温下，用稀硝酸就可使苯酚硝化，生成邻硝基苯酚和对硝基苯酚的混合物。

$$C_6H_5OH \xrightarrow[25\ ^\circ C]{25\%\ HNO_3} o\text{-}O_2NC_6H_4OH\ (30\%\sim40\%) + p\text{-}O_2NC_6H_4OH\ (15\%)$$

当用较浓的硝酸进行硝化时，酚更易发生氧化，所以多硝基酚不能用酚的直接硝化法制备。如2,4-二硝基苯酚通常是由2,4-二硝基氯苯水解制得的。2,4,6-三硝基苯酚（苦味酸）可通过先磺化后硝化的方法制备。

$$C_6H_5OH \xrightarrow[100\ ^\circ C]{H_2SO_4} 2,4\text{-}(HO_3S)_2C_6H_3OH \xrightarrow[\triangle]{HNO_3} 2,4,6\text{-}(O_2N)_3C_6H_2OH\ (90\%)$$

4. 傅-克反应

1）傅-克烷基化反应

酚的烷基化反应常常是以烯烃或醇为烷基化试剂，以浓硫酸、磷酸或酸性离子交换树脂作为催化剂，得到多烷基取代产物。例如：

$$p\text{-}CH_3C_6H_4OH + (CH_3)_2C{=}CH_2 \xrightarrow{浓\ H_2SO_4} 2,6\text{-}[(CH_3)_3C]_2\text{-}4\text{-}CH_3C_6H_2OH$$

4-甲基-2,6-二叔丁基苯酚

（俗称二六四抗氧剂，简称BHT）

2）傅-克酰基化反应

由于酚羟基易与无水氯化铝作用生成不溶于有机溶剂的酚氯化铝盐（$PhOAlCl_2$），使芳环亲电取代活性降低，因此在芳环上进行亲电取代反应活性比酚低，酚的酰基化反应进行得较慢。但如用乙酸和三氟化硼处理苯酚，可获得高产率的对羟基苯乙酮。

$$C_6H_5OH + CH_3COOH \xrightarrow{BF_3} p\text{-}CH_3COC_6H_4OH\ (95\%) + H_2O$$

5. 与羰基化合物的缩合反应

在酸或碱的作用下，苯酚与甲醛反应，首先在苯酚的邻、对位上引入羟甲基，这些产物具有与苄醇类似的性质，可与酚进行反应。

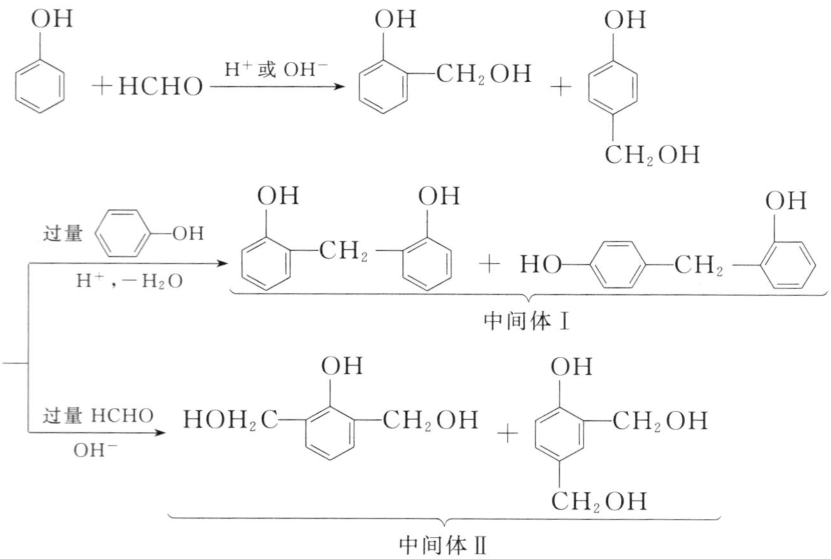

中间体Ⅰ

中间体Ⅱ

使用过量苯酚，在酸性介质中，中间体Ⅰ相互缩合并继续与甲醛、苯酚反应得到线型产物，称为酚醛树脂。它受热熔化，又称为热塑性树脂，主要用做模塑粉。成型时，需要加入固化剂如环六亚甲基四胺，以便模塑加热时，固化剂产生的甲醛使树脂固化，其产物为体型酚醛树脂，又称热固性酚醛树脂。当用过量甲醛，在碱性介质中，中间体Ⅱ相互缩合并继续与甲醛、苯酚反应，可得线型直至体型酚醛树脂。

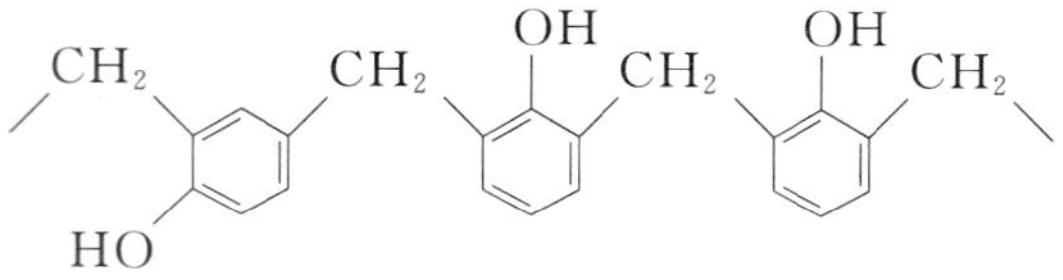

线型酚醛树脂（热塑性树脂）

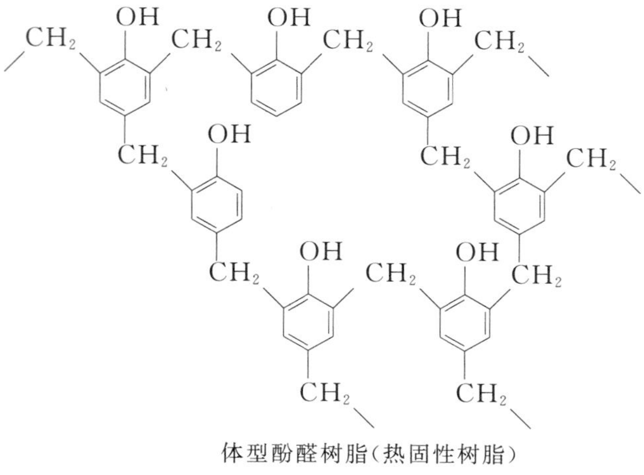

体型酚醛树脂（热固性树脂）

酚醛树脂用途广泛，可用做黏合剂、涂料及塑料等。体型酚醛塑料俗称电木，广泛用于制造电绝缘器材及日用品。

三、氧化和加氢

1. 氧化

酚易被氧化。苯酚置于空气中，随着氧化作用的进行，颜色由无色逐渐变为粉红色、红色甚至暗红色，其氧化产物很复杂，无实用价值。在氧化剂作用下，某些酚被氧化为醌或取代醌。例如：

$$\text{苯酚} \xrightarrow[0\ ^\circ\text{C}]{CrO_3 + CH_3COOH} \text{对苯醌}$$

对苯醌

二元酚比苯酚更易被氧化。邻或对苯二酚可被氧化为相应的醌。醌一般具有颜色。

$$\text{对苯二酚} \xrightarrow[H_2SO_4]{K_2Cr_2O_7} \text{对苯醌}$$

对苯醌（黄色）

$$\text{邻苯二酚} \xrightarrow[H_2SO_4,\text{乙醚}]{Ag_2O} \text{邻苯醌}$$

邻苯醌（红色）

2. 加氢

酚通过催化加氢，芳环被还原。例如：

$$\text{苯酚} + 3H_2 \xrightarrow[140\sim160\ ^\circ\text{C}]{\text{Raney-Ni}} \text{环己醇}$$

这是工业上生产环己醇的一种方法。环己醇是制备聚酰胺类合成纤维的原料。

第九节　重要的酚

一、苯酚

苯酚最早从煤焦油中得到，俗名石炭酸。纯净的苯酚为无色、透明、针状晶体，有特殊气味，熔点为 43 ℃，沸点为 182 ℃，25 ℃时 100 g 水中可溶解 6.7 g，65 ℃以上能与水混

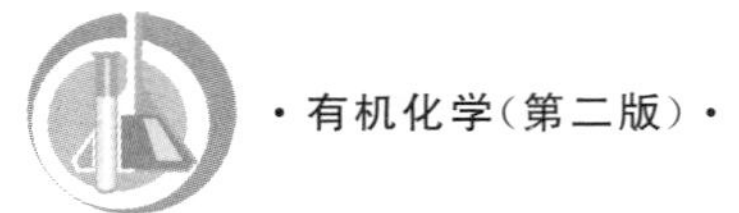

溶,还易溶于乙醇、乙醚、苯等有机溶剂,在光照下易被空气氧化,故要避光保存。苯酚有毒,能灼烧皮肤。它有杀菌作用,可用做防腐剂和消毒剂,大量用来生产酚醛树脂、环氧树脂、合成纤维、药物和染料等。目前苯酚主要靠合成方法制取。

1. 异丙苯氧化法

工业上大量生产苯酚的方法是异丙苯氧化法。

$$C_6H_6 + CH_2{=}CHCH_3 \xrightarrow[90\sim95\ ℃]{\text{无水 } AlCl_3} C_6H_5{-}CH(CH_3)_2 \xrightarrow[110\sim120\ ℃]{O_2,0.5\ MPa}$$

$$C_6H_5{-}C(CH_3)_2{-}O{-}OH \xrightarrow[60\sim80\ ℃]{H_2SO_4} C_6H_5{-}OH + CH_3{-}\underset{\underset{O}{\|}}{C}{-}CH_3$$

异丙苯氧化法是合成苯酚的新方法,所用的原料是苯和丙烯,可由石油重整和裂解得到,而产物除苯酚外,还有一种重要的工业原料丙酮(生产 1 吨苯酚可同时得到约 0.6 吨丙酮),因此经济效益较好,但设备技术要求较高。

2. 磺酸钠碱熔法

这是最早合成苯酚的方法。

$$C_6H_5{-}SO_3Na \xrightarrow[320\sim350\ ℃]{NaOH\ \text{碱熔}} C_6H_5{-}ONa \xrightarrow{SO_2,H_2O} C_6H_5{-}OH$$

3. 氯苯水解法

氯苯中的氯原子不活泼,一般条件下不水解,在高温、高压和催化下,用 6%～8% NaOH 溶液水解,生成苯酚钠,酸化后即得苯酚。

$$C_6H_5{-}Cl \xrightarrow[300\sim340\ ℃,20\sim30\ MPa]{6\%\sim8\%\ NaOH,Cu\ \text{催化}} C_6H_5{-}ONa \xrightarrow[(\text{酸化})]{HCl} C_6H_5{-}OH$$

二、甲苯酚

甲苯酚又称甲酚,来源于煤焦油,有邻、间、对三种异构体,它们的沸点相差不多,不易分离,所以在实际应用时常用其混合物,这种混合物称为煤酚。煤酚在水中难溶,能溶于肥皂溶液中。47%～53%的煤酚的肥皂溶液俗称"来苏儿",其杀菌作用比苯酚的强,使用时需加水稀释。

三、苯二酚

苯二酚是二元酚,有邻、间、对三种异构体。沸点分别为邻苯二酚 105 ℃,间苯二酚 110 ℃,对苯二酚 170 ℃,它们都是无色晶体。

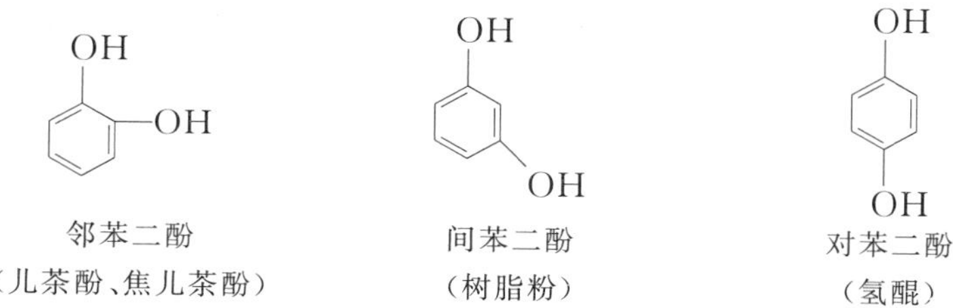

邻苯二酚（儿茶酚、焦儿茶酚）　间苯二酚（树脂粉）　对苯二酚（氢醌）

间苯二酚用于合成染料、树脂黏合剂等。邻苯二酚和对苯二酚由于易被弱氧化剂氧化为醌，所以主要用做还原剂，如用做黑白胶片的显影剂、阻聚剂等。

四、苯三酚

常见的苯三酚有两种异构体：1,2,3-苯三酚和 1,3,5-苯三酚。

1,2,3-苯三酚（焦性没食子酸）　1,3,5-苯三酚（根皮酚）

焦性没食子酸是白色晶体，在空气和光中被氧化呈棕色，有毒，熔点为 133 ℃，沸点为 309 ℃（分解），易溶于水，溶于乙醇、乙醚，用于合成染料、药物。因其极易吸收氧气，故常用于混合物中氧气的含量分析。

根皮酚是白色或淡黄色晶体，遇光颜色变深，有甜味，熔点为 215～219 ℃，从水中结晶时带有两分子结晶水，微溶于水，溶于乙醇、乙醚、吡啶和碱溶液，用于合成染料、药物、树脂，还可用做晒图纸的显色剂。

五、苦味酸

苦味酸即 2,4,6-三硝基苯酚，$pK_a=0.25$，酸性很强，与无机酸相当。苦味酸是黄色固体，味苦，有毒，熔点为 123 ℃，300 ℃以上发生爆炸，是烈性炸药。苦味酸能用做蛋白质、生物碱的沉淀剂。苦味酸本身是一种酸性染料，也用于合成其他染料。苦味酸的水溶液或含苦味酸的油膏在医学上用做收敛剂，用于治疗皮肤烫伤。

六、萘酚

萘酚有两种异构体，即

α-萘酚　β-萘酚

α-萘酚和β-萘酚少量存在于煤焦油中，它们可由相应的萘磺酸钠通过碱熔制得。例如：

$$\text{C}_{10}\text{H}_7\text{—SO}_3\text{Na} \xrightarrow[300\ ^\circ\text{C}]{\text{NaOH(固体)}} \text{C}_{10}\text{H}_7\text{—ONa} \xrightarrow{\text{H}_2\text{SO}_4} \text{C}_{10}\text{H}_7\text{—OH}$$

α-萘酚为黄色晶体，熔点为 96 ℃；β-萘酚是无色晶体，熔点为 123 ℃。两者都能与三氯化铁产生颜色反应，α-萘酚生成紫色沉淀，β-萘酚生成绿色沉淀，因显色不同，可用于鉴别。α-萘酚和β-萘酚是有机合成的中间体和合成染料的重要原料。

第十节　醚的分类和命名

分子中的两个烃基通过氧原子结合起来的化合物称为醚，其通式为：

$$R—O—R' \qquad R—O—Ar \qquad Ar—O—Ar'$$

其中，C—O—C 键称为醚键。

一、醚的分类

(1) 根据烃基结构的不同，醚可分为脂肪醚和芳香醚。例如：

$CH_3—O—CH_2CH_3$（脂肪醚）　　$C_6H_5—O—CH_3$（芳香醚）

(2) 脂肪醚根据烃基是否含有不饱和键，可分为饱和醚和不饱和醚。例如：

$CH_3—O—CH_2CH_3$（饱和醚）　　$CH_3—O—CH_2—CH=CH_2$（不饱和醚）

(3) 根据两个烃基是否相同，醚可分为单醚（两个烃基相同的醚）和混醚（两个烃基不同的醚）。例如：

$CH_3—O—CH_3$（单醚）　　$CH_3—O—CH_2CH_3$（混醚）

另外，某一个烃基的两端通过氧原子连接起来的醚，称为环醚。例如：

$$\begin{array}{c}CH_2—CH_2\\ \diagdown\ \diagup\\ O\end{array}$$

二、醚的命名

简单的醚一般用普通命名法，即在“醚”字前冠以两个烃基的名称。饱和单醚的命名是在烃基名称前加“二”字（一般可省略，但芳醚和某些不饱和醚除外）。混醚的命名是将次序规则中较优的烃基放在后面，芳醚的命名则是芳基放在前面。例如：

$CH_3CH_2—O—CH_2CH_3$　(二)乙醚

$C_6H_5—O—C_6H_5$　二苯醚

$CH_3—O—CH_2CH=CH_2$　甲基烯丙基醚

$C_6H_5—O—CH_3$　苯甲醚(茴香醚)

结构比较复杂的醚，可用系统命名法命名。命名时，将 RO—(烃氧基)作为取代基。烃氧基的命名，只要将相应的烃基名称后加“氧”字即可。芳醚可以芳环为母体，也可以大的烃基为母体。多官能团的醚则由优先官能团决定母体的名称。例如：

$HOCH_2CH_2CH_2CH_2OCH(CH_3)CH_3$

4-异丙氧基-1-丁醇

$C_6H_5OCH_2CH_3$

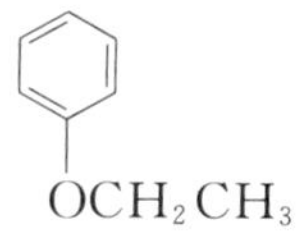

乙氧基苯

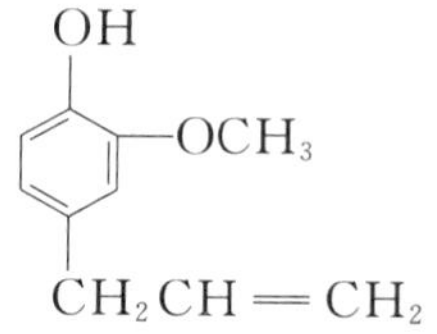

4-烯丙基-2-甲氧基苯酚
(丁子香酚)

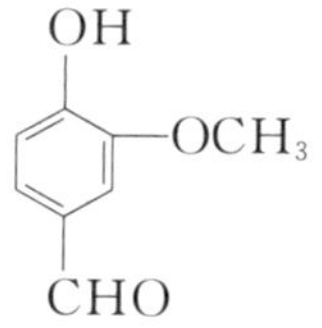

4-羟基-3-甲氧基苯甲醛
(香草醛)

环醚一般称为环氧某烃或按杂环化合物命名。例如：

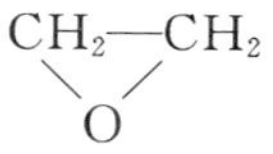

环氧乙烷

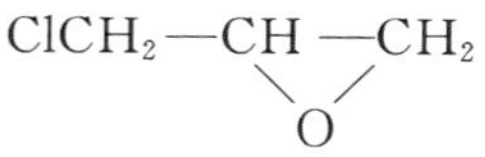

3-氯-1,2-环氧丙烷
(环氧氯丙烷)

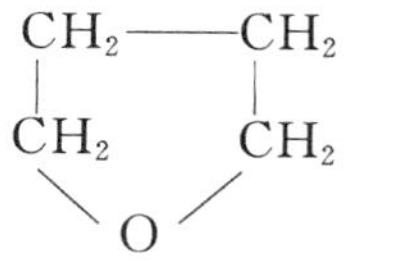

1,4-环氧丁烷
(四氢呋喃)

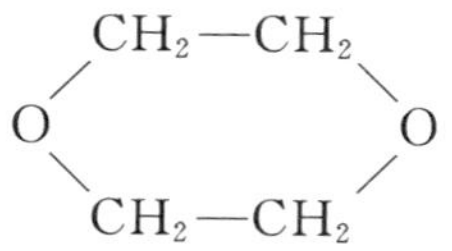

1,4-二氧六环
(二噁烷)

第十一节 醚的物理性质

常温常压下，除甲醚、甲乙醚是气体外，多数醚为易挥发、易燃的液体。醚有特殊气味，相对密度小于 1，比水轻。由于醚的氧原子上没有氢，分子之间不能形成氢键而缔合，所以醚的沸点比相对分子质量相近的醇的要低得多。例如，乙醚的沸点为 34.5 ℃，而丁醇的沸点高达 117.7 ℃。但是醚分子中氧原子可以和水分子中的氢原子形成氢键，所以醚在水中的溶解度比烃大。随着分子中醚键的增多，醚在水中的溶解度逐渐增大。高级醚一般难溶于水。

醚易溶于有机溶剂，而且醚本身能溶解很多有机物，因此醚是优良的有机溶剂。低级醚具有高度挥发性，易着火，尤其是乙醚，其蒸气与空气能形成爆炸混合物，爆炸极限为 1.85%～36.5%(体积分数)，因此使用时要特别注意安全。

第十二节 醚的化学性质

醚是一类不活泼的化合物，除了某些环醚以外，醚对大多数试剂如碱、稀酸、氧化剂、还原剂都十分稳定。醚常作为许多反应的溶剂。醚在常温下不与金属钠反应，因而可用金属钠干燥醚。醚的稳定性仅次于烷烃的。

一、镁盐和配合物的生成

醚的氧原子上有孤对电子,能与强酸(如浓硫酸或浓氢卤酸)的质子结合生成镁盐而溶于浓的强酸中。

$$R-\ddot{\underset{\cdot\cdot}{O}}-R' + H_2SO_4 \rightleftharpoons \left[R-\underset{H}{\ddot{\underset{\cdot\cdot}{O}}}-R'\right]^+ HSO_4^-$$

镁盐是弱碱强酸盐,不稳定,遇水很快分解为原来的醚。这一性质常用于将醚从烷烃或卤代烃等混合物中分离出来。

醚的氧原子上带有孤对电子,是路易斯碱,所以醚可以与缺电子的路易斯酸如 BF_3、$AlCl_3$ 或格氏试剂(RMgX)生成配合物。

$$(CH_3CH_2)_2\ddot{\underset{\cdot\cdot}{O}}: + BF_3 \longrightarrow (CH_3CH_2)_2\ddot{O}\rightarrow BF_3$$

$$2(CH_3CH_2)_2\ddot{O}: + R-Mg-X \longrightarrow \begin{matrix} (CH_3CH_2)_2\ddot{O} \\ \downarrow \\ R-Mg-X \\ \uparrow \\ \underset{\cdot\cdot}{O}(CH_2CH_3)_2 \end{matrix}$$

格氏试剂较易在醚如乙醚、四氢呋喃中生成,这和醚与格氏试剂生成稳定的配合物有关,所以一些难制备的格氏试剂(如 PhMgCl、CH_2=CHMgCl)常用四氢呋喃作为溶剂。

二、醚键的断裂

当醚与浓氢卤酸共热时,发生碳氧键断裂,生成卤代烷和醇,在过量酸的存在下,产生的醇可继续转化为卤代烷。反应如下:

$$R-O-R' + HX \xrightarrow{\triangle} R-\overset{+}{\underset{H}{O}}-R' + X^- \longrightarrow R-X + R'-OH \xrightarrow{HX} R'-H + H_2O$$

$$Ar-O-R + HX \xrightarrow{\triangle} Ar-OH + R-X \quad \text{苯酚不再反应生成卤苯}$$

$$Ar-O-Ar + HX \xrightarrow{\triangle} \text{不反应}$$

反应活性的顺序为:HI>HBr>HCl。通常使用 HI 或 HBr 来断裂醚键。

当两个烷基不相同时,往往是含碳原子较少的烷基断裂下来与碘结合,而且反应可定量完成。

$$CH_3-O-R + HI \xrightarrow{\triangle} CH_3I + R-OH$$

$$C_6H_5-O-CH_3 + HI \xrightarrow{120\sim130\ ℃} C_6H_5-OH + CH_3I$$

三、过氧化物的生成

醚对氧化剂较稳定,但长期置于空气中可被空气氧化为过氧化物。氧化通常发生在醚分子中与氧原子相连的 C—H 键上。例如:

$$CH_3CH_2—O—CH_2CH_3+O_2 \longrightarrow CH_3\overset{\alpha}{C}H(O—O—H)—O—CH_2CH_3$$

过氧化物不稳定,受热易爆炸,沸点又比醚的高,因此蒸馏醚时切勿蒸干,尤其是异丙醚特别容易形成过氧化物,乙醚和四氢呋喃储存时间过长时,蒸干也是危险的。

检测过氧化物存在的简单方法如下:将少量醚、2%碘化钾溶液、几滴稀硫酸和 2 滴淀粉溶液一起振摇,如有过氧化物则碘离子被氧化为碘,遇淀粉呈蓝色;或者加入 $FeSO_4$ 和 KSCN 的混合溶液,如有过氧化物,则 Fe^{2+} 被氧化成 Fe^{3+},然后与 KSCN 作用生成血红色的 $[Fe(SCN)_6]^{3-}$ 配离子。储存过久的含有过氧化物的醚一定要用硫酸亚铁-硫酸水溶液洗涤或亚硫酸钠等还原剂处理后方能蒸馏。为了避免过氧化物生成,储存时可在醚中加入少许金属钠。

第十三节　醚的制法

一、由醇脱水制备

在酸催化下,两分子的醇分子间脱水生成醚。

$$CH_3CH_2\boxed{—OH+H—}OCH_2CH_3 \xrightarrow[140\ ℃]{浓\ H_2SO_4} CH_3CH_2OCH_2CH_3+H_2O$$

该方法主要用于由低级伯醇制备单醚。

二、威廉森合成

由醇钠或酚钠与卤代烃反应生成醚的方法称为威廉森(Williamson)合成法,是制备混醚的一个重要方法。

$$R—O^-Na^+ + R'—X \xrightarrow{S_N} R—O—R' + NaX$$

$$C_6H_5—O^-Na^+ + R'—X \xrightarrow{S_N} C_6H_5—O—R' + NaX$$

$$CH_3CH_2CH_2CH_2Br+CH_3CH_2ONa \xrightarrow{C_2H_5OH\ 回流} CH_3CH_2CH_2CH_2OCH_2CH_3+NaBr$$

因为醇钠是亲核试剂,又是强碱,仲、叔卤代烷(特别是叔卤代烷)在强碱条件下,主要发生消除反应而生成烯烃,所以威廉森合成法只能选用伯卤代烷与醇钠为原料。例如:

$$CH_3-\underset{CH_3}{\overset{CH_3}{\underset{|}{\overset{|}{C}}}}-ONa + CH_3I \longrightarrow CH_3-\underset{CH_3}{\overset{CH_3}{\underset{|}{\overset{|}{C}}}}-OCH_3 + NaI$$

三、不饱和烃与醇的反应

在强酸(如 H_2SO_4)或强酸性阳离子交换树脂等催化下,烯烃可与醇发生反应生成醚。例如:

$$(CH_3)_2C=CH_2 + CH_3OH \xrightarrow[40\sim50\ ℃,1\sim1.5\ MPa]{\text{强酸性阳离子交换树脂}} \underset{(98\%)}{(CH_3)_3C-OCH_3}$$

这是甲基叔丁基醚的工业制法。甲基叔丁基醚是无铅汽油添加剂,可以提高汽油的辛烷值。

第十四节　重要的醚

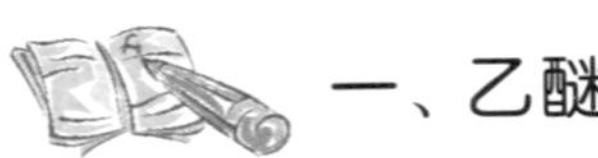

一、乙醚

乙醚是无色、易流动的液体,沸点为 34.5 ℃,挥发性大,燃点低(200 ℃),所以制备和使用时要特别小心,切忌接近明火。它是一种应用很广的有机溶剂和萃取剂。纯净的乙醚在外科手术上曾用做全身麻醉剂。

乙醚由乙醇脱水制得。普通乙醚中常含有少量的水和乙醇,供合成格氏试剂用的乙醚要求既无水又无醇,一般先用无水氯化钙处理普通乙醚,除去大部分水和乙醇(生成 $CaCl_2 \cdot 6H_2O$、$CaCl_2 \cdot 4C_2H_5OH$(结晶醇)),再用金属钠干燥,经过这样处理后的乙醚称为绝对乙醚。

二、环氧乙烷

环氧乙烷又称氧化乙烯,是最简单、最重要的环醚,也是很重要的有机合成中间体。工业上通过乙烯催化氧化制得。

$$CH_2=CH_2 + \frac{1}{2}O_2 \xrightarrow{Ag,250\sim280\ ℃} \underset{\diagdown\ O\ \diagup}{H_2C-CH_2}$$

工业上制取环氧乙烷除乙烯直接氧化法外,还可由氯乙醇用石灰乳脱去氯化氢制得。

$$2\underset{OH}{\underset{|}{CH_2}}-\underset{Cl}{\underset{|}{CH_2}} + Ca(OH)_2 \longrightarrow 2\underset{\diagdown\ O\ \diagup}{H_2C-CH_2} + CaCl_2 + 2H_2O$$

环氧乙烷是无色、有毒气体，沸点为 11 ℃，可与水、乙醇及乙醚混溶，易燃烧，与空气混合即爆炸(爆炸极限为 3%～8%)，环氧乙烷一般保存在高压钢瓶中。使用时须注意安全。环氧乙烷分子中有不稳定的三元环，故化学性质非常活泼，与含有活泼氢的化合物如 H_2O、HX、ROH 和 NH_3 等发生反应时，氧环破裂，生成各种加成产物。在酸催化下，环氧乙烷与水作用，开环生成乙二醇。

$$\underset{\diagdown\ \text{O}\ \diagup}{CH_2-CH_2} \underset{}{\overset{H^+}{\rightleftharpoons}} \underset{\underset{H}{|}}{\underset{\diagdown\ {}^{+}\text{O}\ \diagup}{CH_2-CH_2}} \xrightarrow{H_2O:} \underset{OH}{\underset{|}{CH_2}}-\overset{^{+}OH_2}{\overset{|}{CH_2}} \longrightarrow \underset{OH}{\underset{|}{CH_2}}-\overset{OH}{\overset{|}{CH_2}} + H^+$$

这是工业上制备乙二醇的方法。乙二醇是合成的确良纤维的原料。

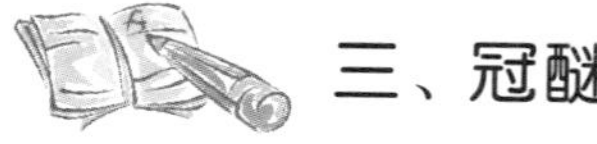

三、冠醚

20 世纪 60 年代末，合成了一系列多氧大环醚——冠醚。其结构特征是分子中具有 $\leftarrow\!\!\left(OCH_2CH_2\right)\!\!\rightarrow_n$ 重复结构单元，形似皇冠，故称冠醚。例如：

冠醚(18-冠-6)

这类化合物有其特有的命名法。“冠”字前一个数字代表环原子数，后一个数字代表环中氧原子数。

冠醚中处于环内侧的氧原子由于有孤对电子，可与金属离子形成配位键，且不同结构的冠醚，其分子中的空穴大小不同，因此对金属离子具有较高的配位选择性。例如，18-冠-6 能与 K^+ 形成稳定的配合物，而 12-冠-4 能与 Li^+ 形成稳定的配合物。

18-冠-6-K^+配合物　　　　12-冠-4 -Li^+配合物

由于这类配离子的外部具有烃的性质，因此配离子能溶于非极性的有机溶剂，可用做相转移剂，以加快非均相有机反应的速率。例如，固体氰化钾与卤代烃在有机溶剂中很难发生亲核取代反应，因为反应难以在固、液两相中进行。冠醚作为一个相转移剂应用于有机反应中，如亲核取代、消除、加成、氧化、还原、缩合等反应。例如：

$$C_6H_5-CH_2Cl + KCN \xrightarrow[72\ h]{CH_3CN,\ 25\ ℃} C_6H_5-CH_2CN + KCl$$

$$C_6H_5-CH_2Cl + KCN \xrightarrow[25\ ℃,\ 0.4\ h]{CH_3CN,\ 18\text{-冠-}6} C_6H_5-CH_2CN + KCl$$

但冠醚价格昂贵，并且有剧毒，必须谨慎使用。

本章小结

一、醇

1. 分类和命名

1）分类

根据分子中所含羟基的数目，醇可分为一元醇、二元醇、三元醇等。

根据分子中的羟基不同，醇可分为脂肪醇、芳(香)醇。

根据羟基所连接碳原子的类型不同，醇可分为伯醇、仲醇、叔醇。

2）命名

多采用习惯命名法、衍生命名法。重点掌握系统命名法。

2. 物理性质

分子氢键对醇的沸点的影响。醇的沸点比相对分子质量相近的烷烃的高。这是由于醇分子间借氢键相互缔合，液态醇汽化时，不仅要破坏醇分子间的范德华力，而且需额外的能量以破坏氢键。

3. 化学性质

1）酸碱性

醇类似水，能与活泼金属钠、钾反应，放出氢气。与水相似，醇分子的氧上的孤对电子使其具有碱性，能从强酸如 HCl、H_2SO_4 中接受一个质子生成质子化的醇。

2）与 HX 反应

低级醇能溶解于卢卡斯试剂中，生成的卤代烷不溶，故一旦反应生成了卤代烷，反应液就会出现混浊或分层。

3）醇脱水

在较高温度下，提高酸的浓度有利于分子内脱水生成烯烃；用过量的醇在较低温度下反应，有利于分子间脱水生成醚。

4）酯化反应

醇分别与硫酸、硝酸、磷酸和羧酸反应，生成硫酸酯、硝酸酯、磷酸酯和羧酸酯。

5）脱氢与氧化

伯醇氧化生成醛，继续氧化生成羧酸。

二、酚

1. 分类和命名

1）分类

根据酚羟基的数目，可以将酚分为一元酚、二元酚和多元酚。

2）命名

一般是以苯酚为母体，苯环上连接的其他基团作为取代基。但当芳香环上连有—COOH、—SO_3H、>C=O 时，则把羟基作为取代基来命名。

2. 化学性质

1）酚羟基的反应

（1）酸性。酚的酸性比醇的强，但比碳酸的弱。

（2）酚醚的生成。在碱性溶液中酚与烃基化试剂反应生成醚。

（3）酚酯的生成。酚很难与羧酸直接发生酯化作用，而在酸（H_2SO_4、H_3PO_4）或碱（吡啶、K_2CO_3）的催化下，可与酰氯或酸酐反应生成酯。

（4）$FeCl_3$显色反应。酚可与三氯化铁水溶液作用生成有色配合物，因此可利用此反应鉴别酚。

2）芳环上的反应

（1）卤化。酚与溴水反应，立即出现白色沉淀，可用来鉴别酚。

（2）磺化。苯酚很容易磺化。温度不仅可影响苯酚磺化反应的速率，而且也影响磺酸基引入的位置。

（3）傅-克反应。酚的烷基化反应常常是以烯烃或醇为烷基化试剂，以浓硫酸、磷酸或酸性离子交换树脂作为催化剂，常得到多烷基取代产物。

3）氧化和加氢

苯酚置于空气中，被氧化为醌。

三、醚

1. 分类和命名

1）分类

醚可分为单醚、混醚、环醚、冠醚。

2）命名

多采用习惯命名法和系统命名法。

2. 化学性质

1）鎓盐的生成

醚的氧原子上有孤对电子，能与强酸（如浓硫酸或浓氢卤酸）的质子结合生成鎓盐而溶于浓的强酸中。

2）醚键断裂

当醚与浓氢卤酸共热时，发生碳氧键断裂，生成卤代烷和醇，在过量酸的存在下，产生的醇可继续转化为卤代烷。反应活性的顺序为：HI>HBr>HCl。

3）过氧化物的生成

醚与空气长时间接触生成过氧化物。由于过氧化物不稳定，受热易爆炸，沸点又比醚的高，因此蒸馏醚时切勿蒸干。

掌握过氧化物的检验、过氧化物的除去方法。

知识拓展

乙　醇

乙醇作用于中枢神经系统，高浓度时可使运动失调、记忆缺失甚至失去知觉，量极大时则干扰自然呼吸以至于死亡。

机体中存在一种醇脱氢酶，它可以将乙醇氧化为乙醛。乙醛进一步被醛脱氢酶氧化为乙酸，后者参与体内脂肪酸及胆固醇的合成。如果摄入乙醇的速率比它被氧化的速率快，则血液中乙醇的含量逐渐增加而导致醉酒症状。甲醇之所以有毒，是由于甲醇也可被醇脱氢酶氧化，产物是甲醛。甲醛对视网膜的毒性导致失明；再者甲醛进一步被醛脱氢酶氧化为甲酸，甲酸积存于血液中使血液的 pH 值降至正常生理范围以下，而导致致命的酸中毒。处理甲醇中毒的办法是向体内直射含适量乙醇的溶液，醇脱氢酶对乙醇的亲和力比对甲醇的大得多，从而可以阻止甲醇被氧化为有害的甲醛。

酒后驾车的检测就是基于乙醇可被氧化的性质。其方法如下：在一根玻璃管中装入一定长度的浸满 $Na_2Cr_2O_7$ 的酸性溶液的硅胶，被测者从管的一头吹气，如呼出的气体中含有乙醇，则橘红色或橙色的 Cr(Ⅵ)便被还原为绿色的 Cr^{3+}。乙醇的含量越高，管中浸满 $Na_2Cr_2O_7$ 的酸性溶液的硅胶变色的长度越长。

习　题

1．命名下列化合物。

(1) $CH_3CH(CH_3)CH_2OH$

(2) $CH_3CH(CH_3)CH(OH)CH_3$

(3) $HOCH_2CH_2CH_2OH$

(4) CHO, OH

(5) CH_2OH, OH, OH

(6) OH, CH_3, O_2N, $CHCH_2CH_3$, NO_2

(7) $CH_3CH_2CH(OCH_3)CH_2CH_2OH$

(8) CH—CH_2, O

(9) OH

(10) $CH_2{=}CHCH_2OH$

2. 写出 $C_4H_{10}O$ 的所有醇的异构体，按系统命名法命名，并指出：

(1) 伯醇、仲醇、叔醇；

(2) 脱水的次序(由高到低)；

(3) 与钠作用的次序(由易到难)；

(4) 与卢卡斯试剂作用的次序(由易到难)。

3. 写出下列化合物的结构式。

(1) 1,3-环己二醇 (2) 乙基烯丙基醚 (3) 对甲氧基苄醇

(4) 4-异丙基-2,6-二溴苯酚 (5) 对甲氧基苯酚 (6) 二苄醚

(7) α-萘乙醚 (8) 1-苯基乙醇

4. 解释下列事实。

(1) 丙醇的沸点高于相应的烃类化合物的，丙醇溶于水而丙烷不溶。

(2) 金属钠可以除去苯中痕量的水，不宜用于除去乙醇中的水。

5. 说明下列各对异构体沸点不同的原因。

(1) $CH_3CH_2CH_2OCH_2CH_2CH_3$(沸点 90.5 ℃)、$(CH_3)_2CHOCH(CH_3)_2$(沸点 68 ℃)

(2) $(CH_3)_3CCH_2OH$(沸点 113 ℃)、$(CH_3)_3C—O—CH_3$(沸点 55 ℃)

6. 将下列化合物的沸点按其变化规律由高到低排列。

(1) $CH_3CH_2CH(OH)CH_3$、$CH_3CH_2CH_2CH_2OH$、$CH_3—C(CH_3)_2—OH$

(2) $CH_3CH_2CH_2CH_2OH$、$CH_3CH_2CH_2Cl$、$CH_3CH_2CH_2CH_2CH_3$

7. 完成下列反应。

(1) $CH_3CH(CH_3)—CH(OH)CH_3 \xrightarrow{Na} \xrightarrow{(\quad)} CH_3CH(CH_3)—CH(CH_3)—OCH_2CH_3$

(2) 1-甲基环己醇(HO、CH_3) $\xrightarrow[\triangle]{H_2SO_4}$

(3) $CH_3—C(CH_3)(CH_3)—CH(OH)CH_2CH_3 \xrightarrow{HBr}$

(4) $HO—C_6H_4—CH_2OH$ (对位) $\xrightarrow{Br_2,H_2O}$ ；$\xrightarrow{PBr_3,\triangle}$

(5) 邻甲基苯酚(OH、$—CH_3$) $\xrightarrow[H_2O]{NaOH} \xrightarrow{(\quad)}$ 邻甲基苯甲醚(OCH_3、$—CH_3$) $\xrightarrow[H_2O,\triangle]{KMnO_4} \xrightarrow[\triangle]{浓\ HI} (\quad)+(\quad)$

(6) 邻羟基苯甲酸（$C_6H_4(OH)COOH$）$+(CH_3CO)_2O \xrightarrow{H_2SO_4}$

(7) $C_6H_5CH_2CH_3 \xrightarrow[h\nu,\triangle]{1\ mol\ Cl_2} \xrightarrow[\text{干醚}]{Mg} \xrightarrow{\text{环氧乙烷}\ (CH_2-CH_2,\ O)} \xrightarrow{H_3O^+}$

(8) $CH_3CH_2CH_2CH(OH)CH_3 \xrightarrow[H^+]{K_2Cr_2O_7}$

8. 写出2-丁醇与下列试剂反应的主要产物。

(1) Na　　(2) PBr_3　　(3) H_2SO_4(冷)

(4) H_2SO_4(浓)　　(5) CH_3COOH　　(6) $K_2Cr_2O_7+H_2SO_4$

(7) CH_3CH_2MgBr　　(8) 无水 $ZnCl_2$＋HCl(浓)

9. 将下列各组化合物按酸性由强至弱排列。

(1) Cl_2CHCH_2OH、$ClCH_2CH_2OH$、CH_3CH_2OH、Cl_3CCH_2OH、F_3CCH_2OH

(2) 苯酚、对甲基苯酚、间硝基苯酚、邻硝基苯酚（结构式）

10. 用化学方法鉴别下列各组化合物。

(1) $CH\equiv CCH_2CH_2OH$、$CH_2=CHCH_2CH_2OH$、$CH_3CH_2CH_2CH_2OH$

(2) CH_3CH_2Br、CH_3CH_2OH

(3) 苯酚、2,4,6-三硝基苯酚、2,4,6-三甲基苯酚

11. 下列化合物中哪些能形成分子内氢键？并写出氢键的连接方式。

(1) 邻氟苯酚（OH，邻位 F）　　(2) 邻甲基苯酚（OH，邻位 CH_3）　　(3) 邻苯二酚（OH，邻位 OH）

(4) 邻甲氧基苯酚（OH，邻位 OCH_3）　　(5) 对硝基苯酚（OH，对位 NO_2）　　(6) 邻硝基苯酚（OH，邻位 NO_2）

12. 把正丁醇转变成下列化合物。

(1) 1,2-二溴丁烷　　(2) 丁酮　　(3) 2-丁醇

13. 用指定的原料合成下列化合物。

(1) CH_3OH、$CH_3CH=CH_2 \longrightarrow CH_3-O-C(CH_3)_2-CH_3$

(2) 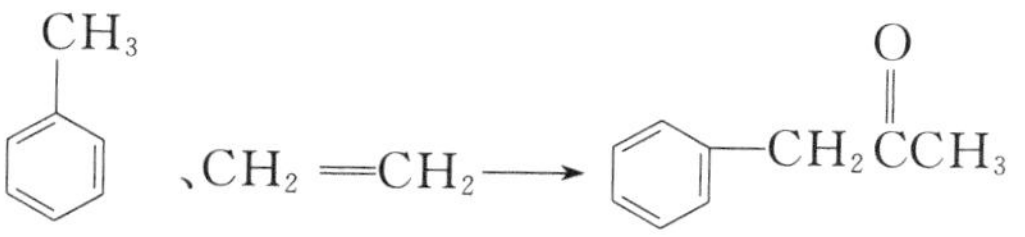 甲苯（$C_6H_5CH_3$）、$CH_2{=}CH_2 \longrightarrow C_6H_5CH_2\overset{O}{\overset{\|}{C}}CH_3$

14. 化合物 A 的分子式为 $C_7H_{14}O$。A 与金属钠反应放出氢气，A 与热的铬酸作用只能得到一个化合物 B，其分子式为 $C_7H_{12}O$。当 A 与浓硫酸共热，也只得到一个化合物(无异构体) C，其分子式为 C_7H_{12}。C 用酸性高锰酸钾溶液加热处理得化合物 $HOOCCH_2CH_2\underset{CH_3}{\underset{|}{C}}HCH_2COOH$。推测 A、B、C 的结构式，并写出各步反应式。

15. 化合物 A、B、C、D 的分子式均为 C_7H_8O。A 溶于 NaOH 水溶液，但不溶于 $NaHCO_3$ 水溶液，A 与 Br_2/H_2O 作用可立即生成化合物 D(C_7H_5OBr 白色固体)；A 与 $FeCl_3$ 溶液作用显紫色反应。B 不溶于 NaOH 水溶液，但可以与卢卡斯试剂迅速作用生成化合物 E(C_7H_7Cl)。C 不溶于 NaOH 水溶液，不与金属钠反应且对碱十分稳定。试推测 A、B、C、D、E 的结构。

16. 某芳香族化合物 A，分子式为 C_7H_8O。A 与钠不发生反应，与浓氢碘酸共热生成两个化合物 B 和 C，B 能溶于氢氧化钠水溶液，并与氯化铁作用呈紫色；C 与硝酸银水溶液作用生成黄色碘化银。写出 A、B、C 的结构式及各步反应式。

第十一章

醛 和 酮

目标要求

1. 掌握醛、酮的命名及结构特征。
2. 掌握醛、酮的化学性质、鉴别方法以及醛、酮在化学性质上的差异。
3. 了解醛、酮亲核加成反应历程及反应活性。
4. 了解醛、酮的重要代表物。

重点与难点

重点：醛、酮的命名、结构和性质。

难点：醛、酮亲核加成反应历程。

在有机化合物中，碳原子以双键和氧原子相连接的基团称为羰基，即 $-\overset{\overset{\displaystyle O}{\|}}{C}-$ 。分子中含有羰基的化合物统称为羰基化合物。羰基是羰基化合物的特征官能团。羰基化合物种类很多，醛和酮是其中的两种。

第一节 醛、酮的分类、命名和结构

在羰基化合物中，与羰基相连的两个基团都是烃基的羰基化合物称为酮（ $R-\overset{\overset{\displaystyle O}{\|}}{C}-R'$ ）。在酮中羰基称为酮基。与羰基相连的两个基团中，至少有一个是氢原子的羰基化合物，称为醛（ $R-\overset{\overset{\displaystyle O}{\|}}{C}-H$ ）。 $-\overset{\overset{\displaystyle O}{\|}}{C}-H$ 称为醛基，醛基也可写成—CHO。

一、醛、酮的分类

根据不同的分类方法，可以将醛、酮分为不同的几类。

（1）根据羰基所连的烃基的类别，醛、酮可分为脂肪族醛、酮和芳香族醛、酮。例如：

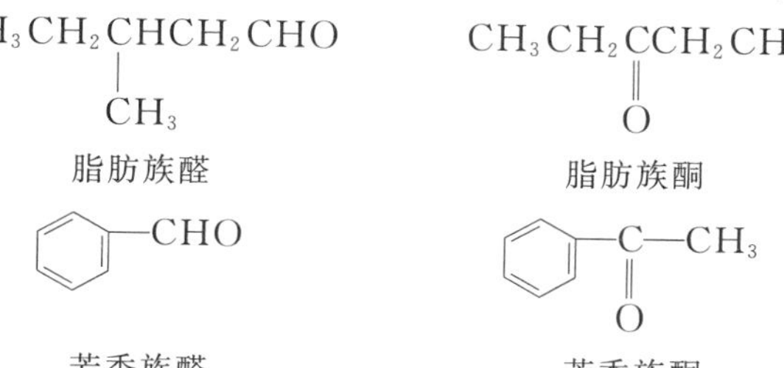

$CH_3CH_2CH(CH_3)CH_2CHO$ 脂肪族醛　　$CH_3CH_2COCH_2CH_3$ 脂肪族酮

C_6H_5-CHO 芳香族醛　　$C_6H_5-CO-CH_3$ 芳香族酮

（2）脂肪族醛、酮根据烃基中是否含有不饱和键，可分为饱和醛、酮和不饱和醛、酮。例如：

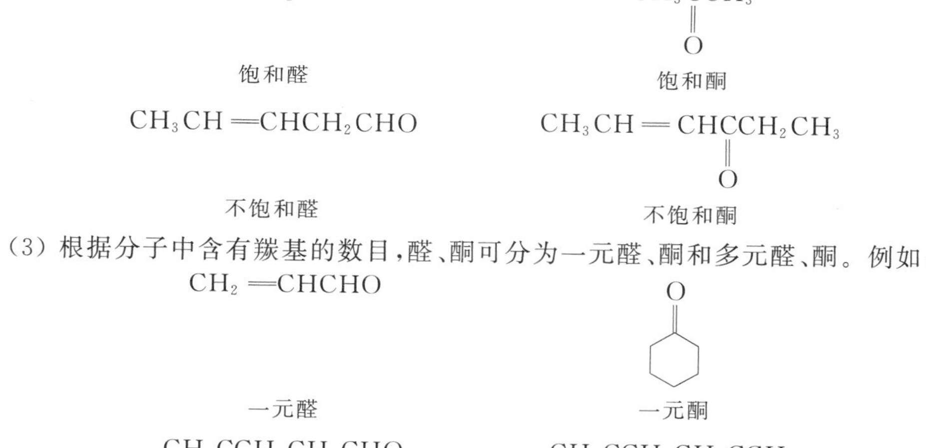

CH_3CH_2CHO 饱和醛　　CH_3COCH_3 饱和酮

$CH_3CH{=}CHCH_2CHO$ 不饱和醛　　$CH_3CH{=}CHCOCH_2CH_3$ 不饱和酮

（3）根据分子中含有羰基的数目，醛、酮可分为一元醛、酮和多元醛、酮。例如：

$CH_2{=}CHCHO$ 一元醛　　环己酮 一元酮

$CH_3COCH_2CH_2CHO$ 多元醛酮　　$CH_3COCH_2CH_2COCH_3$ 多元酮

二、醛、酮的同分异构现象

除了甲醛、乙醛外，醛、酮分子也有同分异构现象。醛的同分异构现象是由碳链异构引起的，如戊醛的同分异构体有：

$CH_3CH_2CH_2CH_2CHO$　　$CH_3CH_2CH(CH_3)CHO$　　$CH_3CH(CH_3)CH_2CHO$　　$CH_3C(CH_3)_2CHO$

酮的同分异构现象主要有碳链异构、官能团羰基的位置异构，如戊酮的同分异构体有：

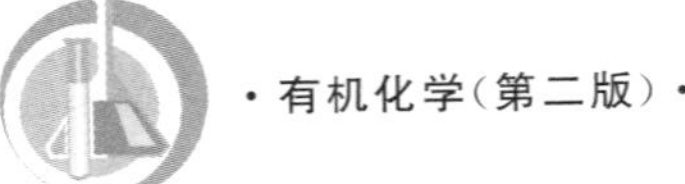

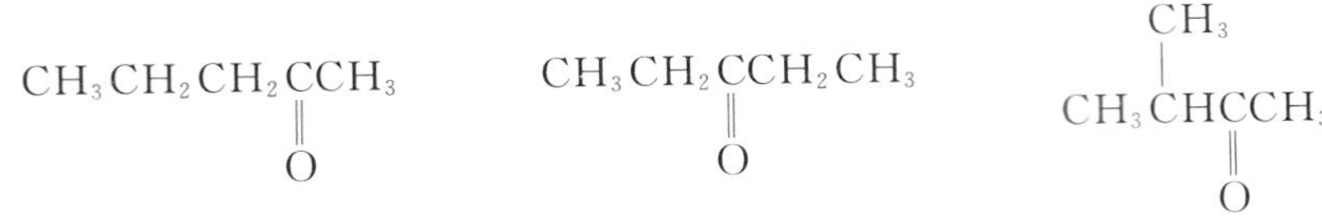

另外,碳原子数相同的醛和酮具有相同的分子式,因而它们之间互为同分异构体。

三、醛、酮的命名

1. 普通命名法

结构简单的醛和酮采用普通命名法。

(1) 醛的普通命名法类似于醇,是根据其烃基的结构来命名的方法。例如:

$CH_3CH_2CH_2CH_2CHO$

正戊醛

CH_3CHCH_2CHO（2位C上连有 CH_3）

异戊醛

(2) 酮则是根据羰基所连的烃基的结构来命名的。在羰基所连接的两个烃基名称后面加上“酮”字。脂肪单酮,两个烃基合为一起称为“二某酮”。例如:

$CH_3CH_2\overset{\overset{\displaystyle O}{\|}}{C}CH_2CH_3$

二乙酮

$CH_3CH_2CH_2\overset{\overset{\displaystyle O}{\|}}{C}CH_3$

甲丙酮

$CH_3\underset{\underset{\displaystyle CH_3}{|}}{C}H\overset{\overset{\displaystyle O}{\|}}{C}CH_3$

甲异丙酮

芳香酮的命名则是芳基写在前面,脂肪烃基写在后面。例如:

$C_6H_5—\overset{\overset{\displaystyle O}{\|}}{C}—CH_3$

苯乙酮

2. 系统命名法

结构复杂的醛、酮一般采用系统命名法命名。

1) 饱和一元脂肪醛

(1) 主链的选择。选择连有醛基碳原子在内的最长碳链作为主链,根据主链上的碳原子数称为“某醛”。

(2) 主链的编号。从醛基碳原子开始对主链进行编号。

(3) 标注官能团的位置。对于醛来说,醛基永远是在第一位,所以不需要标注。

(4) 写出全称。

例如:

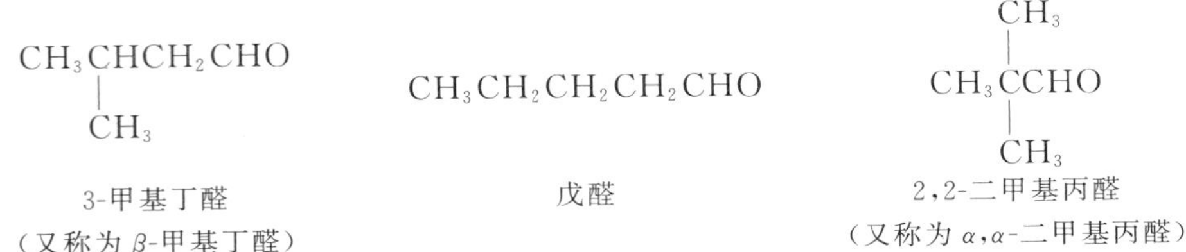

3-甲基丁醛
(又称为 β-甲基丁醛)

戊醛

2,2-二甲基丙醛
(又称为 α,α-二甲基丙醛)

注意：当用希腊字母表示碳原子的位置时，与官能团直接相连的碳原子为 α-碳原子，其余依次为 β-，γ-，δ-，…碳原子。

2）不饱和一元醛

（1）主链的选择。选择连有醛基碳原子和不饱和键在内的最长碳链作为主链，根据主链上的碳原子数及不饱和键的类型称为“某烯醛”或“某炔醛”。

（2）主链的编号。从醛基碳原子开始对主链进行编号。

（3）标注官能团的位置。标注不饱和键的位置。

（4）写出全称。

例如：

$$OHC—CH_2—CH_2—CH{=}\overset{\displaystyle CH_3}{\overset{|}{C}}—CH_3$$

5-甲基-4-己烯醛

3）脂环醛

命名时，将脂环作为取代基，侧链作为母体。例如：

环己基甲醛　　3-环戊基丁醛　　2-环己烯基甲醛

4）芳香醛

对于芳香醛来说，分为两种情况。一种是醛基直接连接在芳香环上的芳香醛，命名时，以苯甲醛为母体。例如：

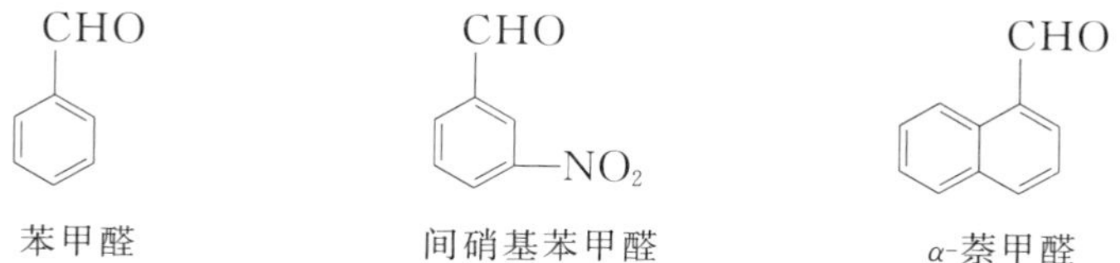

苯甲醛　　间硝基苯甲醛　　α-萘甲醛

另一种是醛基连接在侧链上的芳香醛，命名时，以侧链为母体，芳香环作为取代基。例如：

2-甲基-4-苯基戊醛

5）饱和一元酮

（1）主链的选择。选择连有酮基碳原子在内的最长碳链作为主链，根据主链上的碳原子数称为某酮。

（2）主链的编号。从靠近酮基碳原子最近的一端对主链进行编号。

（3）标注官能团的位置。标注酮基的位置。

（4）写出全称。

例如：

$CH_3CH_2CH_2\underset{\underset{O}{\|}}{C}CH_3$　　$CH_3CH_2\underset{\underset{O}{\|}}{C}CH_2CH_3$　　$CH_3\overset{\overset{CH_3}{|}}{C}H\underset{\underset{O}{\|}}{C}CH_3$

2-戊酮　　3-戊酮　　3-甲基-2-丁酮

6）不饱和一元酮

（1）主链的选择。选择连有酮基碳原子和不饱和键在内的最长碳链作为主链，根据主链上的碳原子数及不饱和键的类型称为“某烯酮”或“某炔酮”。

（2）主链的编号。从靠近酮基碳原子最近的一端对主链进行编号。

（3）标注官能团的位置。标注酮基和不饱和键的位置。

（4）写出全称。

例如：

$$CH_3—\underset{\underset{O}{\|}}{C}—CH_2—CH{=}\overset{\overset{CH_3}{|}}{C}—CH_3$$

5-甲基-4-己烯-2-酮

7）脂环酮

脂环酮分为两种情况。一种是酮基在脂环侧链上，其命名方法是将脂环作为取代基，侧链作为母体。例如：

$—CH_2—\underset{\underset{O}{\|}}{C}—CH_2—CH_3$　　$—\underset{\underset{O}{\|}}{C}—CH_2—CH_3$

1-环戊基-2-丁酮　　1-环己基-1-丙酮

另一种是酮基碳原子在脂环上，其命名是根据组成环的碳原子数称为“环某酮”，酮基作为第一位，其位置不需要标注。例如：

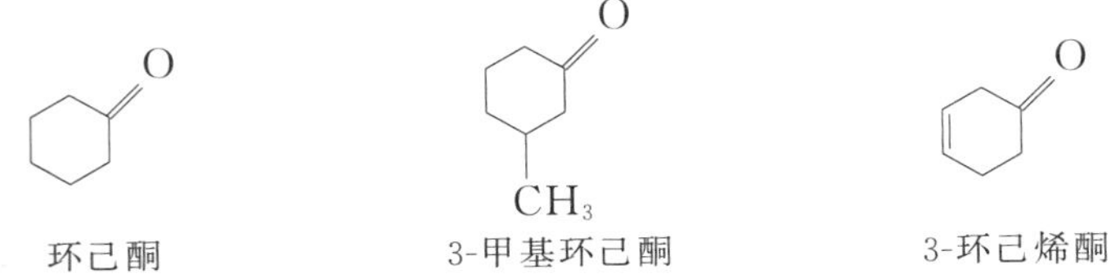

环己酮　　3-甲基环己酮　　3-环己烯酮

8）芳香酮

对于芳香酮来说，命名时以侧链为母体，芳香环作为取代基。例如：

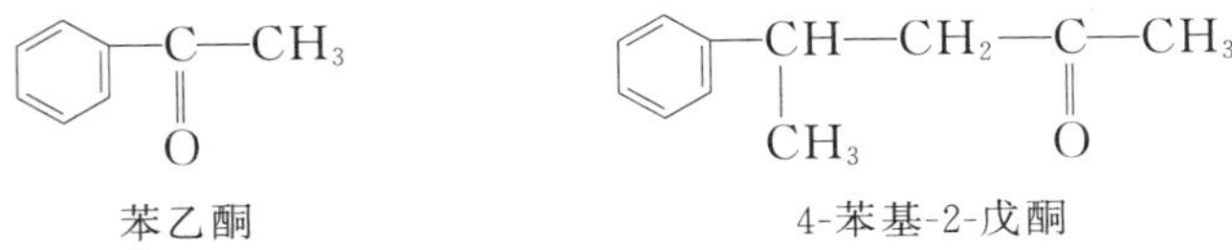

苯乙酮　　4-苯基-2-戊酮

9）多元醛、酮

（1）主链的选择。选择连有多个羰基碳原子在内的最长碳链作为主链，根据主链上的碳原子数及羰基的个数称为“某某醛”或“某某酮”。

(2) 主链的编号。从靠近羰基碳原子最近的一端对主链进行编号。

(3) 标注官能团的位置。标注羰基的位置。

(4) 写出全称。

例如：

$$\underset{\underset{O}{\|}}{HC}—CH_2—CH_2—\underset{\underset{CH_3}{|}}{CH}—CHO$$

2-甲基戊二醛

$$CH_3—\underset{\underset{O}{\|}}{C}—CH_2—\underset{\underset{O}{\|}}{C}—CH_3$$

2,4-戊二酮

$$CH_3—\underset{\underset{O}{\|}}{C}—CH_2—CH_2—CHO$$

4-戊酮醛

四、醛、酮的结构

羰基的几何构型是平面型的，碳原子和氧原子都是处于 sp^2 杂化状态，碳原子以三个 sp^2 杂化轨道与其他原子形成三个 σ 键；在垂直于分子的平面上是碳原子和氧原子的两个 p 轨道，它们彼此平行，从侧面重叠形成碳氧 π 键。因此，羰基是由一个强的 σ 键和一个较弱的 π 键组成的碳氧双键，羰基结构如图 11-1 所示。

图 11-1 醛、酮分子中的羰基

第二节 醛、酮的物理性质

在常温下，除甲醛是气体外，含 12 个以下碳原子的低级醛、酮都是液体，高级醛、酮和芳香酮多为固体。低级醛具有强烈的刺激性气味，中级醛有花、果香味，含 8～13 个碳原子的醛常应用于香料工业中。

由于羰基是极性基团，故醛、酮分子间的引力较大。与相对分子质量相近的烷烃和醚的沸点相比，醛、酮的沸点较高。又由于醛、酮分子间不能形成氢键，因而沸点低于相对分子质量相近的醇的。对于高级醛、酮，随着羰基在分子中所占比例越来越小，与相对分子质量相近的烷烃的沸点差别也越来越小。

醛、酮分子间虽不能形成氢键，但羰基氧原子能和水分子形成氢键，所以相对分子质量低的醛、酮可溶于水，如乙醛和丙酮能与水混溶。醛、酮的水溶性随着相对分子质量的增加而逐渐降低，乃至不溶。醛、酮可溶于一般的有机溶剂。丙酮、丁酮能溶解许多有机化合物，故常用做有机溶剂。一些常见的醛和酮的物理常数见表 11-1。

表 11-1　一些常见的醛和酮的物理常数

名　称	熔点/℃	沸点/℃	溶解度/[g·(100 g(H_2O))$^{-1}$]
甲醛	−92	−19.5	55
乙醛	−123	20.8	溶
丙醛	−81	48.8	20
正丁醛	−97	74.7	4
苯甲醛	−26	179	0.33
丙酮	−95	56	溶
丁酮	−86	79.5	35.3
2-戊酮	−77.8	102	几乎不溶
3-戊酮	−42	102	4.7
2,4-戊二酮	−23	138	微溶
环己酮	−16.4	156	微溶
苯乙酮	−19.7	202	微溶
二苯甲酮	48	306	不溶

第三节　醛、酮的化学性质

醛、酮的化学性质主要由官能团羰基($\gt C{=}O$)决定。羰基具有平面三角形结构，碳和氧以双键相连(一个 σ 键和一个 π 键)。由于氧的电负性较大，吸电子能力较强，把流动性较大的 π 电子云强烈地拉向氧原子一边，使其明显地带有部分负电荷，而碳原子明显地带有部分正电荷，所以羰基是强极性基团，反应中心是羰基中带部分正电荷的碳，其易与亲核试剂发生加成反应(亲核加成反应)。

此外，受羰基的影响，与羰基直接相连的 α-碳原子上的氢原子(α-氢)较活泼，能发生一系列反应。

一、亲核加成反应

加成反应是醛、酮最典型的反应。醛和酮可与许多试剂发生加成反应。在羰基中，由于氧原子的电负性比碳原子的大，所以吸引电子的结果是使羰基碳原子带有部分正电荷，羰基氧原子带有部分负电荷。带有部分正电荷的碳原子比带有部分负电荷的氧原子更活泼。因此，当醛、酮发生加成反应时，首先是试剂中带有部分负电荷的基团进攻羰基碳原子。

$$\gt\overset{\delta^+}{C}=\overset{\delta^-}{O} + Nu^- \longrightarrow -\underset{O^-}{\overset{|}{C}}-Nu$$

1. 与氢氰酸的加成

所有的醛、大多数甲基酮和含 8 个以下碳原子的环酮都可以与氢氰酸发生亲核加成反应，生成 α-羟基腈(氰醇)。

$$R-\underset{O}{\underset{\|}{C}}-H(CH_3) + HCN \rightleftharpoons R-\underset{OH}{\underset{|}{\overset{H(CH_3)}{\overset{|}{C}}}}-CN$$

α-羟基腈比原料醛或酮增加了一个碳原子，这是使碳链增长一个碳原子的一种方法。

α-羟基腈是很有用的中间体，根据不同的条件，可以转化为 α-羟基酸或 α,β-不饱和酸等。例如：

$$CH_3CH_2-\underset{OH}{\underset{|}{\overset{CH_3}{\overset{|}{C}}}}-CN \xrightarrow[\triangle]{HCl} CH_3CH_2-\underset{OH}{\underset{|}{\overset{CH_3}{\overset{|}{C}}}}-COOH$$

$$CH_3CH_2-\underset{OH}{\underset{|}{\overset{CH_3}{\overset{|}{C}}}}-CN \xrightarrow[\triangle]{H_2SO_4} CH_3CH=\overset{CH_3}{\overset{|}{C}}-COOH$$

羰基与氢氰酸的加成反应是亲核加成，而不是亲电加成。反应的第一步是 CN^- 加到羰基碳上，速率较慢，反应速率只与 CN^- 的浓度有关；第二步是带正电荷的基团加到羰基氧上，速率较快。整个反应的速率取决于第一步的速率。碱的作用是将弱亲核试剂 HCN 转变成为亲核性较强的 CN^-。

$$\gt\overset{\delta^+}{C}=\overset{\delta^-}{O} + \overset{+}{H}-\overset{-}{CN} \underset{慢}{\rightleftharpoons} \gt\overset{O^-}{\overset{|}{C}}-CN \underset{快}{\overset{H^+}{\rightleftharpoons}} \gt\overset{OH}{\overset{|}{C}}-CN$$

实验事实也证明羰基与氢氰酸的加成反应是亲核加成。例如，丙酮和氢氰酸反应 3～4 h，仅有一半原料起作用；若在反应体系中加入一滴氢氧化钾溶液，则反应可在几分钟内完成；若加入大量酸，则放置几周也不起反应。这种少量碱加速反应，大量酸抑制反应的事实，说明反应中首先进攻羰基的试剂一定是 CN^-，而不是 H^+。因为氢氰酸是弱酸，在水溶液中存在如下解离平衡：

$$HCN \rightleftharpoons H^+ + CN^-$$

加碱有利于氢氰酸解离，提高 CN^- 的浓度；加酸使平衡向生成氢氰酸的方向移动，降低 CN^- 的浓度。

不同结构的醛、酮对氢氰酸反应的活性有明显差异，这种活性受电子效应和空间效应两种因素的影响。从电子效应考虑,羰基碳原子上的电子云密度越低,越有利于亲核试剂的进攻,所以羰基碳原子上连接的给电子基团(如烃基)越多,反应越慢。从空间效应考虑,羰基碳原子上的空间位阻越小,越有利于亲核试剂的进攻,所以羰基碳原子上连接的基团越多,体积越大,则反应越慢。不同结构的醛、酮与氢氰酸的反应活性大小顺序为:

$$H_2C{=}O > CH_3{-}\underset{}{\overset{O}{\overset{\|}{C}}}{-}H > R{-}\overset{O}{\overset{\|}{C}}{-}H > C_6H_5{-}\overset{O}{\overset{\|}{C}}{-}H > CH_3\underset{\underset{O}{\|}}{C}CH_3$$

实际上,只有醛、脂肪族甲基酮、含8个以下碳原子的环酮才能与氢氰酸反应。

2. 与饱和亚硫酸氢钠溶液的加成

所有的醛、脂肪族甲基酮和含8个以下碳原子的环酮都可以与饱和亚硫酸氢钠溶液(大约40%)发生亲核加成反应,生成α-羟基磺酸钠。

$$R{-}\underset{\underset{O}{\|}}{C}{-}CH_3(H) + NaHSO_3 \rightleftharpoons R{-}\overset{CH_3(H)}{\overset{|}{\underset{\underset{OH}{|}}{C}}}{-}SO_3Na\downarrow$$

产物α-羟基磺酸钠不溶于饱和亚硫酸氢钠溶液中,而以无色晶体析出,容易分离出来。

α-羟基磺酸钠遇到稀酸或稀碱,又可重新分解为原来的醛、酮,故此反应可用以提纯醛、酮。

$$R{-}\overset{CH_3(H)}{\overset{|}{\underset{\underset{OH}{|}}{C}}}{-}SO_3Na \xrightarrow{\text{稀 }HCl} R{-}\underset{\underset{O}{\|}}{C}{-}CH_3(H) + SO_2\uparrow + NaCl + H_2O$$

$$R{-}\overset{CH_3(H)}{\overset{|}{\underset{\underset{OH}{|}}{C}}}{-}SO_3Na \xrightarrow{\text{稀 }Na_2CO_3} R{-}\underset{\underset{O}{\|}}{C}{-}CH_3(H) + CO_2\uparrow + Na_2SO_3 + H_2O$$

实验室中常用α-羟基磺酸钠与氰化钠或氰化钾水溶液反应来制备α-羟基腈,以避免使用挥发性的剧毒物HCN。此外,药物分子中引入磺酸基,可增加药物的水溶性。例如,合成鱼腥草($CH_3(CH_2)_8COCH_2CH(OH)SO_3Na$)的分子中就含有磺酸基,可制成注射剂用于抗菌、消炎。

3. 与醇的加成

在无水酸催化下,醛可以与一分子醇发生亲核加成反应,生成的产物称为半缩醛。开链半缩醛通常是不稳定的,容易分解为原来的醛。

半缩醛再与一分子醇反应,则失去一分子水,生成缩醛。

$$RHC{=}O + R_1\ddot{O}H \xrightleftharpoons{\text{无水 }HCl} \left[R(H)C(OH)(OR_1)\right] \xrightleftharpoons[\text{无水 }HCl]{R_1OH} R(H)C(OR_1)_2$$

醛较易形成缩醛,酮在一般条件下形成缩酮较困难。但可以与某些二元醇反应,生成环状缩酮。

$$\begin{matrix}R\\ \\ R\end{matrix}\!\!>C=O + \begin{matrix}HO-CH_2\\ |\\ HO-CH_2\end{matrix} \overset{H^+}{\rightleftharpoons} \begin{matrix}R\\ \\ R\end{matrix}\!\!>C<\begin{matrix}O-CH_2\\ |\\ O-CH_2\end{matrix} + H_2O$$

在无水状态下，缩醛、环状缩酮是非常稳定的，对碱、亲核试剂、氧化剂和还原剂都相当稳定，使得羰基被"掩护"起来而不与这些试剂反应。根据这些特性，在有机合成中可利用形成缩醛或环状缩酮来保护醛基或酮基。

缩醛和环状缩酮在稀酸中都能水解生成原来的醛或酮。

$$R-\underset{OR'}{\overset{H}{\underset{|}{\overset{|}{C}}}}-OR' \xrightarrow[H_2O]{H^+} R-C\begin{matrix}\nearrow O\\ \searrow H\end{matrix} + 2R'OH$$

例如，由对羟甲基苯甲醛合成对醛基苯甲酸反应就是用氧化剂将羟甲基氧化成羧基，但在使用氧化剂氧化时，氧化剂也可将醛基氧化，为了避免醛基被氧化，必须先把醛基保护起来后再氧化，待反应完成后，再水解即可。

$$p\text{-}HOCH_2C_6H_4CHO \xrightarrow[\text{无水 HCl}]{2CH_3OH} p\text{-}HOCH_2C_6H_4CH(OCH_3)_2 \xrightarrow[H^+]{KMnO_4} p\text{-}HOOCC_6H_4CH(OCH_3)_2 \xrightarrow[H_2O]{H^+} p\text{-}HOOCC_6H_4CHO$$

4. 与格氏试剂的加成

醛、酮与格氏试剂加成，加成产物不必分离，直接可得到相应的醇类。在这个反应中，格氏试剂 RMgX 的碳原子带有部分负电荷，是个强亲核试剂。

$$>C=O + RMgX \xrightarrow{\text{无水乙醚}} R-\overset{|}{\underset{|}{C}}-OMgX \xrightarrow[H_2O]{H^+} R-\overset{|}{\underset{|}{C}}-OH$$

式中，R 也可以是 Ar。故此反应是制备结构复杂的醇的重要方法。

(1) 甲醛与格氏试剂反应，水解后，生成伯醇。例如：

$$HCHO + C_6H_5MgBr \xrightarrow{\text{干醚}} C_6H_5CH_2OMgBr \xrightarrow[H_2O]{H^+} C_6H_5CH_2OH$$

(2) 一般的醛与格氏试剂反应，水解后，生成仲醇。例如：

$$CH_3-CHO \xrightarrow[\text{干醚}]{CH_3CH_2MgBr} CH_3-\underset{OMgBr}{\underset{|}{CH}}-CH_2CH_3 \xrightarrow[H_2O]{H^+} CH_3-\underset{OH}{\underset{|}{CH}}-CH_2CH_3$$

(3) 酮与格氏试剂反应，水解后，生成叔醇。例如：

$$CH_3-\underset{O}{\underset{\|}{C}}-CH_2CH_3 \xrightarrow[\text{干醚}]{CH_3CH_2MgBr} CH_3-\underset{OMgBr}{\underset{|}{\overset{CH_2CH_3}{\overset{|}{C}}}}-CH_2CH_3 \xrightarrow[H_2O]{H^+} CH_3-\underset{OH}{\underset{|}{\overset{CH_2CH_3}{\overset{|}{C}}}}-CH_2CH_3$$

由此可见，只要选择适当的原料，除甲醇外，几乎任何醇都可以通过格氏试剂来合成。

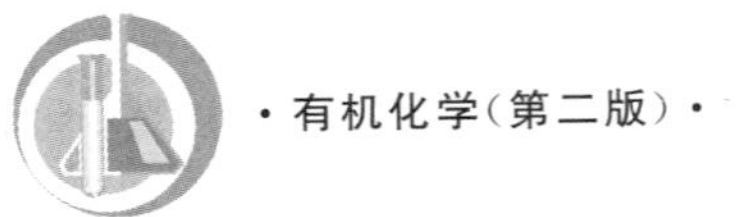

5. 与氨的衍生物的加成

羰基化合物可与氨的衍生物发生亲核加成反应，最初生成的加成产物容易脱水，生成含碳氮双键(C=N)的化合物。反应一般是在 CH_3COOH/CH_3COONa 溶液中进行的。氨的衍生物可以是伯氨、羟胺、肼、苯肼、2,4-二硝基苯肼及氨基脲等。

$$\rangle C{=}O + NH_2{-}Y \longrightarrow -\underset{OH}{\overset{|}{C}}-NH-Y \xrightarrow{-H_2O} \rangle C{=}N{-}Y$$

例如：

$$\rangle C{=}O + \underset{\text{羟胺}}{NH_2{-}OH} \longrightarrow \xrightarrow{-H_2O} \underset{\text{肟}}{\rangle C{=}N{-}OH}$$

$$\rangle C{=}O + \underset{\text{肼}}{NH_2{-}NH_2} \longrightarrow \xrightarrow{-H_2O} \underset{\text{腙}}{\rangle C{=}N{-}NH_2}$$

$$\rangle C{=}O + \underset{\text{苯肼}}{NH_2{-}NH{-}C_6H_5} \longrightarrow \xrightarrow{-H_2O} \underset{\text{苯腙}}{\rangle C{=}N{-}NH{-}C_6H_5}$$

$$\rangle C{=}O + \underset{\text{2,4-二硝基苯肼}}{NH_2{-}NH{-}C_6H_3(NO_2)_2} \longrightarrow \xrightarrow{-H_2O} \underset{\text{2,4-二硝基苯腙}}{\rangle C{=}N{-}NH{-}C_6H_3(NO_2)_2}$$

羰基化合物与氨的衍生物反应，其生成的产物肟、腙、2,4-二硝基苯腙、缩氨脲都是具有一定熔点、不溶于水的晶体，如乙醛肟的熔点为 47 ℃，环己酮肟的熔点为 90 ℃，通过核对熔点数据，可以指认原始的醛、酮。这在醛、酮的鉴定中是有实用价值的反应。

另外，上述反应产物在稀酸存在下能水解为原来的醛、酮，故又可用来分离和提纯醛、酮。2,4-二硝基苯肼与醛、酮加成反应生成的 2,4-二硝基苯腙均为黄色晶体，且现象非常明显，常用来检验羰基，称为羰基试剂。

二、氧化还原反应

1. 氧化反应

醛由于羰基碳原子上连有氢原子，很容易被氧化为羧酸。

$$R{-}CHO \xrightarrow{[O]} R{-}COOH$$

常用的氧化剂有 Ag_2O、H_2O_2、$KMnO_4$、CrO_3 和过氧酸。醛也可以被弱氧化剂如托伦试剂和费林试剂氧化，生成含相同碳原子数的羧酸。

1）与托伦试剂反应

托伦试剂即硝酸银的氨溶液。托伦试剂与醛共热，醛被氧化生成羧酸，而弱氧化剂中的银被还原为金属银析出。若反应容器事先处理洁净，则金属银将沉积在容器内壁形成银镜，所以此反应又称为银镜反应。

$$RCHO + 2[Ag(NH_3)_2]^+ + 2OH^- \longrightarrow RCOO^-NH_4^+ + 2Ag\downarrow + H_2O + 3NH_3$$

所有的醛都能被托伦试剂氧化，而酮不能被托伦试剂氧化，故可用托伦试剂来鉴别醛和酮。

2）与费林试剂反应

费林试剂是由硫酸铜溶液和酒石酸钾钠碱溶液等量混合而成的深蓝色二价铜的配合物，用以避免生成 $Cu(OH)_2$ 沉淀，影响反应的进行。费林试剂也是一种弱氧化剂，所有脂肪醛都可以被它氧化为羧酸，Cu^{2+} 则还原为砖红色的 Cu_2O 沉淀。

$$RCHO + 2Cu^{2+} + OH^- + H_2O \longrightarrow RCOO^- + Cu_2O\downarrow + 4H^+$$

芳香醛和所有的酮不与费林试剂反应。因此，可利用费林试剂鉴别脂肪醛与芳香醛，也可以用于区别脂肪醛和酮。

酮难被氧化剂所氧化，但使用强氧化剂（如重铬酸钾和浓硫酸）氧化，则发生碳链的断裂而生成复杂的氧化产物。反应无实用价值，但环己酮氧化成己二酸等具有合成意义。

$$\text{环己酮}\ \xrightarrow[HNO_3]{V_2O_5} HOOC(CH_2)_4COOH\ \text{(己二酸)}$$

环己酮　　　　己二酸

己二酸是生产合成纤维尼龙-66 的原料。

酮被过氧酸氧化则生成酯：

$$R-\underset{\underset{O}{\|}}{C}-R' + R''-\overset{\overset{O}{\|}}{C}-O-OH \longrightarrow R-\overset{\overset{O}{\|}}{C}-OR' + R''COOH$$

用过氧酸将酮氧化，不影响其碳链，有合成价值。这个反应称为拜尔-维利格反应。

2. 还原反应

利用不同的还原剂，可将醛、酮还原成醇、烃或胺。

1）还原成醇

醛和酮都能容易地分别被还原为伯醇和仲醇。

$$R-CHO \xrightarrow{[H]} R-CH_2OH$$

$$R-\underset{\underset{O}{\|}}{C}-R' \xrightarrow{[H]} R-\underset{\underset{OH}{|}}{CH}-R'$$

(1) 催化氢化。

醛、酮可以通过催化氢化的方式还原，可将羰基还原为羟基，常用的催化剂有铂、钯、Raney-Ni 和 $Cu\text{-}Cr_2O_3$ 等。

$$R-\underset{\underset{O}{\|}}{C}-H(R') + H_2 \xrightarrow[\triangle,\text{加压}]{Ni} R-\underset{\underset{OH}{|}}{CH}-H(R')$$

例如：

$$CH_3CH_2CHO + H_2 \xrightarrow{Pt} CH_3CH_2CH_2OH$$

$$\text{环己酮} + H_2 \xrightarrow[\triangle,\text{加压}]{Ni} \text{环己醇}$$

当醛、酮分子中含有碳碳双键或三键、硝基、氰基等基团时，这些不饱和基团也能被还原。

$$CH_3CH{=}CHCH_2CHO+H_2 \xrightarrow[\triangle,加压]{Ni} CH_3CH_2CH_2CH_2CH_2OH$$

(2) 金属氢化物还原。

① $NaBH_4$还原。硼氢化钠($NaBH_4$)是一种常用的金属氢化物还原剂，其活性较小，反应选择性较高，可还原醛、酮、酰卤中的羰基，而分子中的碳碳双键或三键、羧酸和酯等不被还原。

$$CH_3CH{=}CHCH_2CHO \xrightarrow[②H_3O^+]{①NaBH_4} CH_3CH{=}CHCH_2CH_2OH$$

② $LiAlH_4$还原。氢化锂铝($LiAlH_4$)是强还原剂，除不还原碳碳双键、碳碳三键外，其他不饱和键都可被其还原。

$$CH_3CH{=}CHCH_2CHO \xrightarrow[②H_3O^+]{①LiAlH_4,干乙醚} CH_3CH{=}CHCH_2CH_2OH$$

③ 异丙醇铝-异丙醇还原。

异丙醇铝-异丙醇也是一种选择性很高的还原剂，只能还原醛、酮，而不能还原碳碳双键或三键、羧基等基团。

$$R-\underset{\underset{O}{\|}}{C}-H(R') + CH_3-\underset{\underset{OH}{|}}{CH}-CH_3 \xrightarrow{[(CH_3)_2CHO]_3Al} R-\underset{\underset{OH}{|}}{CH}-H(R') + CH_3-\underset{\underset{O}{\|}}{C}-CH_3$$

2) 还原为亚甲基

在酸性或碱性条件下，用适当的还原剂，可使醛、酮分子中的羰基还原为亚甲基。

$$\begin{matrix}(H)R' \\ \quad\diagdown \\ \quad\quad C{=}O \\ \quad\diagup \\ R\end{matrix} \xrightarrow{[H]} \begin{matrix}(H)R' \\ \quad\diagdown \\ \quad\quad CH_2 \\ \quad\diagup \\ R\end{matrix}$$

常用的还原方法有以下两种。

(1) 克莱门森还原法。

醛或酮与锌汞齐(金属锌与汞形成的合金)和盐酸加热回流，羰基直接还原为亚甲基，这个反应称为克莱门森(Clemmensen)还原反应。

$$\begin{matrix}R \\ \quad\diagdown \\ \quad\quad C{=}O \\ \quad\diagup \\ (H)R'\end{matrix} \xrightarrow[HCl,\triangle]{Zn-Hg} \begin{matrix}R \\ \quad\diagdown \\ \quad\quad CH_2 \\ \quad\diagup \\ (H)R'\end{matrix}$$

克莱门森还原反应中间不经过醇的阶段，反应的最后结果是生成了亚甲基。对于酮，特别是芳香酮，这个还原反应具有重要的意义，在有机合成中常常是用来合成直链烷基苯。

$$C_6H_6 + CH_3CH_2CH_2C(=O)Cl \xrightarrow{AlCl_3} C_6H_5-\overset{\overset{O}{\|}}{C}-CH_2CH_2CH_3 \xrightarrow{Zn-Hg/HCl} C_6H_5-CH_2CH_2CH_2CH_3$$

(80%)

对酸敏感的醛、酮(如含醇羟基、C ═C 等),不能使用此法还原。

(2) 沃尔夫-凯惜纳-黄鸣龙还原法。

此法最初是将醛或酮与无水肼反应生成腙,然后将腙、乙醇钠和无水乙醇在封闭管或高压釜中加热到 180 ℃左右,羰基还原为亚甲基。

$$\mathrm{R(H)R'C{=}O} \xrightarrow{\mathrm{NH_2NH_2}} \mathrm{R(H)R'C{=}NNH_2} \xrightarrow[\text{高温,加压}]{\mathrm{KOH}} \mathrm{R(H)R'CH_2} + \mathrm{N_2}\uparrow$$

此反应是凯惜纳和沃尔夫分别于 1911 年、1912 年发现的,故由此而得名。沃尔夫-凯惜纳反应使用的无水肼价格比较昂贵,且需在高温、高压下进行长时间回流,操作很不方便,产率也较低。1946 年,我国化学家黄鸣龙改进了这种方法,将无水肼改用水合肼,以 NaOH、高沸点的缩乙二醇为溶剂和醛或酮一起加热。加热完成后,先蒸去水和过量的肼,再升温分解腙。

$$\mathrm{C_6H_6} + \mathrm{CH_3CH_2\overset{O}{\overset{\|}{C}}{-}Cl} \xrightarrow{\text{无水 } \mathrm{AlCl_3}} \mathrm{C_6H_5\overset{O}{\overset{\|}{C}}CH_2CH_3} \xrightarrow[\mathrm{(HOCH_2CH_2)_2O},\triangle]{\mathrm{H_2NNH_2 \cdot H_2O, NaOH}} \mathrm{C_6H_5CH_2CH_2CH_3}$$

3. 歧化反应

没有 α-H 的醛在浓碱的作用下可发生自身氧化还原反应,即一分子的醛被氧化成酸,而另一分子醛则被还原为醇,此反应称为坎尼扎罗反应。

$$\mathrm{HCHO + HCHO} \xrightarrow{\text{浓 NaOH}} \mathrm{CH_3OH + HCOONa}$$

$$\mathrm{C_6H_5CHO + C_6H_5CHO} \xrightarrow{\text{浓 NaOH}} \mathrm{C_6H_5CH_2OH + C_6H_5COONa}$$

甲醛与另一种没有 α-H 的醛在强的浓碱催化下加热,反应主要是甲醛被氧化为酸而另一种醛被还原为醇。

$$\mathrm{HCHO + C_6H_5CHO} \xrightarrow{\text{浓 NaOH}} \mathrm{C_6H_5CH_2OH + HCOONa}$$

这类反应称为“交错”坎尼扎罗反应,是制备 $\mathrm{ArCH_2OH}$ 型醇的有效手段。

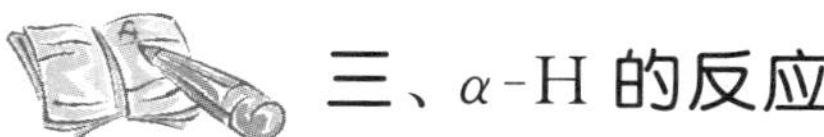

三、α-H 的反应

醛酮分子中与羰基相邻的碳原子相连的氢原子,即 α-H,受羰基的影响而变得非常活泼,具有一定的酸性,在强碱的作用下,可作为质子离去,所以带有 α-H 的醛、酮很容易发生此类反应。

1. 卤代和卤仿反应

1) 卤代反应

醛、酮分子中的 α-H 在酸或碱的催化下,容易被卤素取代,生成 α-卤代醛、酮。

酸催化时,通过控制反应条件,如卤素的用量等,可以控制主要生成产物为一元卤代物、二元卤代物或三元卤代物。

$$CH_3-\underset{\underset{O}{\|}}{C}-CH_3+Br_2 \xrightarrow{H^+} CH_3-\underset{\underset{O}{\|}}{C}-CH_2-Br+HBr$$

用碱催化时,卤代反应速率很快,一般不易控制生成一元、二元卤代物,因为醛、酮的一个 α-H 被取代后,由于卤原子是吸电子的,它所连的 α-C 上的氢原子在碱的作用下更容易离去,因此第二个、第三个 α-H 就更容易被取代生成 α,α,α-三卤代物。

$$R-\underset{\underset{O}{\|}}{C}-CH_3+3Cl_2+3OH^- \longrightarrow R-\underset{\underset{O}{\|}}{C}-\underset{\underset{Cl}{|}}{\overset{\overset{Cl}{|}}{C}}-Cl+3Cl^-+3H_2O$$

2) 卤仿反应

含有 α-甲基的醛、酮在碱溶液中与卤素反应,生成三卤代物。三卤代物在碱性溶液中不稳定,易分解成三卤甲烷(卤仿)和羧酸盐。

$$(H)R-\underset{\underset{O}{\|}}{C}-CH_3+X_2+NaOH \longrightarrow (H)R-\underset{\underset{O}{\|}}{C}-CX_3 \xrightarrow{NaOH} (H)R-COONa+CHX_3$$

若 X_2 为 Cl_2,则得到 $CHCl_3$(氯仿)液体;若 X_2 为 Br_2,则得到 $CHBr_3$(溴仿)液体;若 X_2 为 I_2,则得到 CHI_3(碘仿)浅黄色固体,称为碘仿反应。

乙醛和甲基酮都可发生碘仿反应。另外,具有 $(H)R-\underset{\underset{OH}{|}}{CH}-CH_3$ 结构的醇也可发生碘仿反应。NaOX 也是一种氧化剂,能将 α-甲基醇氧化为 α-甲基酮。

碘仿为浅黄色晶体,现象明显,故常用来鉴定上述反应范围内的化合物。

2. 缩合反应

1) 羟醛缩合或醇醛缩合

含有 α-H 的醛在稀碱(10% NaOH)溶液中,一分子醛的 α-H 加到另一分子醛的羰基氧原子上,其余部分加到羰基碳原子上,生成既含有羟基又含有醛基的 β-羟基醛(醇醛),这个反应称为羟醛缩合或醇醛缩合,是增长碳链的一种方法。β-羟基醛受热发生脱水,生成 α,β-不饱和醛。

$$CH_3-\overset{\overset{O}{\|}}{C}-H+CH_3-\overset{\overset{O}{\|}}{C}-H \xrightleftharpoons{\text{稀 NaOH}} CH_3-\underset{\underset{OH}{|}}{CH}-CH_2-CHO \xrightarrow[\triangle]{-H_2O} CH_3CH=CHCHO$$

$$2CH_3-CH_2-\overset{\overset{O}{\|}}{C}-H \xrightleftharpoons{\text{稀 NaOH}} CH_3-CH_2-\underset{\underset{OH}{|}}{CH}-\overset{\overset{CH_3}{|}}{CH}-CHO \xrightarrow[\triangle]{-H_2O} CH_3CH_2CH=\overset{\overset{CH_3}{|}}{C}CHO$$

其反应机理如下。

在稀碱的作用下,乙醛失去 α-H 而形成一个不稳定的碳负离子。

$$\underset{\underset{H}{|}}{CH_2}-CHO+OH^- \longrightarrow {}^-CH_2-CHO+H_2O$$

碳负离子进攻另一分子乙醛的醛基碳原子，生成氧负离子。

$$CH_3-\underset{H}{\underset{|}{C}}=O + {}^{-}CH_2-CHO \longrightarrow CH_3-\overset{O^-}{\overset{|}{\underset{H}{\underset{|}{C}}}}-CH_2CHO$$

氧负离子再接受水中的质子，最后生成 β-羟基醛。

$$CH_3-\overset{O^-}{\overset{|}{\underset{H}{\underset{|}{C}}}}-CH_2CHO + H_2O \longrightarrow CH_3-\overset{OH}{\overset{|}{\underset{H}{\underset{|}{C}}}}-CH_2CHO + OH^-$$

生成的 β-羟基醛的 α-碳原子上的氢同时被羰基和 β-碳原子上的羟基活化，所以稍微受热或经酸的作用即失去一分子的水，变成 α,β-不饱和醛。

$$CH_3-\overset{OH}{\overset{|}{\underset{H}{\underset{|}{C}}}}-CH_2CHO \xrightarrow{\triangle} CH_3-CH=CH-CHO + H_2O$$

2）交叉羟醛缩合反应

若用两种不同的有 α-H 的醛进行羟醛缩合，则可能发生交叉缩合，至少生成四种产物，分离困难，意义不大。例如：

$$CH_3-\overset{O}{\overset{\|}{C}}-H + CH_3-CH_2-\overset{O}{\overset{\|}{C}}-H \xrightleftharpoons{稀\ NaOH} \begin{cases} CH_3\underset{OH}{\underset{|}{C}}HCH_2CHO \\ CH_3CH_2\underset{OH}{\underset{|}{C}}H\overset{CH_3}{\overset{|}{C}}HCHO \\ CH_3CH_2\underset{OH}{\underset{|}{C}}HCH_2CHO \\ CH_3\underset{OH}{\underset{|}{C}}H\overset{CH_3}{\overset{|}{C}}HCHO \end{cases}$$

若选用一种不含 α-H 的醛和一种含 α-H 的醛进行交叉羟醛缩合，控制反应条件可得单一产物。例如：

$$C_6H_5-CHO + CH_3CHO \xrightarrow{稀\ NaOH} C_6H_5-\underset{OH}{\underset{|}{C}}HCH_2CHO$$

$$C_6H_5-CHO + CH_3CH_2CHO \xrightleftharpoons{稀\ NaOH} C_6H_5-\underset{OH}{\underset{|}{C}}H\underset{CH_3}{\underset{|}{C}}HCHO \xrightarrow[-H_2O]{\triangle} C_6H_5-CH=\underset{CH_3}{\underset{|}{C}}CHO$$

具体操作方法：将不含 α-H 的醛和稀碱混合物放到反应器中，然后缓慢加入含α-H的醛，含 α-H 的醛与过量的不含 α-H 的醛作用只生成单一产物。

3)羟酮缩合

含 α-H 的酮也可以发生缩合反应,但一般较难进行。

$$CH_3-\overset{\overset{\displaystyle O}{\|}}{C}-CH_3 + H-CH_2-\overset{\overset{\displaystyle O}{\|}}{C}-CH_3 \xrightleftharpoons{\text{稀 }OH^-} CH_3-\underset{\underset{\displaystyle OH}{|}}{\overset{\overset{\displaystyle CH_3}{|}}{C}}-CH_2\overset{\overset{\displaystyle O}{\|}}{C}CH_3$$

(80%)

4)α,β-不饱和醛、酮的羟醛缩合

α,β-不饱和醛、酮在稀碱作用下,也能发生羟醛缩合反应。

$$CH_3CH{=}CHCHO + CH_3CH{=}CHCHO \xrightarrow{\text{稀 }OH^-} CH_3CH{=}CH\overset{\overset{\displaystyle OH}{|}}{C}HCH_2CH{=}CHCHO$$

$$\xrightarrow{-H_2O} CH_3CH{=}CHCH{=}CHCH{=}CHCHO$$

5)柏琴反应

芳香醛和脂肪羧酸在相应酸的碱金属盐存在下共热,发生缩合反应,称为柏琴反应。这是制备 α,β-不饱和酸的一种方法。

$$C_6H_5CHO + (CH_3CO)_2O \xrightarrow[140\sim180\ ℃]{CH_3COOK} C_6H_5CH{=}CHCOOH + CH_3COOH$$

脂肪醛不发生柏琴反应。

第四节 醛、酮的制备

醛、酮的制备方法很多,现介绍一些常用的制备方法。

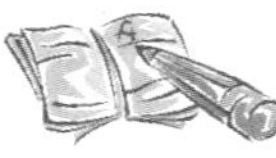

一、氧化或脱氢

1. 醇的氧化或脱氢

1)氧化

用 CrO_3-吡啶氧化伯醇可得到醛。

$$CH_3(CH_2)_5CH_2OH \xrightarrow[CH_2Cl_2,25\ ℃]{\text{吡啶-}CrO_3} CH_3(CH_2)_5CHO$$

用重铬酸钾的酸性溶液氧化仲醇可得到酮。

$$(CH_3)_3CCH_2OH \xrightarrow[H_2SO_4,\triangle]{K_2Cr_2O_7} (CH_3)_3CCHO$$

2）脱氢

伯醇、仲醇在金属 Cu 作为催化剂时，在 300 ℃下发生脱氢而生成醛和酮。

$$CH_3CH_2OH \xrightleftharpoons[300\ ℃]{Cu} CH_3CHO + H_2\uparrow$$

2. 烷基苯的氧化

此类反应主要用于制备芳香醛、酮。

$$C_6H_5-CH_3 + O_2 \xrightarrow[360\ ℃]{V_2O_5} C_6H_5-CHO + H_2O$$

二、炔烃水合

在硫酸汞-稀硫酸的催化作用下，炔烃与水发生加成反应，乙炔生成乙醛，其他的炔烃则生成酮。

$$CH\equiv C-R(H) + H_2O \xrightarrow[H_2SO_4]{HgSO_4} CH_3-\underset{\underset{O}{\|}}{C}-R(H)$$

三、羰基合成

在八羰基二钴的催化下，α-烯烃可与一氧化碳和氢反应，生成多一个碳原子的醛，这种方法称为羰基合成。产物中通常是以直链醛为主。

$$RCH=CH_2 + CO + H_2 \xrightarrow[110\sim150\ ℃,20\ MPa]{[Co(CO)_4]_2} \underset{(主)}{RCH_2CH_2CHO} + \underset{(次)}{R\underset{\underset{CH_3}{|}}{C}HCHO}$$

四、傅-克酰基化反应

傅-克酰基化反应主要用于制备芳香酮。

$$ArH + R\overset{\overset{O}{\|}}{C}Cl \xrightarrow{AlCl_3} Ar\overset{\overset{O}{\|}}{C}R$$

第五节 重要的醛和酮

一、甲醛

甲醛又称为蚁醛，是一种无色、有强烈刺激性气味的气体，易溶于水、醇和醚，熔点为

−92 ℃，沸点为−21 ℃，液态时的密度为0.8159 g·cm^{-3}(20 ℃)。质量分数为35%～40%的甲醛水溶液称为福尔马林，福尔马林具有杀菌和防腐的作用，可浸制生物标本，其稀溶液(质量分数为0.1%～0.5%)在农业上可用来给种子消毒。甲醛为较高毒性的物质，在我国有毒化学品优先控制名单上甲醛高居第二位。

甲醛能与蛋白质结合，吸入高浓度甲醛后，会出现呼吸道的严重刺激和水肿、眼刺痛、头痛，也可发生支气管哮喘。皮肤直接接触甲醛，可引起皮炎、色斑、坏死。经常吸入少量甲醛，能引起慢性中毒，出现黏膜充血、皮肤刺激征、过敏性皮炎、指甲角化和脆弱等，全身症状有头痛、乏力、食欲不振、心悸、失眠、体重减轻以及植物神经紊乱等。

甲醛分子中有醛基，可发生缩聚反应，得到酚醛树脂(电木)。甲醛是一种重要的有机原料，主要用于塑料工业(如制备酚醛树脂、脲醛树脂塑料)、合成纤维(如合成维尼纶——聚乙烯醇缩甲醛)、皮革工业、医药、染料等。甲醛与浓氨水作用，生成一种环状结构的白色晶体(环六亚甲基四胺)，药品名为乌洛托品，在医药上用做利尿剂及尿道消毒剂。

工业上常用甲醇空气氧化法生产甲醛。

以甲醇蒸气和空气的混合物为原料，在600 ℃和银作为催化剂的条件下，甲醇可转化为甲醛。

$$CH_3OH+\frac{1}{2}O_2(\text{空气})\xrightarrow[600\ ℃]{\text{Ag-浮石}}HCHO+H_2O$$

二、乙醛

乙醛是一种易挥发的、具有刺激性臭味的无色液体，易溶于水、乙醇和乙醚，沸点为21 ℃，为低闪点易燃液体化学品。乙醛也容易发生聚合反应，生成三聚乙醛，该法可用来保存乙醛。

三氯乙醛是乙醛的一个重要衍生物，它易与水结合生成水合三氯乙醛，简称水合氯醛。水合氯醛是无色晶体，有刺激性气味，味略苦，易溶于水、乙醚和乙醇。其10%的水溶液在临床上作为长时间作用的催眠药，用于治疗失眠、烦躁不安及惊厥，它使用安全，不易引起累积中毒，但对胃有一定的刺激性。

工业上用乙炔水合法生产乙醛：

$$CH\equiv CH\ +H_2O\xrightarrow[98\sim105\ ℃,\text{约}\ 0.15\ MPa]{Hg^{2+},H_2SO_4}CH_3CHO$$

此法工艺成熟，收率也很高，但汞盐催化剂毒性较大，易污染环境，原料乙炔价格也较贵。随着石油化学工业的发展，以乙烯为原料，氯化钯和氯化铜的水溶液为催化剂，用空气或氧气可将乙烯氧化为乙醛，反应的收率也很高。

$$CH_2=CH_2+\frac{1}{2}O_2\xrightarrow[120\sim130\ ℃,\text{约}\ 0.3\ MPa]{PdCl_2\text{-}CuCl_2}CH_3CHO$$

三、苯甲醛

苯甲醛是最简单的芳香醛，具有苦杏仁味，俗称苦杏仁油，苯甲醛广泛存在于植物界，特别是蔷薇科植物中，主要以苷的形式存在于植物的茎、皮、叶或种子中，如苦杏仁中的苦杏仁苷。天然苯甲醛存在于苦杏仁油、藿香油、风信子油、依兰油等精油中，是无色或淡黄色液体，微溶于水，易溶于乙醇和乙醚，熔点为－26 ℃，沸点为 179 ℃。

苯甲醛是重要的有机化工原料，用于合成染料及其中间体，也可用于制造肉桂酸、苯甲酸苄酯、合成香料、调味料等。

苯甲醛在工业上的合成是采用在气相或液相中，将甲苯氧化为苯甲醛的方法。

$$C_6H_5CH_3 \xrightarrow[40\ ℃]{MnO_2,65\%H_2SO_4} C_6H_5CHO$$

四、丙酮

丙酮是最简单的酮，为无色液体，易挥发、易燃，沸点为 56.5 ℃，可与水、乙醇、乙醚和氯仿等混溶，并能溶解许多有机化合物，是常用的有机溶剂。

丙酮对人体具有肝毒性，对于黏膜有一定的刺激性，吸入其蒸气后可引起头痛、支气管炎等症状，如果大量吸入，还可能失去意识，日常生活中主要用于脱脂、脱水、固定等，在血液和尿液中为重要检测对象。糖尿病患者由于代谢不正常，体内常有过量的丙酮产生。临床上检查丙酮，可用亚硝酰铁氰化钠的碱性溶液，若有丙酮存在，尿液呈现鲜红色；也可用碘仿反应，即将加碘的氢氧化钠溶液于尿中，若有丙酮存在，则有黄色的碘仿析出。

有些癌症患者尿样中丙酮水平会异常升高。采用低碳水化合物食物疗法减肥的人血液、尿液中的丙酮浓度也异常地高。

工业上丙酮的生产方法主要有以下几种。

1. 异丙醇催化脱氢法

在 250～270 ℃，以氧化锌或金属铜及其合金为催化剂，异丙醇气相催化脱氢即得丙酮。

$$CH_3-\underset{\underset{OH}{|}}{CH}-CH_3 \xrightarrow[\triangle]{催化剂} CH_3-\underset{\underset{O}{\|}}{C}-CH_3 + H_2$$

2. 异丙醇催化氧化法

以铜或银为催化剂，异丙醇催化氧化，生成丙酮。

$$CH_3-\underset{\underset{OH}{|}}{CH}-CH_3 + \frac{1}{2}O_2 \xrightarrow[\triangle]{Cu} CH_3-\underset{\underset{O}{\|}}{C}-CH_3 + H_2O$$

3. 丙烯直接氧化法

以丙烯为原料，$PdCl_2$ 和 $CuCl_2$ 为催化剂，在 0.9～1.2 MPa、100～120 ℃条件下，丙烯直接被空气或氧气氧化，生成丙酮。

$$CH_3-CH=CH_2+\frac{1}{2}O_2 \xrightarrow[0.9\sim1.2\ MPa,100\sim120\ ℃]{PdCl_2\text{-}CuCl_2} CH_3-\underset{\underset{O}{\|}}{C}-CH_3$$

五、环己酮

环己酮是无色、油状液体，具有薄荷和丙酮的气味，沸点为 155.6 ℃，微溶于水，易溶于乙醇和乙醚等有机溶剂，易燃，无腐蚀性，蒸气与空气形成爆炸性混合物，爆炸极限为 3.2%～9%(体积分数)。

环己酮是一种重要的有机化工原料，主要用于制造己内酰胺和己二酸，也用做溶剂和稀释剂。己内酰胺是生产尼龙-6 纤维(锦纶)的原料，己二酸是生产尼龙-66(聚酰胺-66)和尼龙-46(聚酰胺-46)纤维的原料。环己酮在生产橡胶助剂、涂料、合成纤维、染料以及农药等的工业部门中都有广泛的用途。

工业上以环己烷为原料，在乙酸钴为催化剂下进行空气氧化，先生成环己酮和环己醇的混合物，再以氧化锌为主要催化剂，在常压和 400 ℃左右的条件下进行催化脱氢生产环己酮。

$$\text{环己烷} \xrightarrow[130\ ℃,2\ MPa]{\text{乙酸钴,空气}} \text{环己酮(O)} + \text{环己醇(OH)}$$

$$\text{环己醇(OH)} \xrightarrow[\text{常压},400\ ℃]{\text{催化剂}} \text{环己酮(O)}$$

本章小结

一、醛、酮的命名

结构简单的醛根据分子中与醛基相连的烃基名称来命名，称为"某醛"；结构简单的酮根据与酮基相连的两个烃基来命名，称为"某某酮"；结构复杂的醛、酮则按系统命名法命名。

(1) 主链的选择。选择连有羰基在内的最长碳链作为主链，根据主链上碳原子数以及羰基的类型称为"某醛"或"某酮"。

(2) 主链的编号。从靠近羰基最近的一端将主链编号。对于醛，则从醛基碳原子开始编号。

(3) 官能团的标注。对于醛，醛基在第一位，所以醛基不需要标注；而对于酮，酮基可在碳链的不同位置，所以酮基的位置必须标注。

(4) 写出全称。

二、醛、酮的化学性质

1. 醛、酮的加成反应

$$>C=O + \begin{cases} \xrightarrow{HCN} -\overset{|}{\underset{OH}{\underset{|}{C}}}-CN \\ \xrightarrow{NaHSO_3} -\overset{|}{\underset{OH}{\underset{|}{C}}}-SO_3Na \\ \xrightarrow{RMgX} \xrightarrow[H_2O]{H^+} R-\overset{|}{\underset{|}{C}}-OH \\ \xrightarrow[\text{无水 HCl}]{2CH_3OH} -\overset{|}{\underset{OCH_3}{\underset{|}{C}}}-OCH_3 \end{cases}$$

2. 与氨的衍生物的缩合反应

$$>C=O + \begin{cases} \xrightarrow{NH_2OH} >C=N-OH \\ \xrightarrow{NH_2NH_2} >C=N-NH_2 \\ \xrightarrow{PhNHNH_2} >C=N-NHPh \\ \xrightarrow{NH_2NH-\underset{O}{\underset{\|}{C}}-NH_2} >C=N-NH-\underset{O}{\underset{\|}{C}}-NH_2 \end{cases}$$

3. 氧化反应

醛与酮在结构上的最大不同是醛中羰基连接的两个基团中至少有一个是氢原子。因此，醛可被氧化剂氧化，而酮不能被氧化。

托伦试剂可用来鉴别醛和酮，费林试剂可用来鉴别脂肪醛和芳香醛。

4. 还原反应

$$>C=O \begin{cases} \xrightarrow[Ni,\triangle,\text{加压}]{H_2} -\overset{|}{C}H-OH \\ \xrightarrow[H_3O^+]{NaBH_4} -\overset{|}{C}H-OH \\ \xrightarrow[H_3O^+]{LiAlH_4,\text{无水乙醚}} -\overset{|}{C}H-OH \\ \xrightarrow[[(CH_3)_2CHO]_3Al]{CH_3-\underset{OH}{\underset{|}{C}H}-CH_3} -\overset{|}{C}H-OH \end{cases}$$

$$\mathrm{>C{=}O} \xrightarrow[\mathrm{HCl,\triangle}]{\mathrm{Zn\text{-}Hg}} \mathrm{-CH_2-}$$

$$\mathrm{>C{=}O} \xrightarrow[\mathrm{NaOH}]{\mathrm{NH_2NH_2}} \mathrm{>C{=}N-NH_2} \xrightarrow{\triangle} \mathrm{-CH_2-}$$

5. 歧化反应

不含 α-H 的醛在浓碱作用下,能发生自身氧化还原反应,即一分子醛被氧化生成羧酸,而另一分子醛被还原生成醇。

知识拓展

甲　醛

甲醛为有较高毒性的物质,在我国有毒化学品优先控制名单上高居第二位。甲醛已经被世界卫生组织确定为致癌和致畸物质,是公认的变态反应源,也是潜在的强致突变物之一。研究表明,甲醛具有强烈的致癌和促癌作用。大量文献记载,甲醛对人体健康的影响主要表现在嗅觉异常、刺激、过敏、肺功能异常、肝功能异常和免疫功能异常等方面。其浓度在空气中达到 $0.06\sim0.07\ \mathrm{mg\cdot m^{-3}}$ 时,儿童就会发生轻微气喘;达到 $0.1\ \mathrm{mg\cdot m^{-3}}$ 时,就有异味和不适感;达到 $0.5\ \mathrm{mg\cdot m^{-3}}$ 时,可刺激眼睛,引起流泪;达到 $0.6\ \mathrm{mg\cdot m^{-3}}$ 时,可引起咽喉不适或疼痛;浓度更高时,可引起恶心、呕吐、咳嗽、胸闷、气喘甚至肺水肿;达到 $30\ \mathrm{mg\cdot m^{-3}}$ 时,会立即致人死亡。长期接触低剂量甲醛可引起慢性呼吸道疾病、鼻咽癌、结肠癌、脑瘤、月经紊乱、细胞核的基因突变、DNA 单链内交连和 DNA 与蛋白质交连、妊娠综合征、新生儿染色体异常和白血病,青少年记忆力和智力下降及抑制 DNA 损伤的修复。在所有接触者中,老人、儿童和孕妇对甲醛尤为敏感,危害也就更大。甲醛是装修和家具的主要污染物,其释放期长达 3～15 年,遇热、遇潮就会从材料深层挥发出来,严重污染环境,已成为难以解决的世界性难题。

习　题

1. 命名下列化合物。

(1) $\mathrm{CH_3-CH(CH_3)-CH_2-C(=O)-CH_3}$

(2) $\mathrm{C_6H_5-CH(CH_3)-CH_2-CHO}$

(3) $\mathrm{CH_3-CH(CH_3)-CH_2-CHO}$

(4) $\mathrm{CH_3-C_6H_4-C(=O)-CH_3}$（对位）

(5) $\mathrm{CH_3-CH(CH_3)-C(=O)-CH_2-C(=O)-CH_2-CH_3}$

(6) $\mathrm{(CH_3)(H)C{=}C(H)(CH_2CHO)}$（$\mathrm{CH_3}$ 与 H 同侧，H 与 $\mathrm{CH_2CHO}$ 异侧）

(7) 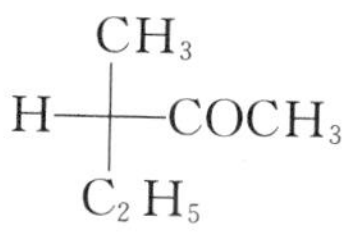 $H-\overset{CH_3}{\underset{C_2H_5}{C}}-COCH_3$

(8) 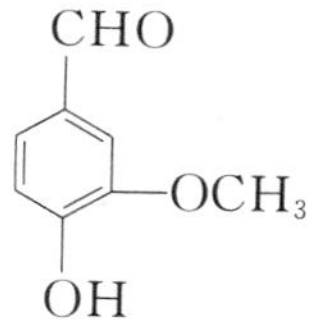 4-羟基-3-甲氧基苯甲醛结构：苯环上 CHO，$-OCH_3$，OH

(9) 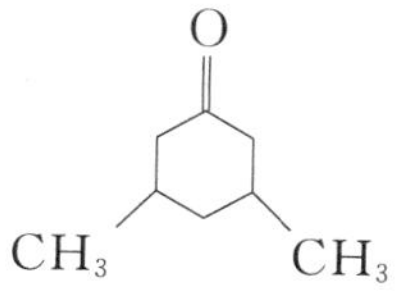 3,5-二甲基环己酮结构：环己酮环上 O，两个 CH_3

(10) 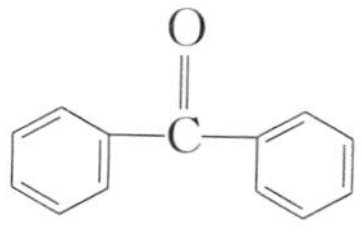 二苯甲酮结构：$C_6H_5-\overset{O}{\overset{\|}{C}}-C_6H_5$

2. 写出下列化合物的结构式。

(1) 4-庚烯-2-酮 (2) 3-甲基戊酮 (3) 3-苯基丁酮

(4) 2-甲基丙醛 (5) (*E*)-3-苯基丙烯醛 (6) (*R*)-3-氯-2-丁酮

(7) 苯乙酮 (8) 乙基环己基甲酮 (9) 3-甲基丁醛

(10) 4-甲基-2-乙基戊醛

3. 完成下列化学反应。

(1) $CH_3CH_2-\underset{\underset{O}{\|}}{C}-CH_3 \xrightarrow[OH^-]{HCN} \qquad \xrightarrow{稀\ H_2SO_4}$

(2) $CH_3CH_2CHO \xrightarrow[H_2O]{NaHSO_3} \qquad \xrightarrow{OH^-}$

(3) $CH_3CH_2CHO \xrightarrow[无水乙醚]{CH_3CH_2MgBr} \xrightarrow[H_2O]{H^+}$

(4) $CH_3CH_2COCH_3 \xrightarrow{2,4-二硝基苯肼}$

(5) $CH_3CH_2COCH_3 \xrightarrow[NaOH]{I_2}$

(6)  $C_6H_5-CHO + HCHO \xrightarrow{浓\ NaOH}$

(7) $CH_3CH_2CHO + CH_3CH_2CHO \xrightarrow{稀\ NaOH} \qquad \xrightarrow{\triangle}$

(8) $CH_3-CH=CH-CH_2CHO \xrightarrow{NaBH_4}$

(9) 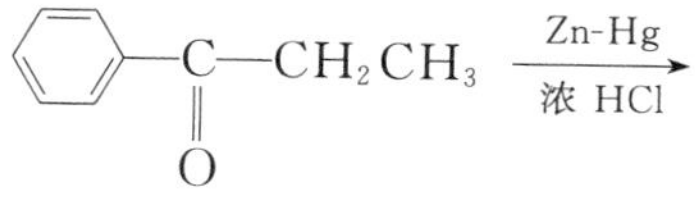 $C_6H_5-\underset{\underset{O}{\|}}{C}-CH_2CH_3 \xrightarrow[浓\ HCl]{Zn-Hg}$

(10) $CH_3CH_2CHO + 2CH_3OH \xrightarrow{无水\ HCl}$

4. 用简便的化学方法鉴别下列各组化合物。

(1) 甲醛、乙醛、丙酮、苯乙醛 (2) 乙醛、苯甲醛、2-戊酮、3-戊酮

(3) 乙醛、丙烯醛、异丙醇 (4) 丙酮、丙醛、正丙醇、异丙醇、正丙醚

5. 用指定的原料合成下列化合物。

(1) 由丙烯合成正丁醇 (2) 由丙酮合成 2,3-二甲基-2-丁醇

(3) 由乙醛合成 2-乙基-1-己醇

6. 某化合物 A 的分子式为 C_8H_8O,A 不与托伦试剂反应,但能与 2,4-二硝基苯肼作用生成橙色晶体,还能与碘的氢氧化钠溶液作用生成黄色沉淀,试推测出 A 的结构式及与各试剂所发生反应的反应式。

7. 化合物 A 的分子式为 $C_9H_{10}O_2$,能溶于氢氧化钠溶液,既可与羟胺、氨基脲等反应,又能与三氯化铁溶液发生显色反应,但不与托伦试剂反应。A 经 $LiAlH_4$ 还原则生成分子式为 $C_9H_{12}O_2$ 的化合物 B。A 和 B 均能起卤仿反应。将 A 用锌汞齐在浓盐酸中还原,可得到分子式为 $C_9H_{12}O$ 的化合物 C。将 C 与氢氧化钠溶液作用,然后与碘甲烷煮沸,得到分子式为 $C_{10}H_{14}O$ 的化合物 D。D 用高锰酸钾溶液氧化,最后得到对甲氧基苯甲酸。试写出 A、B、C、D 的结构式。

第十二章

羧酸及其衍生物

目标要求

1. 了解羧酸、羧酸衍生物、取代酸的结构特点和分类；了解重要羧酸及取代酸的俗名及物理性质。

2. 掌握羧酸、羧酸衍生物、取代酸的系统命名。

3. 掌握羧酸、羧酸衍生物、取代酸的化学性质，诱导效应对羧酸及取代酸酸性的影响。

4. 掌握个别羧酸的特殊反应(甲酸、草酸、乙酰乙酸等)。

5. 了解互变异构的概念以及产生互变异构的条件，理解产生互变异构的原因。

重点与难点

重点：羧酸及其衍生物的命名、化学性质，乙酰乙酸乙酯和丙二酸二乙酯在有机合成中的应用。

难点：取代酸的酸性强弱。

羧酸是含有羧基(—COOH)的含氧有机化合物，一元饱和脂肪羧酸的通式为 $C_nH_{2n}O_2$。羧酸衍生物包括的化合物种类很多，如羧酸盐类、酰卤类、酯类(包括内酯、交酯、聚酯等)、酸酐类、酰胺类(包括酰亚胺、内酰胺)等都是羧酸衍生物，有人甚至把腈类也包括在羧酸衍生物的范围之内。其实，比较常见的又比较重要的是酰卤、酸酐、酯和酰胺这四类化合物。这四类化合物都是羧酸分子中因酰基转移而产生的衍生物，所以又称为羧酸的酰基衍生物。羧酸盐与一般无机酸盐在键价类型上没有很大区别，不作专门介绍。至于腈类，将放在含氮化合物中加以介绍。

羧酸及其衍生物 RCOL(L：—OH、—X、—OOCR′、—OR′、—NH_2)在许多重要天然产物的构成以及在生物代谢过程中均占有重要地位，它们也是重要的化工原料和有机合成中间体。本章将以饱和一元脂肪酸为重点，讨论羧酸及其衍生物的结构和性质。

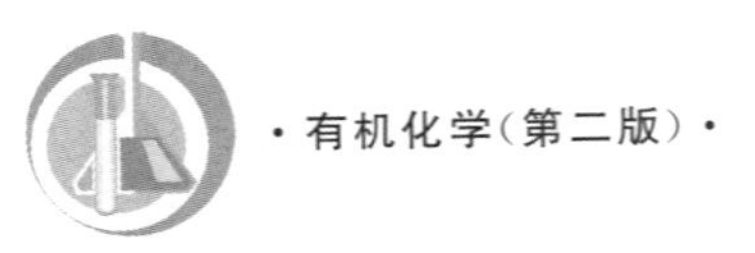

第一节　羧酸的结构、分类和命名

一、羧酸的结构

羧基从结构上看是由羰基（$-\overset{\overset{\large O}{\|}}{C}-$）和羟基（—OH）组成的，但是它与醛、酮的羰基和醇的羟基在性质上有非常明显的差异，这主要是由结构上的差异所造成的。羧基中的碳原子是以 sp^2 方式进行杂化的，三个 sp^2 杂化轨道分别与羰基的氧原子、羟基的氧原子和一个烃基的碳原子（或一个氢原子）形成三个 σ 键，这三个 σ 键在同一平面上，所以羧基的结构是平面结构，键角大约为 120°，羧基碳原子剩下一个 p 轨道与羰基氧原子的 p 轨道形成一个 π 键。另外，羧基的羟基氧原子有一对未共用电子，它和 π 键形成 p-π 共轭体系。羧基的结构如图 12-1 所示。

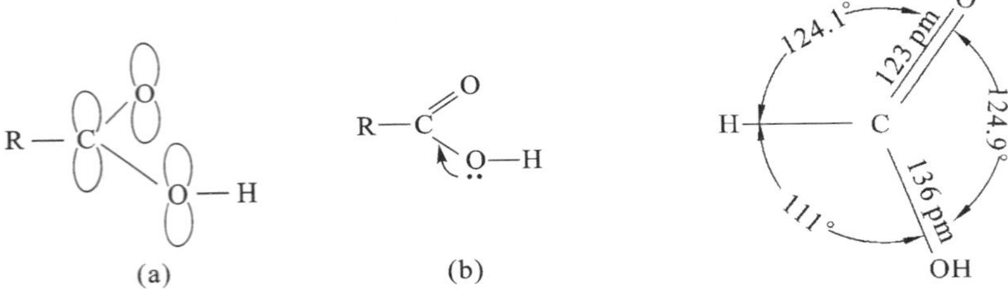

图 12-1　羧基的结构　　　图 12-2　甲酸的键长及键角

由于 p-π 共轭的影响，键长有平均化的趋向，另外，羧酸分子中的 C═O 和 C—OH 的键长是不相同的。例如，用 X 射线和电子衍射测定已证明，在甲酸中，C═O 键键长是 123 pm，C—O 键键长是 136 pm（见图 12-2），说明羧酸分子中两个碳氧键是不相同的。

羧酸之所以显酸性，主要是因为羧酸能解离生成更为稳定的羧酸根负离子。

二、羧酸的分类

羧酸的种类繁多，有不同的分类方法。

按照与羧基所连的烃基不同，羧酸可分为脂肪族羧酸和芳香族羧酸。脂肪族羧酸又可分为饱和羧酸、不饱和羧酸和脂环羧酸。

按照分子中所含羧基的数目不同，羧酸可分为一元羧酸、二元羧酸和多元羧酸。

按照分子中烃基上的氢原子被其他原子或基团取代后产物的类型，羧酸可分为卤代酸、羰基酸、羟基酸和氨基酸等。

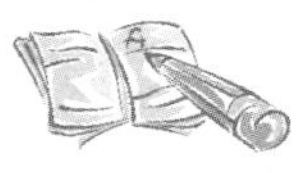

三、羧酸的命名

1. 俗名

某些羧酸最初是根据来源命名的，这种名称称为俗名。例如：甲酸来自于蚂蚁中，称为蚁酸；乙酸存在于食醋中，称为醋酸；丁酸存在于奶油中，称为酪酸；苯甲酸存在于安息香胶中，称为安息香酸；还有草酸、琥珀酸、苹果酸、柠檬酸等。

2. 系统命名法

羧酸系统命名法的原则如下：选择含有羧基的最长碳链作为主链，从羧基中的碳原子开始给主链上的碳原子编号，取代基的位次用阿拉伯数字标明。有时也用希腊字母来表示取代基的位次，从羧基相邻的碳原子开始，依次为$\alpha,\beta,\gamma,\delta,\cdots$。若分子中含有重键，则选含有羧基和重键的最长碳链为主链。根据主链上碳原子的数目称为“某酸”或“某烯(炔)酸”。例如：

$CH_3—CH(Br)—CH_2—CH(CH_3)—COOH$

2-甲基-4-溴戊酸(α-甲基-γ-溴戊酸)

$CH_3—CH(CH_3)—CH(CH_3)—COOH$

2，3-二甲基丁酸(α,β-二甲基丁酸)

$CH_3—C{\equiv}C—CH(CH_3)—CH_2—COOH$

3-甲基-4-己炔酸

$CH_3CH{=}CHCOOH$

2-丁烯酸

对于芳香族羧酸和脂环羧酸，可把芳环和脂环作为取代基来命名。若芳环上连有取代基，则从羧基所连的碳原子开始编号，并使取代基的位次最小。

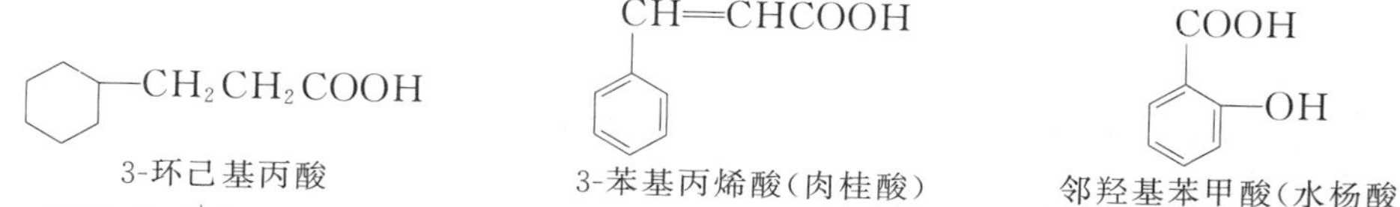

3-环己基丙酸　3-苯基丙烯酸(肉桂酸)　邻羟基苯甲酸(水杨酸)

二元羧酸命名时，选择包含两个羧基的最长碳链为主链，根据主链碳原子的数目称为“某二酸”。例如：

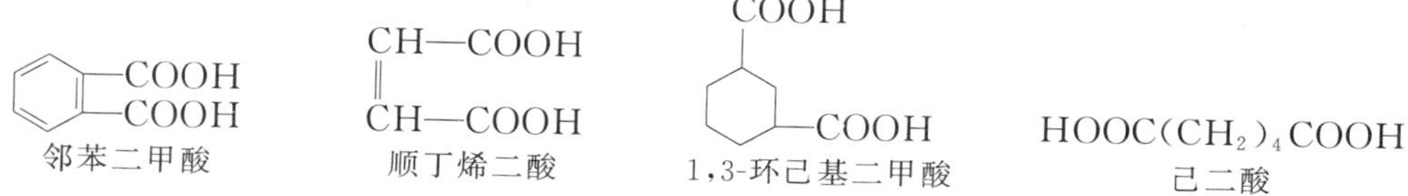

邻苯二甲酸　顺丁烯二酸　1，3-环己基二甲酸　己二酸

第二节　羧酸的物理性质

常温下，低级一元脂肪酸是液体，甲酸、乙酸和丙酸具有刺激性气味。直链的正丁酸至正壬酸是具有腐败气味的油状液体。高级脂肪酸是无气味的蜡状固体。多元酸或芳香酸在常温下都是结晶固体。

饱和一元羧酸的沸点随相对分子质量的增加而增高，其沸点比相对分子质量相近的醇的沸点高。如甲酸和乙醇的相对分子质量相同，都是 46，甲酸的沸点为 101 ℃，而乙醇的沸点则为 78 ℃。又如，乙酸和丙醇的相对分子质量都是 60，乙酸的沸点为 118 ℃，而丙醇的沸点则为 97 ℃。这种沸点相差很大的原因是羧酸分子间形成的氢键较稳定，并能通过氢键互相缔合起来，形成双分子缔合的二聚体。

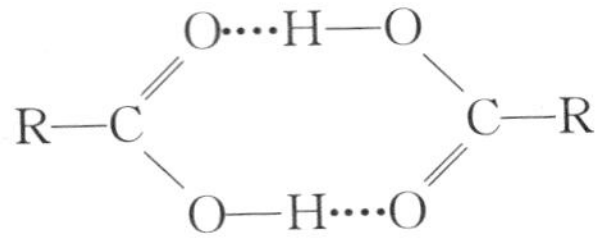

```
        O····H—O
      //         \
R—C                C—R
      \          //
        O—H····O
```

根据 X 射线对蒸气密度的测定，低级羧酸(甲酸、乙酸等)在蒸气状态时还保持双分子缔合形式。

羧酸的熔点表现出一种特殊的规律性变化，即含偶数碳原子的羧酸的熔点比相邻两个含奇数碳原子的羧酸的熔点高。这可能是因为在晶体中，羧酸分子的碳链是呈锯齿状排列的。这样，含偶数碳原子的羧酸的链端甲基和羧基分处在碳链的两边，而含奇数碳原子的羧酸的链端甲基和羧基则处在碳链的同一边，故前者具有较高的对称性，在晶格中排列得更紧密，分子间的吸引力更大，需要更高的温度才能使它们彼此分开，具有较高的熔点。

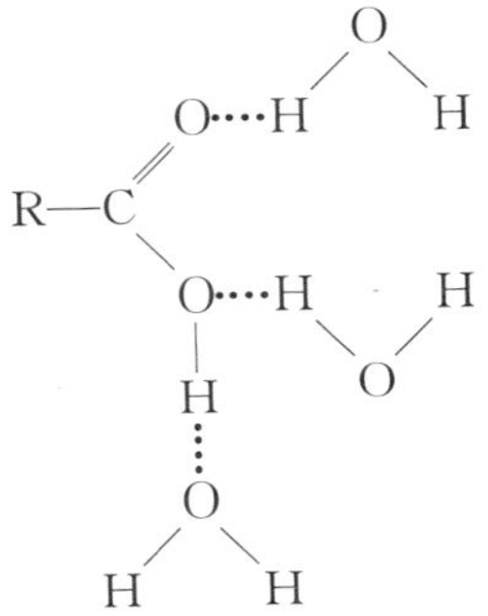

```
                    O
                  /   \
          O····H       H
        //
R—C
        \
          O····H       H
          |       \   /
          H         O
          ⋮
          O
        /   \
      H       H
```

在羧酸分子中，由于羧基是一个亲水基团，可与水形成氢键，因此，甲酸至丁酸都能与水混溶。从戊酸开始，随相对分子质量的增加，憎水性的烃基越来越大，在水中的溶解度迅速减小。癸酸以上的羧酸不溶于水。但脂肪族一元羧酸一般能溶于乙醇、乙醚、氯仿等有机溶剂。低级饱和二元羧酸也可溶于水，并随碳链的增长，溶解度降低。芳香酸在水中的溶解度甚微。甲酸、乙酸的相对密度大于 1，其他羧酸的相对密度都小于 1。二元羧酸和芳香族羧酸的相对密度都大于 1。常见羧酸的物理常数见表 12-1。

表 12-1　常见羧酸的物理常数

名称(俗名)	熔点/℃	沸点/℃	溶解度/[g·(100 g (H_2O))$^{-1}$]	相对密度 d_4^{20}
甲酸(蚁酸)	8.4	100.7	∞	1.220
乙酸(醋酸)	16.6	117.9	∞	1.049 2
丙酸(初油酸)	−20.8	141.1	∞	0.993 4
正丁酸(酪酸)	−4.5	165.6	∞	0.957 7
正戊酸(缬草酸)	−34.5	186	4.97	0.939 1
正己酸(羊油酸)	−2～−1.5	205	0.968	0.927 4
正辛酸(羊脂酸)	16.5	239.3	0.068	0.908 8

续表

名称(俗名)	熔点/℃	沸点/℃	溶解度/[g·(100 g (H_2O))$^{-1}$]	相对密度 d_4^{20}
正癸酸(羊蜡酸)	31.5	270	0.015	0.885 8(40 ℃)
十二酸(月桂酸)	44	225(13.3 kPa)	0.005 5	0.867 9(50 ℃)
十四酸(豆蔻酸)	58.5	326.2	0.002 0	0.843 9(60 ℃)
十六酸(软脂酸)	63	351.5	0.000 72	0.853(62 ℃)
十八酸(硬脂酸)	71.2	383	0.000 29	0.940 8
乙二酸(草酸)	189.5	157(升华)	9	1.650
丙二酸(缩苹果酸)	135.6	140(分解)	74	1.619(16 ℃)
丁二酸(琥珀酸)	187～189	235(脱水分解)	5.8	1.572(25 ℃)
戊二酸(胶酸)	98	302～304	63.9	1.424(25 ℃)
己二酸(肥酸)	153	265(13.3 kPa)	1.5	1.360(25 ℃)
顺丁烯二酸(马来酸)	138～140	160(脱水成酐)	78.8	1.590
反丁烯二酸(富马酸)	287	165(0.23 kPa,升华)	0.7	1.635
苯甲酸(安息香酸)	122.4	249	0.34(热水)	1.265 9(15 ℃)
邻苯二甲酸(邻酞酸)	206～208(分解)	—	0.7	1.593
对苯二甲酸(对酞酸)	300	—	0.002	1.510
3-苯基丙烯酸(肉桂酸)	135～136	300	溶于热水	1.247 5(4 ℃)

第三节 羧酸的化学性质

从羧酸的结构可以看出,它的化学性质主要表现为羧基的性质。羧基是由羟基和羰基直接相连而成的,羧基的性质并不是这两个基团性质的简单加和,由于两者在分子中的相互影响,而具有自己特有的性质。p-π 共轭体系,使羰基失去了典型的羰基性质,所以羧基中的羰基不具有醛、酮的一般特性。也是由于 p-π 共轭,羟基中的氧原子上的电子云向羰基转移,使氧原子上电子云密度降低,O—H 间的电子云更靠近氧原子,增强了O—H 键的极性,有利于羟基中氢原子的解离,使羧酸的酸性比醇的强,因而羧基中的羟基的性质和醇羟基的性质也不完全相同。

根据羧酸的结构,它可以发生如下反应:

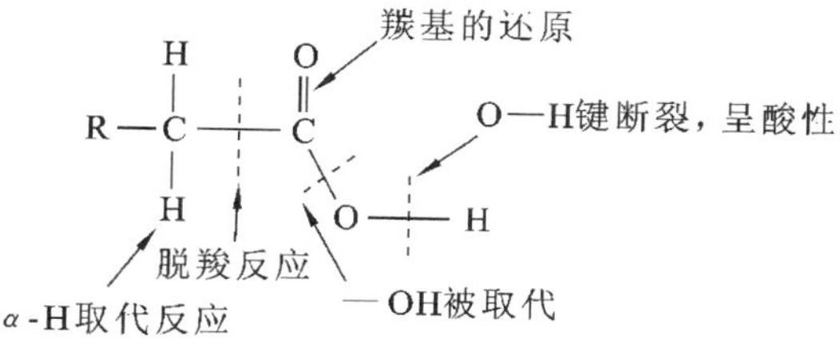

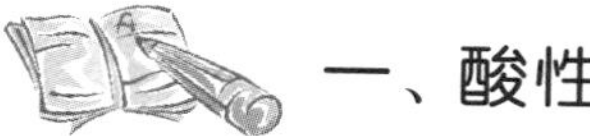

一、酸性

羧酸在水溶液中能够解离出氢离子而呈现弱酸性。一般羧酸的 pK_a 值为 3～5。羧酸为弱酸,但其酸性比碳酸($pK_a=6.3$)、苯酚($pK_a=10$)和甲醇($pK_a=15.9$)的酸性都强。

羧酸可与 NaOH、Na_2CO_3、$NaHCO_3$ 作用生成羧酸盐,也能与活泼的金属作用放出氢气。

$$RCOOH + NaOH \longrightarrow RCOONa + H_2O$$

$$RCOOH + NaHCO_3 \longrightarrow RCOONa + H_2O + CO_2\uparrow$$

羧酸盐与无机强酸作用可游离出羧酸,用于羧酸的分离、回收和提纯。

$$RCOONa + HCl \longrightarrow RCOOH + NaCl$$

例如,欲鉴别苯甲酸、苯甲醇和对甲苯酚,可按如下步骤进行:在这三者中分别加入碳酸氢钠溶液,能溶解并有气体产生的是苯甲酸,再在剩余的二者中加入氢氧化钠溶液,溶解的是对甲苯酚,不溶解的是苯甲醇。

当羧酸的烃基上(特别是 α-碳原子上)连有电负性大的基团时,由于它们的吸电子诱导效应,氢氧间电子云偏向氧原子,氢氧键的极性增强,有利于氢原子解离,使酸性增大。基团的电负性越大,取代基的数目越多,距羧基的位置越近,吸电子诱导效应越强,则羧酸的酸性越强。例如:

	三氯乙酸	二氯乙酸	氯乙酸
pK_a	0.028	1.29	2.81

因此,低级的二元酸的酸性比饱和一元酸的强,特别是乙二酸,它是由两个电负性大的羧基直接相连而成的,由于两个羧基的相互影响,酸性显著增强,乙二酸($pK_{a1}=1.46$)的酸性比磷酸($pK_{a1}=1.59$)的还强。

取代基对芳香族羧酸酸性的影响也有同样的规律。当羧基的对位连有硝基、卤素原子等吸电子基时,酸性增强;而当对位连有甲基、甲氧基等斥电子基时,酸性减弱。至于邻位取代基对酸性的影响,因受位阻影响比较复杂。间位取代基对酸性的影响不能在共轭体系内传递,影响较小。

	对硝基苯甲酸	对氯苯甲酸	对甲氧基苯甲酸	对甲基苯甲酸
pK_a	3.42	3.97	4.47	4.38

常见羧酸的 pK_a 值见表 12-2。

表 12-2　常见羧酸的 pK_a 值

化合物	pK_a(25 ℃)	化合物	pK_a(25 ℃)	
			pK_{a1}	pK_{a2}
甲酸	3.75	乙二酸	1.2	4.2
乙酸	4.75	丙二酸	2.9	5.7
丙酸	4.87	丁二酸	4.2	5.6
丁酸	4.82	己二酸	4.4	5.6
三甲基乙酸	5.03	顺丁烯二酸	1.9	6.1
氟乙酸	2.66	反丁烯二酸	3.0	4.4
氯乙酸	2.81	苯甲酸	4.20	
溴乙酸	2.87	对甲基苯甲酸	4.38	
碘乙酸	3.13	对硝基苯甲酸	3.42	
羟基乙酸	3.87	邻苯二甲酸	2.9	5.4
苯乙酸	4.31	间苯二甲酸	3.5	4.6
3-丁烯酸	4.35	对苯二甲酸	3.5	4.8

二、羧基中羟基的取代反应

1. 酰卤的生成

羧酸(除甲酸外)与三氯化磷(PCl_3)、五氯化磷(PCl_5)、亚硫酰氯($SOCl_2$)等作用时，分子中的羟基被氯原子取代，生成酰氯。例如：

$$3R-\overset{O}{\overset{\|}{C}}-OH + PCl_3 \longrightarrow 3R-\overset{O}{\overset{\|}{C}}-Cl + H_3PO_3$$

$$R-\overset{O}{\overset{\|}{C}}-OH + PCl_5 \longrightarrow R-\overset{O}{\overset{\|}{C}}-Cl + POCl_3 + HCl$$

$$R-\overset{O}{\overset{\|}{C}}-OH + SOCl_2 \longrightarrow R-\overset{O}{\overset{\|}{C}}-Cl + SO_2\uparrow + HCl\uparrow$$

芳香族酰卤一般由五氯化磷或亚硫酰氯与芳香族羧酸作用生成。芳香族酰氯的稳定性较好，水解反应缓慢。苯甲酰氯是常用的苯甲酰化试剂。

$$C_6H_5-COOH + SOCl_2 \longrightarrow C_6H_5-COCl + SO_2 + HCl$$

2. 酸酐的生成

羧酸(除甲酸外)在脱水剂(如五氧化二磷、乙酐等)作用下，发生分子间脱水，生成酸酐。例如：

$$C_6H_5-\overset{O}{\overset{\|}{C}}-O-H + HO-\overset{O}{\overset{\|}{C}}-C_6H_5 \xrightarrow[\triangle]{(CH_3CO)_2O} C_6H_5-\overset{O}{\overset{\|}{C}}-O-\overset{O}{\overset{\|}{C}}-C_6H_5 + H_2O$$

苯甲酸酐

$$RCOO-H + HO-\overset{O}{\overset{\|}{C}}-R \xrightarrow[\triangle]{P_2O_5} RCOO-\overset{O}{\overset{\|}{C}}-R + H_2O$$

某些二元酸(如丁二酸、戊二酸、邻苯二甲酸等)不需要脱水剂，加热就可发生分子内脱水生成酸酐。

$$\begin{array}{l} CH_2-COOH \\ | \\ CH_2-COOH \end{array} \xrightarrow{300\ ℃} \begin{array}{l} CH_2-C(=O) \\ |\qquad\quad \rangle O \\ CH_2-C(=O) \end{array} + H_2O$$

丁二酸酐

$$C_6H_4(COOH)_2 \xrightarrow{196\sim199\ ℃} C_6H_4\langle\begin{array}{l}C(=O)\\C(=O)\end{array}\rangle O + H_2O$$

邻苯二甲酸酐

甲酸一般不发生分子间脱水，但在浓硫酸中加热，则分解生成 CO 和 H_2O。

$$HCOOH \xrightarrow[\triangle]{H_2SO_4} CO + H_2O$$

3. 酯的生成

羧酸与醇在酸(如 H_2SO_4)的催化作用下生成酯的反应，称为酯化反应。

$$R-\overset{\overset{\large O}{\|}}{C}-OH + HO-R' \overset{H^+}{\rightleftharpoons} R-\overset{\overset{\large O}{\|}}{C}-OR' + H_2O$$

酯化反应是可逆的，欲提高产率，必须增大某一反应物的用量或降低生成物的浓度，使平衡向生成酯的方向移动。

酯化反应中羧基是提供羟基还是提供氢，为解决这一问题，使用同位素 ^{18}O 标记的醇进行酯化，反应完成后发现 ^{18}O 在酯分子中而不是在水分子中，这说明酯化反应生成的水，是醇羟基中的氢与羧基中的羟基结合而成的，即羧酸发生了酰氧键的断裂。

$$CH_3-\overset{\overset{\large O}{\|}}{C}-OH + H-{}^{18}OC_2H_5 \overset{H^+}{\rightleftharpoons} CH_3-\overset{\overset{\large O}{\|}}{C}-{}^{18}OC_2H_5 + H_2O$$

酸催化下的酯化反应按如下历程进行：

$$R-\overset{\overset{\large O}{\|}}{C}-OH \overset{H^+}{\rightleftharpoons} R-\overset{\overset{\large \overset{+}{O}H}{\|}}{C}-OH \overset{R'\ddot{O}H}{\rightleftharpoons} R-\underset{\underset{\large H\overset{}{\underset{+}{O}}R'}{|}}{\overset{\overset{\large OH}{|}}{C}}-OH \rightleftharpoons R-\underset{\underset{\large OR'}{|}}{\overset{\overset{\large OH}{|}}{C}}-\overset{+}{O}H_2$$

$$\overset{-H_2O}{\rightleftharpoons} R-\overset{\overset{\large \overset{+}{O}H}{\|}}{C}-OR' \overset{-H^+}{\rightleftharpoons} R-\overset{\overset{\large O}{\|}}{C}-OR'$$

在酯化反应中，醇作为亲核试剂进攻具有部分正电性的羧基碳原子，由于羧基碳原子的正电性较小，很难接受醇的进攻，所以反应很慢。当加入少量无机酸作催化剂时，羧基中的羰基氧接受质子，使羧基碳原子的正电性增强，从而有利于醇分子的进攻，加快酯的生成。

4. 酰胺的生成

羧酸与氨或胺反应，首先生成铵盐，羧酸铵受热脱水后生成酰胺。例如：

$$R-\overset{\overset{\large O}{\|}}{C}-OH + NH_3 \longrightarrow R-\overset{\overset{\large O}{\|}}{C}-ONH_4 \xrightarrow{\triangle} R-\overset{\overset{\large O}{\|}}{C}-NH_2 + H_2O$$

对氨基苯酚与乙酸作用，加热后脱水的产物是对羟基乙酰苯胺(扑热息痛)。

$$CH_3-\overset{\overset{\large O}{\|}}{C}-OH + NH_2-C_6H_4-OH \xrightarrow[\triangle]{-H_2O} CH_3-\overset{\overset{\large O}{\|}}{C}-NH-C_6H_4-OH$$

对羟基乙酰苯胺

三、还原反应

羧酸在一般情况下，与大多数还原剂不反应，但能被氢化锂铝还原成醇。用氢化锂铝还原羧酸时，不但产率高，而且分子中的碳碳不饱和键不受影响，只还原羧基而生成不饱和醇。例如：

$$RCH_2CH{=}CHCOOH \xrightarrow[H_3O^+]{LiAlH_4} RCH_2CH{=}CHCH_2OH$$

四、α-H 的卤代反应

羧基是一个吸电子基团，使 α-H 比分子中其他碳原子上的氢活泼，在少量红磷、碘或硫等作用下被氯或溴取代，生成 α-卤代酸。

$$CH_3COOH \xrightarrow[P]{Cl_2} \underset{\substack{|\\ Cl}}{CH_2}COOH \xrightarrow[P]{Cl_2} \overset{\substack{Cl\\ |}}{\underset{\substack{|\\ Cl}}{CH}}COOH \xrightarrow{Cl_2} Cl{-}\overset{\substack{Cl\\ |}}{\underset{\substack{|\\ Cl}}{C}}COOH$$

一氯乙酸　　二氯乙酸　　三氯乙酸

五、脱羧反应

羧酸分子脱去羧基放出二氧化碳的反应称为脱羧反应。饱和一元酸一般比较稳定，难于脱羧，但羧酸的碱金属盐与碱石灰共热，则发生脱羧反应。

$$CH_3COONa + NaOH \xrightarrow[\triangle]{CaO} CH_4\uparrow + Na_2CO_3$$

此反应在实验室中用于少量甲烷的制备。

当羧酸分子中的 α-碳原子上连有吸电子基时，受热容易脱羧。例如：

$$Cl_3CCOOH \xrightarrow{\triangle} CHCl_3 + CO_2$$

$$CH_3COCH_2COOH \xrightarrow{\triangle} CH_3COCH_3 + CO_2$$

$$HOOCCH_2COOH \xrightarrow{\triangle} CH_3COOH + CO_2$$

芳香族羧酸的脱羧反应比脂肪族羧酸的脱羧反应容易，尤其是在邻、对位上有吸电子基团的芳香族羧酸特别容易脱羧。例如：

$$\text{2,4,6-}(O_2N)_3C_6H_2COOH \xrightarrow[\triangle]{H_2O} \text{1,3,5-}(O_2N)_3C_6H_3$$

第四节 羧酸的制法

一、氧化法

1. 烃的氧化

高级脂肪烃(如石蜡)加热到 120 ℃,在硬脂酸锰存在的条件下通入空气,可被氧化生成多种脂肪酸的混合物。

$$RCH_2CH_2R' + \frac{5}{2}O_2 \xrightarrow[120\ ℃]{\text{硬脂酸锰}} RCOOH + R'COOH + H_2O$$

烯烃通过氧化,碳链在双键处断裂得到羧酸。例如:

$$RCH=CH_2 + \frac{5}{2}O_2 \xrightarrow[H^+]{KMnO_4} RCOOH + CO_2 + H_2O$$

含 α-H 的烷基苯用高锰酸钾、重铬酸钾氧化时,产物均为苯甲酸。例如:

$$C_6H_5{-}R \xrightarrow[H^+]{KMnO_4} C_6H_5{-}COOH$$

2. 伯醇或醛的氧化

伯醇氧化得醛,醛易被氧化成羧酸。例如:

$$CH_3CH_2CH_2CH_2OH \xrightarrow[H_2SO_4]{KMnO_4} CH_3CH_2CH_2CHO \xrightarrow[H_2SO_4]{KMnO_4} CH_3CH_2CH_2COOH$$

$$CH_3CHO + O_2(\text{空气}) \xrightarrow[60\sim80\ ℃]{\text{乙酸锰}} CH_3COOH$$

不饱和醇和醛也可被氧化成羧酸,如选用弱氧化剂,可在不影响不饱和键的情况下制取羧酸。例如:

$$C_4H_3O{-}CH{=}CH{-}CHO \xrightarrow[34\sim36\ ℃,2.5\ h]{Ag_2O,NaOH,O_2} C_4H_3O{-}CH{=}CH{-}COONa$$

呋喃丙烯醛　　　　呋喃丙烯酸钠

二、腈的水解

在酸或碱的催化下,腈水解可制得羧酸。

$$RCN \xrightarrow[\triangle]{H_2O,H^+} RCOOH$$

$$C_6H_5{-}CH_2CN \xrightarrow[130\ ℃,2\ h]{70\%H_2SO_4} C_6H_5{-}CH_2COOH$$

苯乙腈　　　　苯乙酸

三、由格氏试剂制备

格氏试剂与二氧化碳反应，再将产物用酸水解可制得相应的羧酸。例如：

$$RMgCl+CO_2 \xrightarrow{\text{无水乙醚}} R\overset{\overset{\displaystyle O}{\|}}{C}—OMgCl \xrightarrow{HCl} RCOOH$$

此反应适合制备比原料多一个碳原子的羧酸。

第五节 重要的羧酸

比较重要的羧酸有以下几种。

1. 甲酸

甲酸俗称蚁酸，是具有刺激性气味的无色液体，有腐蚀性，可溶于水、乙醇和甘油。甲酸的结构比较特殊，分子中羧基和氢原子直接相连，它既有羧基的结构，又具有醛基的结构，因此，它既有羧酸的性质，又具有醛类的性质。如能与托伦试剂、费林试剂发生银镜反应和生成砖红色沉淀，也能被高锰酸钾氧化，使高锰酸钾溶液褪色。这个性质可用于甲酸的定性鉴别。

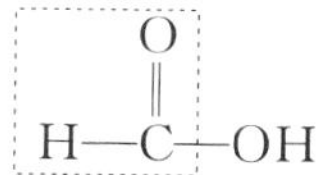

甲酸与浓硫酸共热分解生成一氧化碳和水，是实验室制备纯一氧化碳的方法。

$$HCOOH \xrightarrow[60\sim80\ ℃]{\text{浓 } H_2SO_4} CO+H_2O$$

甲酸在工业上用做酸性还原剂、媒染剂、防腐剂和橡胶凝聚剂。

2. 乙酸

乙酸俗称醋酸，是食醋的主要成分，一般食醋中含乙酸6%～8%。乙酸为无色、具有刺激性气味的液体，沸点为118 ℃，熔点为16.6 ℃。当室温低于16.6 ℃时，无水乙酸很容易凝结成冰状固体，故常把无水乙酸称为冰乙酸。乙酸可与水、乙醇、乙醚混溶。

3. 苯甲酸

苯甲酸存在于安息香胶及其他一些树脂中，故俗称安息香酸，是白色晶体，熔点为121.7 ℃，受热易升华，微溶于热水、乙醇和乙醚中。

苯甲酸的工业制法主要是甲苯氧化法和甲苯氯代水解法。

苯甲酸是重要的有机合成原料，可用于制备染料、香料、药物等。苯甲酸及其钠盐有杀菌、防腐作用，所以常用做食品和药液的防腐剂。

4. 丁二酸

丁二酸存在于琥珀中，又称琥珀酸。它还广泛存在于多种植物及人和动物的组织中，如未成熟的葡萄、甜菜、人的血液和肌肉。丁二酸是无色晶体，溶于水，微溶于乙醇、乙醚和丙酮。

丁二酸在医药中有抗痉挛、祛痰和利尿的作用。丁二酸受热失水生成的丁二酸酐是制造药物、染料和醇酸树脂的原料。

5. 乙二酸

乙二酸俗称草酸，是无色晶体，通常含有两分子的结晶水，可溶于水和乙醇，不溶于乙醚。乙二酸具有还原性，容易被高锰酸钾溶液氧化。

乙二酸分子中两个羧基直接相连，使碳碳键稳定性降低，易被氧化生成二氧化碳和水。上述反应定量进行，常用来标定高锰酸钾溶液的浓度。

$$5HOOCCOOH + 2KMnO_4 + 3H_2SO_4 \longrightarrow 2MnSO_4 + K_2SO_4 + 10CO_2 + 8H_2O$$

利用乙二酸的还原性，还可将其用做漂白剂和除锈剂。

第六节　羧酸衍生物

一、羧酸衍生物的分类和命名

羧酸中的羟基被其他原子或基团取代后生成的化合物称为羧酸衍生物。重要的羧酸衍生物有酰卤、酸酐、酯和酰胺。

羧酸分子中去掉羟基后剩余的基团称为酰基。

$CH_3—\overset{O}{\overset{\|}{C}}—$　　乙酰基

$CH_3CH_2—\overset{O}{\overset{\|}{C}}—$　　丙酰基

$C_6H_5—\overset{O}{\overset{\|}{C}}—$　　苯甲酰基

1. 酰卤

酰卤由酰基和卤原子组成，其通式为 $R—\overset{O}{\overset{\|}{C}}—X$ (X=F、Cl、Br、I)。

酰卤是以相应的酰基和卤素的名称命名的，称为“某酰卤”。

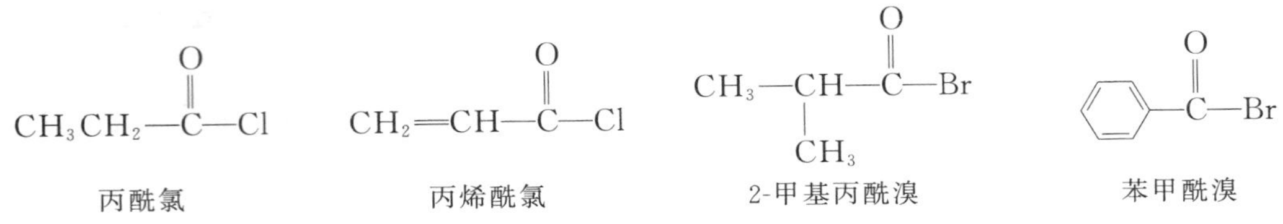

丙酰氯　　丙烯酰氯　　2-甲基丙酰溴　　苯甲酰溴

2. 酸酐

酸酐由酰基和酰氧基组成，其通式为 $R—\overset{O}{\overset{\|}{C}}—O—\overset{O}{\overset{\|}{C}}—R'$ 。

酸酐的命名由相应的羧酸加“酐”字组成。若 R 和 R′相同，称为单纯酐；若 R 和 R′不同，称为混酐。二元羧酸分子内失水形成环状酐称为环酐或内酐。

$CH_3COOCOCH_3$ 乙酸酐（单纯酐）

$CH_3COOCOCH_2CH_3$ 乙丙酐（混酐）

顺丁烯二酸酐

邻苯二甲酸酐（内酐）

3. 酯

酯由酰基和烷氧基（RO—）组成，其通式为 R—CO—OR′。

酯的命名是将相应的羧酸和烃基名称组合，称为“某酸某酯”。

$HCOOCH_2CH_3$ 甲酸乙酯

$CH_3COOCH{=}CH_2$ 乙酸乙烯酯

$C_6H_5COOCH(CH_3)_2$ 苯甲酸异丙酯

$CH_3OOC{-}C_6H_4{-}COOCH_3$ 对苯二甲酸二甲酯

4. 酰胺

酰胺由酰基和氨基（包括取代氨基—NHR、—NR_2）组成，其通式为 R—CO—NH_2。酰胺的命名是根据酰基的名称称为“某酰胺”。

CH_3CONH_2 乙酰胺

$C_6H_5CONH_2$ 苯甲酰胺

$CH_2{=}CH{-}CONH_2$ 丙烯酰胺

酰胺分子中含有取代氨基，命名时，把氮原子上所连的烃基作为取代基，写名称时用“N”表示其位次。例如：

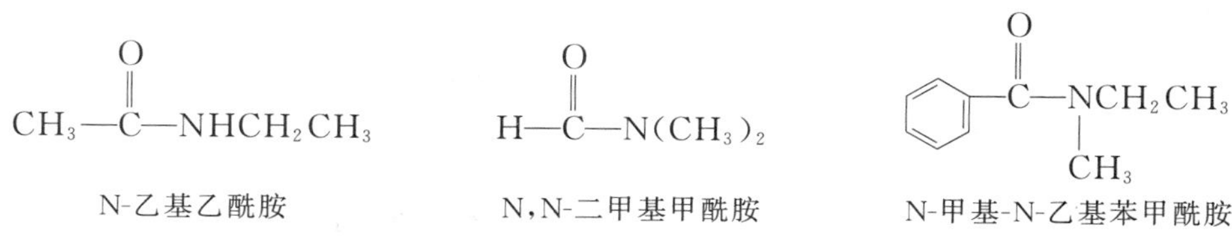

N-乙基乙酰胺 N,N-二甲基甲酰胺 N-甲基-N-乙基苯甲酰胺

二、羧酸衍生物的物理性质

低级酰氯是具有刺激性气味的无色液体，高级酰氯为白色固体。酰氯的沸点比相应的羧酸的低。酰氯不溶于水，易溶于有机溶剂，低级酰氯遇水易分解。酰氯对黏膜有刺激性。

低级酸酐是具有刺激性气味的无色液体，高级酸酐为固体。酸酐的沸点较相对分子质量相近的羧酸的低。酸酐难溶于水而易溶于有机溶剂。

低级酯是具有水果香味的无色液体,广泛存在于水果和花草中。

除甲酰胺是液体外,其余酰胺均为固体。低级酰胺溶于水,随着相对分子质量的增大,在水中溶解度逐渐降低。酰胺由于分子间的缔合作用较强,沸点比相对分子质量相近的羧酸、醇的都高。

常见羧酸衍生物的物理常数见表 12-3。

表 12-3 常见羧酸衍生物的物理常数

羧酸名称	酰氯		酯		酰胺		酸酐	
	熔点/℃	沸点/℃	熔点/℃	沸点/℃	熔点/℃	沸点/℃	熔点/℃	沸点/℃
甲酸	—	—	−80	54	2	193	—	—
乙酸	−112	52	−84	77.1	82	222	−73	140
丙酸	−94	80	−74	99	80	213	−45	168
丁酸	−89	102	−93	121	116	216	−75	198
苯甲酸	−1	197	−35	213	130	290	42	360
邻甲基苯甲酸		213	−10	221	147			
间甲基苯甲酸	−25	218		226	97		70	
对甲基苯甲酸	−2	226		235	155		98	
邻苯二甲酸	11			296	219		131	284

三、羧酸衍生物的化学性质及应用

羧酸衍生物分子中都含有酰基,酰基上所连接的基团都是极性基团,因此它们具有相似的化学性质。但由于羧酸衍生物中酰基所连接的原子和基团不同,所以它们的反应活性存在差异。反应活性强弱顺序如下:

$$R{-}\overset{\overset{\displaystyle O}{\|}}{C}{-}Cl > R{-}\overset{\overset{\displaystyle O}{\|}}{C}{-}O{-}\overset{\overset{\displaystyle O}{\|}}{C}{-}R' > R{-}\overset{\overset{\displaystyle O}{\|}}{C}{-}OR' > R{-}\overset{\overset{\displaystyle O}{\|}}{C}{-}NH_2$$

1. 水解

羧酸衍生物都能发生水解反应生成羧酸。

$$R{-}\overset{\overset{\displaystyle O}{\|}}{C}{-}Cl + H{-}OH \xrightarrow{\text{室温}} HCl + R{-}\overset{\overset{\displaystyle O}{\|}}{C}{-}OH$$

$$R{-}\overset{\overset{\displaystyle O}{\|}}{C}{-}O{-}\overset{\overset{\displaystyle O}{\|}}{C}{-}R' + H{-}OH \xrightarrow{\triangle} R'COOH + R{-}\overset{\overset{\displaystyle O}{\|}}{C}{-}OH$$

$$R{-}\overset{\overset{\displaystyle O}{\|}}{C}{-}OR' + H{-}OH \xrightarrow[\triangle]{H^+\text{或}OH^-} R'OH + R{-}\overset{\overset{\displaystyle O}{\|}}{C}{-}OH$$

$$R{-}\overset{\overset{\displaystyle O}{\|}}{C}{-}NH_2 + H{-}OH \xrightarrow[\text{回流}]{H^+\text{或}OH^-} NH_3 + R{-}\overset{\overset{\displaystyle O}{\|}}{C}{-}OH$$

其中,酰氯最容易水解。乙酰氯暴露在空气中,即吸湿分解,放出的氯化氢气体立即形成白雾，所以酰氯必须密封储存。

2. 醇解

酰卤、酸酐和酯等与醇作用生成酯的反应称为醇解。

$$\left.\begin{array}{l} R-\overset{O}{\overset{\|}{C}}-Cl \\ R-\overset{O}{\overset{\|}{C}}-O-\overset{O}{\overset{\|}{C}}-R' \\ R-\overset{O}{\overset{\|}{C}}-OR' \end{array}\right\} + H-OR'' \xrightarrow{\triangle} \begin{cases} HCl \\ R'COOH + R-\overset{O}{\overset{\|}{C}}-OR'' \\ R'OH \end{cases}$$

酰氯和酸酐容易与醇或酚反应生成相应的酯，工业上常用此方法制取一些难以用羧酸酯化法得到的酯。例如：

$$CH_3-\overset{O}{\overset{\|}{C}}-Cl + HO-C_6H_5 \xrightarrow{NaOH} CH_3-\overset{O}{\overset{\|}{C}}-O-C_6H_5 + NaCl + H_2O$$

乙酸苯酯

酯与醇反应，生成另外的酯和醇，称为酯交换反应。酯交换反应广泛应用于有机合成中。例如，工业上合成涤纶树脂的单体——对苯二甲酸二乙二醇酯。

$$CH_3OOC-C_6H_4-COOCH_3 + 2HOCH_2CH_2OH \xrightarrow[200\ ℃]{ZnAc_2} HOCH_2CH_2OOC-C_6H_4-COOCH_2CH_2OH + 2CH_3OH$$

对苯二甲酸二甲酯　　乙二醇　　对苯二甲酸二乙二醇酯

3. 氨解

酰卤、酸酐和酯等与氨或胺作用生成酰胺的反应称为氨解。

$$\left.\begin{array}{l} R-\overset{O}{\overset{\|}{C}}-Cl \\ R-\overset{O}{\overset{\|}{C}}-O-\overset{O}{\overset{\|}{C}}-R' \\ R-\overset{O}{\overset{\|}{C}}-OR' \end{array}\right\} + NH_3 \xrightarrow{\triangle} \begin{cases} NH_4Cl \\ R'COONH_4 + R-\overset{O}{\overset{\|}{C}}-NH_2 \\ R'OH \end{cases}$$

酰胺与过量的胺作用可得到 N-取代酰胺。

$$R-\overset{O}{\overset{\|}{C}}-NH_2 + H-HNR' \longrightarrow R-\overset{O}{\overset{\|}{C}}-NHR' + NH_3$$

羧酸衍生物的水解、醇解和氨解反应相当于在水、醇、氨分子中引入酰基。凡是向其他分子中引入酰基的反应都称为酰基化反应。提供酰基的试剂称为酰基化试剂。酰氯、酸酐是常用的酰基化试剂。

4. 酯的还原反应

羧酸衍生物均具有还原性,酰氯、酸酐、酯可被氢化锂铝还原生成相应的伯醇,酰胺被还原生成胺。酯能被氢化锂铝或金属钠的醇溶液还原而不影响分子中的碳碳双键,因而在有机合成中常被采用。例如:

$$\underset{\text{月桂酸甲酯}}{CH_3(CH_2)_{10}COOCH_3} \xrightarrow[C_2H_5OH]{Na} \underset{\text{月桂醇(十二醇)}}{CH_3(CH_2)_{10}CH_2OH} + CH_3OH$$

月桂醇是合成洗涤剂和增塑剂的原料。

5. 克莱森酯缩合反应

与羧酸相似,酯分子中的 α-氢较活泼。用强碱或醇钠处理时,两分子酯可脱去一分子醇生成 β-酮酸酯,这个反应称为克莱森(Claisen)酯缩合反应。

$$2CH_3COOC_2H_5 \xrightarrow{C_2H_5ONa} \underset{\text{乙酰乙酸乙酯}}{CH_3\overset{\overset{\displaystyle O}{\|}}{C}CH_2COOC_2H_5} + C_2H_5OH$$

反应机理:

$$R-CH_2-\overset{\overset{\displaystyle O}{\|}}{C}-OR' \xrightarrow[-H^+]{C_2H_5OH} R-\overset{-}{C}H-\overset{\overset{\displaystyle O}{\|}}{C}-OR' \xrightarrow{R-CH_2-\overset{\overset{O}{\|}}{C}-OR'} RCH_2-\underset{\underset{\displaystyle O^-}{|}}{\overset{\overset{\displaystyle OR'}{|}}{C}}-\underset{\underset{\displaystyle R}{|}}{CH}-\overset{\overset{\displaystyle O}{\|}}{C}-OR'$$

$$\xrightarrow{-R'O^-} RCH_2-\overset{\overset{\displaystyle O}{\|}}{C}-\underset{\underset{\displaystyle R}{|}}{CH}-\overset{\overset{\displaystyle O}{\|}}{C}-OR' + R'OH$$

酯在强碱作用下生成碳负离子,碳负离子作为亲核试剂进攻另一酯分子中的羰基,然后加成-消除一个烷氧基负离子($R'O^-$),得到 β-酮酸酯。

6. 酰胺的特性

酰胺除具有羧酸衍生物的通性外,还具有一些特殊性质。

1) 酰胺的酸碱性

在酰胺分子中,由于氮原子上的孤对电子与羰基形成 p-π 共轭,使氮原子上的电子云密度降低,氮原子与质子结合能力下降,所以其碱性比氨的弱,只有在强酸作用下才显示弱碱性。例如:

$$CH_3-\overset{\overset{\displaystyle O}{\|}}{C}-NH_2 + HCl \xrightarrow{\text{乙醚}} CH_3-\overset{\overset{\displaystyle O}{\|}}{C}-NH_2 \cdot HCl$$

这种盐不稳定,遇水即分解为乙酰胺。

若氨分子中两个氢原子都被酰基取代，生成的酰亚胺化合物可与强碱成盐，表现出弱酸性。例如：

$$C_6H_4(CO)_2NH + KOH \longrightarrow C_6H_4(CO)_2NK + H_2O$$

邻苯二甲酰亚胺　　　　邻苯二甲酰亚胺钾

2）酰胺的脱水

由于氮原子上氢的活泼性，酰胺在高温加热或强脱水剂（如 P_2O_5、PCl_5、$SOCl_2$、$(CH_3CO)_2O$）作用下，发生分子内脱水生成腈，这是实验室制备腈的一种方法。例如：

$$(CH_3)_2CH-\overset{\overset{\displaystyle O}{\|}}{C}-NH_2 \xrightarrow[\triangle]{P_2O_5} (CH_3)_2CH-C\equiv N + H_2O$$

3）霍夫曼降级反应

酰胺与次氯酸钠或次溴酸钠作用，失去羰基生成比原来少一个碳原子的伯胺，这个反应称为霍夫曼（Hofmann）降级反应。例如：

$$R-\overset{\overset{\displaystyle O}{\|}}{C}-NH_2 \xrightarrow{NaOH,Br_2} R-NH_2$$

$$C_6H_5-CH_2-\underset{\underset{\displaystyle CH_3}{|}}{CH}-\underset{\underset{\displaystyle O}{\|}}{C}-NH_2 \xrightarrow{NaOH,Br_2} C_6H_5-CH_2-\underset{\underset{\displaystyle CH_3}{|}}{CH}-NH_2$$

2-甲基-3-苯基丙酰胺　　　　2-苯基异丙胺

羧酸及其衍生物之间的关系如图 12-3 所示。

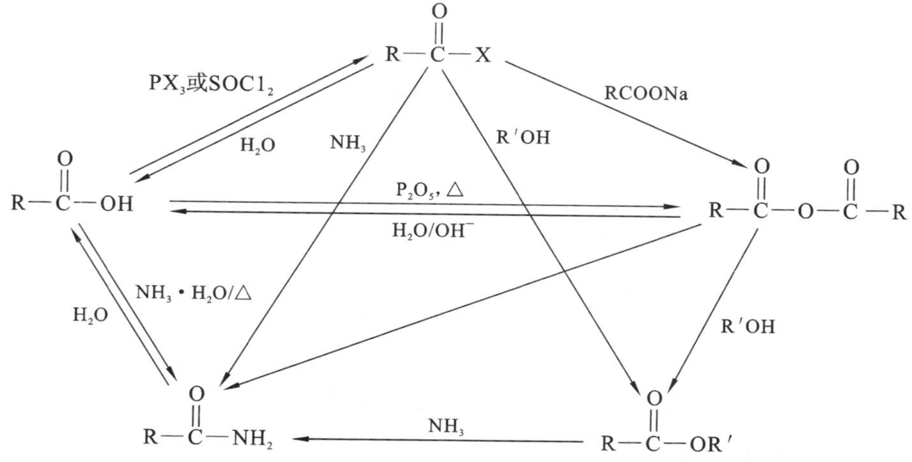

图 12-3　羧酸及其衍生物之间的关系

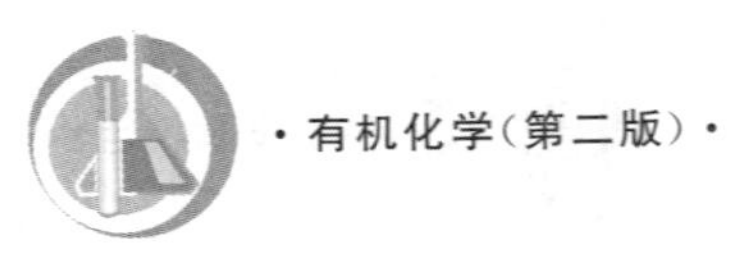

第七节　乙酰乙酸乙酯

乙酰乙酸乙酯又称β-丁酮酸乙酯，简称三乙，是稳定的化合物，在室温下为无色液体，有愉快香味，微溶于水，易溶于乙醚、乙醇等有机溶剂。乙酰乙酸乙酯具有特殊的化学性质，能发生许多反应，在有机合成中是十分重要的物质，可由下列方法合成：

$$2CH_3COOC_2H_5 \xrightarrow{C_2H_5ONa} CH_3\overset{\overset{\displaystyle O}{\|}}{C}CH_2COOC_2H_5 + C_2H_5OH$$

一、乙酰乙酸乙酯的互变异构现象

乙酰乙酸乙酯是β-酮酸酯，除具有酮和酯的典型反应外，还能发生一些特殊的反应。例如，能使溴水褪色，说明分子中含有不饱和键；能和氢氰酸、亚硫酸氢钠、苯肼、2，4-二硝基苯肼等发生加成或加成-缩合反应，这是羰基的特殊反应；能与金属钠反应放出氢气，能使溴水褪色，并能和三氯化铁发生颜色反应，这说明分子中有烯醇式结构存在。进一步研究表明，乙酰乙酸乙酯在室温下能形成酮式和烯醇式的互变平衡体系：

$$\underset{\text{酮式}(92.5\%)}{CH_3-\overset{\overset{\displaystyle O}{\|}}{C}-CH_2-\overset{\overset{\displaystyle O}{\|}}{C}-OC_2H_5} \rightleftharpoons \underset{\text{烯醇式}(7.5\%)}{CH_3-\overset{\overset{\displaystyle OH}{|}}{C}=CH-\overset{\overset{\displaystyle O}{\|}}{C}-OC_2H_5}$$

乙酰乙酸乙酯的酮式与烯醇式的互变平衡体系可通过下述实验得到证明：

$$CH_3-\overset{\overset{\displaystyle O}{\|}}{C}-CH_2-\overset{\overset{\displaystyle O}{\|}}{C}-OC_2H_5 \rightleftharpoons CH_3-\overset{\overset{\displaystyle OH}{|}}{C}=CH-\overset{\overset{\displaystyle O}{\|}}{C}-OC_2H_5 \xrightarrow{FeCl_3} \text{出现紫红色}$$

$$\downarrow Br_2$$

$$CH_3-\underset{\underset{\displaystyle Br}{|}}{\overset{\overset{\displaystyle OH}{|}}{C}}-\underset{\underset{\displaystyle Br}{|}}{CH}-\overset{\overset{\displaystyle O}{\|}}{C}-OC_2H_5 \quad \text{紫红色消失}$$

在溶液中滴加几滴三氯化铁，溶液出现紫红色，这是烯醇式结构与三氯化铁发生了颜色反应。当在此溶液中加入几滴溴水后，由于溴与烯醇式结构中的双键发生加成反应，烯醇式被破坏，紫红色消失。但经过一段时间后，紫红色又慢慢出现，说明酮式向烯醇式转化，又达到一个新的酮式-烯醇式平衡，增加的烯醇式结构与三氯化铁又发生颜色反应。

一般烯醇式不稳定，但乙酰乙酸乙酯的烯醇式能稳定存在。其原因有三：一是由于酮式中亚甲基上的氢原子同时受羰基和酯基的影响，很活泼，很容易转移到羰基氧上形成烯醇式；二是烯醇式中的双键的π键与酯基中的π键形成π-π共轭体系，使电子离域，降低了体系的能量，即

$$CH_3-\overset{\overset{:OH}{|}}{C}=CH-\overset{\overset{O}{\|}}{C}-OC_2H_5$$

三是烯醇式通过分子内氢键的缔合形成了一个较稳定的六元环结构。

$$CH_3-\overset{\overset{O}{\|}}{C}-\overset{\overset{H}{|}}{CH}-\overset{\overset{O}{\|}}{C}-OC_2H_5 \rightleftharpoons CH_3-\overset{\overset{O-H\cdots O}{|}}{C}=CH-\overset{\|}{C}-OC_2H_5$$

二、乙酰乙酸乙酯在合成上的应用

在乙酰乙酸乙酯分子中，由于受两个官能团的影响，亚甲基碳原子与相邻的官能团之间的两个碳碳键容易断裂，发生酮式分解和酸式分解。

$$CH_3-\overset{\overset{O}{\|}}{C}\,\vdots\,CH_2\,\vdots\,\overset{\overset{O}{\|}}{C}-OC_2H_5$$

酸式分解　　酮式分解

乙酰乙酸乙酯分子中的 α-亚甲基上的氢原子较活泼，具有弱酸性，在醇钠作用下可以失去 α-H 形成碳负离子。该碳负离子与卤代烃反应，然后进行酮式或酸式分解，可以制备甲基酮或一元羧酸：

$$CH_3-\overset{\overset{O}{\|}}{C}-CH_2-\overset{\overset{O}{\|}}{C}-OC_2H_5 \xrightarrow{NaOC_2H_5} [\ CH_3-\overset{\overset{O}{\|}}{C}-\overset{-}{C}H-\overset{\overset{O}{\|}}{C}-OC_2H_5\ ]Na^+$$

$$[\ CH_3-\overset{\overset{O}{\|}}{C}-\overset{-}{C}H-\overset{\overset{O}{\|}}{C}-OC_2H_5\ ]Na^+ \xrightarrow{RX} CH_3-\overset{\overset{O}{\|}}{C}-\overset{\overset{R}{|}}{CH}-\overset{\overset{O}{\|}}{C}-OC_2H_5$$

$$CH_3-\overset{\overset{O}{\|}}{C}-\underset{\underset{R}{|}}{CH}-\overset{\overset{O}{\|}}{C}-OC_2H_5 \xrightarrow{\text{酮式分解}} CH_3-\overset{\overset{O}{\|}}{C}-CH_2R+CO_2+C_2H_5OH$$

$$CH_3-\overset{\overset{O}{\|}}{C}-\underset{\underset{R}{|}}{CH}-\overset{\overset{O}{\|}}{C}-OC_2H_5 \xrightarrow{\text{酸式分解}} R-CH_2-\overset{\overset{O}{\|}}{C}-OH+CH_3-\overset{\overset{O}{\|}}{C}-OH+C_2H_5OH$$

第八节　丙二酸二乙酯

一、丙二酸二乙酯的合成

丙二酸二乙酯可以由以下反应制备：

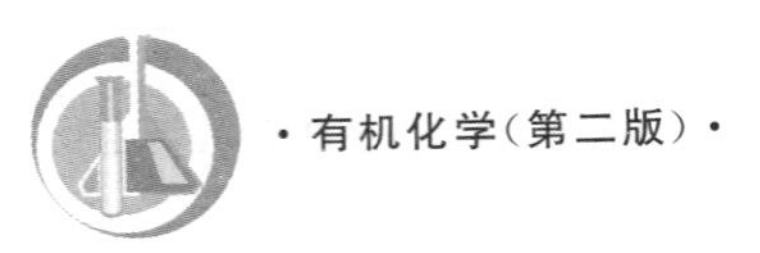

$$CH_3COOH \xrightarrow{P,Cl_2} \underset{\displaystyle Cl}{\underset{|}{CH_2}}COOH \xrightarrow[NaCN]{NaOH} \underset{\displaystyle CN}{\underset{|}{CH_2}}COONa \xrightarrow[H_2SO_4]{C_2H_5OH} CH_2 \begin{matrix} \diagup COOC_2H_5 \\ \diagdown COOC_2H_5 \end{matrix}$$

二、丙二酸二乙酯在有机合成上的应用

丙二酸二乙酯与乙酰乙酸乙酯性质很相似。丙二酸二乙酯分子中亚甲基上的氢原子受相邻两个酯基的影响，比较活泼，能在乙醇钠的催化下与卤代烃或酰氯反应，生成一元取代丙二酸酯和二元取代丙二酸酯。烃基或酰基取代的丙二酸二乙酯经碱性水解、酸化和脱羧后，可制得相应的羧酸。这是合成各种类型羧酸的重要方法，称为丙二酸二乙酯合成法。

$$CH_2(COOC_2H_5)_2 \xrightarrow[C_2H_5OH]{C_2H_5ONa} Na^+[CH(COOC_2H_5)_2]^- \xrightarrow{RX} RCH(COOC_2H_5)_2$$

这种方法在有机合成上广泛用于合成各种类型的羧酸（一取代乙酸、二取代乙酸、环烷基甲酸、二元羧酸等）。

$$RCH(COOC_2H_5)_2 \xrightarrow[\triangle]{H^+,H_2O} RCH(COOH)_2 \xrightarrow[\triangle]{-CO_2} RCH_2COOH$$

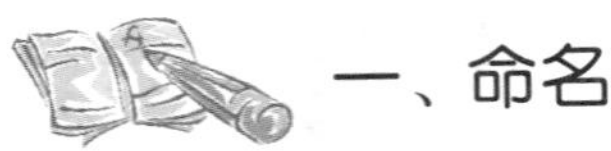

一、命名

羟基酸命名时，要以羧酸为母体，其他基团作为取代基。用阿拉伯数字编号时，应从羧基碳开始；用希腊字母编号时，应从连接羧基的第一个碳开始。酚酸除可用阿拉伯数字编号外，还要用邻、间、对表示羟基的位置。芳香族羧酸和脂环羧酸以芳环和脂环作为取代基来命名。另外，还经常用到酸的俗名。

二、物理性质

饱和一元羧酸的沸点随相对分子质量的增加而增高，而且沸点比相对分子质量相近的醇的沸点高。羧基是一个亲水基团，可与水形成氢键，低级羧酸能与水混溶。

三、羧酸的制法

可以通过氧化、腈的水解、格氏试剂来制备羧酸。

四、羟基酸的化学性质

羧酸中含有羧基、羰基、羟基、酰基等基团，但主要表现以下几种化学性质。

1. 酸性

因分子中羟基上的氢原子易解离，因此羧酸具有酸性。其酸性比相应的醇的酸性强。

2. 羟基的取代反应

羧酸中的羟基能被取代，形成酰卤、酸酐、酯、酰胺等羧酸衍生物。

3. α-H 的卤代反应

由于羧基是吸电子基团，羧酸 α-H 比较活泼，能够被氯或溴取代，生成 α-卤代酸。

4. 脱羧反应

羧酸分子能够发生脱羧反应，脱去羧基放出二氧化碳。

五、羧酸衍生物

羧酸衍生物主要包括酰卤、酸酐、酯和酰胺。它们能够发生水解、醇解和氨解反应。羧酸衍生物均具有还原性，酰氯、酸酐、酯可被还原生成相应的伯醇，酰胺可被还原生成胺。酯分子可发生克莱森酯缩合反应，生成 β-酮酸酯。酰胺具有较弱的碱性，能够发生脱水反应和霍夫曼降级反应。

知识拓展

尼龙的发明

人们对尼龙(聚酰胺-66)并不陌生，尼龙制品在日常生活中比比皆是，它是由美国杰出的科学家卡罗瑟斯及其领导下的一个科研小组研制出来的，是世界上第一种合成纤维。尼龙的出现使纺织品的面貌焕然一新，是合成纤维工业的重大突破，同时也是高分子化学的里程碑性事件。

1928 年，美国最大的化学工业公司——杜邦公司成立了基础化学研究所，年仅 32 岁的卡罗瑟斯博士受聘担任该所的负责人。卡罗瑟斯主要从事聚合反应方面的研究，他首先研究了双官能团分子的缩聚反应，通过二元醇和二元羧酸的酯化、缩合，合成了长链的、相对分子质量高的聚酯。1930 年，卡罗瑟斯的助手发现，二元醇和二元羧酸通过缩聚反应制取的高聚酯，其熔融物能像棉花糖那样抽出丝来，而且这种纤维状的细丝冷却后还能继续拉伸，拉伸长度可达到原来的几倍，并且纤维的强度、弹性、透明度和光泽度都得到了大大提高。这种聚酯的奇特性质使他们预感到可能具有重大的商业价值，有可能能用熔融的聚合物来仿制纤维。然而，继续研究表明，由聚酯得到纤维只具有理论上的意义，因为高聚酯在 100 ℃下即熔化，而且易溶于各种有机溶剂，只是在水里稍稳定些，因此不适用于纺织。随后，卡罗瑟斯又对一系列的聚酯和聚酰胺类化合物进行了深入研究。经过多方面对比，最后选定了由己二胺己二酸合成的聚酰胺-66(第一个 6 表示二胺中的碳原子数，第二个 6 表示二酸中的碳原子数)，这种聚酰胺不溶于普通溶剂，熔点为 263 ℃，高于通常使用的熨烫温度，拉制的纤维具有丝的外观和光泽，在结构和性质上也接近天然丝，其耐磨性和强度超过当时任何一种纤维。接着，杜邦公司又解决了生产聚酰胺-66 原料的工业来源问题，1938 年 10 月 27 日正式宣布世界上第一种合成纤维诞生，并将聚酰胺-66 这种合成纤维命名为尼龙。

目前世界上尼龙的年产量已达数百万吨，尼龙以其高强度、耐磨等独特、优越的性能，在民用和工业方面得到了广泛的应用。

习题

1. 用系统命名法命名下列化合物。

(1) $CH_3(CH_2)_4COOH$

(2) $CH_3CH(CH_3)C(CH_3)_2COOH$

(3) $CH_3CHClCOOH$

(4) (萘环)—COOH

(5) (环己基)—COOH

(6) CH_3—(苯环)—$\overset{O}{\overset{\|}{C}}OCH_3$

(7) O_2N、O_2N 取代苯环—COOH

(8) $CH_2\overset{O}{\overset{\|}{C}}OH$ 取代萘环

(9) CH_3 取代 C(=O)—O—C(=O) 环

(10) 苯环并 C(=O)—NH—C(=O)

(11) (环戊基) OH / COOH

(12) HOOC—(苯环)—COOH

(13) $H\overset{O}{\overset{\|}{C}}N(CH_3)_2$

(14) $CH_2=CHCH_2COOH$

(15) $(CH_3CO)_2O$

(16) $CH_3\underset{OH}{\underset{|}{C}H}\overset{CH_3}{\overset{|}{C}H}COOH$

2. 写出下列化合物的结构式。

(1) 草酸　(2) 马来酸　(3) 肉桂酸

(4) 氨基甲酸乙酯　(5) α-甲基丙烯酸甲酯　(6) 邻苯二甲酸酐

(7) 乙酰苯胺　(8) ε-己内酰胺　(9) 聚乙酸乙烯酯

3. 比较下列化合物的酸性强度。

(1) 乙酸　(2) 丙二酸　(3) 草酸

(4) 苯酚　(5) 甲酸

4. 用化学方法区别下列化合物。

(1) 乙醇、乙醛、乙酸　(2) 甲酸、乙酸、丙二酸　(3) 草酸、马来酸、丁二酸

(4) 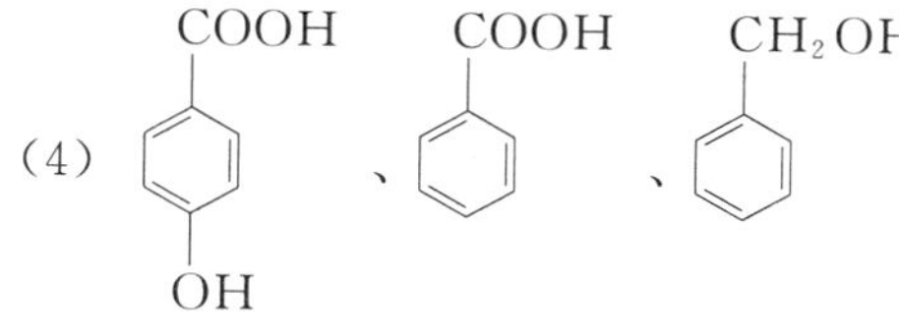

5. 写出异丁酸和下列试剂作用的主要产物。

(1) Br_2/P　(2) $LiAlH_4/H_2O$　(3) $SOCl_2$

(4) $(CH_3CO)_2/\triangle$　(5) PBr_3　(6) CH_3CH_2OH/H_2SO_4

(7) $NH_3/\triangle$

6. 写出下列化合物加热后生成的主要产物。

(1) 2-甲基-2-羟基丙酸　(2) β-羟基丁酸

(3) β-甲基-γ-羟基戊酸　(4) 乙二酸

7. 由指定原料合成下列化合物(无机原料可任选)。

(1) 由乙炔合成丙烯酸甲酯　(2) 由异丙醇合成 α-甲基丙酸

(3) 由甲苯合成苯乙酸　(4) 由丁酸合成乙基丙二酸

(5) 由乙烯合成 β-羟基丙酸

(6) 由对甲氧基苯甲醛合成 α-羟基对甲氧基苯乙酸

8. 某化合物 A 的分子式为 $C_7H_{12}O_4$,已知其为羧酸,依次发生下列反应:①与 $SOCl_2$ 反应;②与 C_2H_5OH 反应;③催化加氢(高温);④与浓硫酸加热;⑤用高锰酸钾氧化,得到一个二元酸 B,将 B 单独加热则生成丁酸,试推测 A 的结构,并写出各步反应式。

9. 化合物 A 的分子式为 $C_4H_6O_2$,它不溶于氢氧化钠溶液,和碳酸钠不作用,可使溴水褪色。它有类似于乙酸乙酯的香味。A 与氢氧化钠溶液共热后变为 CH_3COONa 和 CH_3CHO。另一化合物 B 的分子式与 A 的相同。它和 A 一样,不溶于氢氧化钠溶液,和碳酸钠不作用,可使溴水褪色,香味于 A 的类似,但 B 和氢氧化钠溶液共热后生成醇和羧酸盐,这种盐经硫酸酸化后蒸馏出的有机物可使溴水褪色,问:A、B 为何物?

10. 化合物 A 的分子式为 $C_5H_6O_3$,它能与乙醇作用得到两个互为异构体的化合物 B 和 C,B 和 C 分别与二氯亚砜作用后,再加入乙醇,两者都得到同一化合物 D,试推测 A、B、C、D 的结构。

第十三章

含氮有机化合物

目标要求

1. 掌握芳香族硝基化合物的制法、性质及应用。
2. 掌握胺的命名、性质及制法。
3. 了解季铵盐、季铵碱的性质及应用。
4. 掌握重氮盐的性质及其在有机合成中的应用。
5. 了解腈的性质。

重点与难点

重点：胺的命名及性质。

难点：重氮盐的性质及其在有机合成中的应用。

分子内含有氮元素的有机化合物称为含氮有机化合物，如硝基苯 $C_6H_5NO_2$。依照官能团的不同，含氮有机化合物分为硝基化合物与亚硝基化合物、硝酸酯与亚硝酸酯、胺、腈、重氮盐、偶氮化合物等。本章重点介绍芳香族硝基化合物、胺、腈、重氮盐和偶氮化合物。

第一节　硝基化合物

烃分子中的氢原子被硝基（$-NO_2$）取代的化合物称为硝基化合物，常用 RNO_2 或 $ArNO_2$ 表示。

一、硝基化合物的结构、分类和命名

1. 硝基化合物的结构

通过对 CH_3NO_2 键长的测定发现，硝基中的氮原子和两个氧原子之间的距离相等，N—O

键键长为 0.122 nm，O—N—O 键角为 127°，按照杂化轨道理论，硝基中的氮原子是 sp^2 杂化的，它以三个 sp^2 杂化轨道与两个氧原子和一个碳原子形成三个 σ 键，未参与杂化的一对 p 电子所在的 p 轨道与每个氧原子的一个 p 轨道形成一个共轭 π 键体系，如图 13-1 所示。

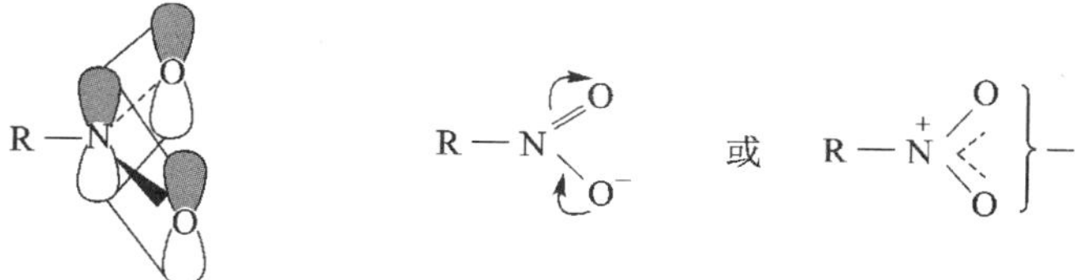

图 13-1　硝基的结构

在硝基化合物的分子中，与碳原子相连的是氮原子，在硝酸酯和亚硝酸酯的分子中，与碳原子相连的是氧原子，也就是硝基化合物与亚硝基化合物分别是硝酸和亚硝酸中的 HO—被烃基取代的衍生物，而硝酸酯与亚硝酸酯分别是硝酸和亚硝酸中的氢被烃基取代的衍生物，硝基化合物与相应的亚硝酸酯是同分异构体。

R—N(=O)→O　　　　R—O—N(=O)→O

硝基化合物　　　　硝酸酯

R—N=O　　　　R—O—N=O

亚硝基化合物　　　　亚硝酸酯

2. 硝基化合物的分类与命名

硝基化合物按照烃基的不同，可分为脂肪族硝基化合物（RNO_2）和芳香族硝基化合物（$ArNO_2$）；按照含有硝基数目的不同，可分为一硝基化合物和多硝基化合物。

硝基化合物的命名，是以硝基为取代基，烃为母体。例如：

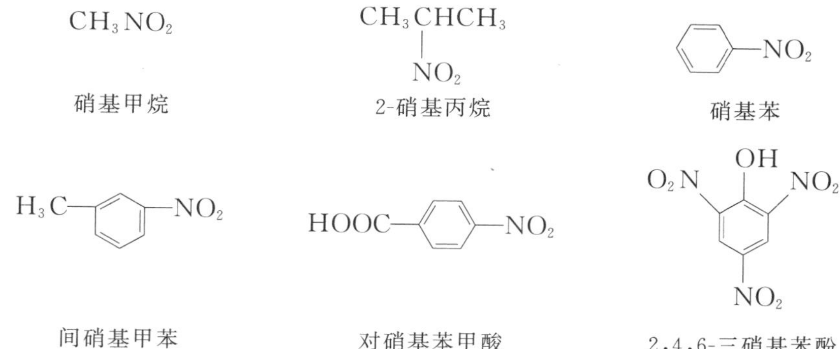

二、硝基化合物的工业合成

在工业上，硝基化合物一般采用硝化方法来合成，脂肪族硝基化合物的硝化很少应用，而在芳环上引入硝基是最重要的工业硝化反应，硝化剂通常采用混酸（浓硝酸与浓硫酸的混合酸）。

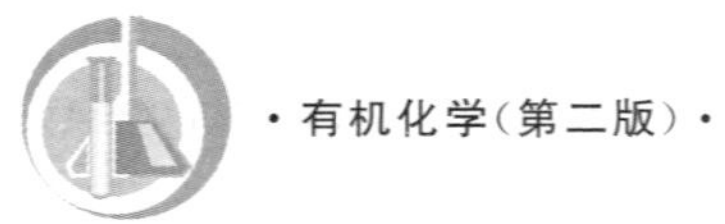

1. 硝基苯的合成

苯与混酸在 50 ℃的条件下发生硝化反应，生成硝基苯。

$$C_6H_6 + HNO_3 \xrightarrow[50\ ^\circ C]{H_2SO_4} C_6H_5-NO_2$$

2. 2,4,6-三硝基甲苯的合成

甲苯与混酸分三步硝化，合成 2,4,6-三硝基甲苯。

$$C_6H_5CH_3 + HNO_3 \xrightarrow[55\ ^\circ C]{H_2SO_4} \text{o-}CH_3C_6H_4NO_2 + \text{p-}CH_3C_6H_4NO_2$$

$$\text{o-}CH_3C_6H_4NO_2 + \text{p-}CH_3C_6H_4NO_2 + HNO_3 \xrightarrow[85\ ^\circ C]{H_2SO_4} \text{2,6-}CH_3C_6H_3(NO_2)_2 + \text{2,4-}CH_3C_6H_3(NO_2)_2$$

$$\text{2,6-}CH_3C_6H_3(NO_2)_2 + \text{2,4-}CH_3C_6H_3(NO_2)_2 + HNO_3 \xrightarrow[115\ ^\circ C]{H_2SO_4} \text{2,4,6-}CH_3C_6H_2(NO_2)_3$$

三、硝基化合物的物理性质

低级的硝基烷是无色液体，芳香族硝基化合物为无色或淡黄色液体或固体。因硝基的极性较强，与其他有机化合物相比，硝基化合物有较高的沸点。硝基化合物的相对密度都大于 1，不溶于水而溶于多种有机溶剂，能溶解油脂、纤维素酯和某些合成树脂。多硝基化合物受热时易分解而发生爆炸，如 2,4,6-三硝基甲苯为烈性炸药。常见硝基化合物的物理常数见表 13-1。

表 13-1　常见硝基化合物的物理常数

名　称	熔点/℃	沸点/℃	相对密度 d_4^{20}
硝基甲烷	−28.5	100.8	1.135 4(22 ℃)
硝基乙烷	−50	115	1.044 8(25 ℃)
1-硝基丙烷	−108	131.5	1.022
2-硝基丙烷	−93	120	1.024
硝基苯	5.7	210.8	1.203
间二硝基苯	89.8	303	1.571
1,3,5-三硝基苯	122	315	1.688
邻硝基甲苯	−4	222.3	1.163
对硝基甲苯	51.4	237.7	1.286

硝基化合物有毒性，能通过皮肤而被吸收，对血液、肝脏、眼睛和神经系统等有损伤，严重时可以致死。作为一种常见工业污染物，硝基化合物广泛存在于石化、制药、橡胶、炸药、农药等产业。我国富含硝基化合物的工业废弃物总量较大，国家已采取一定措施防控与治理硝基化合物对环境的污染。

四、硝基化合物的化学性质

1. α-H 的酸性

在脂肪族硝基化合物中，$-NO_2$ 是强吸电子基团，使有 α-H 的硝基化合物显弱酸性。例如：

	CH_4	CH_3NO_2	$CH_3CH_2NO_2$	$CH_3CH(NO_2)CH_3$
pK_a	40	10.2	8.5	7.8

具有 α-H 的硝基化合物可溶于碱液中。

$$CH_3NO_2 + NaOH \longrightarrow [CH_2NO_2]Na + H_2O$$

钠盐酸化后，转化为原来的硝基化合物。硝基苯没有 α-H，因此不显酸性。

2. 还原反应

可以采用化学还原或催化加氢的方法还原硝基化合物，最终产物为胺。

1）化学还原

在酸性条件下以 Zn 或 Fe 为还原剂还原硝基化合物，最终产物为胺。在不同介质中使用还原剂还原芳香族硝基化合物，可以得到一系列不同的产物，用强还原剂还原的最终产物是伯胺。

$$CH_3CH_2NO_2 \xrightarrow{Fe,HCl} CH_3CH_2NH_2$$

$$C_6H_5-NO_2 \xrightarrow[HCl]{Fe或Zn} C_6H_5-NH_2$$

2）催化加氢

目前工业上采用催化加氢法，由芳香族硝基化合物制备芳香胺。

$$C_6H_5-NO_2 \xrightarrow[Ni]{H_2} C_6H_5-NH_2$$

3. 硝基对苯环上其他基团的影响

$-NO_2$ 是强吸电子基，它使苯环上的电子云密度大为降低，亲电取代反应变得困难，但可使邻位基团的反应活性（亲核取代）增加。

1）使邻、对位的卤原子活化

卤素直接连接在苯环上很难被—OH 取代，若在邻位或对位上有硝基存在，水解反应就容易进行，例如：

$$C_6H_5\text{—}Cl \xrightarrow[400\ ℃,32\ MPa]{10\%NaOH} C_6H_5\text{—}OH$$

$$o\text{-}ClC_6H_4NO_2 \xrightarrow[130\ ℃]{NaHCO_3\ 溶液} o\text{-}NaOC_6H_4NO_2 \xrightarrow{H^+} o\text{-}HOC_6H_4NO_2$$

$$2,4\text{-}(NO_2)_2C_6H_3Cl \xrightarrow[100\ ℃]{NaHCO_3\ 溶液} 2,4\text{-}(NO_2)_2C_6H_3ONa \xrightarrow{H^+} 2,4\text{-}(NO_2)_2C_6H_3OH$$

2）使酚的酸性增强

苯酚的酸性很弱，但当酚羟基的邻、对位上有硝基时，硝基的吸电子诱导效应使酚的酸性增强，硝基的数目越多，酸性越强。例如：

	C_6H_5OH	$o\text{-}O_2NC_6H_4OH$	$p\text{-}O_2NC_6H_4OH$	$2,4\text{-}(O_2N)_2C_6H_3OH$	$2,4,6\text{-}(O_2N)_3C_6H_2OH$
pK_a	9.89	7.23	7.15	4.09	0.25

五、重要的硝基化合物

1. 硝基苯

硝基苯是无色、油状液体，工业硝基苯常因含杂质而带有淡黄色，硝基苯有苦杏仁油的特殊气味，熔点为 5.7 ℃，沸点为 210.9 ℃，相对密度为 1.205(25 ℃)，微溶于水，溶于乙醇、乙醚和苯等。硝基苯毒性较强，吸入大量蒸气或皮肤大量沾染，可引起急性中毒，使血红蛋白氧化或配合，破坏血红素输送氧的能力，并引起头痛、恶心、呕吐等症状。空气中的最大允许浓度为 1 $\mu g \cdot g^{-1}$，空气中的爆炸极限为 1.8%(体积分数，下限)。

硝基是强吸电子基，可使苯环钝化，硝基苯在一定的条件下，发生亲电取代反应，生成间位取代产物。硝基苯化学性质活泼，能被还原成重氮盐、偶氮苯等。由苯经硝酸和硫酸混合硝化可制备硝基苯，它可用做有机合成中间体及生产苯胺的原料，用于生产染料、香料、炸药等有机合成工业。

2. 2,4,6-三硝基甲苯

2,4,6-三硝基甲苯又名梯恩梯(TNT(trinitrotoluene)的音译)。它是最重要的一种军用炸药，为黄色单斜晶体，相对密度为 1.65，熔点为 81.8 ℃，沸点为 280 ℃，240 ℃爆炸，不溶于水，微溶于乙醇，溶于苯、芳烃、丙酮；有毒性，对人体的肝脏、造血系统有损害，可抑制骨髓内红细胞生成和形成高铁血红蛋白，破坏血红素输送氧的能力，并引起头昏、头痛、恶心、呕吐、无力、食欲不振、口苦等；在空气中的最大允许浓度为 1.5 $mg \cdot m^{-3}$，遇热、明火、摩擦、震动、撞击可发生爆炸，主要用做炸药，用于军工生产、军事、矿山开采、隧道挖掘。在储存和运输过程中，应避免震动、撞击和摩擦。少量泄漏用无火花的工具收集于干燥、清洁、有盖的容器中，转移至安全场所。大量泄漏用水湿润，然后收集回收或运至废物处理场所处理。

3. 2,4,6-三硝基苯酚

2,4,6-三硝基苯酚又名苦味酸、黄色炸药，为淡黄色结晶固体，味极苦，相对密度为1.767；有强爆炸性，摩擦、震动、明火、高温易引发剧烈爆炸，闪点为150 ℃，爆炸点为300 ℃，易与多种重金属作用生成更易爆炸而且危险的苦味酸盐，是军事上最早使用的一种猛性炸药；不易吸湿，难溶于冷水，易溶于热水，溶于乙醇、乙醚、苯和氯仿；用于炸药、染料、制药和皮革等工业。

第二节 胺

胺是氨分子中的一个或几个氢原子被烃基取代形成的含氮的有机物，如甲胺 CH_3NH_2、二甲胺 $(CH_3)_2NH$ 和三甲胺 $(CH_3)_3N$。

一、胺的分类和命名

1. 胺的分类

根据取代氨分子中氢原子的烃基不同，胺分为脂肪胺和芳香胺。氮原子直接与脂肪烃基相连的胺称为脂肪胺，氮原子直接与芳环相连的胺称为芳香胺。

根据氨分子中被取代的氢原子的数目不同，胺分为伯胺、仲胺和叔胺。若一个氢原子被取代，称为伯胺，又称第一胺，通式为 R(Ar)—NH_2，官能团为氨基（—NH_2）；若两个氢原子被取代，称为仲胺，又称第二胺，通式为 R(Ar)—NH—(Ar′)R′，官能团为亚氨基（—NH—）；若三个氢原子被取代，称为叔胺，又称第三胺；当氮原子与四个烃基相连时，此类含氮有机物称为季铵类化合物，又分为季铵盐和季铵碱两类。

根据分子中氨基的数目，胺又分为一元胺、二元胺和多元胺。

脂肪胺	RNH_2	R_2NH	R_3N	
	CH_3NH_2	$(CH_3)_2NH$	$(CH_3)_3N$	
芳香胺	$ArNH_2$	Ar_2NH	ArNHR	$ArNR_2$
	C_6H_5—NH_2	C_6H_5—NH—C_6H_5	C_6H_5—NH—CH_3	C_6H_5—N(CH_3)—CH_3
季铵碱	$R_4N^+OH^-$	$(CH_3)_4N^+OH^-$		
季铵盐	$R_4N^+Cl^-$	$(CH_3)_4N^+Cl^-$		

伯、仲、叔胺的区别与伯、仲、叔醇（或卤代烃）的不同。醇或卤代烃的级数是根据与官能团相连的碳原子的级数决定的，而对于胺，则是按照氮原子上相连碳原子的数目决定

的,如叔丁醇为三级醇,而叔丁胺则为一级胺。

应该注意"氨"、"胺"、"铵"字的用法。在表示基团时,如氨基、亚氨基,用"氨";表示 NH_3 的烃基衍生物时,用"胺";而季铵类化合物则用"铵"。

2. 胺的命名

简单胺的命名是根据氮原子上所连的烃基名称来命名的,称为"某胺"。例如:

CH_3NH_2 甲胺　　$CH_3CH_2NH_2$ 乙胺　　$C_6H_5-NH_2$ 苯胺

当氮原子上所连的烃基相同时,用数字表示相同的烃基数目,称为"二某胺"或"三某胺";当烃基不同时,按基团由小到大的顺序写出。例如:

$(CH_3CH_2)_2NH$ 二乙胺　　$(CH_3)_3N$ 三甲胺　　$CH_3NHCH_2CH_3$ 甲乙胺　　$CH_3N(C_2H_5)C_3H_7$ 甲乙丙胺

对于芳香仲胺或叔胺,则在烃基前冠以"N",以表示这个基团是连在氮原子上,而不是连在芳香环上的。例如:

$C_6H_5-NHCH_3$ N-甲基苯胺　　$C_6H_5-N(CH_3)-C_2H_5$ N-甲基-N-乙基苯胺　　$C_6H_5-N(CH_3)_2$ N,N-二甲基苯胺

对于结构比较复杂的胺,按系统命名法,则将氨基或烷氨基(—NHR)当做取代基,以烃基或其他官能团为母体,取代基按次序规则排列,将较优基团后列出。例如:

$CH_3CH(CH_3)CH_2CH(NH_2)CH_3$ 2-甲基-4-氨基戊烷　　$H_2N-C_6H_4-COOH$ 间氨基苯甲酸　　$CH_3CH_2CH_2CH(NHCH_3)CH_2CH_3$ 3-甲氨基己烷

季铵盐的命名与铵盐的命名类似,如 $(CH_3)_4N^+Cl^-$ 命名为氯化四甲基铵。

四个烃基不同时,按照次序规则排列,并标明基团的个数。如 $[C_2H_5(CH_3)_3N^+]I^-$ 命名为碘化三甲基乙基铵。

季铵碱的命名与氢氧化铵的命名类似,如 $(CH_3)_4N^+OH^-$ 命名为氢氧化四甲基铵。

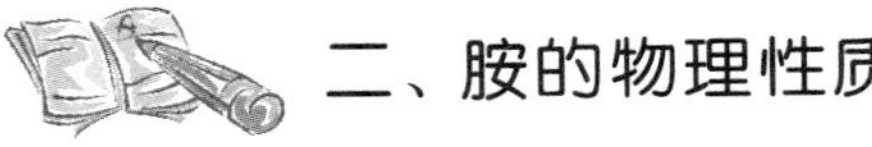

二、胺的物理性质

低级胺是气体或易挥发的液体,有氨的气味或鱼腥味。某些二元胺有恶臭,动物肌肉腐烂时能产生极臭且剧毒的丁二胺及戊二胺。高级胺是固体,无臭。芳香胺是高沸点的液体或低熔点的固体,有特殊的气味。芳香胺有毒,如苯胺对血液和神经的毒性非常强烈,可经皮肤吸收或经呼吸道引起中毒,某些芳香胺有致癌作用,如联苯胺有强烈的致癌

作用。

和氨相似，伯胺和仲胺可以形成分子间氢键而缔合，沸点比相应的烷烃的高，但比醇的沸点低，可与水形成氢键，低级胺可溶于水，六个碳原子以上的胺难溶或不溶于水，能溶于醇、醚、苯等有机溶剂。叔胺无氢键，其沸点与相对分子质量相近的烷烃相近。常见胺的物理常数见表 13-2。

表 13-2　常见胺的物理常数

名　称	熔点/℃	沸点/℃	溶解度/[g·(100 g (H_2O))$^{-1}$]	相对密度 d_4^{20}
甲胺	−93.5	−6.3	易溶	0.796 1(−10 ℃)
二甲胺	−93	7.4	易溶	0.660 4(0 ℃)
三甲胺	−117.2	2.9	91	0.722 9(25 ℃)
乙胺	−81	16.6	∞	0.706(0 ℃)
二乙胺	−48	56.3	易溶	0.705
三乙胺	−114.7	89.4	14	0.756
正丙胺	−83	47.8	∞	0.719
正丁胺	−49.1	77.8	易溶	0.740
正戊胺	−55	104.4	溶	0.761 4
乙二胺	8.5	116.5	溶	0.899
己二胺	41	204	易溶	—
苯胺	−6.3	184	3.7	1.022
N-甲基苯胺	−57	196.3	难溶	0.989
N,N-二甲基苯胺	2.5	194	1.4	0.956
二苯胺	54	302	不溶	1.159
三苯胺	127	365	不溶	0.774(0 ℃)
联苯胺	127	401.7	0.05	1.250
α-萘胺	50	300.8	难溶	1.131
β-萘胺	113	306.1	不溶	1.061 4(25 ℃)

三、胺的化学性质

胺可看做氨的衍生物，所以胺的空间结构与氨的一样呈三棱锥形，氮原子用 sp^3 杂化轨道与烃基的碳原子成键。氨、三甲胺和苯胺的分子结构如图 13-2 所示。

在季铵类化合物中，氮原子的四个 sp^3 杂化轨道都用于成键，因而具有四面体结构。

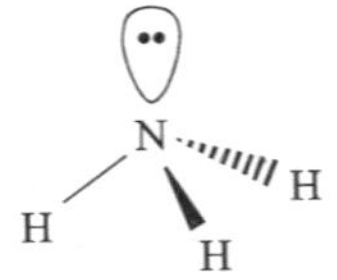

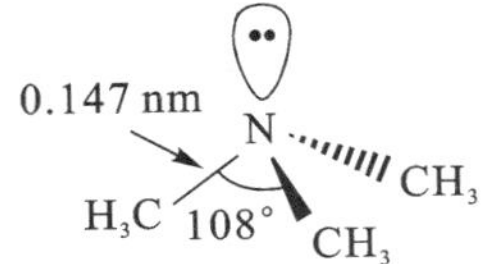

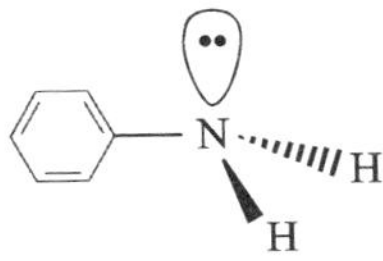

图 13-2　氨、三甲胺、苯胺的分子结构

1. 碱性

胺与氨相似,氮原子上的未共用电子对可以接受质子,所以胺显碱性。在水溶液中,胺能与水解离得到的氢离子以配位键结合成铵离子,溶液中的氢氧根离子浓度大于氢离子的浓度,胺能与酸反应生成盐。部分常见胺的 pK_b 值见表 13-3。

表 13-3　部分常见胺的 pK_b 值

名　　称	pK_b	名　　称	pK_b
三乙胺	2.99	氨	4.74
乙胺	3.19	苯胺	9.37
二甲胺	3.27	N-甲基苯胺	9.60
甲胺	3.44	N,N-二甲基苯胺	9.62
二乙胺	3.51	二苯胺	13.8
三甲胺	4.19	三苯胺	中性

$$NH_3 + H—OH \rightleftharpoons [NH_4]^+ + OH^-$$
$$R—NH_2 + H—OH \rightleftharpoons [RNH_3]^+ + OH^-$$

胺溶于水时,发生下列解离反应:

$$R—\ddot{N}H_2 + H_2O \overset{K_b}{\rightleftharpoons} R—\overset{+}{N}H_3 + OH^-$$

$$K_b = \frac{[R-\overset{+}{N}H_3][OH^-]}{[RNH_2]} \quad pK_b = -\lg K_b$$

胺的碱性以碱性解离常数 K_b 或其负对数 pK_b 表示,K_b 越大或 pK_b 越小,碱性越强。氨的 $pK_b=4.74$,一般脂肪胺的 $pK_b=3\sim5$,芳香胺的 $pK_b=7\sim10$。除季铵碱外,胺的碱性都比较弱。胺类的碱性呈以下变化规律:脂肪胺>氨>芳香胺。

由于脂肪族烃基是供电子基,能使氮原子上的电子云密度增大,因此脂肪胺的碱性都比氨的强。在气相时氮上连有供电子的脂肪烃基越多,氮原子上的电子云密度就越大,碱性就越强,从而得出胺的碱性强弱的顺序为:叔胺>仲胺>伯胺。但是在水溶液中,胺的碱性强弱的顺序为:仲胺>伯胺>叔胺。这是因为影响胺类碱性强弱的因素不仅是电子效应,还有空间位阻和溶剂化效应等,叔胺中有三个烃基,虽然增加了氮原子上的电子云密度,但同时也占据了氮原子外围更多的空间,使质子难于与氮原子接近,因此碱性降低,而它与质子生成的正离子 R_3NH^+ 比 $RNH_3{}^+$ 和 $R_2NH_2{}^+$ 都难溶剂化,因此叔胺的碱性反比仲胺和伯胺的弱。

芳香胺的碱性比氨的弱。芳香胺氮原子上的未共用电子对与苯环形成 p-π 共轭体系，电子云向苯环转移，使氮原子上电子云密度降低，所以芳香胺的碱性比氨的弱，不能用石蕊试纸检测其碱性。二苯胺、三苯胺的共轭体系更大，氮原子上的电子云密度降低得更多，碱性更弱，实际上三苯胺已近中性。

对取代芳香胺，苯环上连有供电子基时，碱性略有增强；连有吸电子基时，碱性则降低。

由于胺具有碱性，能与无机酸（盐酸、硫酸）及有机酸（草酸、乙酸等）反应成盐。

$$R—\ddot{N}H_2 + HCl \longrightarrow R—\overset{+}{N}H_3Cl^-$$

$$R—\ddot{N}H_2 + HOSO_3H \longrightarrow R—\overset{+}{N}H_3^- OSO_3H$$

铵盐都是结晶型固体，易溶于水。由于胺都是弱碱，所以铵盐遇强碱能释放出游离胺。

$$R\overset{+}{N}H_3Cl^- + NaOH \longrightarrow RNH_2 + Na^+ + Cl^- + H_2O$$

利用以上性质可以将胺与其他不溶于酸的有机物分离，因为胺可与酸形成盐而溶于稀酸中，当铵盐遇强碱时又能游离出胺来，再用醚或烷烃等有机溶剂萃取胺，即可分离。这些性质可以用于胺的鉴别、分离和提纯。

季铵碱的碱性与苛性钠的相当，也有很强的吸湿性，能吸收空气中的水分，并能吸收二氧化碳，其浓溶液对玻璃有腐蚀性。季铵碱与酸中和生成季铵盐。季铵盐是强酸强碱生成的盐，它和氯化钠一样，与强碱作用不会置换出游离的季铵碱，而是建立如下平衡：

$$R_4N^+OH^- + HCl \longrightarrow R_4N^+Cl^- + H_2O$$

$$R_4N^+Cl^- + Na^+OH^- \longrightarrow R_4N^+ + OH^- + Na^+ + Cl^-$$

氢氧化银与季铵盐作用，生成卤化银沉淀和季铵碱。

$$R_4N^+Cl^- + AgOH \longrightarrow R_4N^+OH^- + AgCl\downarrow$$

2. 烷基化反应

氮原子上有未共用电子对，NH_3 作为亲核试剂与卤代烷作用，生成伯胺盐。伯胺盐在过量 NH_3 的作用下可以得到伯胺。

$$CH_3CH_2I + NH_3 \longrightarrow CH_3CH_2NH_3^+I^-$$

$$CH_3CH_2NH_3^+I^- + NH_3 \longrightarrow \underset{\text{伯胺}}{CH_3CH_2NH_2} + NH_4I$$

伯胺与 NH_3 一样，氮原子上有未共用电子对，作为亲核试剂，可以继续与卤代烷作用，氮原子上的氢被烷基取代而得到仲胺，这个反应称为胺的烷基化。

$$CH_3CH_2NH_2 + CH_3CH_2I \longrightarrow (CH_3CH_2)_2NH_2^+I^- \longrightarrow \underset{\text{仲胺}}{(CH_3CH_2)_2NH} + NH_4I$$

生成的仲胺仍可继续与卤代烷反应生成叔胺，叔胺再与卤代烷作用则得到季铵盐。

$$(CH_3CH_2)_2NH \xrightarrow{CH_3CH_2I} (CH_3CH_2)_3NH^+I^- \xrightarrow{NH_3} \underset{\text{叔胺}}{(CH_3CH_2)_3N} + NH_4I$$

$$(CH_3CH_2)_3N + CH_3CH_2I \longrightarrow \underset{\text{季铵盐}}{(CH_3CH_2)_4N^+I^-}$$

卤代烷与氨作用得到的往往是伯胺、仲胺、叔胺和季铵盐的混合物，这种方法不是制备胺的好方法。

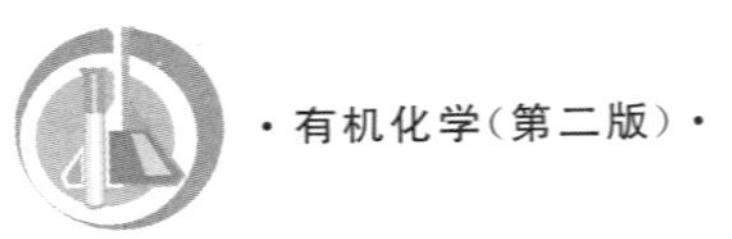

3. 酰基化反应和磺酰化反应

1) 酰基化反应

伯胺和仲胺与酰卤或酸酐等酰化剂作用,氨基上的氢原子被酰基 $R-\overset{O}{\overset{\|}{C}}-$ 取代而生成酰胺的反应,称为胺的酰基化反应。与氨的酰基化反应类似,叔胺的氮原子上无氢原子,不能发生酰基化反应。

$$RNH_2 + Cl-\overset{O}{\overset{\|}{C}}-R' \longrightarrow RNH-\overset{O}{\overset{\|}{C}}-R' + HCl$$

$$R_2NH + Cl-\overset{O}{\overset{\|}{C}}-R' \longrightarrow R_2N-\overset{O}{\overset{\|}{C}}-R' + HCl$$

$$R-NH_2 + (R'CO)_2O \longrightarrow R'CONHR + R'COOH$$

$$R_2NH + (R'CO)_2O \longrightarrow R'CONR_2 + R'COOH$$

酰胺是具有一定熔点的固体,通过测定酰胺的熔点并与已知酰胺的比较,可以鉴定胺。在强酸或强碱的水溶液中加热,酰胺易水解生成胺,因此,此反应在有机合成上常用来保护氨基。因为氨基比较活泼,容易被氧化,所以在合成中常把芳香胺酰化,把氨基保护起来,再进行其他反应,然后使酰胺水解再变为胺。例如,需要在苯胺的苯环上引入硝基时,为防止氨基被氧化,则先将氨基进行乙酰化,制成乙酰苯胺,然后再硝化,在苯环上导入硝基以后,水解除去酰基则得硝基苯胺。

$$C_6H_5NH_2 \xrightarrow{CH_3COCl} C_6H_5NHCOCH_3 \xrightarrow{HNO_3} p\text{-}O_2NC_6H_4NHCOCH_3 \xrightarrow[H^+]{H_2O} p\text{-}O_2NC_6H_4NH_2$$

2) 磺酰化反应

胺与磺酰化试剂反应生成磺酰胺的反应称为磺酰化反应。常用的磺酰化试剂是苯磺酰氯和对甲基苯磺酰氯。

$C_6H_5-SO_2Cl$ 苯磺酰氯

$CH_3-C_6H_4-SO_2Cl$ 对甲基苯磺酰氯(TsCl)

伯胺、仲胺与磺酰化试剂反应生成相应的磺酰胺,叔胺不反应。伯胺生成的磺酰胺由于与氮原子相连的 H 有酸性,可溶于碱,因此可与仲胺分离,此反应称为兴斯堡反应,可用于鉴定及分离、纯化伯胺、仲胺和叔胺。

RNH_2、R_2NH、R_3N 分别与 $C_6H_5-SO_2Cl$ 作用:

$$RNH_2 \longrightarrow C_6H_5-SO_2NHR\ (\text{白色固体}) \xrightarrow{NaOH} [C_6H_5-SO_2N-R]^- Na^+\ (\text{溶于碱})$$

$$R_2NH \longrightarrow C_6H_5-SO_2NR_2\ (\text{白色固体}) \xrightarrow{NaOH} \text{不溶于碱,仍为固体}$$

$$R_3N \longrightarrow \text{不反应}$$

伯胺、仲胺、叔胺的混合物与苯磺酰氯在碱溶液中反应，叔胺不反应，可经水蒸气蒸馏分离，析出的固体为仲胺的磺酰胺，溶液经酸化可得到伯胺的磺酰胺。伯胺、仲胺的磺酰胺可经酸性水解得到伯胺和仲胺。

RNH_2、R_2NH、R_3N $\xrightarrow{C_6H_5SO_2Cl}$ C_6H_5—SO_2NHR、C_6H_5—SO_2NR_2、不反应 $\xrightarrow[蒸馏]{水蒸气}$ 余物 $\xrightarrow{过滤}$ 滤液 $\xrightarrow{HCl}$ 伯胺；沉淀 $\xrightarrow{HCl}$ 仲胺；馏液（叔胺）

4. 与亚硝酸反应

亚硝酸不稳定，反应时由亚硝酸钠与盐酸或硫酸作用而得。

脂肪胺与亚硝酸的反应：伯胺与亚硝酸反应生成不稳定的重氮盐，分解放出氮气。

$$RCH_2CH_2NH_2 \xrightarrow[低温]{NaNO_2+HCl} \underset{重氮盐}{RCH_2CH_2\overset{+}{N_2}Cl^-} \xrightarrow{分解} RCH_2\overset{+}{C}H_2+N_2+Cl^-$$

仲胺与亚硝酸反应，生成黄色油状或固体的N-亚硝基化合物。

$$R_2NH \xrightarrow{NaNO_2+HCl} R_2N—N{=}O + H_2O$$

N-亚硝基胺（黄色油状物）

叔胺在同样条件下，与亚硝酸不发生类似的反应。因而，胺与亚硝酸的反应可以用来区别伯胺、仲胺和叔胺。

芳香胺与亚硝酸的反应：芳香伯胺与亚硝酸在低温下反应，生成重氮盐，此反应称为重氮化反应。重氮盐遇热分解放出氮气，重氮盐用于合成多种有机物。

$$C_6H_5—NH_2 \xrightarrow[0\sim5\ ℃]{NaNO_2+HCl} C_6H_5—N_2^+Cl^- +2H_2O+NaCl$$

芳香族仲胺与亚硝酸反应，生成棕色油状或黄色固体的亚硝基胺。芳香族叔胺与亚硝酸反应，亚硝基上到苯环，生成对亚硝基胺。在碱性溶液中，亚硝基化合物呈翠绿色。由于反应是在强酸性条件下进行的，产物呈橘黄色，若用碱中和，则从橘黄色转变成翠绿色。

芳香胺与亚硝酸的反应也可用来区别芳香族伯胺、仲胺和叔胺。

5. 芳香胺的特性反应

氨基是很强的活性基团，易被氧化，苯环氨基的邻位、对位上容易发生亲电取代反应。

1）氧化反应

芳香胺尤其是芳香伯胺，极易被氧化。例如，新的纯苯胺是无色的，但暴露在空气中很快就变成黄色，然后变成红棕色。用氧化剂处理苯胺时，生成复杂的混合物。在一定的条件下，苯胺的氧化产物主要是对苯醌。

$$C_6H_5NH_2 \xrightarrow[H_2SO_4,10\ ℃]{MnO_2} O{=}C_6H_4{=}O$$

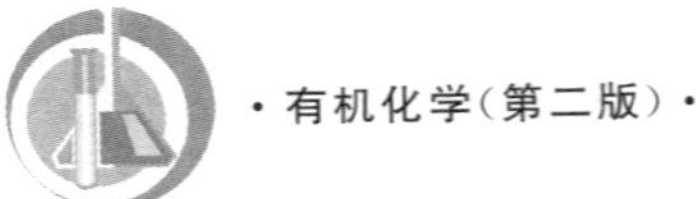

2）卤代反应

苯胺在水溶液中与卤素反应非常快，反应很难控制在一元阶段。

$$C_6H_5NH_2 + 3Br_2 \xrightarrow{H_2O} 2,4,6\text{-}Br_3C_6H_2NH_2 + 3HBr$$

2,4,6-三溴苯胺的碱性很弱，在水溶液中不能与氢溴酸反应生成盐，常常产生白色沉淀。这个反应常用来检验苯胺的存在，也可用做苯胺的定量分析。

如要制取一溴苯胺，则应先降低苯胺的活性，再进行溴代，其方法有以下两种。

方法一：

$$C_6H_5NH_2 \xrightarrow{(CH_3CO)_2O} C_6H_5NHCOCH_3 \xrightarrow[\text{无水 } CH_3COOH]{Br_2} p\text{-}BrC_6H_4NHCOCH_3 \xrightarrow[OH^- \text{或} H^+]{H_2O} p\text{-}BrC_6H_4NH_2$$

方法二：

$$C_6H_5NH_2 \xrightarrow{H_2SO_4} C_6H_5\overset{+}{N}H_3HSO_4^- \xrightarrow{Br_2} m\text{-}BrC_6H_4\overset{+}{N}H_3HSO_4^- \xrightarrow{2NaOH} m\text{-}BrC_6H_4NH_2$$

3）磺化反应

苯胺用硫酸磺化生成盐，在加热下失去水并重排为对氨基苯磺酸内盐。

$$C_6H_5NH_2 \xrightarrow{H_2SO_4} C_6H_5\overset{+}{N}H_3HSO_4^- \xrightarrow[-H_2O]{\triangle} C_6H_5NHSO_3H \xrightarrow{180\ ℃} p\text{-}H_2NC_6H_4SO_3H \longleftrightarrow p\text{-}H_3\overset{+}{N}C_6H_4SO_2O^-$$

4）硝化反应

苯胺硝化时，硝酸具有氧化作用，故常常伴随氧化反应的发生。芳香伯胺直接硝化时，必须先把氨基保护起来(乙酰化或成盐)，然后再进行硝化。

(1) 酰化保护。

$$C_6H_5NH_2 \xrightarrow{(CH_3CO)_2O} C_6H_5NHCOCH_3$$

$$C_6H_5NHCOCH_3 \xrightarrow[\text{在乙酸中}]{HNO_3} p\text{-}O_2NC_6H_4NHCOCH_3\ (\text{主要产物}) \xrightarrow{OH^-/H_2O} p\text{-}O_2NC_6H_4NH_2$$

$$C_6H_5NHCOCH_3 \xrightarrow[\text{在乙酸酐中}]{HNO_3} o\text{-}O_2NC_6H_4NHCOCH_3\ (\text{主要产物}) \xrightarrow{OH^-/H_2O} o\text{-}O_2NC_6H_4NH_2$$

（2）成盐保护。

将苯胺溶于浓硫酸中使之先生成苯胺的硫酸盐，然后再硝化。因为间位定位基能使苯环稳定，不至于被硝酸氧化，故硝化的主要产物是间位取代物，取代物再与碱作用，则得到间硝基苯胺。

$$C_6H_5NH_2 \xrightarrow{H_2SO_4} C_6H_5\overset{+}{N}H_3\,HSO_4^- \xrightarrow{HNO_3} m\text{-}O_2NC_6H_4\overset{+}{N}H_3\,HSO_4^- \xrightarrow[H_2O]{2NaOH} m\text{-}O_2NC_6H_4NH_2$$

四、胺的工业制法

胺是重要的化工原料，工业上胺主要采用氨的烷基化、硝基化合物的还原、腈和酰胺的还原及醛、酮的还原胺化等方法制备。

1. 氨的烷基化

在一定压力下，将卤代烃与氨溶液共热，卤代烃与氨发生取代反应生成胺。反应首先生成伯胺的氢卤酸盐，伯胺的氢卤酸盐再与过量的氨作用，可使伯胺游离出来。生成的伯胺能继续与卤代烃作用而得到仲胺、叔胺及季铵盐，最后产物为伯胺、仲胺、叔胺以及季铵盐的混合物。产物在分离上比较困难，因此这种方法在应用上受到一定程度的限制。

$$RX+NH_3 \longrightarrow RNH_2 \cdot HX$$

$$RNH_2 \cdot HX+NH_3 \longrightarrow RNH_2+NH_4X$$

$$RNH_2+RX \longrightarrow R_2NH \cdot HX$$

$$R_2NH \cdot HX \xrightarrow{NH_3} R_2NH+NH_4X$$

工业生产中常用醇和氨的混合蒸气通过加热的催化剂（如氧化铝）来制备胺，醇来源广泛，对设备的腐蚀性小。工业上，甲胺、二甲胺和三甲胺就是利用这种方法制备的。

$$CH_3OH+NH_3 \xrightarrow[380\sim450\ ℃,5\ MPa]{Al_2O_3} CH_3NH_2 \xrightarrow{CH_3OH} (CH_3)_2NH \xrightarrow{CH_3OH} (CH_3)_3N$$

产物是伯胺、仲胺和叔胺的混合物，改变反应物的配比和反应条件可以控制产物的比例，然后采用精馏方法分离。

2. 硝基化合物的还原

硝基化合物还原可以得到伯胺。苯胺一般由硝基苯的化学还原或催化加氢制备。目前工业上一般采用催化加氢的方法将硝基加氢还原为苯胺。

$$C_6H_5NO_2 \xrightarrow[Ni]{H_2} C_6H_5NH_2$$

3. 腈和酰胺的还原

腈经过催化加氢生成伯胺。工业上己二胺就是由己二腈加氢制备得到的。

$$NCCH_2CH_2CH_2CH_2CN \xrightarrow{H_2,Ni} H_2NCH_2CH_2CH_2CH_2CH_2CH_2NH_2$$

酰胺用氢化锂铝还原可以制备胺，本法特别适合制备仲胺和叔胺。

$$R-\overset{\overset{O}{\|}}{C}-NH_2 \xrightarrow{LiAlH_4} RCH_2NH_2$$

4. 醛、酮的还原胺化

氨或胺可以与醛、酮缩合，得到亚胺，在氢气及镍催化剂存在下，经加热即被还原为相应的伯胺、仲胺或叔胺，这种方法称为还原胺化。例如：

$$C_6H_5-\overset{\overset{O}{\|}}{C}-H + NH_3 \xrightarrow[60\ ℃]{Ni,H_2} C_6H_5-CH_2NH_2$$

$$\text{环己酮}(C_6H_{10}{=}O) + CH_3CH_2NH_2 \xrightarrow[\triangle]{Ni,H_2} C_6H_{11}-NHCH_2CH_3$$

$$(CH_3)_2C{=}O + NH_3 \xrightarrow{Ni,H_2} (CH_3)_2CHNH_2$$

还原胺化产物纯度较高。

五、重要的胺

1. 甲胺、二甲胺和三甲胺

甲胺、二甲胺、三甲胺在常温下都是无色气体，高浓度有氨味，低浓度有鱼腥味；它们的蒸气能与空气形成爆炸性混合物；在水中溶解度很大，一般用它们的溶液或盐酸盐(固体)。它们都是重要的有机合成原料，用于制造医药、染料、农药、离子交换树脂和表面活性剂等。

2. 乙二胺

乙二胺是最简单的二元胺，为无色、黏稠、透明的液体，有氨的气味，沸点为 117.1 ℃，熔点为 8.5 ℃，相对密度为 0.8995，溶于水和醇，不溶于乙醚和苯。乙二胺为强碱，遇酸易成盐，能吸收空气中的水蒸气和二氧化碳，生成不挥发的碳酸盐，能随水蒸气挥发，在空气中发烟，储存时应隔绝空气。乙二胺可与许多无机盐形成配合物。乙二胺和氯乙酸作用，生成乙二胺四乙酸(EDTA)，EDTA 是常用的分析试剂。

工业上乙二胺由 1,2-二氯(溴)乙烷与氨作用制取。乙二胺是重要的化工原料和试剂，广泛用于制造药物、乳化剂、农药、离子交换树脂等。乙二胺有腐蚀性，能刺激皮肤和黏膜，引起过敏，高浓度蒸气可引起气喘，严重时可导致致命性中毒。

3. 己二胺

己二胺是重要的二元胺，是无色、片状晶体，熔点为 42 ℃，沸点为 204 ℃，微溶于水，溶于乙醚、乙醇和苯。己二胺和己二酸失水形成的长链状酰胺是合成的聚酰胺纤维之一，称为尼龙-66。其中，“66”表示的是原料中的碳原子数，前一个数字“6”代表二元胺中的碳原子数，后一个数字“6”代表二元羧酸的碳原子数。

$$\left[NH-(CH_2)_6-NH-\overset{\underset{\|}{}}{\underset{\underset{O}{\|}}{C}}-(CH_2)_4-\underset{\underset{O}{\|}}{C} \right]_n$$

4. 苯胺

苯胺是最简单的芳香胺，纯净的苯胺为无色油状液体，有强烈的气味，有毒，熔点为 −6.3 ℃，沸点为 184 ℃，相对密度为 1.0217，微溶于水，易溶于乙醇和醚类等有机溶剂。在空气中长时间放置，苯胺能被空气中的氧气氧化而逐渐变成棕色，甚至黑色。苯胺能通过皮肤吸收而使人中毒，当空气中苯胺的浓度达到百万分之一时，几小时后就会使人出现头晕、皮肤苍白和四肢无力等中毒症状。苯胺可用水蒸气蒸馏，蒸馏时需加入少量锌粉以防氧化。

苯胺是重要的有机合成原料，广泛应用于医药和染料工业。苯胺存在于煤焦油中，工业上采用下列方法合成。

$$C_6H_6 \xrightarrow[\text{浓 } H_2SO_4]{\text{浓 } HNO_3} C_6H_5NO_2 \xrightarrow[Ni]{H_2} C_6H_5NH_2$$

第三节　重氮化合物和偶氮化合物

重氮化合物和偶氮化合物分子中都含有—N═N—官能团。官能团两端都与烃基相连的称为偶氮化合物，如偶氮苯 $C_6H_5—N═N—C_6H_5$；官能团只有一端与烃基相连，而另一端与其他基团相连的称为重氮化合物，如氯化重氮苯 $C_6H_5N_2^+Cl^-$。自然界中不存在重氮化合物和偶氮化合物，它们是合成产物，芳香族重氮化合物在有机合成与分析上用途广泛，芳香族偶氮化合物大多由芳香族重氮化合物偶合而成，用于合成染料、药物等精细化工产品。

一、芳香族重氮盐的制备——重氮化反应

芳香伯胺在酸性条件下、低温（0～5 ℃）时，与亚硝酸反应，生成无色结晶状的重氮盐，此反应称为重氮化反应。

$$C_6H_5NH_2 \xrightarrow[0\sim5\ ℃]{NaNO_2+HCl} C_6H_5N_2^+Cl^- + NaCl + H_2O$$

二、芳香族重氮盐的性质

重氮盐具有一般盐的性质，易溶于水，不溶于有机溶剂，在水溶液中解离成 ArN_2^+ 和 X^-，所以其水溶液能导电，干燥状态的重氮盐极不稳定，在受热或震动时，易发生爆炸。

芳香族重氮盐的化学性质非常活泼，易发生取代反应、还原反应和偶联反应，归纳起来，是放氮反应与留氮反应两类，这些反应在有机合成上非常重要。

1. 取代反应

1) 被羟基取代(水解反应)

重氮盐和酸液共热发生水解,生成酚并放出氮气。

$$C_6H_5NH_2 \xrightarrow[0\sim5\ ℃]{NaNO_2+H_2SO_4} C_6H_5N_2SO_4H \xrightarrow[H^+,\triangle]{H_2O} C_6H_5OH + N_2\uparrow + H_2SO_4$$

重氮盐水解成酚只能用硫酸盐,不能用盐酸盐,因盐酸盐水解易发生副反应。

2) 被卤素、氰基取代

重氮盐与氯化亚铜、溴化亚铜、氰化亚铜反应,分别得到氯代芳烃、溴代芳烃和氰代芳烃,这类反应称为桑德迈尔(Sandmeyer)反应。将碘化亚铜或氟化亚铜用于桑德迈尔反应,不能得到相应的碘代芳烃或氟代芳烃。

$$C_6H_5N_2Cl \xrightarrow[\triangle]{CuCl+HCl} C_6H_5Cl + N_2\uparrow$$

$$C_6H_5N_2Cl \xrightarrow[\triangle]{CuBr+HBr} C_6H_5Br + N_2\uparrow$$

$$C_6H_5N_2Cl \xrightarrow[\triangle]{CuCN+KCN} C_6H_5CN + N_2\uparrow$$

盖特曼对这类反应进行了改进,用铜粉代替卤化亚铜,使操作简单化,但产率较低。

$$C_6H_5N_2Br \xrightarrow[\triangle]{Cu粉} C_6H_5Br + N_2\uparrow$$

芳环上直接引入碘比较困难,但重氮基比较容易被 I^- 取代,重氮盐与碘化钾共热,可以得到较好收率的碘化物。

$$C_6H_5N_2Cl + KI \xrightarrow{\triangle} C_6H_5I + N_2 + KCl$$

此反应是将碘原子引进苯环的好方法。

3) 被氢原子取代(去氨基反应)

$$C_6H_5N_2Cl \xrightarrow[H_2O]{H_3PO_2} C_6H_6 + H_3PO_3 + N_2\uparrow + HCl$$

$$C_6H_5N_2Cl \xrightarrow[NaOH]{HCHO} C_6H_6 + HCOONa + N_2\uparrow + H_2O + NaCl$$

上述重氮基被其他基团取代的反应,可用来制备一般不能用直接方法来制取的化合物。例如,由甲苯制取间溴甲苯,既不能用甲苯直接溴化,又不能用溴苯直接甲基化,只能用重氮基取代的间接方法制取。

又如,由硝基苯制备 2,6-二溴苯甲酸:

$$C_6H_5NO_2 \xrightarrow[H^+]{Fe} C_6H_5NH_2 \xrightarrow{(CH_3CO)_2O} C_6H_5NHCOCH_3 \xrightarrow[无水乙酸]{HNO_3} p\text{-}O_2NC_6H_4NHCOCH_3$$

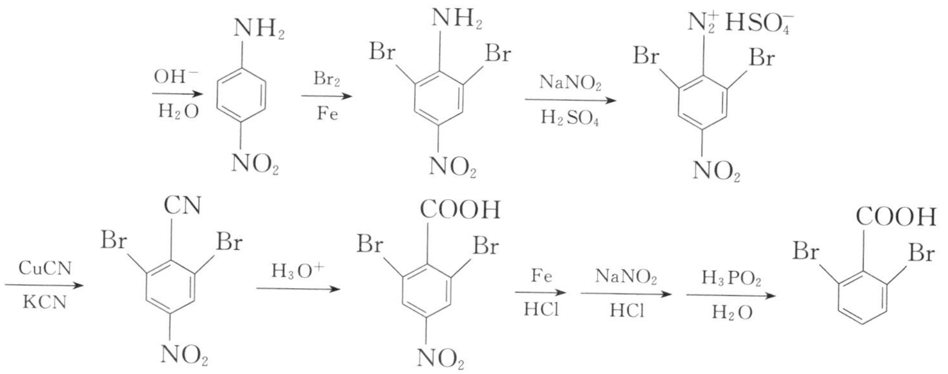

2. 还原反应

重氮盐可被氯化亚锡和盐酸、锌和乙酸、亚硫酸钠、亚硫酸氢钠等还原成苯肼。

苯肼是无色油状液体，熔点为 19.6 ℃，沸点为 242 ℃，不溶于水，有毒。苯肼具有碱性，因此在酸性溶液中还原时，得到苯肼的盐。

3. 偶联反应（偶合反应）

重氮盐与芳香伯胺或酚类化合物作用，生成颜色鲜艳的偶氮化合物的反应称为偶联反应（也叫偶合反应）。重氮正离子 ArN_2^+ 是一个弱的亲电试剂，与活泼的芳香族化合物（如酚和芳香胺等）可进行芳香亲电取代反应，生成有颜色的偶氮化合物。

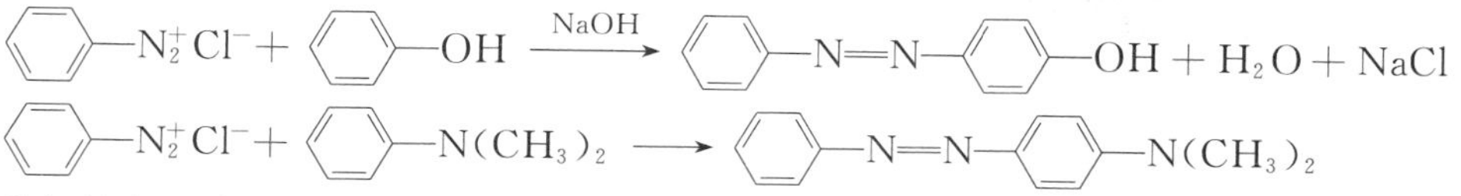

重氮盐与酚偶联时，一般在弱碱性溶液中进行，偶联反应一般发生在羟基的对位上；重氮盐与芳香胺偶联时，一般在弱酸或中性溶液中进行，偶联反应一般也发生在氨基的对位上。如果酚或芳香胺的对位有其他取代基时，则偶联反应发生在邻位。

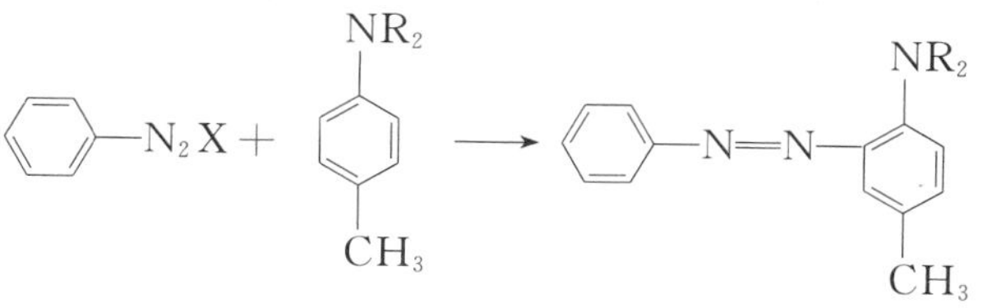

偶氮基—N═N—是一个发色基团，因此，许多偶氮化合物常用做染料，即偶氮染料。

第四节 腈

烃分子中的氢原子被氰基（—CN）取代得到的有机物称为腈。腈的官能团为氰基（—CN），腈的通式为（Ar）R—CN。

氰基的氮原子呈 sp 杂化状态,它以一个 sp 杂化轨道与碳原子的一个 sp 杂化轨道重叠形成 σ 键,以两个 p 轨道与碳原子的两个 p 轨道形成两个互相垂直的 π 键。氰基也可表示为—C≡N,其中 N 原子上未共用的电子对占据一个 sp 轨道。sp 杂化氮原子的电负性很大,π 键容易被极化,腈分子的极性较大。氰基是强吸电子基。

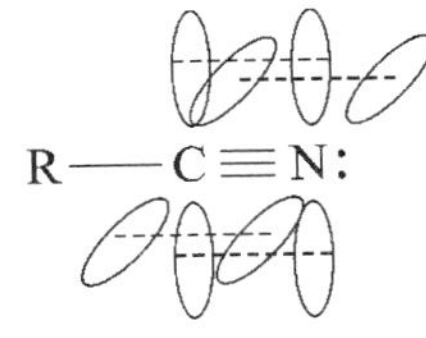

一、腈的命名

腈的命名和羧酸的相似,要将氰基的碳原子也一起计在碳原子总数之内,有时也可以用氰基作为取代基来命名复杂的腈基化合物。

CH_3CN	$CH_2=CH-CN$	C_6H_5CN	$CN-(CH_2)_4-CN$
乙腈	丙烯腈	苯甲腈	己二腈

二、腈的物理性质

低级腈是无色液体,高级腈是固体。纯净的腈无毒,它并不解离出氰根离子(CN^-)。因此,和无机氰化物不同,腈分子中没有 CN^- 和血液中的铁作用。但异腈的毒性较大,通常腈化合物中总混有少量异腈,而使腈带有毒性。

腈与水形成氢键,所以在水中溶解度较大,低级腈与水混溶。许多有机物和盐类化合物在腈中的溶解度都较大,HCl、H_2S、SO_2 等气体和一些无机聚合物也都能溶于乙腈,故乙腈也是常用的溶剂之一。

腈的沸点比相近相对分子质量的烃、醚、醛、酮、胺的均高,而与醇的相近,较羧酸的低。例如:

化合物	CH_3CN	$C_2H_5NH_2$	CH_3CHO	C_2H_5OH	$HCOOH$
相对分子质量	41	45	44	46	46
沸点/℃	82	16.6	20.8	78.3	100.7

三、腈的化学性质

氰基与羰基的结构相似,因此它们也有某些相似的化学性质,能发生不饱和键上的加成反应和α-碳原子上的反应。

1. 加氢还原

腈的还原可用催化氢化或化学还原剂的方法还原。常用的催化剂是Raney-Ni、铂或钯。常用的化学还原剂是氢化锂铝、醇钠，反应生成伯胺。例如：

$$CH_3CH_2CN + H_2 \xrightarrow{Ni} CH_3CH_2CH_2NH_2$$

$$CH_3CH_2CN \xrightarrow{Na + C_2H_5OH} CH_3CH_2CH_2NH_2$$

2. 水解与醇解

腈很容易水解，酸或碱均可催化水解反应，得到羧酸。

$$CH_3CN + H_2O \xrightarrow[\triangle]{H^+} CH_3COOH + NH_4^+$$

工业上用己二腈水解制备己二酸。

腈在酸性条件下和醇也能发生加成反应，得到羧酸酯。

$$R-C\equiv N + R'OH \xrightarrow{H_2O, H^+} RCOOR' + NH_3$$

四、腈的制法

1. 卤代烃氰解

伯、仲卤代烷与氰化钾（钠）反应，生成腈。

$$RX + KCN \longrightarrow RCN + KX$$

$$Br-C_6H_4-CH_2Br + NaCN \xrightarrow{乙醇} Br-C_6H_4-CH_2CN + NaBr$$

芳卤的活性低，一般不用于制备芳甲腈。

2. 催化氨氧化法

丙烯等化合物在催化条件下与氨及氧气反应，发生氨氧化，产物为腈。

$$CH_2=CH-CH_3 + NH_3 + O_2 \xrightarrow[470\ ^\circ C]{磷钼酸铋} CH_2=CH-CN + H_2O$$

这是工业上生产丙烯腈的重要方法。

3. 酰胺脱水

酰胺在脱水剂作用下，加热脱水生成腈。常用脱水剂为五氧化二磷等。

$$R-CONH_2 \xrightarrow[\triangle]{P_2O_5} RCN + H_2O$$

4. 用重氮盐制备芳腈（桑德迈尔法）

$$C_6H_5-N_2Cl \xrightarrow{CuCN + KCN} C_6H_5-CN + N_2$$

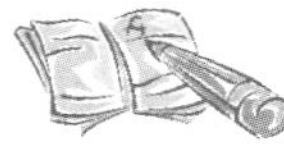

五、重要的腈——丙烯腈

丙烯腈（氰基乙烯）是具有特殊的刺激气味的无色液体，熔点为$-82\ ^\circ C$，沸点为$77.3\ ^\circ C$，自燃点为 481 ℃,微溶于水,易溶于乙醚、乙醇、丙酮、苯和四氯化碳等有机溶剂,与水形成共沸物,易挥发,蒸气有毒,其蒸气与空气形成爆炸性混合物,爆炸极限为 3.1%～17%(体积分数)。有氧存在下,遇光和热能自行聚合,易燃,遇火、高温、氧化剂等可燃烧爆炸。其低浓度水溶液很不稳定,水解时生成丙烯酸,还原时生成丙腈。

丙烯腈易聚合,也能与乙酸乙烯、氯乙烯等单体共聚。工业上丙烯腈主要用于制造腈纶纤维、丁腈橡胶、ABS 工程塑料及丙烯酸酯、丙烯酸树脂等。聚丙烯腈制成的腈纶质地柔软,类似羊毛,俗称"人造羊毛",它强度高,相对密度轻,保温性好,耐日光、耐酸和耐大多数溶剂。丙烯腈与丁二烯共聚生产的丁腈橡胶具有良好的耐油、耐寒、耐溶剂等优良性能,是现代工业上最重要的橡胶,应用广泛。

本章小结

(1) 芳香族硝基化合物一般由芳香烃直接硝化制得,由于$-NO_2$是强吸电子基,芳香族硝基化合物的亲电取代比芳香烃的难以进行,$-NO_2$可被还原为$-NH_2$,工业上采用硝基苯催化加氢还原方法制取苯胺。

(2) 胺是氨分子中的氢原子被烃基取代的有机物,通常以氮原子上连接的烃基的数目将胺分为伯、仲、叔胺及季铵类含氮有机物。胺具有碱性,季铵碱是强碱,$-NH_2$上的氢原子可被烃基和酰基取代,$-NH_2$是强供电子基,芳香胺易发生卤化、硝化、磺化等亲电取代反应。

(3) 芳香伯胺通过与亚硝酸的重氮化反应生成重氮盐,重氮盐的化学性质非常活泼,重氮基可被$-X$、$-OH$、$-H$、$-CN$等取代。芳香族重氮盐通过偶联反应可生成偶氮化合物。

(4) 腈是烃分子中氢原子被$-CN$取代生成的有机物,$-CN$易水解,最终产物为羧酸。

知识拓展

远离毒品,珍爱生命

毒品已成为全球性的灾难。毒品的泛滥严重危害人们的身心健康,给人类社会进步带来巨大的威胁。联合国的统计表明,全世界每年毒品交易额达5 000亿美元以上,毒品已蔓延到五大洲的 200 多个国家和地区,全世界吸食各种毒品的人数已高达 2 亿多,其中 17～35 周岁的青壮年占 78%。

毒品并非是"毒性药品"的简称。它是指出于非医疗目的而反复连续使用,能够产生依赖性(即成瘾性)的药品。世界卫生组织(WHO)将当成毒品使用的物质分成八大类:吗啡类、巴比妥类、乙醇类、可卡因类、印度大麻类、苯丙胺类、柯特(KHAT)类和致幻剂类。毒品种类已达到 200 多种。近年来使用的毒品主要是海洛因，其次是苯丙胺类即“冰”毒等种类。

甲基苯丙胺，又名去氧麻黄碱或安非他命，俗称“冰”毒，属联合国规定的苯丙胺类毒品。结构式为

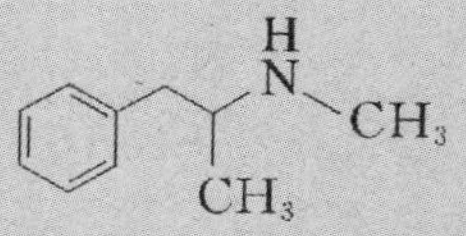

甲基苯丙胺为白色块状结晶体，易溶于水，一般作为注射用。长期使用可导致永久性失眠、大脑机能破坏、心脏衰竭、胸痛、焦虑、紧张或激动不安，更甚者会导致长期精神分裂症，剂量稍大便会中毒死亡，所以“冰”毒被称为“毒品之王”。

“冰”毒的主要来源是从野生麻黄草中提炼出来的麻黄素，它源于日本。在日本曾经使用过“冰”毒的人数超过 200 万人，直接滥用者达 55 万人，其中有 5 万人患苯丙胺精神病。1990 年首先发现我国台湾毒贩进入沿海地区制造、贩运出境的“冰”毒案件。

从自然属性来讲，这类物质在严格管理条件下合理使用具有临床治疗价值，也就是说，在正常使用下，它并非毒品，而是药品。从社会属性来讲，如果为非正常需要而强迫性觅求，则使这类物质失去了药品的本性，这时药品就成为了毒品，因此毒品是一个相对的概念。有些物质成瘾性大，早已淘汰出药品范围，只视为毒品，如海洛因。

吸毒对人体与身心的危害在于毒品作用于人体，使其体能发生改变，形成在药物作用下的新的平衡状态。一旦停掉药物，生理功能就会发生紊乱，出现戒断反应，使人感到万分痛苦。许多吸毒者在没有经济能力购毒、吸毒的情况下，或死于严重的身体戒断反应引起的各种并发症，或由于痛苦难忍而自杀身亡。而毒品进入人体后又作用于人的神经系统，出现精神依赖性，并导致幻觉和思维障碍等一系列的精神障碍，使吸毒者出现一种用药的强烈欲望，驱使吸毒者不顾一切地寻求和使用毒品，甚至为吸毒而丧失人性。

毒品带给人类的只会是毁灭。旧中国，我们曾受鸦片的侵蚀，而被称为“东亚病夫”，使民穷财尽、国势危险。吸毒于国、于民、于己有百害而无一利！毒品摧毁的不但是人的肉体，也是人的意志。希望青年学生要积极宣传毒品的危害，自觉地与吸毒、贩毒等不法行为作斗争，远离毒品、珍爱生命。

1. 命名下列化合物。

(1) $CH_3CH_2NO_2$　　(2) CH_3NH_2　　(3) $NCCH_2CH_2CH_2CH_2CN$

(4) 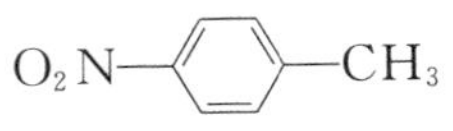 $O_2N-C_6H_4-CH_3$ (对位)　(5) 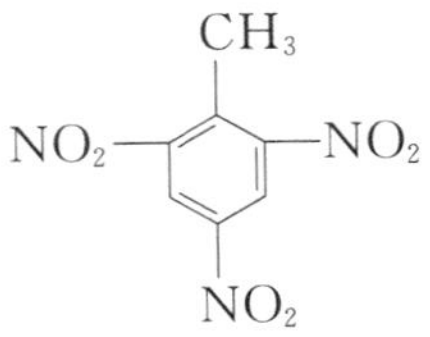 2,4,6-三硝基甲苯（CH_3 及三个 NO_2 取代的苯环）　(6) $H_2N-C_6H_4-OH$ (对位)

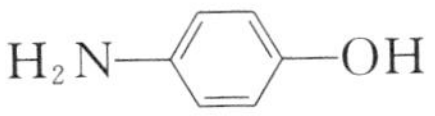

(7) $H_2N(CH_2)_4NH_2$　(8) 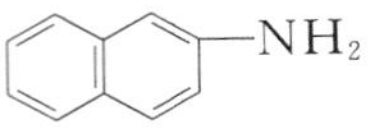 2-萘基$-NH_2$　(9)  环己基$-NHCH_3$

(10) 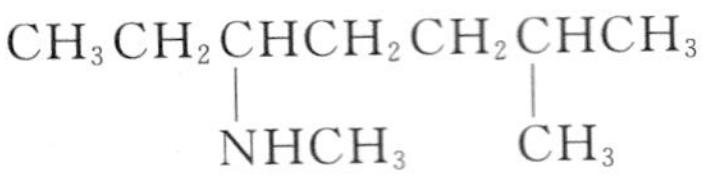 $CH_3CH_2\underset{NHCH_3}{CH}CH_2CH_2\underset{CH_3}{CH}CH_3$　(11) 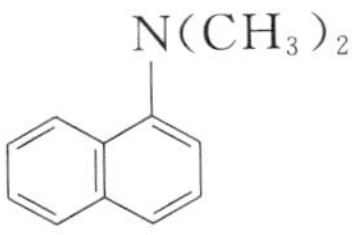 1-萘基$-N(CH_3)_2$

(12) 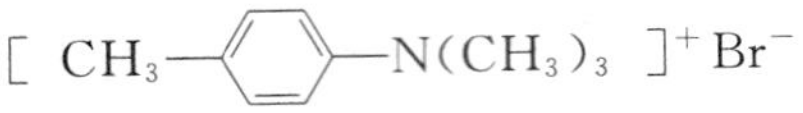 $[CH_3-C_6H_4-N(CH_3)_3]^+Br^-$

2. 写出下列化合物的结构式。

(1) 二甲胺　(2) 戊胺　(3) 氯化重氮苯

(4) 丙烯腈　(5) 对氨基苯甲酸　(6) 2,4,6-三硝基苯酚

(7) 苯甲腈　(8) 三聚氰胺

3. 用化学方法分离苯胺和甲苯的混合物。

4. 苯胺的碱性比环己胺的小,为什么?

5. 2,4-二硝基苯胺在稀酸中不溶解,为什么?

6. 按照碱性降低顺序,排列下列各组化合物。

(1) a. 氨　b. 甲胺　c. 苯胺　d. 二苯胺　e. 三苯胺

(2) a. 环己胺　b. 苯胺　c. 对氯苯胺　d. 对甲苯胺　e. 对硝基苯胺

(3) a. $CH_3CH_2CH_2CH_2NH_2$　b. $CH_3CH_2CH_2CONH_2$　c. 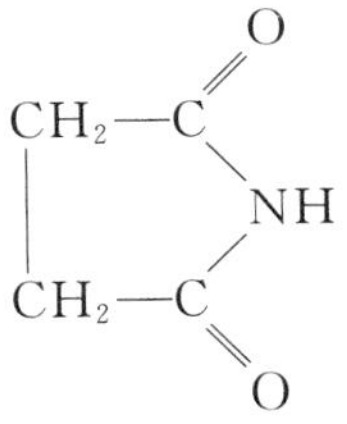 丁二酰亚胺（$CH_2-C(=O)$、NH、$CH_2-C(=O)$ 构成的五元环）

(4) a. 苯胺　b. N-乙酰苯胺　c. 苄胺　d. 对硝基苯胺　e. 邻苯二甲酰亚胺
f. 氢氧化四甲铵

7. 用化学方法区别环己烷、苯、苯胺、硝基苯和硝基环己烷。

8. 请根据胺的化学性质,选择两种不同化学方法鉴别丁胺、甲丁胺、二甲丁胺。

9. 写出下列反应产物。

(1) 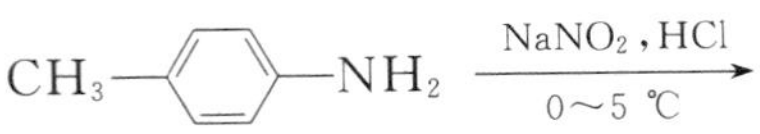 $CH_3-C_6H_4-NH_2 \xrightarrow[0\sim5\ ℃]{NaNO_2,HCl}$　(2) 2,4-二氯苯胺（Cl、Cl、NH_2 取代的苯环）$\xrightarrow[0\sim5\ ℃]{NaNO_2+H_2SO_4}$

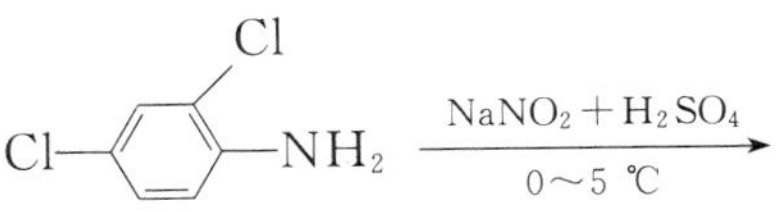

10. 完成下列转变。

(1) 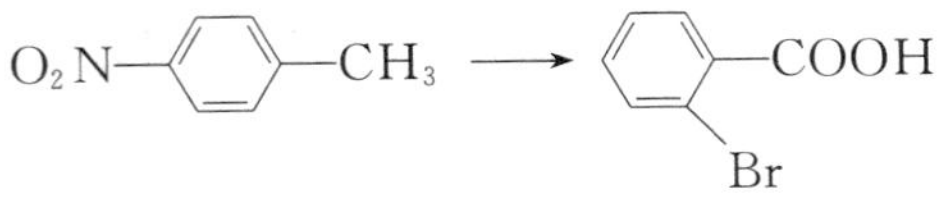 $O_2N-C_6H_4-CH_3 \longrightarrow$ 邻溴苯甲酸（$COOH$、Br 取代的苯环）

(2) $C_6H_5-NO_2 \longrightarrow$ m-BrC_6H_4-OH（3-溴苯酚）

(3) $C_6H_5-NO_2 \longrightarrow$ m-ClC_6H_4-Br（间溴氯苯）

11. 比较下列化合物的酸性。

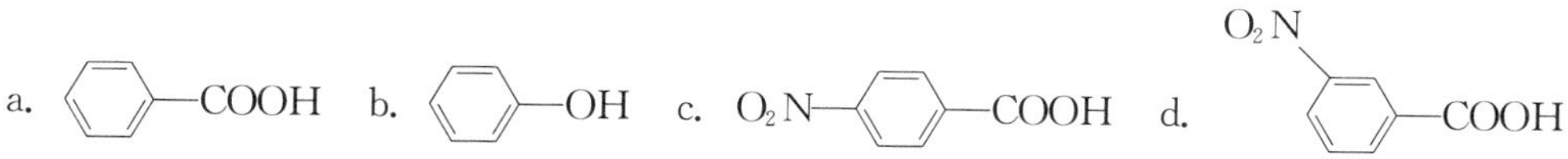

a. C_6H_5-COOH b. C_6H_5-OH c. $O_2N-C_6H_4-COOH$（对位） d. $O_2N-C_6H_4-COOH$（间位）

12. 工业上采用何种方法合成下列重要有机物？

(1) 硝基苯　(2) 2,4,6-三硝基甲苯　(3) 苯胺

(4) 2,4,6-三硝基苯酚　(5) 1-萘胺

13. 完成下列反应式。

(1) $ClCH_2CH_2CH_2Cl+$过量 $NH_3 \xrightarrow{\triangle}$

(2) $HO-C_6H_4-NH_2$（对位） $\xrightarrow{\text{过量 } CH_3COCl}$ ；$\xrightarrow{CH_3COOH,\triangle}$

(3) $HOCH_2CH_2CH_2CN \xrightarrow[\text{酸化}]{\text{碱性水解}} \xrightarrow{\triangle}$

(4) $(CH_3)_3N+C_{12}H_{25}Br \longrightarrow$

(5) $O_2N-C_6H_4-NH_2 \xrightarrow{(\quad)} O_2N-C_6H_4-N_2^+HSO_4^- \xrightarrow[KCN,\triangle]{CuCN} \xrightarrow[H_2O]{H^+}$

14. 用化学方法区别下列各组化合物。

(1) $C_6H_5-N(CH_3)_2$ 和 $C_6H_{11}-N(CH_3)_2$（环己基）

(2) 乙醇、乙醚、乙酸、乙醛和乙胺

(3) $C_6H_5-NH_2$、$C_6H_5-NHCH_3$ 和 $C_6H_5-NH(CH_3)_2$

15. 用化学方法分离下列各组化合物。

(1) 分离 $O_2N-C_6H_4-CH_3$ 和 $C_6H_5-CH_2NO_2$ 的混合物

(2) 分离 $C_6H_5-CH_2Br$ 和 $C_6H_5-CH_2NH_2$ 的混合物

(3) 分离 C_6H_5-OH、C_6H_5-COOH 和 $C_6H_5-NH_2$ 的混合物

16. N-甲基苯胺中混有少量苯胺和 N、N-二甲基苯胺，怎样将 N-甲基苯胺提纯？

17. 怎样将苄胺、苄醇及对甲苯酚的混合物分离为三种纯的组分？

18. 以苯、甲苯为原料合成下列化合物。

(1) 由苯和其他必需的试剂为原料，通过重氮盐，合成间溴氯苯。

(2) 由甲苯合成 3,5-二溴甲苯。

(3) 由苯合成对二硝基苯。

19. 某芳香族化合物的分子式为 $C_6H_3ClBrNO_2$，根据下列反应，确定其结构式。

$$C_6H_3ClBrNO_2 \xrightarrow{SnCl_2,HCl} \xrightarrow[0\sim5\ ^\circ C]{NaNO_2,H_2SO_4} \xrightarrow[\triangle]{H_3PO_2} Cl-C_6H_4-Br$$

$$C_6H_3ClBrNO_2 \xrightarrow[\triangle]{NaOH,H_2O} C_6H_3Br(OH)NO_2$$

第十四章

杂环化合物

目标要求

1. 掌握杂环化合物的命名方法和分类。
2. 理解杂环化合物的结构与芳香性。
3. 理解五元单杂环化合物、六元单杂环化合物的化学性质。
4. 了解杂环化合物的来源、制法及用途。
5. 了解生物碱的一般概念及其生理功能。

重点与难点

重点：杂环化合物的物理性质和化学性质。
难点：杂环化合物的命名方法。

在环状化合物中，组成环的原子除碳外，还有其他原子的化合物称为杂环化合物。组成环的非碳原子称杂原子，最常见的杂原子是氮、氧、硫，其中以氮最多。有些化合物，如环醚、内酯、内酐、内酰胺等，虽然环内也含有杂原子，但是这些化合物很易开环，性质和相应的开链化合物的没有本质上的不同，因此通常不放在杂环化合物中讨论。本章主要讨论环比较稳定、具有一定芳香性的五元和六元杂环化合物。

杂环化合物广泛存在于自然界中，它们与生物的生长、发育、繁殖和遗传变异等有密切的关系，对于生命科学有着较为重要的意义。许多杂环化合物还是合成药物、染料、树脂和纤维的重要原料。

第一节　杂环化合物的分类和命名

一、杂环化合物的分类

杂环化合物可以根据环的大小、多少及所含杂原子的数目进行分类。按环的大小，杂环化合物主要分为五元杂环化合物和六元杂环化合物；按环的多少，可分为单杂环化合物和稠杂环化合物；按环中杂原子的数目，又可分为含一个杂原子的杂环化合物和含多个杂原子的杂环化合物。在实际中，这些分类方法往往是交叉使用的，详见表 14-1。

表 14-1　常见杂环化合物的分类和命名

分类		含一个杂原子的杂环化合物	含多个杂原子的杂环化合物
单杂环化合物	五元杂环化合物	呋喃　噻吩　吡咯	咪唑　噻唑
	六元杂环化合物	吡啶　吡喃	嘧啶
稠杂环化合物		吲哚　喹啉　异喹啉	嘌呤

 二、杂环化合物的命名

杂环化合物的命名有下列两种方法。

1. 音译法

杂环化合物的命名一般采用音译法。音译法是根据英文名称的译音，并以“口”字旁的同音汉字来命名的，例如：

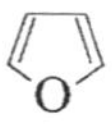

furan 译为“呋喃”

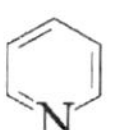

pyridine 译为“吡啶”

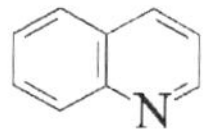

quinoline 译为“喹啉”

音译法的缺点是名字和结构之间没有一点联系。

2. 系统命名法

系统命名法根据相应的碳环母体命名，把杂环看做相应的碳环中碳原子被杂原子取代而成。当环上连有取代基时，必须给母体环编号，其编号原则如下。

(1) 从杂原子开始编号，杂原子位次为 1。当环上只有一个杂原子时，还可用希腊字母编号，与杂原子直接相连的碳原子为 α 位，其后依次为 β 位和 γ 位。五元杂环中有 α 位和 β 位，六元杂环则有 α 位、β 位和 γ 位。下列杂环的编号如下：

(2) 若环上含有多个相同的杂原子，则从连有氢或取代基的杂原子开始编号，并使其他杂原子的位次尽可能最小。例如，咪唑环的编号：

(3) 若环上含有不相同的杂原子，按 O、S、N 的顺序编号。例如，噻唑环的编号：

(4) 稠杂环中公用的碳原子一般不编号，但是嘌呤的编号例外，它按"ഗ"进行，而且稠环中两个公共碳原子也编号。例如，嘌呤环的编号：

杂环母体的名称及编号确定后，环上的取代基一般可按照芳香族化合物的命名原则来命名。例如：

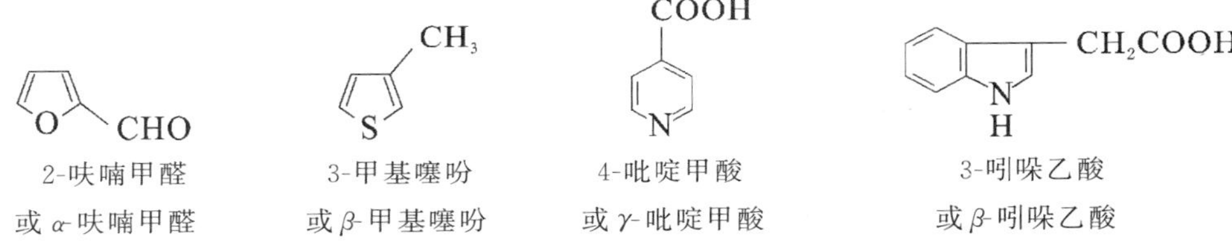

2-呋喃甲醛 或 α-呋喃甲醛　　3-甲基噻吩 或 β-甲基噻吩　　4-吡啶甲酸 或 γ-吡啶甲酸　　3-吲哚乙酸 或 β-吲哚乙酸

当氮原子上连有取代基时，往往用"N"表示取代基的位次。例如：

N-乙基吡咯

有些稠杂环化合物的命名与芳香族化合物的命名不同，命名时应特别注意。例如：

8-羟基喹啉（不命名为8-喹啉酚）　　6-氨基嘌呤（不命名为6-嘌呤胺）

第二节　五元杂环化合物

呋喃、噻吩、吡咯是含一个杂原子的典型五元环化合物，它们及其衍生物广泛存在于自然界中，有些是重要的化工原料，有些具有重要的生理作用。

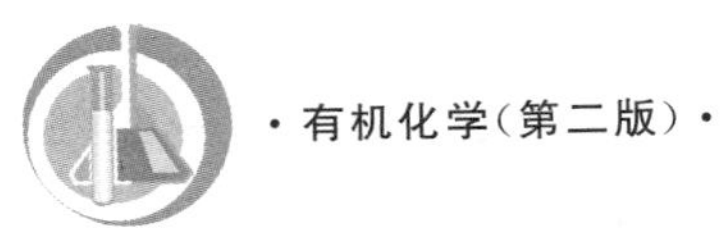

一、呋喃

1. 呋喃的结构

呋喃的分子式为 C_4H_4O，结构式为（呋喃环结构式）。现代物理方法证实，呋喃分子中的四个碳原子和氧原子处于同一个平面上，它们彼此以 sp^2 杂化轨道形成 σ 键的同时，其未参与杂化的 p 轨道也相互重叠形成了一个闭合共轭大 π 键，如图 14-1 所示。

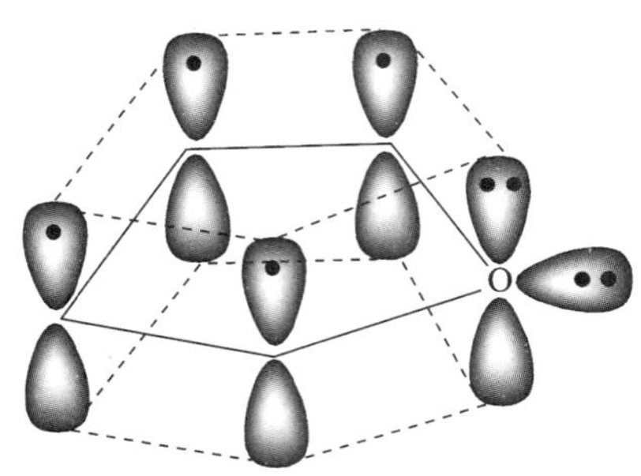

图 14-1 呋喃分子的闭合共轭体系

因此呋喃与苯相似，具有芳香性。但由于成环原子的电负性不同，环上电子云分布不均匀，所以呋喃的芳香性比苯的弱，在一定程度上仍具有不饱和化合物的性质。在呋喃分子中，4 个碳原子和 1 个氧原子未杂化的 p 轨道都垂直于环的平面，p 轨道彼此平行，“肩并肩”重叠形成 1 个由 5 个原子所属的 6 个 π 电子组成的闭合共轭体系，π 电子数符合休克尔(Hückel)规则($4n+2$)，因此呋喃具有芳香性。由于电子云密度较高，环上取代反应比苯的容易进行。

2. 呋喃的性质

呋喃为无色液体，沸点为 32 ℃，相对密度为 0.9336，具有类似氯仿的气味，难溶于水，易溶于有机溶剂。它的蒸气遇到浸有盐酸的松木片时呈绿色，称为松木片反应，可用来鉴定呋喃。

呋喃具有芳香性，容易进行环上取代，反应主要发生在 α 位。同时它还在一定程度上表现出不饱和化合物的性质，可以发生加成反应。

1) 取代反应

呋喃在室温下与氯和溴反应强烈，可得到多卤化物。例如，呋喃与溴作用，生成 2,5-二溴呋喃。

$$\text{呋喃} + Br_2 \longrightarrow \text{2,5-二溴呋喃 (Br–C}_4\text{H}_2\text{O–Br)} + HBr$$

2,5-二溴呋喃

由于呋喃十分活泼，遇酸容易发生环的破裂和树脂化，因此在进行硝化和磺化反应时，必须使用比较缓和的试剂。常用的缓和硝化剂是硝酸乙酰酯(CH_3COONO_2)，它由硝酸和乙酸酐反应制得。常用的缓和磺化剂是吡啶-三氧化硫（$N \cdot SO_3$）。

$$+ CH_3COONO_2 \xrightarrow{-5\sim30\ ^\circ C} \quad NO_2 + CH_3COOH$$

2）加成反应

呋喃具有共轭双键结构，可以和顺丁烯二酸酐发生双烯合成反应，产率很高。

$$+ \quad HC=CH,\ C=O,\ O,\ C=O \xrightarrow{30\ ^\circ C}$$

在催化剂的作用下，呋喃也可以加氢生成四氢呋喃。

$$+ 2H_2 \xrightarrow[100\ ^\circ C,\ 5\ MPa]{Ni}$$

四氢呋喃为无色液体，沸点为 65℃，是一种优良溶剂，可以代替乙醚合成格氏试剂。四氢呋喃又是重要的合成原料，常用于制取己二酸、己二胺等产品。

呋喃是重要的有机化工原料，可用来合成药物、除草剂、稳定剂和洗涤剂等精细化工产品。呋喃及其衍生物主要存在于松木焦油中。现代工业以糠醛和水蒸气为原料，在高温及催化剂的作用下制取呋喃。实验室中采用糠酸在铜催化下在喹啉介质中加热脱羧制得呋喃。

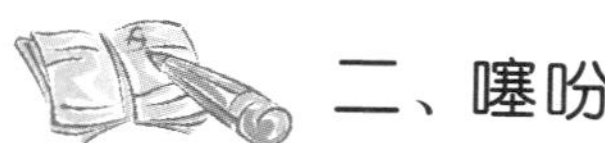

二、噻吩

1. 噻吩的结构

噻吩的分子式为 C_4H_4S，结构式为（S）。和呋喃一样，也含有闭合的五原子六电子大 π 键，符合休克尔规则，如图 14-2 所示。因此，噻吩也具有芳香性，其芳香性比呋喃强，是五元杂环化合物中最稳定的。

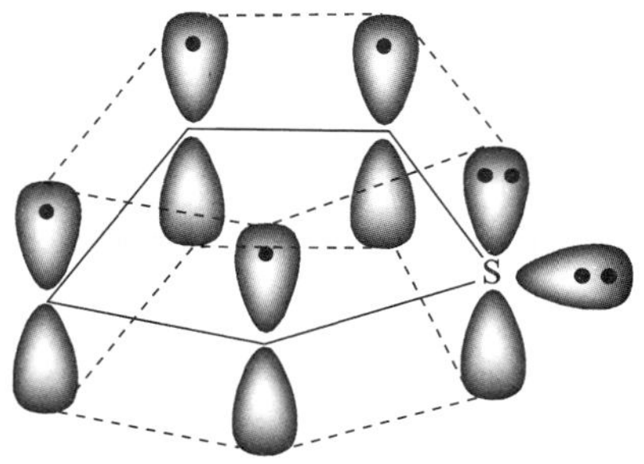

图 14-2　噻吩分子的闭合共轭体系

2. 噻吩的性质

噻吩为无色易挥发的液体,沸点为 84 ℃,相对密度为 1.064 8,有类似于苯的气味,不溶于水,易溶于多种有机溶剂。噻吩与靛红在浓硫酸存在下加热呈蓝色,此反应非常灵敏,可用来鉴定噻吩。

由于噻吩的芳香性较强,环比较稳定,因此不具有共轭二烯的性质,发生磺化反应时,可用浓硫酸作磺化剂,和呋喃相似,取代反应也发生在 α 位。

$$\text{噻吩} \xrightarrow[CH_3COOH]{Br_2} \text{2-溴噻吩} + HBr$$

$$\text{噻吩} \xrightarrow[(CH_3CO)_2O]{HNO_3} \text{2-硝基噻吩}(-NO_2) + H_2O$$

$$\text{噻吩} \xrightarrow{浓H_2SO_4} \text{2-噻吩磺酸}(-SO_3H) + H_2O$$

噻吩在室温下与浓硫酸反应,生成的 2-噻吩磺酸溶于浓硫酸中,加热又可以脱磺酸基得噻吩,工业上利用此性质分离粗苯中的噻吩。

$$\text{2-噻吩磺酸}(-SO_3H) \xrightarrow[\triangle]{H_2SO_4} \text{噻吩} + H_2SO_4$$

噻吩也可以催化加氢生成四氢噻吩。

$$\text{噻吩} + 2H_2 \xrightarrow[0.2\sim0.4\ MPa]{Pd} \text{四氢噻吩}$$

四氢噻吩为无色液体,有难闻气味,其蒸气刺激眼睛和皮肤,可用于天然气加臭,以便检漏。

噻吩及其衍生物主要用做合成药物的原料。此外,它还是制造感光材料、光学增亮剂、染料、除草剂和香料的原料。噻吩与苯共存于煤焦油中,粗苯中约含 0.5%的噻吩。石油和页岩油中也含有噻吩及其衍生物。现代工业将丁烷和硫的气相混合物迅速通过高温反应器,然后迅速冷却来制取噻吩。实验室中可以采用丁二酸钠与三硫化二磷作用制得。

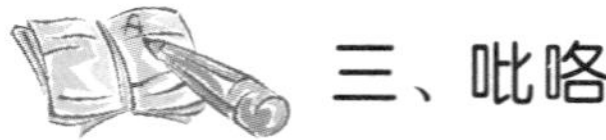

三、吡咯

1. 吡咯的结构

吡咯的分子式为 C_4H_5N,结构式为(五元环,N 上连 H)。和呋喃、噻吩的一样,也含有闭合的五原子六电子大 π 键,如图 14-3 所示。因此,吡咯也具有芳香性,其芳香性比呋喃的强,比噻吩的弱,介于两者之间。

吡咯与呋喃和噻吩的区别是,分子中的氮原子上连有一个氢原子,由于氮原子的 p 电子参与了环上共轭,对这个氢原子的吸引力降低,使其变得比较活泼,具有一定的弱酸性。

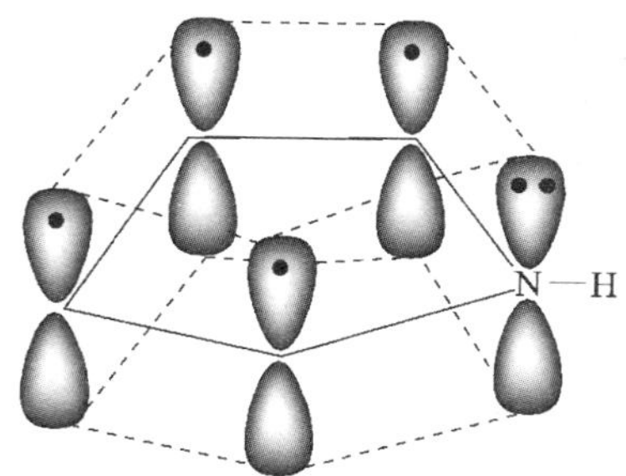

图 14-3 吡咯分子的闭合共轭体系

2．吡咯的性质

吡咯为无色油状液体，沸点为 131 ℃，相对密度为 0.969 8，有微弱的类似苯胺的气味，吡咯的蒸气或醇溶液能使浸过盐酸的松木片呈红色，称为松木片反应，可用来鉴定吡咯。

1）取代反应

吡咯容易发生取代反应，并主要生成α-取代产物。由于吡咯的性质活泼，发生卤代时得到的是四卤吡咯，四碘吡咯可以用做伤口消毒剂。例如：

$$\text{[吡咯]} + 4I_2 + 4NaOH \longrightarrow \text{[2,3,4,5-四碘吡咯]} + 4NaI + 4H_2O$$

吡咯的硝化和磺化反应与呋喃的一样，需要用缓和的硝化剂和磺化剂。

$$\text{[吡咯]} + CH_3COONO_2 \xrightarrow{-10\ ^\circ C} \text{[2-硝基吡咯]}\ (NO_2) + CH_3COOH$$

$$\text{[吡咯]} + \text{[吡啶]}N \cdot SO_3 \longrightarrow \text{[吡咯-2-磺酸]}\ (SO_3H) + \text{[吡啶]}$$

2）弱酸性

从结构上看，吡咯是环状仲胺，但由于氮原子上的未共用电子对参与了环上的共轭，氮原子上的电子云密度降低，不易与氢离子结合，因此碱性极弱。相反，氮原子上的氢具有活性，显弱酸性，可以与固体氢氧化钾作用成盐。

$$\text{[吡咯]} + KOH \longrightarrow \text{[吡咯钾 (N-K)]} + H_2O$$

3）加成反应

吡咯催化加氢，生成四氢吡咯。

$$\text{[吡咯]} + 2H_2 \xrightarrow[200\ ^\circ C]{Ni} \text{[四氢吡咯]}$$

四氢吡咯又称吡咯烷，为无色液体。四氢吡咯具有脂肪仲胺的性质，有较强的碱性，是重要的化工原料，可用于制备药物、杀菌剂等。

吡咯是许多重要的生物分子(如血红素、叶绿素、胆汁色素、某些氨基酸、许多生物碱及个别酶)的基本结构单元,其衍生物在工业上有广泛的应用。吡咯及其同系物主要存在于骨焦油中,通过分馏可以获得。现代工业采用氧化铝为催化剂,以呋喃和氨为原料在气相中反应来制取。

四、糠醛

糠醛又称 2-呋喃甲醛或 α-呋喃甲醛,最初由米糠制得,因此被称为糠醛。

1. 糠醛的结构

糠醛的分子式为 $C_5H_4O_2$,结构式为 $\text{(O)}-CHO$,由呋喃环和醛基组成,因此,糠醛既表现出呋喃环的芳香性,同时又具有醛的性质,其性质与苯甲醛的相似,可以发生氧化、还原及歧化等反应。

2. 糠醛的性质

糠醛为无色、具有苦杏仁气味的油状液体,沸点为 162 ℃,相对密度为 1.160,略溶于水,能与乙醇、乙醚等有机溶剂混溶。糠醛是一种有选择性的溶剂,它对芳烃的溶解度较大,而对烷烃的溶解度较小,因此常用于石油产品的精制。糠醛可以发生银镜反应,在乙酸的存在下,与苯胺作用呈鲜红色,这是检验糠醛的简便方法。

糠醛的化学反应可分为醛基上的反应和环上的取代反应。

1)醛基上的反应

糠醛具有醛的性质,可以发生氧化、还原和歧化等化学反应。

$$2\ \text{(O)}-CHO + O_2 \xrightarrow[\text{NaOH, 55 ℃}]{Cu_2O,\ HgO} 2\ \text{(O)}-COOH$$

$$\text{(O)}-CHO + H_2 \xrightarrow[\text{100 ℃}]{Cu} \text{(O)}-CH_2OH$$

$$2\ \text{(O)}-CHO \xrightarrow{\text{浓 NaOH}} \text{(O)}-COOH + \text{(O)}-CH_2OH$$

糠酸为白色固体,可用做防腐剂,也是增塑剂的原料。糠醇为无色液体,用于制备防腐涂料及玻璃钢等。

2)环上的取代反应

糠醛的环上取代反应一般发生在 5 号位上。当发生硝化反应时,由于醛基易被氧化,需要进行保护。其反应如下:

$$\text{(O)}-CHO \xrightarrow[HCl]{HOCH_2CH_2OH} \text{(O)}-CH\begin{matrix}OCH_2\\|\\OCH_2\end{matrix} \xrightarrow[(CH_3CO)_2O]{HNO_3} O_2N-\text{(O)}-CH\begin{matrix}OCH_2\\|\\OCH_2\end{matrix}$$

$$\xrightarrow{H_2O,\ H^+} O_2N-\text{(O)}-CHO + HOCH_2CH_2OH$$

呋喃环上的5号位引入硝基后，具有明显的抑菌作用。呋喃类药物主要是5-硝基-2-呋喃甲醛的衍生物。

此外，糠醛还可以与苯酚缩合生成类似于电木的酚糠醛树脂，也可与尿素等缩合成树脂。糠醛的制取在工业上主要是以米糠、麦秆、玉米芯、棉子壳、甘蔗渣、花生壳等农副产品为原料，在酸催化下，这些农副产品中的多缩戊糖发生水解生成戊糖，戊糖再进一步脱水环化即得糠醛。

$$(C_5H_8O_4)_n \xrightarrow[\text{水蒸气}]{3\%\sim5\%\ H_2SO_4} \begin{array}{c}HO-CH-CH-OH\\ CH_2\quad CH-CHO\\ OH\quad OH\end{array} \xrightarrow[\triangle]{\text{稀 }H_2SO_4} \text{(O)}-CHO$$

多聚戊糖　　　　戊糖　　　　呋喃甲醛

五、吲哚

1. 吲哚的结构

吲哚的分子式为 C_8H_7N，结构式为（N H），它是由苯环和吡咯环稠合而成的稠杂环化合物，又称苯并吡咯。它的结构也是平面构型，具有芳香性。

2. 吲哚的性质

吲哚是一种无色晶体，熔点为 52 ℃，沸点为 254 ℃，有粪便气味。吲哚与β-甲基吲哚（粪臭素）共存于粪便中，是粪便产生臭味的主要原因。但是，纯吲哚的极稀溶液有花香气味，是化妆品的常用香料。素馨花、茉莉花中就含有微量的吲哚。吲哚可溶于热水、乙醇、乙醚和苯等溶剂。

吲哚的化学性质与吡咯的相似，碱性极弱，能与活泼金属作用，能使浸过盐酸的松木片显红色。吲哚也能发生环上的取代反应，与吡咯不同的是，取代进入β位，生成β-取代产物，而吡咯的取代反应则优先进入α位。

吲哚的衍生物很多，广泛存在于自然界。例如，植物生长调节剂β-吲哚乙酸、天然染料靛蓝和医药产品色氨酸等分子中都含有吲哚环。

（CH_2COOH；N H）　　（O，C，C=C，N H，H N，C，O）　　（$CH_2-CH-COOH$，NH_2；N H）

β-吲哚乙酸　　　　靛蓝　　　　色氨酸

β-吲哚乙酸（俗称苗长素）存在于动植物体中，是无色晶体。它是一种植物生长激素，能促使植物生根，并对促进果实的成熟与形成无籽果实有良效，在农业上具有广泛应用。

靛蓝是最早发现的一种天然染料，为深蓝色固体。它是我国古代最重要的蓝色染料，色泽鲜艳。现在常用做牛仔布染料，此外，靛蓝还可以用做清热解毒剂，治疗腮腺炎。

色氨酸是人体八种必需的氨基酸之一，主要用于制药业，也可用做饲料添加剂，以提高动物蛋白的质量。

第三节　六元杂环及稠杂环化合物

一、吡啶

1. 吡啶的结构

吡啶的分子式为 C_5H_5N，结构式为（吡啶环，N）。它的结构和苯的非常相似，是一个平面六边形构型。分子中的五个碳原子和一个氮原子，彼此以 sp^2 杂化轨道形成 σ 键，同时，这六个原子的 p 轨道也相互重叠形成了一个闭合共轭大 π 键，如图 14-4 所示。

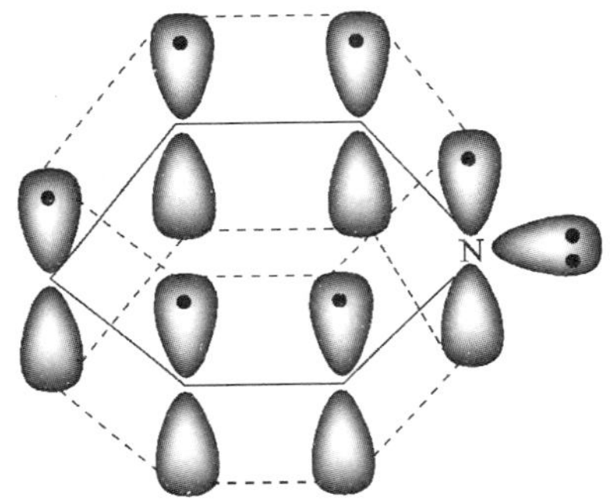

图 14-4　吡啶分子的闭合共轭体系

与苯不同的是，由于氮原子的电负性较强，在氮原子周围电子云密度较高，使环上电子云密度低于苯环的，因此它的取代反应活性比苯弱，并且取代反应主要发生在 β 位上。

2. 吡啶的性质

吡啶为无色、有强烈臭味的液体，沸点为 115 ℃，相对密度为 0.982，能与水、乙醇、乙醚、苯混溶，能溶解大部分有机化合物和许多无机盐，在有机合成中常用做溶剂。

吡啶能与无水氯化钙反应生成配合物，所以不能使用氯化钙干燥吡啶。吡啶是一种弱碱，能使湿润的石蕊试纸变蓝色，可用来鉴定吡啶。

1）碱性

吡啶有类似于叔胺的结构，氮上还有一对未共用的电子未参与环上的共轭体系，故能与质子结合，呈碱性。它是一种弱碱，碱性比苯胺的强，但比脂肪胺和氨的弱得多。

	$(CH_3)_3N$	>	NH_3	>	（吡啶环，N）	>	（苯环，NH_2）
pK_b	4.2		4.8		8.8		9.4

吡啶可以和无机酸作用生成盐，在有机合成中常用做溶剂和碱性催化剂。

$$\text{吡啶} + HCl \longrightarrow \text{吡啶}\text{-}N\text{-}H^+\ Cl^-$$

工业上常用吡啶来吸收反应中所生成的酸，也可利用此性质来提纯吡啶。

2）取代反应

吡啶可发生卤代、硝化、磺化反应，但比苯困难，一般要在强烈条件下才能进行，且主要发生在β位。

$$\text{吡啶} \xrightarrow[300\ ℃]{Br_2} \text{3-溴吡啶}$$

$$\text{吡啶} \xrightarrow[300\ ℃]{HNO_3, H_2SO_4} \text{3-硝基吡啶}$$

$$\text{吡啶} \xrightarrow[300\ ℃]{\text{浓 } H_2SO_4} \text{3-吡啶磺酸}\ (SO_3H)$$

3）氧化反应

吡啶比苯难以氧化。若吡啶环上有含 α-H 的烃基时，则烃基被氧化生成吡啶甲酸。例如：

$$\text{3-甲基吡啶}\ (CH_3) \xrightarrow[\triangle]{KMnO_4, H^+} \text{3-吡啶甲酸}\ (COOH)$$

4）还原反应

吡啶比苯容易还原，催化氢化或用醇钠还原都可以得到六氢吡啶。

$$\text{吡啶} + 3H_2 \xrightarrow[25\ ℃, 0.3\ MPa]{Pt} \text{六氢吡啶}\ (NH)$$

$$\text{吡啶} + 3H_2 \xrightarrow{Na + C_2H_5OH} \text{六氢吡啶}\ (NH)$$

六氢吡啶又称哌啶，为无色、具有恶臭的液体，其化学性质与脂肪族仲胺的相似，比吡啶的碱性强，是常用的有机碱，也用于药物合成和其他有机合成，并用做环氧树脂的熟化剂。

工业上吡啶一般从煤焦油中提取，方法是将煤焦油分馏出的轻油组分用硫酸处理，吡啶和硫酸成盐后溶解在酸中，然后加碱中和，游离出吡啶，再经蒸馏制得。

吡啶的衍生物广泛存在于生物体中，而且大都具有生理作用。例如，维生素 B_6 及吡啶系生物碱中的烟碱(尼古丁)、毒芹碱和颠茄碱等。

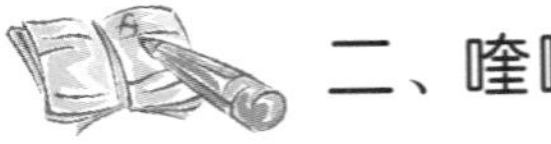 二、喹啉

1. 喹啉的结构

喹啉的分子式为 C_9H_7N,结构式为[喹啉结构式]。喹啉是由苯环和吡啶环稠合而成的稠杂环化合物,又称苯并吡啶,它的结构和萘环的相似,是平面型分子,喹啉具有芳香性。

2. 喹啉的性质

喹啉是一种无色油状液体,长期放置后变为黄色,有特殊臭味,沸点为 238 ℃,相对密度为 1.905,稍溶于水,易溶于乙醇、乙醚等有机溶剂,其本身也是一种高沸点的溶剂。喹啉中含有吡啶环,因此也可以看成叔胺,为一种弱碱,与酸作用可生成盐。

1) 取代反应

喹啉是由吡啶与苯环并合而成的,它的化学性质与吡啶的相似,由于吡啶环的电子云密度低于苯环的,因此亲电取代反应发生在苯环上,取代主要进入 8 位和 5 位。例如:

喹啉 $\xrightarrow[0\ ℃]{HNO_3+H_2SO_4}$ 5-硝基喹啉(NO_2) + 8-硝基喹啉(NO_2)

喹啉 $\xrightarrow[300\ ℃]{H_2SO_4}$ 8-喹啉磺酸(SO_3H) + 5-喹啉磺酸(SO_3H)

8-喹啉磺酸 $\xrightarrow[熔融]{NaOH}$ 8-喹啉酚钠(ONa) $\xrightarrow{H^+}$ 8-羟基喹啉(OH)

8-羟基喹啉为白色晶体,可以升华,在分析化学中广泛用于金属的测定和分离,它又是制备染料和药物的中间体,其硫酸盐和铜盐配合物是优良的杀菌剂。

2) 氧化反应

喹啉能与高锰酸钾发生氧化反应,苯环破裂,生成 2,3-吡啶二甲酸。2,3-吡啶二甲酸进一步加热脱羧可制得烟酸。

喹啉 $\xrightarrow[300\ ℃]{KMnO_4}$ 2,3-吡啶二甲酸(COOH, COOH) $\xrightarrow{\triangle}$ 烟酸(COOH)

3) 还原反应

喹啉可以催化加氢,反应首先发生在吡啶环上,生成 1,2,3,4-四氢喹啉,进一步还原生成十氢喹啉。

喹啉存在于煤焦油和骨焦油中，可用稀硫酸提取得到，也可由苯胺、甘油、浓硫酸和硝基苯共热制得。

喹啉的同系物和衍生物具有广泛的应用，如2-甲基喹啉和4-甲基喹啉，它们都是无色油状液体，可用做照相胶片的感光剂、彩色电影胶片的增感剂，还可用于制备染料、药物等。

本章小结

一、杂环化合物的命名方法和分类

（1）音译法：用外文谐音汉字加“口”偏旁表示杂环母环的名称，如呋喃等。

（2）系统命名法：根据相应的碳环母体命名，把杂环看做相应的碳环中碳原子被杂原子取代而成。若环上有取代基时，必须给母体环编号。

二、五元杂环化合物

五元杂环化合物环上的4个碳原子和1个杂原子都以 sp^2 杂化轨道成键。环上各原子以σ键相连成平面环状结构。杂原子的p轨道（有2个电子）与各碳原子的4个p轨道相互侧面重叠，并垂直于σ键所在的平面，形成了具有6个π电子的闭合共轭体系。π电子数符合休克尔规则，具有芳香性。

五元杂环有芳香性，但其芳香性不如苯环，因环上的π电子云密度比苯环的大，且分布不均，它们在亲电取代反应中的速率比苯的要快得多。取代基主要进入α位。

吡咯具有弱酸性，能与强碱成盐。

三、六元杂环化合物

六元杂环化合物环上的5个碳原子和1个杂原子也都以 sp^2 杂化轨道相互重叠，形成以σ键相连的环平面。环上每个原子的p轨道相互侧面重叠，且垂直于环平面，构成具有6个电子的闭合共轭体系。与吡咯不同的是，吡啶环上氮原子的未共用电子对占据着 sp^2 杂化轨道，没有参与环的共轭。吡啶的结构也符合休克尔规则，因此具有芳香性。由于环中氮原子的电负性比碳原子的大，所以环上碳原子电子云密度降低，形成缺π芳杂环，它的亲电取代反应比苯的难进行。

吡啶分子的氮原子上有1对未参与共轭的电子，能结合 H^+ 而显碱性。

知识拓展

生物碱及其生理功能

生物碱是指具有一定生理活性的碱性含氮杂环化合物,因其大多数存在于植物中,所以又称为植物碱。它们在植物中通常以与有机碱结合成盐的形式存在。许多中草药的有效成分都是生物碱,它们对人体有特殊而显著的生理活性,具有止痛、平喘、止咳、清热、抗癌等作用。

绝大多数生物碱为无色晶体,味苦,有旋光性,且多为左旋体。游离的生物碱一般难溶于水,能溶于乙醇、乙醚、氯仿、丙酮及苯等有机溶剂。

生物碱的毒性极大,量小时可作为药物治疗疾病,量大时可引起中毒,因此使用时应当注意剂量。

下面介绍几种重要的生物碱及其生理功能。

1. 烟碱

烟碱又名尼古丁,属于吡啶类生物碱。它以柠檬酸盐或苹果酸盐的形式存在于烟草中,国产烟叶中烟碱的质量分数为1%~4%。

N
N
CH_3

烟碱

烟碱极毒,少量能引起中枢神经兴奋,血压升高,大量就会抑制中枢神经系统,使心脏停搏而致死,(+)-烟碱的毒性比(-)-烟碱的小得多,几毫克的烟碱就能引起头痛、呕吐、意识模糊等中毒症状。成人口服致死量为40~60 mg。因此吸烟对人体有害,尤其是对青少年危害更大,应提倡不要吸烟。烟碱在农业上用做杀虫剂。

2. 颠茄碱

颠茄碱俗称阿托品,属于吡啶类生物碱。它存在于颠茄、莨菪、曼陀罗、洋金花等植物中。

H
$H_3C—N$ O—C—CH
O CH_2OH

颠茄碱

阿托品硫酸盐具有镇痛、解痉作用,临床用于治疗平滑肌痉挛、胃及十二指肠溃疡、盗汗和胃酸过多等。在眼科中用做扩大瞳孔的药物,也是有机磷中毒的解毒药。

3. 咖啡碱和茶碱

咖啡碱(又称咖啡因)和茶碱都存在于茶叶、咖啡和可可豆中,它们属于嘌呤类生物碱。咖啡因有兴奋中枢神经和利尿、止痛作用,临床上用于呼吸衰竭及循环衰竭的解救,并用做利尿剂,也是常用的退热镇痛药物APC的成分之一。

茶碱有松弛平滑肌和较强的利尿作用，医药上用来消除支气管痉挛和各种水肿症。

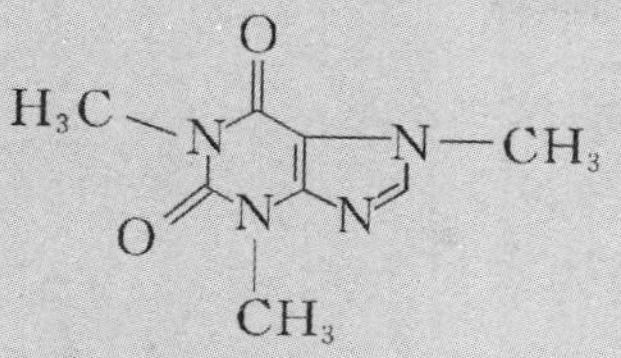

咖啡碱

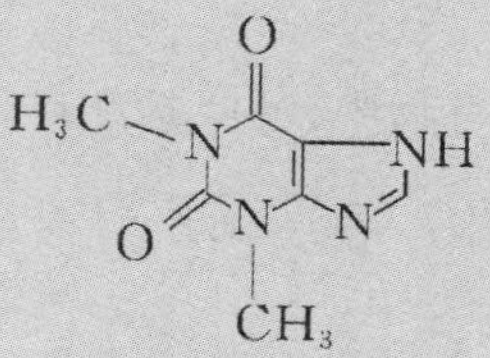

茶碱

4. 吗啡碱和可卡因

吗啡碱和可卡因都存在于鸦片中。鸦片是罂粟果实流出的乳状汁液经日光晒成的黑色膏状物质。鸦片中含有 25 种以上的生物碱，以吗啡碱最重要，约含 10%(质量分数)，其次为可卡因，含 0.3%～1.9%(质量分数)。它们都属于异喹啉类生物碱。

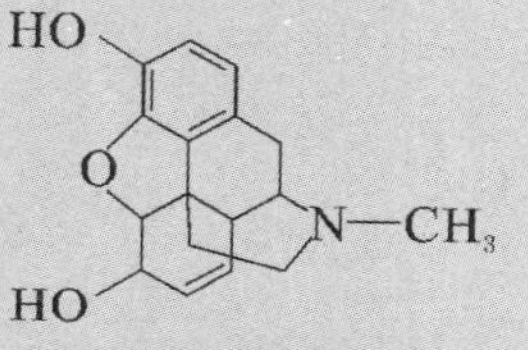

吗啡碱

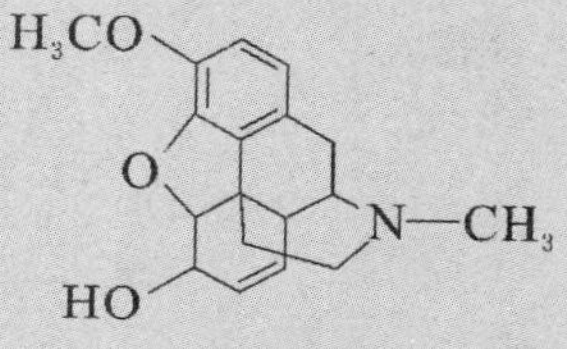

可卡因

吗啡碱对中枢神经有麻醉作用，有极快的镇痛效力，但久用成瘾，要严格控制使用剂量。可卡因的生理作用与吗啡碱的相似，但不像吗啡碱那样容易成瘾，可用于镇痛，医药上主要用做镇咳剂。

5. 小檗碱

小檗碱又名黄连素，存在于黄连和黄柏中，属于异喹啉类生物碱。

黄连素能抑制痢疾杆菌、链球菌和葡萄球菌，临床主要用于治疗细菌性痢疾和肠胃炎。

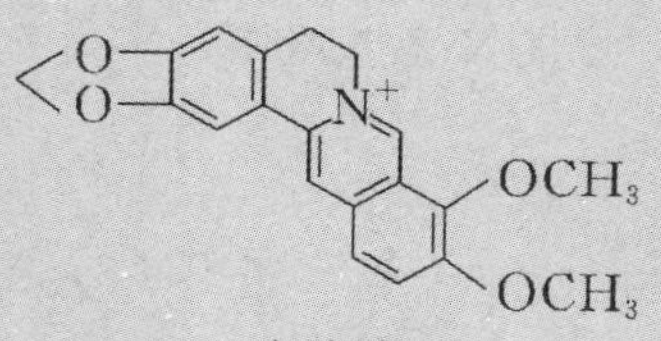

小檗碱

6. 喜树碱

喜树碱是从我国特有植物喜树中提取的一种喹啉类生物碱。喜树碱具有抗癌作用，用于治疗胃癌、肠癌和白血病，但毒性比较大。

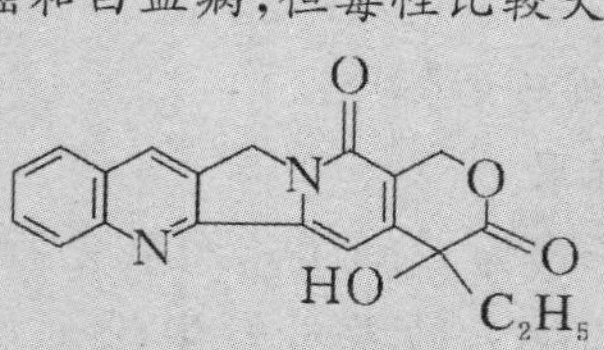

喜树碱

习 题

1. 指出下列化合物中,哪些是杂环化合物,哪些不是。

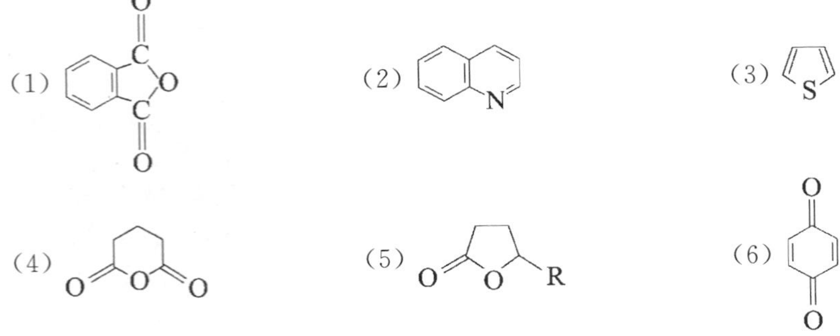

2. 命名下列化合物。

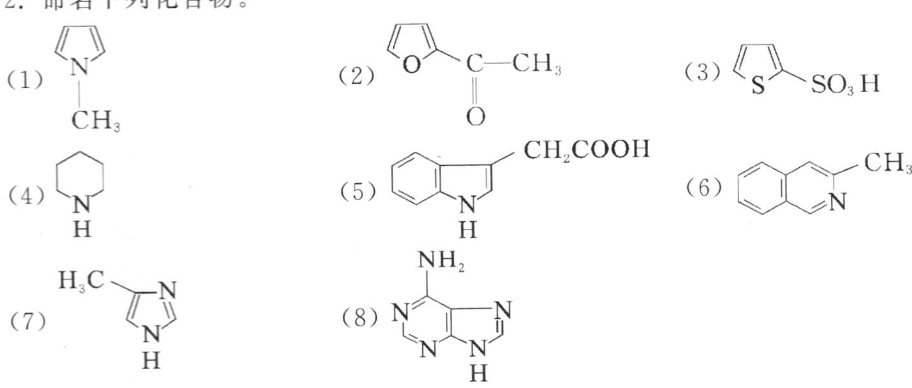

3. 写出下列化合物的结构式。

(1) 四氢呋喃　　(2) 糠醛、糠醇、糠酸　　(3) β-吲哚丁酸

(4) 6-羟基喹啉　　(5) N-乙基吡咯　　(6) α,β-吡啶二甲酸

4. 完成下列反应。

(1) 吲哚 $+ Br_2 \xrightarrow{CH_3COOH}$　　(2) 糠醛(呋喃-2-CHO) $\xrightarrow{浓\ NaOH}$ $\quad + \quad$

(3) 吡啶 $+ H_2SO_4$(浓)$\longrightarrow \quad \xrightarrow{NH_3}$　　(4) 3-乙基吡啶(CH_2CH_3) $\xrightarrow{KMnO_4, H^+}$

(5) 噻吩 $+ H_2SO_4$(浓)$\longrightarrow$

5. 将下列化合物按碱性由强到弱排序。

吡咯　吡啶　四氢吡啶　苯胺

6. 某杂环化合物 A 的分子式为 $C_5H_4O_2$,经氧化后生成羧酸 $C_5H_4O_3$,把此羧酸的钠盐与碱石灰作用,转变为 C_4H_4O,后者可发生松木片反应。试推测化合物 A 的结构式。

第十五章

碳水化合物

目标要求

1. 掌握碳水化合物的分类、构型及命名。
2. 了解变旋现象与单糖的环状结构、还原糖与非还原糖的概念。
3. 了解单糖的化学性质及重要的单糖、双糖和多糖的结构特点。
4. 了解葡萄糖结构的确定及碳水化合物在自然界的存在及其重要意义。

重点与难点

重点：碳水化合物的分类、构型及命名，单糖的化学性质。

难点：变旋光现象与单糖的环状结构。

碳水化合物又称糖，是一类重要的天然有机化合物，它对于维持动植物的生命起着重要的作用。例如，动物乳汁中的乳糖、肌肉和肝脏中的糖原、血液中的血糖都是糖类，糖是人类生活中主要的营养物质。人吃进的粮食，在体内酶的作用下被水解成葡萄糖，葡萄糖一部分氧化成二氧化碳和水，放出能量，维持生命活动，一部分转变成肝糖储藏起来。糖类化合物分别占绿色植物以及某些微生物干重的 80%，能大量转化和储存太阳光的能量，这一过程就是光合作用。糖类还是纺织、造纸、发酵、食品等工业的原料。

糖类化合物含有 C、H、O 三种元素，可用通式 $C_n(H_2O)_m$ 表示。例如，葡萄糖 $C_6H_{12}O_6$ 写成 $C_6(H_2O)_6$，蔗糖 $C_{12}H_{22}O_{11}$ 写成 $C_{12}(H_2O)_{11}$。从形式上看，它们好像是由碳和水组成的，“碳水化合物”这个名称就是由此产生的。但实际上，碳水化合物中的氢和氧并不是以水分子的形式存在的，并且有的化合物按其结构和性质而言应属于碳水化合物，可是它们的组成并不符合 $C_n(H_2O)_m$ 这个通式，如鼠李糖 $C_6H_{12}O_5$，其分子中 H 和 O 的比例就不是 2∶1。也有些化合物的组成虽然符合这个通式，但从实际上看完全不属于碳水化合物(如乙酸，$C_2H_4O_2$)。“碳水化合物”这个名称并不确切，然而，因为沿用已久，所以至今仍然广泛使用。

从分子结构来看，碳水化合物是一类多羟基醛(酮)，或水解后能产生多羟基醛(酮)的

一类有机化合物,它们的命名都用俗名。按照能否水解和水解后的产物的情况,碳水化合物可以分为以下三类。

(1) 单糖。单糖是最简单的不能再被水解的多羟基醛(酮),如葡萄糖、果糖等。

(2) 低聚糖。低聚糖是能够水解成两个或几个单糖的碳水化合物,根据水解后生成单糖的数目,低聚糖可分为二糖、三糖等,如蔗糖、麦芽糖等。

(3) 多糖。多糖是能够水解成许多个单糖分子的碳水化合物,如淀粉、纤维素等。

第一节　单糖

一、单糖的结构

单糖可进一步分类,通常把单糖分为醛糖和酮糖两大类。最简单的醛糖是甘油醛和甘油酮(二羟基丙酮),统称为丙糖。含有四个碳的多羟基醛或酮称为丁糖;含有五个碳的多羟基醛或酮称为戊糖;含有六个碳的多羟基醛或酮称为己糖,如葡萄糖称为己醛糖。同碳数的醛糖和酮糖互为同分异构体。

$$\begin{array}{c} CHO \\ | \\ H-C-OH \\ | \\ CH_2OH \end{array} \qquad \qquad \begin{array}{c} CH_2OH \\ | \\ C=O \\ | \\ CH_2OH \end{array}$$

甘油醛　　　　1,3-二羟基丙酮

单糖中最重要的是葡萄糖和果糖,它们在自然界中分布最为广泛。

1. 单糖的结构式

20 世纪就开始了对葡萄糖、果糖等结构的测定工作。这里简要地叙述历史上单糖的结构是如何测定的。

(1) 葡萄糖经碳、氢分析,确定其实验式为 CH_2O,经相对分子质量测定,确定其分子式为 $C_6H_{12}O_6$。

(2) 葡萄糖能起银镜反应,能与一分子 HCN 起加成反应,能与一分子 NH_2OH 缩合生成肟等,这些都说明它有一个羰基。

(3) 葡萄糖能乙酰基化生成酯,乙酰基化后再水解测定乙酸的量,一分子酰基化后的葡萄糖可得五分子乙酸,这说明分子中有五个羟基。

(4) 葡萄糖用钠汞齐还原后得己六醇,己六醇用 HI 彻底还原成正己烷,这说明葡萄糖是直链化合物。如果羰基为醛基,则它的化学式就应是:

$$\begin{array}{cccccccccc} CH_2 & - & CH & - & CH & - & CH & - & CH & -CHO \\ | & & | & & | & & | & & | & \\ OH & & OH & & OH & & OH & & OH & \end{array}$$

如果羰基为酮基,则需要测定羰基的位置。

（5）醛氧化后得相应的酸，碳链不变，酮氧化后引起碳链断裂，应用这一性质就可以确定它是醛糖还是酮糖。葡萄糖用 HNO_3 氧化后生成四羟基己二酸，又称为葡萄糖二酸。因此，葡萄糖是醛糖。

$$
\begin{array}{l} CHO \\ | \\ CHOH \\ | \\ CHOH \\ | \\ CHOH \\ | \\ CHOH \\ | \\ CH_2OH \end{array}
\xrightarrow{HNO_3}
\begin{array}{l} COOH \\ | \\ CHOH \\ | \\ CHOH \\ | \\ CHOH \\ | \\ CHOH \\ | \\ COOH \end{array}
$$

葡萄糖　　葡萄糖二酸

（6）确定羰基的位置，葡萄糖与 HCN 加成后水解生成六羟基酸，后者被 HI 还原后得正庚酸，这进一步证明了葡萄糖是醛糖。

$$
\begin{array}{l} CHO \\ | \\ CHOH \\ | \\ CHOH \\ | \\ CHOH \\ | \\ CHOH \\ | \\ CH_2OH \end{array}
\xrightarrow{HCN}
\begin{array}{l} HO \quad CN \\ \;\;\diagdown\;\diagup \\ \;\;\;CH \\ \;\;\;| \\ \;\;\;CHOH \\ \;\;\;| \\ \;\;\;CHOH \\ \;\;\;| \\ \;\;\;CHOH \\ \;\;\;| \\ \;\;\;CHOH \\ \;\;\;| \\ \;\;\;CH_2OH \end{array}
\xrightarrow{H_2O}
\begin{array}{l} COOH \\ | \\ CHOH \\ | \\ CHOH \\ | \\ CHOH \\ | \\ CHOH \\ | \\ CHOH \\ | \\ CH_2OH \end{array}
\xrightarrow{HI}
\begin{array}{l} COOH \\ | \\ CH_2 \\ | \\ CH_2 \\ | \\ CH_2 \\ | \\ CH_2 \\ | \\ CH_2 \\ | \\ CH_3 \end{array}
$$

葡萄糖　　庚酸糖　　正庚酸

用同样的方法处理果糖，其最后产物不是正庚酸而是 α-甲基己酸。

$$
\begin{array}{l} CH_2OH \\ | \\ C{=}O \\ | \\ CHOH \\ | \\ CHOH \\ | \\ CHOH \\ | \\ CH_2OH \end{array}
\xrightarrow{HCN}
\begin{array}{l} CH_2OH \\ |\quad OH \\ |\;\diagup \\ C \\ |\;\diagdown \\ |\quad CN \\ CHOH \\ | \\ CHOH \\ | \\ CHOH \\ | \\ CH_2OH \end{array}
\xrightarrow{H_2O}
\begin{array}{l} CH_2OH \\ |\quad OH \\ |\;\diagup \\ C \\ |\;\diagdown \\ |\quad COOH \\ CHOH \\ | \\ CHOH \\ | \\ CHOH \\ | \\ CH_2OH \end{array}
\xrightarrow{HI}
\begin{array}{l} CH_3 \\ | \\ CH{-}COOH \\ | \\ CH_2 \\ | \\ CH_2 \\ | \\ CH_2 \\ | \\ CH_3 \end{array}
$$

果糖　　α-甲基己酸

因此，果糖的羰基在第二位。

综合上述反应和分析，就可以确定葡萄糖和果糖的结构式分别为：

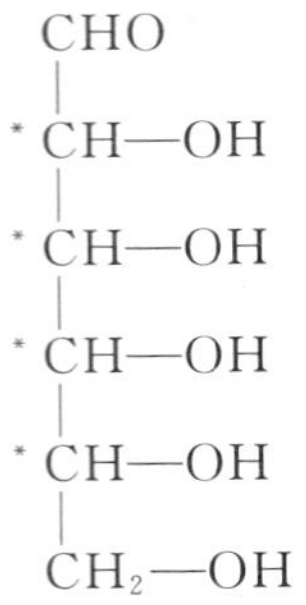

```
      CHO                 CH₂—OH
       |                   |
     *CH—OH                C=O
       |                   |
     *CH—OH              *CH—OH
       |                   |
     *CH—OH              *CH—OH
       |                   |
     *CH—OH              *CH—OH
       |                   |
      CH₂—OH              CH₂—OH
```

己醛糖 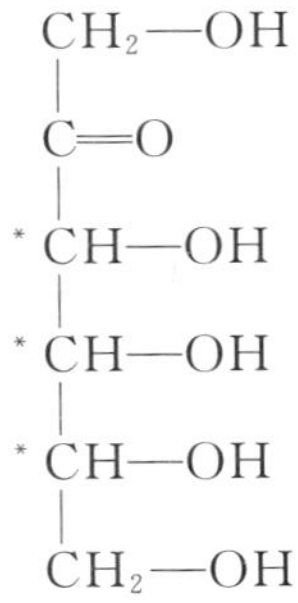　　　　己酮糖

2. 单糖的构型

葡萄糖分子中有四个手性碳原子,它有 $2^4=16$ 个对映异构体,所以只测定糖的结构式是不够的,还必须确定它的立体构型,如甘油醛有一对对映体:D-(+)-甘油醛和 L-(−)-甘油醛。

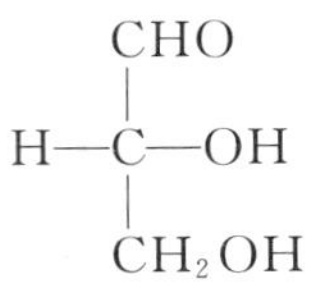

```
      CHO                  CHO
       |                    |
   H—C—OH              HO—C—H
       |                    |
      CH₂OH                CH₂OH
```

D-(+)-甘油醛 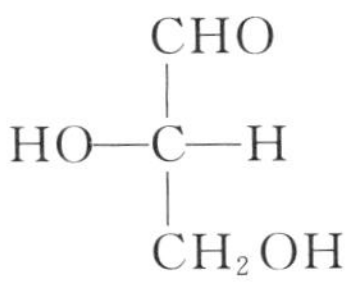　　　　L-(−)-甘油醛

标准物质的构型规定以后,其他旋光物质的构型可以通过化学转变的方法与标准物质进行联系来确定。由于这样确定的构型是相对于标准物质而言的,所以是相对构型。把构型相当于右旋甘油醛的物质用 D 表示,相当于左旋甘油醛的用 L 表示。

单糖分子中各手性碳原子的构型通过化学方法已确定,天然葡萄糖具有如下构型。

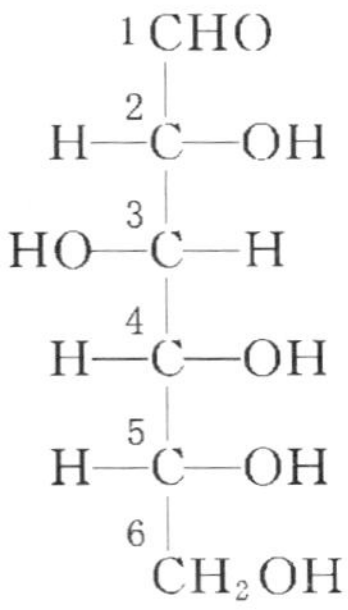

```
      1 CHO
        |2
    H—C—OH
        |3
   HO—C—H
        |4
    H—C—OH
        |5
    H—C—OH
       6|
        CH₂OH
```

D-(+)-葡萄糖

糖的构型常用 D/L 标记法表示。凡分子中离羰基最远的手性碳原子的构型与 D-甘油醛的构型相同的碳水化合物,其构型属于 D 型;反之,属于 L 型。天然葡萄糖的 C(5) 构型与 D-甘油醛的相同,所以它是 D-葡萄糖。

```
 1 CHO
   |2
H—C—OH
   |3
HO—C—H
   |4
H—C—OH
   |5                          CHO
H—C—OH                          |
   |6                        H—C—OH
  CH2OH                         |
                               CH2OH
```

D-葡萄糖　　　　D-甘油醛

为了书写方便起见，单糖的投影式也常用较简单的分子表示。例如，D-葡萄糖就可以用以下几种方法简写：

```
    CHO            CHO           CHO
H——+——OH          +——OH          +——
HO——+——H      HO——+           ——+
H——+——OH          +——OH          +——
H——+——OH          +——OH          +——
   CH2OH          CH2OH         CH2OH
```

图 15-1 所列是含三个到六个碳原子的所有 D 型醛糖的投影式和名称。与它们相对应的同等数目的 L 型醛糖的投影式和名称不在这里列出。

天然存在的单糖大多数是 D 型的，如自然界中的葡萄糖和果糖就都是 D 型糖。

3. 单糖的环状结构

虽然通过许多化学反应如氧化、还原、成肟等证明了单糖为多羟基醛或酮，但在红外光谱中得不到羰基的特征峰。经过物理及化学方法证实结晶状态的单糖并不是像前面结构式表示的链状化合物，而是以环状结构存在的。由于单糖分子中同时存在羰基和羟基，因而在分子内便能生成半缩醛（或半缩酮）而构成环，即碳链上有一个羟基中的氧与羰基的碳原子连接成环，羟基中的氢原子加到羰基的氧上。

```
H   O                H   OH
 \ //                 \ /
  C                    C—┐
  ≀       ——→          ≀  │
 CH—O—H               CH—O
  ≀                    ≀
```

环形半缩醛

对于己醛糖来说，分子中有五个羟基，究竟哪一个羟基与羰基生成半缩醛？也就是构成的环是由几个碳原子组成的？通过实验证实，在一般情况下，形成的都是六元环，也就是第五个碳原子上的羟基与羰基形成半缩醛。例如，D-葡萄糖可以形成下面两种半缩醛：

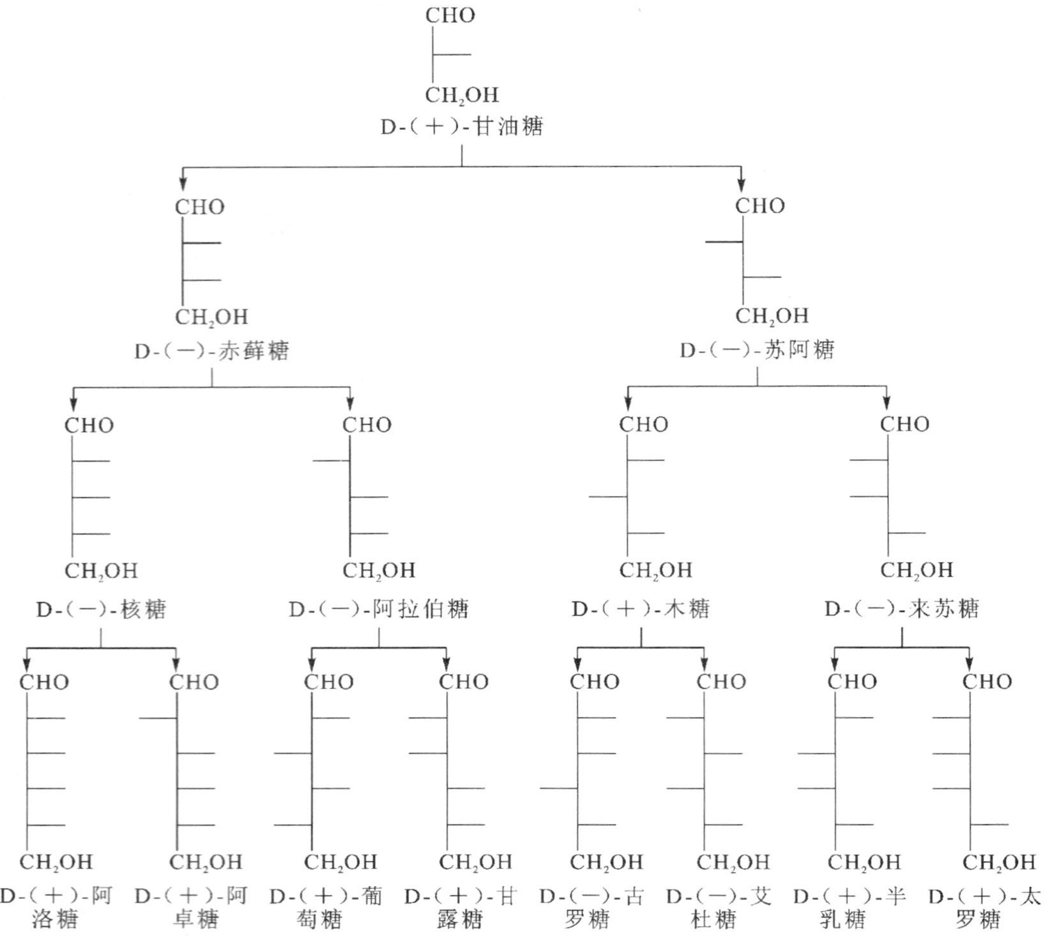

图 15-1　D 型醛糖

半缩醛式 α-D-葡萄糖（Fischer 式）　⇌　醛式 D-葡萄糖（链式）　⇌　半缩醛式 β-D-葡萄糖（Fischer 式）

D-葡萄糖由醛式转变为半缩醛式时，就相当于羰基与 HCN 的加成一样，C(1)由 sp^2 杂化状态转化为 sp^3 杂化状态，必然形成一个新的手性碳原子。因此对于 C(1)来说，就可以有两种构型，这就是上述 α-D-葡萄糖与 β-D-葡萄糖两种环形半缩醛，它们是非对映异构体，它们的区别只在于C(1)的构型相反，而其他碳原子的构型相同。新形成的手性碳原子上的羟基与C(5)(即决定糖构型的碳原子)上的羟基在碳链的同侧的称为α式，新形成的羟基与C(5)上的羟基在碳链的两侧的称为β式。在乙醇溶液中结晶可得α-D-葡萄糖，$[\alpha]_D^{20}=+112°$；而如用吡啶作溶剂结晶，则得β-D-葡萄糖，$[\beta]_D^{20}=+18.7°$。

将α或β两种异构体中的任意一种，如α-D-葡萄糖，溶于水中，便有少量α-D-葡萄糖转化为醛式，并且α-D-葡萄糖与醛式之间可以相互转化，但当醛转化为环形半缩醛时，不仅能生成α-D-葡萄糖，而且能生成β-D-葡萄糖。经过一定时间后，α式、β式及醛式三种异构体达成平衡，形成一个互变平衡体系。在此体系中α-D-葡萄糖约占37%，β-D-葡萄糖约占63%，而开链式仅占0.01%。如将β-D-葡萄糖溶于水，经一段时间后，也形成如上比例的三种异构体的互变平衡体系，最后平衡时的$[\alpha]_D^{20}=+52.7°$。这种比旋度随时间改变的现象，称为变旋现象。这是糖的变旋结构的理论基础。

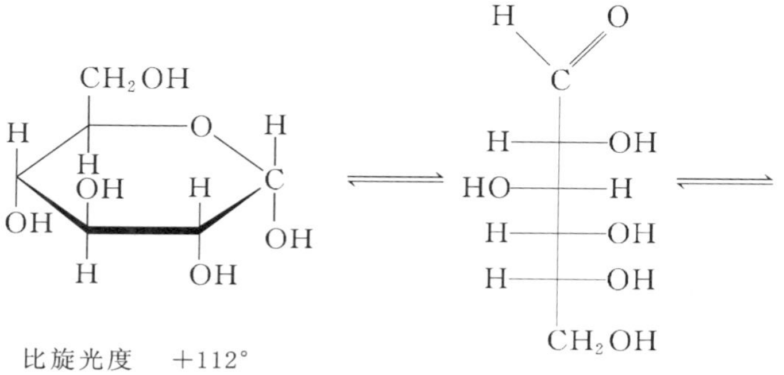

	α-D-葡萄糖	开链式	β-D-葡萄糖
比旋光度	+112°		+18.7°
熔点	146 °C		150 °C
平衡时的含量	37%	0.01%	63%

半缩醛式葡萄糖分子中的环是由五个碳原子与一个氧原子形成的六元环，它和杂环化合物中的吡喃环相当，所以把六元环形的糖称为吡喃糖。

果糖的结晶也有α、β两种异构体，在水溶液中同样存在环式和链式的互变平衡体系，而且平衡混合物中除有两种吡喃型果糖外，还有两种五元环异构体。

上述五元环是由四个碳原子和一个氧原子构成的，它和杂环化合物中的呋喃环相当，所以把五元环的糖称为呋喃糖。

4. 葡萄糖的构象

透视式也不能真实地反映出环形半缩醛式的真正三度空间结构，因为六元环并不是平面型的。环己烷有船式和椅式两种典型构象，但以椅式构象比较稳定。在吡喃糖中，虽然六元环中有一个是氧原子，但环的形状与环己烷的相似。因此，吡喃环的优势构象也是椅式，如D-葡萄糖可以写成如下的构象式：

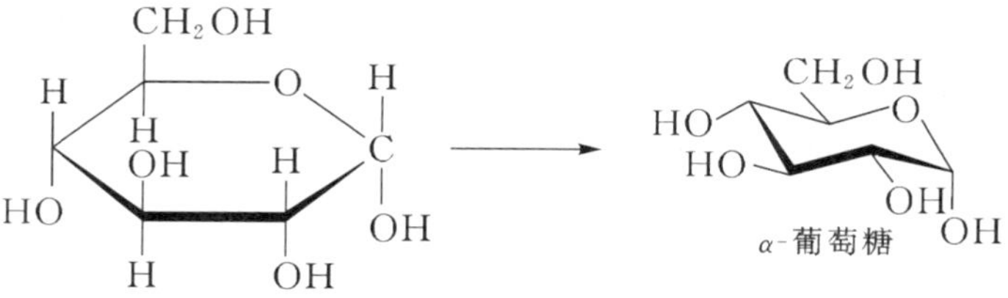

α-葡萄糖

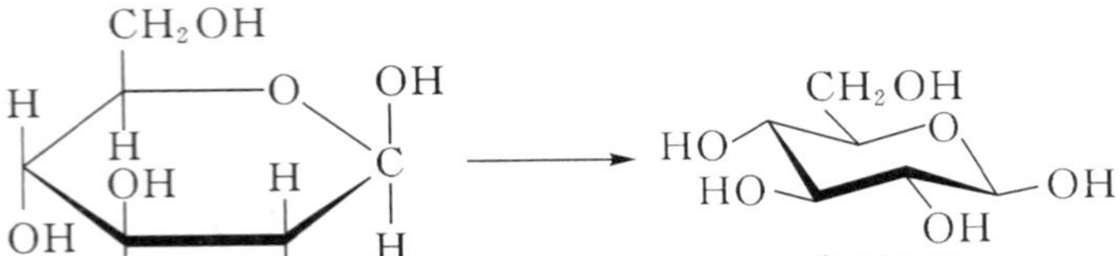

β-葡萄糖

在上述 β 式异构体中，所有较大的基团都取 e 键与环相连，而在 α 式异构体中，半缩醛羟基以 a 键与环相连，实验测定两者的能量差为 25 $kJ \cdot mol^{-1}$，因此在 D-葡萄糖溶液的平衡体系中，β 式异构体的含量较高。

二、单糖的性质

自然界存在的单糖，有游离态，也有结合态，单糖是无色结晶，具有吸湿性，极易溶于水，难溶于乙醇，不溶于乙醚，其熔点敏锐，有变旋现象，大部分有甜味，其中果糖最甜。

单糖具有醇羟基、苷羟基和羰基，能够发生这些官能团的特征反应。例如作为醇，它可以生成醚和酯；作为醛、酮，它可以进行加成、氧化和还原等反应。单糖的醛糖的开链式含有醛基，很容易被氧化，氧化剂不同，产物也不同。

1. 氧化反应

单糖能被多种氧化剂氧化，如硝酸、溴水，甚至能被更弱的氧化剂氧化。特别是醛糖，它的醛基很容易被氧化成羧基。

(1) 硝酸是较强的氧化剂，在硝酸的氧化下，醛糖的醛基和伯醇羟基都可以被氧化，生成糖二酸。例如，D-葡萄糖在稀硝酸中加热，生成 D-葡萄糖二酸。

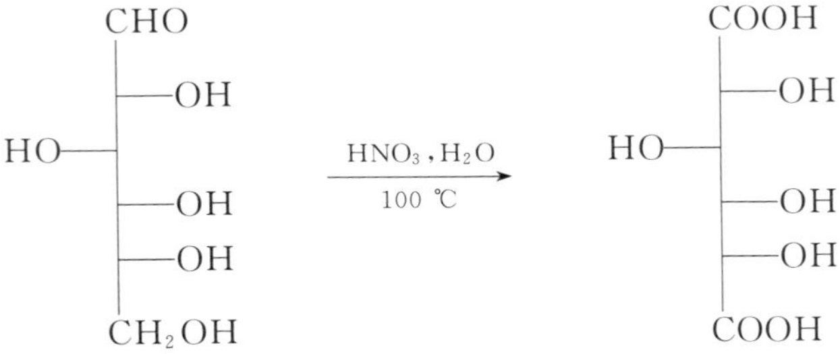

$$\text{D-葡萄糖} \xrightarrow[100\ ^\circ C]{HNO_3,\ H_2O} \text{D-葡萄糖二酸}$$

D-葡萄糖　　　　D-葡萄糖二酸

单糖的晶体是环氧式的，在溶液中单糖是以链式和环式平衡而存在的。当单糖与氧化剂作用时，其链式异构体参与反应，破坏了原来的平衡，平衡向转化成链式结构的方向移动。就这样，平衡不断移动，反应不断进行，最后全部生成链式异构体的衍生物，所以单糖溶液在反应时，表现得好像糖分子全是开链结构一样。为此，在写单糖的化学反应式时，一般只写开链结构就可以说明反应的过程。

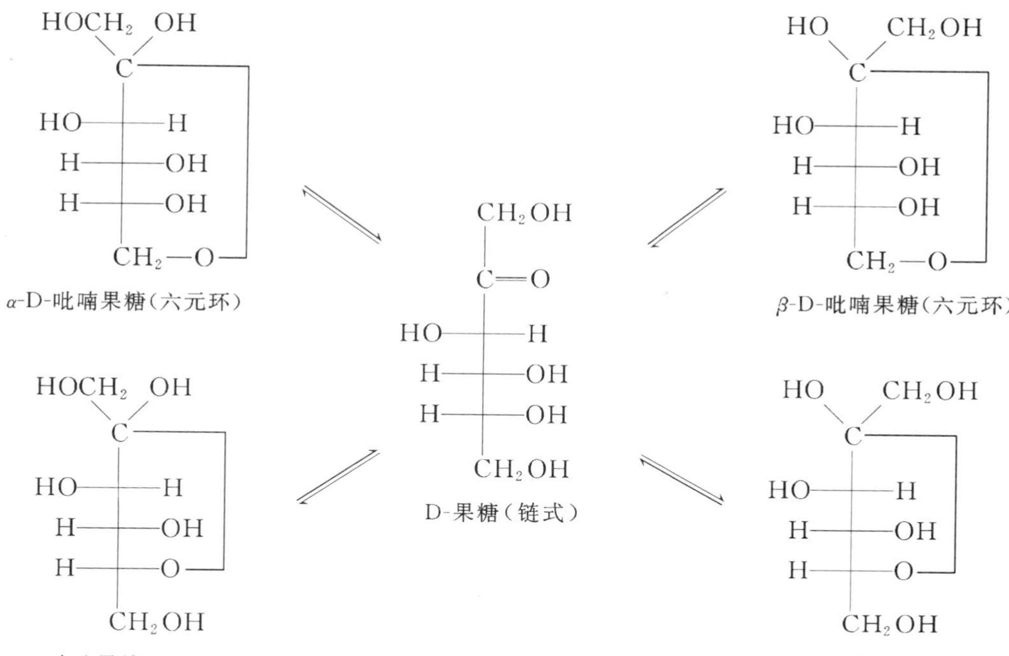

(2) 溴水也是氧化剂,它可以把醛糖的醛基氧化成羧基,生成糖酸。

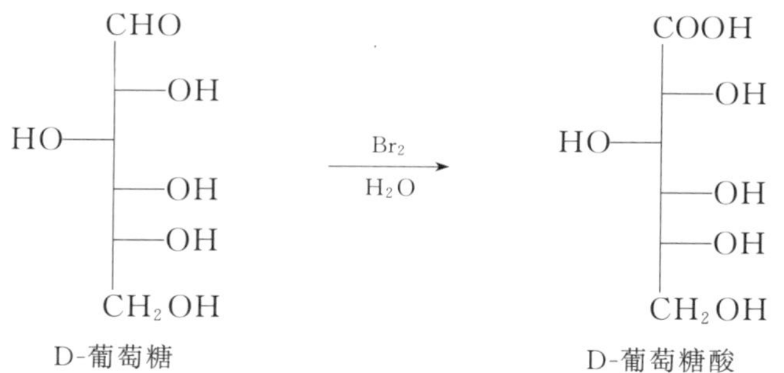

酮糖与溴水无作用,所以用溴水可以区别酮糖与醛糖。

费林试剂和托伦试剂都是弱氧化剂,常作为鉴别醛的试剂。除醛外,α-羟基酮也很易被这些弱氧化剂所氧化,所以这些试剂也可用来鉴别 α-羟基酮。醛糖具有醛基,酮糖则都是 α-碳原子上有羟基的酮。它们都能被费林试剂或托伦试剂所氧化。这些试剂都是碱性试剂。在碱性条件下,单糖的氧化反应是比较复杂的。醛糖的醛基可被氧化成羧基;酮糖的 α-羟基可被氧化成羰基;此外,糖的碳链还可能发生断裂。

在糖类化合物化学中,常把与费林试剂和托伦试剂成正反应的糖称为还原糖。反之,把与这些试剂成负反应的糖称为非还原糖。单糖的氧环结构都有苷羟基,其溶液中都有开链结构存在,所以单糖都是还原糖。分子中没有苷羟基的糖,则是非还原糖。

2. 还原反应

单糖用还原剂还原,或用催化加氢的方法,都可变成糖醇。例如:葡萄糖可经催化氢化或生物酶作用还原后生成葡萄糖醇(山梨醇)。葡萄糖醇是广泛存在于植物体中的多元醇，在水果中大量存在，是合成维生素 C 的原料。它还可由果糖还原生成。D-木糖加氢还原转变成木糖醇，是一个很好的甜味剂，可作为糖尿病患者的食用糖。

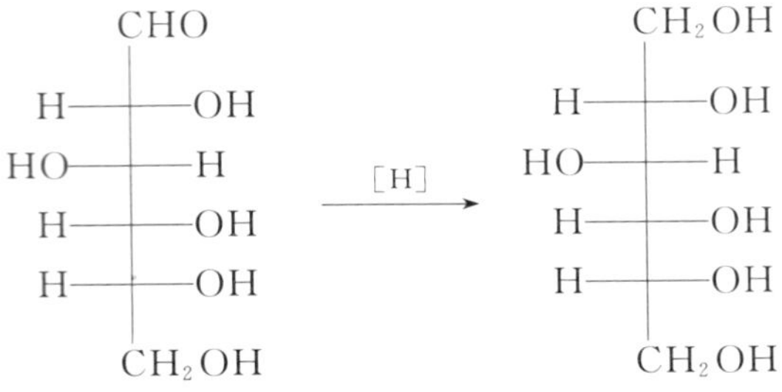

$$
\begin{array}{ccc}
 & CHO & \\
H & - & OH \\
HO & - & H \\
H & - & OH \\
H & - & OH \\
 & CH_2OH &
\end{array}
\xrightarrow{[H]}
\begin{array}{ccc}
 & CH_2OH & \\
H & - & OH \\
HO & - & H \\
H & - & OH \\
H & - & OH \\
 & CH_2OH &
\end{array}
$$

葡萄糖　　　　山梨醇

3. 成脎反应

单糖与苯肼作用时，开链结构的羰基发生反应，生成苯腙。单糖苯腙能继续与两分子苯肼反应，生成含有两个苯腙基团的化合物。糖与过量苯肼作用生成的这种衍生物称为脎。例如：

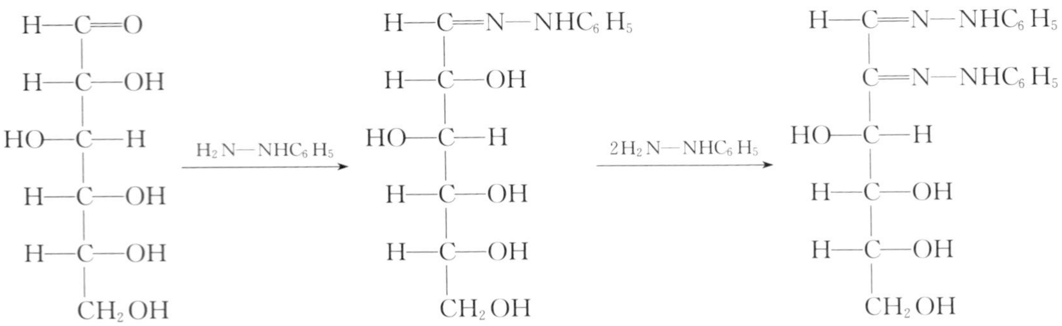

$$
\begin{array}{c}
H-C=O \\
H-C-OH \\
HO-C-H \\
H-C-OH \\
H-C-OH \\
CH_2OH
\end{array}
\xrightarrow{H_2N-NHC_6H_5}
\begin{array}{c}
H-C=N-NHC_6H_5 \\
H-C-OH \\
HO-C-H \\
H-C-OH \\
H-C-OH \\
CH_2OH
\end{array}
\xrightarrow{2H_2N-NHC_6H_5}
\begin{array}{c}
H-C=N-NHC_6H_5 \\
C=N-NHC_6H_5 \\
HO-C-H \\
H-C-OH \\
H-C-OH \\
CH_2OH
\end{array}
$$

D-葡萄糖　　　　D-葡萄糖苯腙　　　　D-葡萄糖脎

酮糖也能与苯肼作用生成脎。例如，D-果糖生成脎的反应：

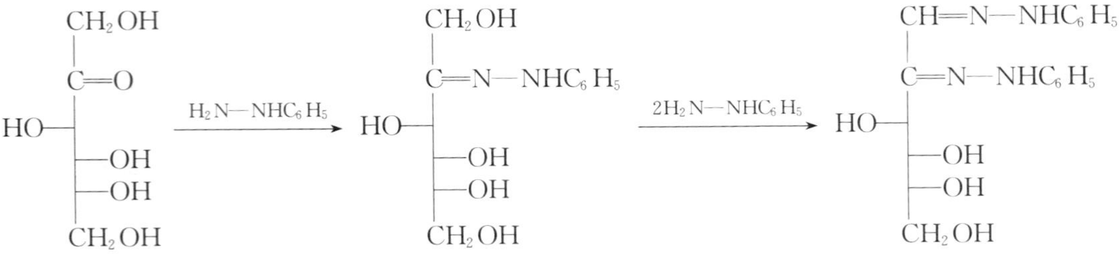

$$
\begin{array}{c}
CH_2OH \\
C=O \\
HO- \\
-OH \\
-OH \\
CH_2OH
\end{array}
\xrightarrow{H_2N-NHC_6H_5}
\begin{array}{c}
CH_2OH \\
C=N-NHC_6H_5 \\
HO- \\
-OH \\
-OH \\
CH_2OH
\end{array}
\xrightarrow{2H_2N-NHC_6H_5}
\begin{array}{c}
CH=N-NHC_6H_5 \\
C=N-NHC_6H_5 \\
HO- \\
-OH \\
-OH \\
CH_2OH
\end{array}
$$

D-果糖　　　　D-果糖苯腙　　　　D-果糖脎

己糖与苯肼作用生成脎时，只发生在 C(1)和 C(2)上。C(3)、C(4)和 C(5)的结构不受影响。因此凡 C(3)、C(4)和 C(5)构型相同的己糖，所生成的脎是相同的。例如，D-葡萄糖、D-果糖和 D-甘露糖与苯肼作用生成的是同样的脎。

脎都是不溶于水的亮黄色晶体，有一定的熔点。不同的脎，晶体形态不同，熔点也不同。因此，可以利用脎的生成对糖进行鉴定。

4. 糖苷的生成

单糖的环式结构中含有活泼的半缩醛羟基，它能与醇或酚等含羟基的化合物脱水形成缩醛型物质，称为糖苷，也称为配糖体，其糖的部分称为糖基，非糖的部分称为配基。例如，α-D-葡萄糖在干燥氯化氢催化下，与无水甲醇作用生成甲基-α-D-葡萄糖苷；β-D-葡萄糖在同样条件下形成甲基-β-D-葡萄糖苷。

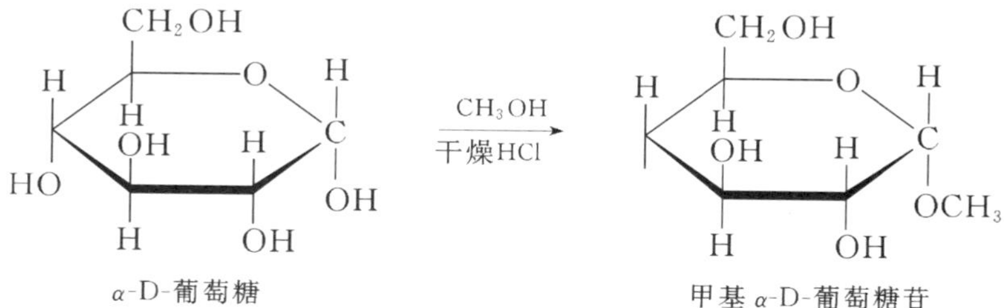

α-D-葡萄糖　　　　甲基 α-D-葡萄糖苷

α-D-葡萄糖和 β-D-葡萄糖通过开链式可以相互转变，形成糖苷后，不能再相互转变。糖苷是一种缩醛（或缩酮），所以比较稳定，其不易被氧化，不与苯肼、托伦试剂、费林试剂等作用，也无变旋现象。糖苷对碱稳定，但在稀酸或酶作用下，可水解成原来的糖和甲醇。

糖苷广泛存在于自然界，在植物的根、茎、叶、花和种子中含量较多。低聚糖和多糖也都是糖苷存在的一种形式。

5. 颜色反应

定性地检测糖类是否存在，可依靠糖类的特征颜色反应来进行判断。常用的试剂很多，就反应的化学过程来说，可以概括为两种不同的类别。其一，用非氧化性酸（硫酸或盐酸）使糖脱水形成呋喃醛类衍生物，进一步与酚类或含氮碱缩合生成有色物质。这是最重要的糖类颜色反应的基础。其二，用碱处理糖类，产生复杂的裂解衍生物，与某些试剂作用，呈现特殊的颜色，如与费林试剂反应等。

1）莫力希（Molisch）反应

所有糖都能与 α-萘酚的乙醇溶液混合，然后沿容器壁小心注入浓硫酸，在两层液面间可生成紫红色物质。因为所有糖（包括低聚糖和多糖）均能发生莫力希反应，因此此反应是鉴别糖类最常用的方法之一。

2）西里瓦诺夫（Seliwanoff）反应

与间苯二酚的反应，是鉴别酮糖的特殊反应。酮糖在浓酸作用下，脱水生成羟甲基糠醛，两分钟内后者与间苯二酚结合成鲜红色物质，醛糖也有此反应，但速率较慢，两分钟内不显色，延长时间后可生成玫瑰色的物质，故可以此反应鉴别醛糖和酮糖。

3）拜尔（Bial）反应

此反应为鉴别戊糖的颜色反应。戊糖在浓盐酸溶液中脱水成糠醛，糠醛与甲基间苯二酚（地衣酚）结合成绿色物质。

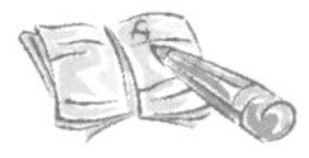

三、重要的单糖

单糖在自然界中广泛存在，戊糖主要有 D-阿拉伯糖、D-木糖、D-核糖、D-2-脱氧核糖，己糖主要有 D-葡萄糖、D-果糖等，它们都广泛存在于动植物体内。

1. D-核糖及D-2-脱氧核糖

它们均为重要的戊醛糖，常与磷酸及碱基化合物结合存在于核蛋白中，它们的链状结构式和Haworth结构式如下：

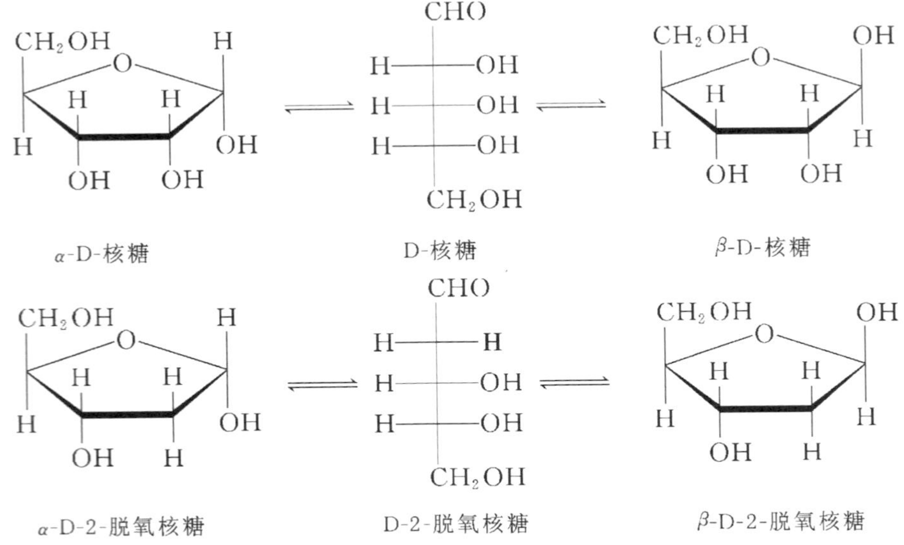

2. D-葡萄糖

葡萄糖为无色晶体，极易溶于水，加热可使溶解度增加。葡萄糖的甜度约为蔗糖的70%。人体血液中的葡萄糖称为血糖。正常人血糖浓度维持恒定，其含量为4.4～6.7 $mmol \cdot L^{-1}$。当血糖浓度超过9～10 $mmol \cdot L^{-1}$时，糖可随尿排出，出现糖尿现象。若血糖浓度过低，则引起低血糖病。葡萄糖是人体内新陈代谢不可缺少的重要营养物质，在医药上用做营养剂，并具有强心、利尿、解毒等作用，在食品工业上及制糖浆、制革中用做还原剂，也用于合成维生素C。

3. D-半乳糖

D-半乳糖是许多低聚糖(乳糖、棉籽糖)的组分，以多糖形式存在于植物种子和树胶中。由藻类植物浸出的黏液——石花菜胶主要是半乳糖醛酸的高聚物，也是组成脑苷和神经中枢的重要物质，具有右旋光性，常用于有机合成及医药上。

4. 果糖

天然的果糖是左旋的，所以又称为左旋糖。果糖为无色棱形晶体，易溶于水，可溶于乙醚及乙醇，具有还原性。果糖是最甜的一种糖，甜度约为蔗糖的170%。

第二节　二糖

低聚糖可以看做几个相同或不同的单糖失水后的缩合产物。低聚糖中重要的一类是二糖。二糖的物理性质和单糖的相似，能形成晶体，易溶于水并有甜味。常见的二糖有蔗糖、麦芽糖和纤维二糖。

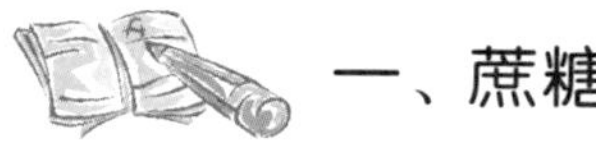

一、蔗糖

蔗糖是自然界中分布最广的二糖，在甘蔗和甜菜中含量最多。纯净的蔗糖为白色晶体，易溶于水，难溶于乙醇和乙醚，味甜，其甜度仅次于果糖的，是常用的食糖。蔗糖的熔点为 185 ℃，$[\alpha]_D^{20}=+66.5°$。

蔗糖的分子式为 $C_{12}H_{22}O_{11}$，在无机酸或酶的作用下，水解生成等量的 D-(+)-葡萄糖和 D-(−)-果糖的混合物，这说明蔗糖是一分子葡萄糖和一分子果糖缩水的产物。蜂蜜的主要成分是转化糖(葡萄糖和果糖混合物)和极少量的蔗糖。

$$\underset{\substack{\text{蔗糖}\\[\alpha]_D^{20}=+66.5°}}{C_{12}H_{22}O_{11}}+H_2O\xrightarrow{\text{酸或酶}}\underbrace{\underset{\substack{\text{D-(+)-葡萄糖}\\+52.7°}}{C_6H_{12}O_6}+\underset{\substack{\text{D-(−)-果糖}\\-92.3°}}{C_6H_{12}O_6}}_{\text{转化糖}[\alpha]_D^{20}=-20°}$$

蔗糖水解时旋光方向会发生改变，从右旋逐渐变到左旋。原因是水解产物果糖是左旋的，比旋度为−92.3°，葡萄糖是右旋的，比旋度为+52.7°，由于果糖的比旋度(绝对值)比葡萄糖的大，所以蔗糖水解后的混合物是左旋的，因此水解后的蔗糖又称转化糖。

蔗糖水溶液无变旋现象，也不能成脎，不能与托伦试剂或费林试剂作用，即没有还原性。

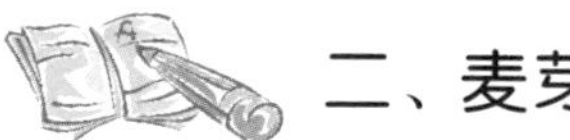

二、麦芽糖

麦芽糖因存在于发芽的大麦中而得俗名。它是由淀粉经淀粉酶作用，部分水解的产物。麦芽糖是白色晶体，熔点为 160～165 ℃，水溶液是右旋的，$[\alpha]_D^{20}=+136°$，甜味不如蔗糖的，饴糖是麦芽糖的粗制品。进餐时慢慢咀嚼饭食有甜味感，就是淀粉被唾液中的淀粉酶水解产生一些麦芽糖的甜味引起的。

麦芽糖的分子式为 $C_{12}H_{22}O_{11}$，麦芽糖只能被 α-葡萄糖苷酶水解，说明它是 α-葡萄糖苷。一分子麦芽糖水解可得到两分子 D-(+)-葡萄糖，说明麦芽糖是两分子 D-(+)-葡萄糖的缩水产物。麦芽糖具有单糖的性质，即有变旋现象，能与苯肼作用生成糖脎，能与托伦试剂或费林试剂作用，因此它是还原性糖，与溴水反应生成麦芽糖酸，分子中存在着苷羟基。

麦芽糖是一分子 D-吡喃葡萄糖 C(4)上的羟基与另一分子 α-D-吡喃葡萄糖的苷羟基的缩水产物。其结构式如下：

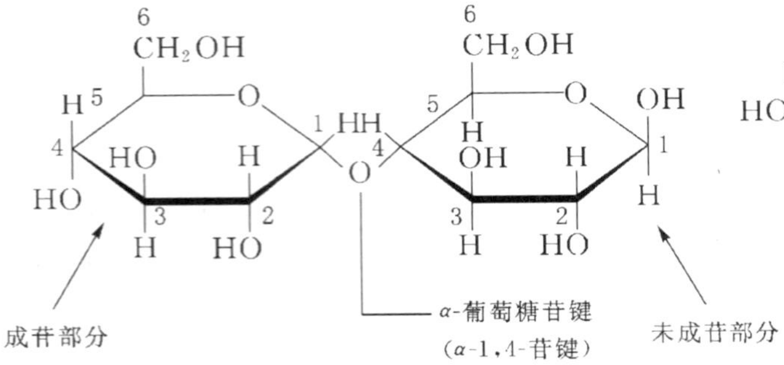

成苷部分　　α-葡萄糖苷键（α-1,4-苷键）　　未成苷部分

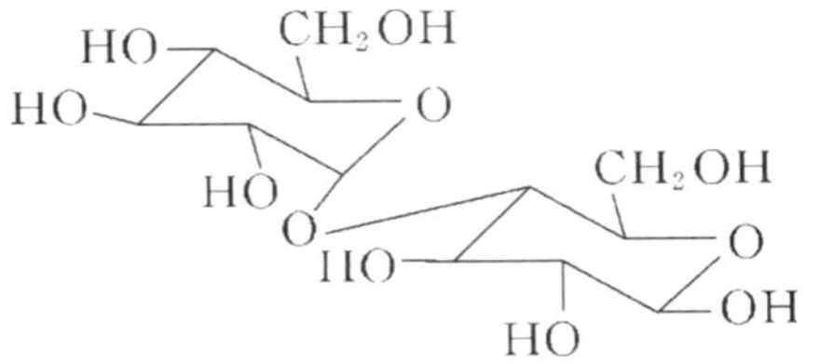

麦芽糖

麦芽糖分子中的这种苷键称为 α-1,4-苷键。

三、纤维二糖

纤维二糖是无色晶体，熔点为 225 ℃，是右旋糖，自然界中没有游离的纤维二糖。纤维二糖是纤维素的基本组成单元，可通过纤维素部分水解得到。

纤维二糖的分子式为 $C_{12}H_{22}O_{11}$，其组成、化学性质与麦芽糖的相似，即水解得两分子 D-(+)-葡萄糖。它也是还原性糖，用溴水氧化得纤维二糖酸。经研究证明两分子吡喃葡萄糖也是以 1,4-苷键相连。与麦芽糖唯一不同的是，纤维二糖只能被 β-葡萄糖苷酶水解，说明它是一个 β-葡萄糖苷，其结构式如下：

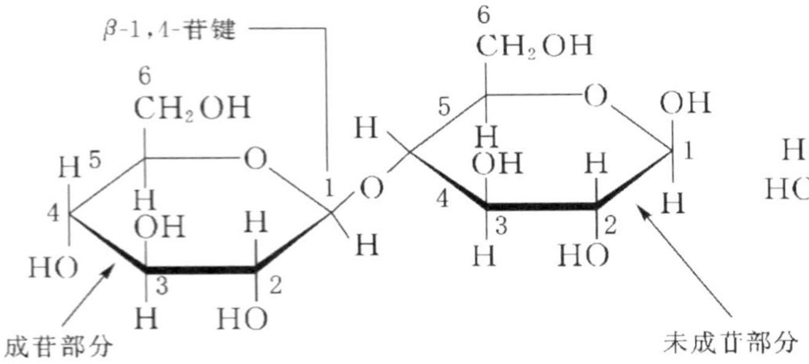

β-1,4-苷键　　成苷部分　　未成苷部分

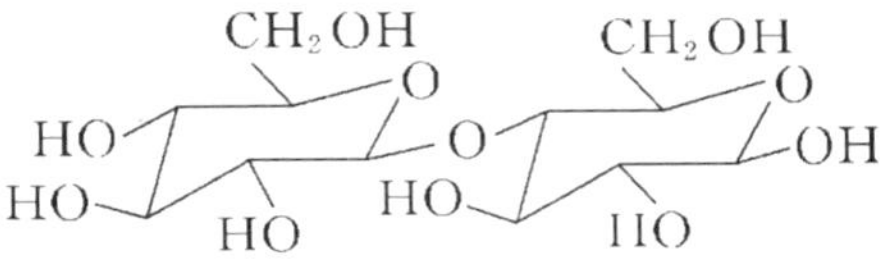

纤维二糖

虽然纤维二糖与麦芽糖的区别仅在于成苷的半缩醛羟基一个是 β 型，另一个是 α 型，但在生理上有很大差别。麦芽糖具有甜味而纤维二糖无味，前者可在人体内被酶水解消化，后者则不能。

四、乳糖

乳糖存在于哺乳动物的乳汁中，人乳中含 5%～8%（质量分数），牛乳中含 4%～6%（质量分数），有些水果中也含有乳糖，它是白色粉末，熔点为 202 ℃，溶于水，但它是水溶性最小且没有吸湿性的双糖。甜度约为蔗糖的 70%。其水溶液为右旋性，$[\alpha]_D^{20}=+55.3°$。

乳糖具有还原性，表明其分子中存在苷羟基。乳糖用溴水氧化后再水解，得到半乳糖和葡萄糖酸，这说明乳糖是半乳糖苷而不是葡萄糖苷。乳糖分子中的苷键经实验确定是 β-1,4-苷键。其结构式如下：

β-D-(+)-半乳糖　　D-(+)-葡萄糖

(+)-乳糖

第三节　多糖

多糖是天然高分子化合物，是由很多单糖分子以苷键连接而成的高聚物。组成多糖的单糖可以相同，也可以不同。以相同的最为常见，称为均多糖，如淀粉和纤维素等。不相同的单糖组成的多糖称为杂多糖，如胶质、黏多糖。多糖不是一种纯粹的化学物质，而是聚合度不同的物质的混合物。

多糖不同于低聚糖，它们没有甜味，大多数难溶于水，有的能与水形成胶体。多糖没有还原性和变旋现象。有些多糖的末端虽含有苷羟基，但因相对分子质量很大，也不显示还原性和变旋现象。淀粉在酸性条件下或酶的催化下水解，依次生成糊精、麦芽糖和异麦芽糖、D-(+)-葡萄糖。

$$\underset{\text{淀粉}}{(C_6H_{10}O_5)_n} \xrightarrow[H_2O]{H^+\text{或酶}} \underset{\text{糊精}(m<n)}{(C_6H_{10}O_5)_m} \xrightarrow[H_2O]{H^+\text{或酶}} \underset{\text{麦芽糖和异麦芽糖}}{C_{12}H_{22}O_{11}} \xrightarrow[H_2O]{H^+\text{或酶}} \underset{\text{D-(+)-葡萄糖}}{C_6H_{12}O_6}$$

多糖是由许多单糖分子通过苷键结合而成的天然高分子化合物，在自然界中广泛存在。有些多糖是构成植物体骨干的物质，如植物的骨架——纤维素，植物储备的养分——淀粉，以及动物体内储备的养分——糖原等。

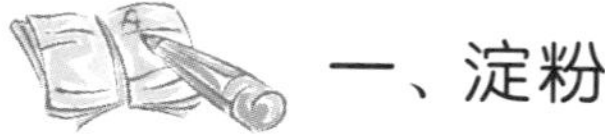

一、淀粉

淀粉$(C_6H_{10}O_5)_n$是白色、无味的无定形粉末，大量存在于植物的种子、茎和块根中。例如，大米含淀粉 62%～82%（质量分数），小麦含淀粉 57%～75%（质量分数），玉米含淀粉 65%～72%（质量分数），马铃薯含淀粉 12%～20%（质量分数）。淀粉是人类三大营养素之一，也是重要的工业原料。淀粉可制备乙醇、丁醇、丙酮、葡萄糖、饴糖，还大量用于食品工业。随着变性淀粉、接枝淀粉的工业化，其用途愈来愈广。在纺织、印染工业中，淀粉浆用于浆纱、印花。

1. 直链淀粉

淀粉由直链淀粉和支链淀粉组成。直链淀粉约占 20%，支链淀粉约占 80%。直链淀粉是由葡萄糖单元通过 α-1,4-苷键连接起来的。其结构式如下：

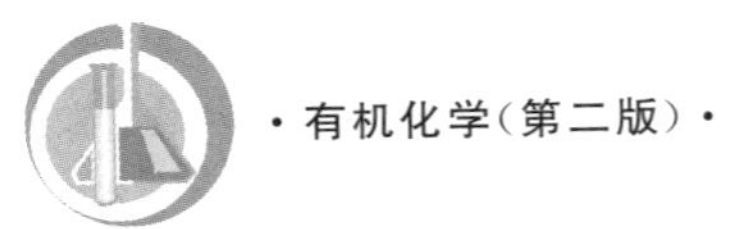

链端　中部

这样的链由于分子内氢键的作用使其卷曲成螺旋状，不利于水分子的接近，故不溶于冷水，而碘分子易插入其通道中形成深蓝色的淀粉-碘配合物，所以直链淀粉遇碘呈深蓝色。淀粉遇碘显色，并不是它们之间形成化学键，而是碘分子钻入了淀粉分子的螺旋链中的空隙，被吸附于螺旋内生成淀粉-I_2 配合物，从而改变了碘原有的颜色。

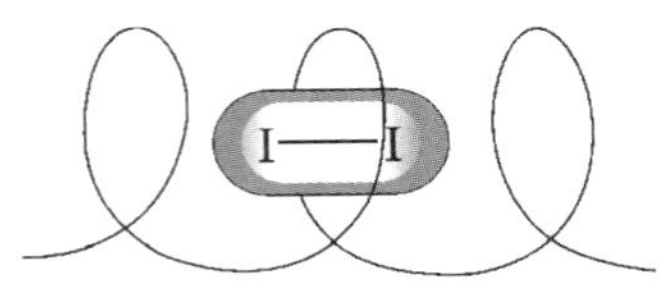

2. 支链淀粉

支链淀粉中葡萄糖单元之间除以 α-1,4-苷键连接成主链外，还以 α-1,6-苷键相连而形成支链。支链淀粉的聚合度一般是 600～6 000，有的可高达 20 000。具有高度分支的支链淀粉，易与水分子接近，故溶于水，与热水作用则膨胀成糊状。支链淀粉遇碘呈紫红色。其结构式如下：

1,6-苷键

1,4-苷键

二、纤维素

纤维素是构成植物细胞壁及支柱的主要成分。在棉花中纤维素占 90%以上，在亚麻中占 80%以上，在木材中占 50%左右。此外，果壳、种子皮、稻草、芦苇、甘蔗渣等也含大量的纤维素。

纯纤维素是无色、无臭、无味的纤维状物质，不溶于水和一般的有机溶剂，因其分子内含有大量羟基，具有一定的吸湿性。纤维素是由许多D-(＋)-葡萄糖单元通过β-1,4-苷键连接而成的直链大分子，其大分子链外侧的羟基呈现相同的分布，当几条分子链靠近时，使分子链间有充分的氢键结合，故纤维素大分子链基本上是线型的、具有刚性的链，且各分子链彼此缠绕成线型。纤维素的结构式如下：

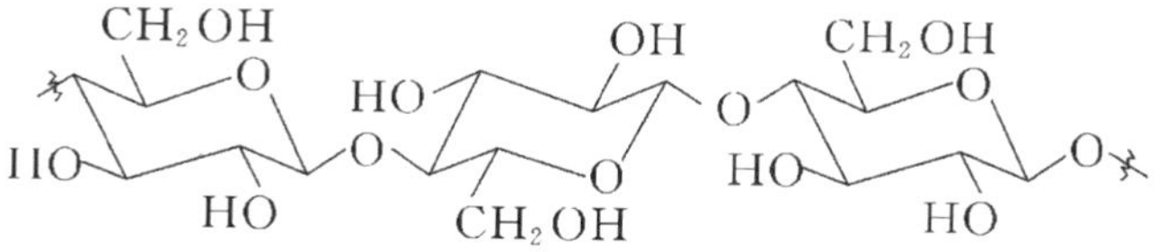

1. 纤维素的水解反应

纤维素可以水解生成相对分子质量较小的低聚物，彻底水解可得D-(＋)-葡萄糖。但其水解反应比淀粉的困难得多。在人体和大多数高等动物体内，不存在水解纤维素的酶，故纤维素不能被水解，从而不能被人体和多数高等动物消化吸收。但纤维素可以被寄生在食草的反刍动物消化道中的微生物所分泌的纤维素酶所水解，因此，纤维素对于牛、羊等这些动物是有价值的营养物质。纤维素的水解反应比淀粉的困难得多。一般要在较浓的酸存在下才可水解，部分水解产物为纤维二糖，最终水解产物为D-(＋)-葡萄糖。

2. 纤维素酯

纤维素中含有羟基，与醇相似，能与酸生成酯。例如，在少量硫酸存在下，用乙酸和乙酐的混合物与纤维素作用，生成纤维素乙酸酯，亦称乙酸纤维素。

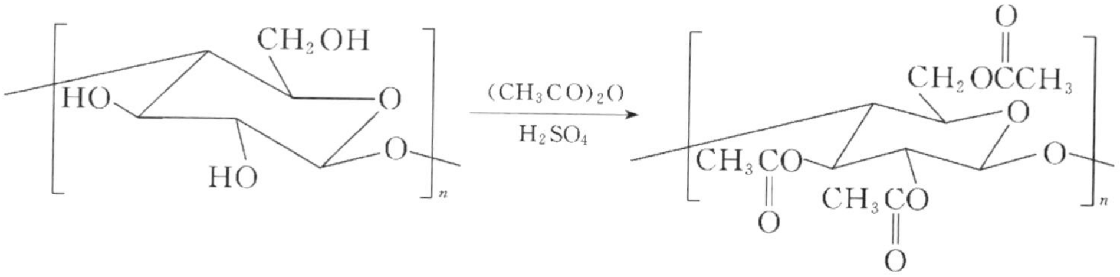

三乙酸纤维素酯部分水解可得二乙酸纤维素酯，二乙酸纤维素酯溶于丙酮，不易燃烧，主要用于制造胶片、胶基。

3. 纤维素醚

纤维素醚(羧甲基纤维素)与氢氧化钠和氯乙酸钠反应生成羧甲基纤维素钠盐(C(6)上羟基醚化)。羧甲基纤维素钠盐是白色粉状物，俗称化学糨糊粉，它溶于水中形成黏性胶状物质，对热和光都相当稳定，广泛用做纺织品浆料、造纸增强剂以及油田钻井泥浆处理剂等。

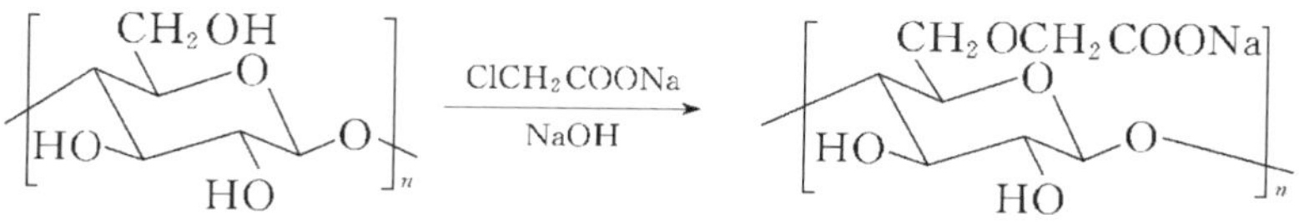

三、糖原

糖原是存在于动物体中的多糖,又称动物淀粉,最初由肝脏中提取得到,因此,也常把糖原称为肝糖或肝淀粉。糖原水解也生成D-葡萄糖,动物将食物消化后所得的葡萄糖以糖原的形式储存于肝脏和肌肉中,成人体内约含糖原400 g。在动物体内,当机体需要时,糖原即转化为葡萄糖。

糖原的结构与支链淀粉的相似,也是由许多α-D-葡萄糖分子通过α-1,4苷键和α-1,6苷键连接而成的,但分支更多、更密、更短,一般每隔3～4个葡萄糖单位就具有一个支链。

糖原是无定形粉末,不溶于冷水,加热不糊化,与碘作用呈蓝紫色或紫红色。它是动物储备糖的主要形式,也是动物体能量的主要来源之一。

四、甲壳素

甲壳素又称甲壳质、几丁质,它是一类含氮多糖。因最初发现于虾、蟹及昆虫的硬壳而得名。甲壳素是葡萄糖乙酰氨基衍生物[2-乙酰氨基-β-D-(+)-葡萄糖]通过β-1,4-苷键缩聚而成的含氮直链多糖。

甲壳素为白色无定形固体,不溶于水和一般有机溶剂,但可溶于浓酸中。它在强酸中水解的产物是2-氨基葡萄糖和乙酸。不溶性甲壳素在碱中脱去乙酰基则成可溶性甲壳素。甲壳素在工业上主要用做金属离子螯合剂及活性污泥絮凝剂,其优点是毒性低,可生物降解。用甲壳素制成的手术缝合线既柔软,又易被人体吸收,在医疗上还可用做人造皮肤。它对织物、皮革具有牢固附着力,并有防缩、防皱、耐磨等作用。可溶性甲壳素(壳聚糖)可应用于纺织品上浆、防缩、防皱及直接染料、硫化染料固色,也可用于制造人造纤维和塑料,广泛用做织物的整理剂、造纸的助剂、美发用的固发剂等。

本章小结

糖类化合物是一类多羟基醛(酮)或水解后能产生多羟基醛(酮)的一类有机化合物,可分为三类:① 单糖;② 低聚糖;③ 多糖。

一、单糖的结构

1) 单糖的结构式

葡萄糖是多羟基的醛糖,果糖是多羟基的酮糖。

2) 单糖的D、L构型

把构型相当于右旋甘油醛的物质用D表示,相当于左旋甘油醛的用L表示。

3）单糖的环状结构

单糖分子中同时存在羰基和羟基，因而在分子内便能生成半缩醛（或半缩酮）而构成环。

二、单糖的性质

1）氧化反应

（1）硝酸。在硝酸的氧化下，醛糖的醛基和伯醇的羟基都可以被氧化，生成糖二酸。

（2）溴水。溴水也是氧化剂，它可以把醛糖的醛基氧化成羧基，生成糖酸。

2）还原反应

单糖用还原剂还原，或用催化加氢的方法，都可变成糖醇。例如：葡萄糖可经催化氢化或生物酶作用还原生成葡萄糖醇（山梨醇）。

3）成脎反应

单糖与苯肼作用时，开链结构的羰基发生反应，生成苯腙。单糖苯腙能继续与两分子苯肼反应，生成含有两个苯腙基团的化合物。糖与过量苯肼作用生成的这种衍生物称为脎。脎都是不溶于水的亮黄色晶体，有一定的熔点。不同的脎，晶体形态不同，熔点也不同，所以，可以利用脎的生成对糖进行鉴定。

4）颜色反应

定性地检测糖类是否存在，可依靠糖类的特征颜色反应来进行判断。常用的颜色反应有两种不同的类别。其一，用非氧化性酸（硫酸或盐酸）使糖脱水形成呋喃醛类衍生物，进一步与酚类或含氮碱缩合，生成有色物质。这是最重要的糖类颜色反应的基础。其二，用碱处理糖类，产生复杂的裂解衍生物，与某些试剂作用，呈现特殊的颜色。

三、低聚糖（二糖）

低聚糖包括蔗糖、麦芽糖、纤维二糖和乳糖的二糖。

四、多糖

多糖是天然高分子化合物，是由很多单糖分子以苷键连接而成的高聚物。组成多糖的单糖可以相同，也可以不同。以相同的最为常见，称为均多糖。不相同的单糖组成的多糖称为杂多糖。多糖包括淀粉、纤维素、糖原和甲壳素等。

知识拓展

低聚糖与健康

低聚糖存在于多种天然食物中，尤其以植物性食物中居多，如蔬菜、谷物、豆类等。此外，牛奶、蜂蜜等中也有较高的含量。最常见的最重要的低聚糖是双糖，如蔗糖、麦芽糖、乳糖，但它们的生理功能一般，属于普通低聚糖，除此之外的大多数低聚糖,因具有显著的生理功能,称为功能性低聚糖。

国内外专家研究表明,功能性低聚糖具有多种重要的生理功能,人们体内不具备分解、消化功能性低聚糖的系统,人体摄入后,它很少或根本不产生过多的热量,但能被人体肠道中的有益微生物——双歧杆菌所利用,促进增殖,改善肠道中的微生态环境,从而促进人体健康,减低腐败菌、有害菌数量。功能性低聚糖不仅促进维生素 B_1、B_2、B_5、B_6、B_{11}、B_{12} 等 B 族维生素的合成和 Ca、Mg、Fe 等矿物质的吸收,提高人体新陈代谢水平,提高人体免疫力和抗病力,还能分解肌体肠道内毒素及致癌物,预防各种慢性病及癌症的发生,降低血清中胆固醇及血脂水平。另外,一般功能性低聚糖食用后不引起蛀牙,也不引起血糖值和胰岛素水平升高。由于其热量很低,食用后不引起肥胖,故是较为理想的保健品。

目前大量生产与食用的功能性低聚糖有大豆低聚糖、果糖、异麦芽糖、低聚乳果糖、低聚木糖等 10 多种。

习 题

1. 填空题。

(1) 碳水化合物又称________类,从结构上看是________或________,以及水解后能生成______或______的一类有机化合物。

(2) 根据能否水解以及水解产物数目的不同,碳水化合物分为______、______和______。________不能水解,________和______可水解成__________。

(3) 在碳水化合物中,________能被托伦试剂或费林试剂氧化,可利用此性质区别______和______。

(4) 葡萄糖和果糖的分子式为______,它们互为________异构体。其中葡萄糖是______糖,果糖是______糖,可用______区别它们。

(5) 蔗糖和麦芽糖的分子式为________,它们互为________异构体。麦芽糖是______糖,能被________试剂或________试剂氧化,也能与________作用生成糖脎,水解后生成______。蔗糖是________糖,水解后生成______和______。

(6) 淀粉和纤维素的分子式为______,它们的最终水解产物是________。

(7) 淀粉分子有________和________两种结构式,其中________能溶于热水,__________不溶于水,在热水中形成糊状,糯米因其中________含量较高,所以黏性较大。

(8) 纤维素不能作为人类的营养物质,是因为人的消化道分泌的________不能分解纤维素,而食草动物肠道中有______,能分解出______,使纤维素水解成______,所以纤维素是食草动物的主要饲料。

2. 选择题。

(1) 下列化合物中,能使溴水褪色的是(　　)。

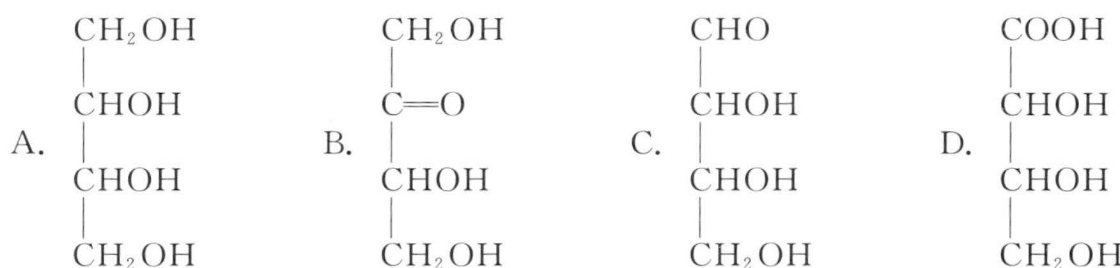

(2) 下列化合物中不能发生银镜反应的是(　　)。

A. 葡萄糖　　B. 果糖　　C. 蔗糖　　D. 麦芽糖

(3) 下列化合物完全水解后生成不同物质的是(　　)。

A. 蔗糖　　B. 麦芽糖　　C. 淀粉　　D. 纤维素

(4) 可用于区别还原糖和非还原糖的试剂是(　　)。

A. 溴的水溶液　　B. 费林试剂　　C. 羰基试剂　　D. 碘-碘化钾

(5) 下列化合物水解前能发生银镜反应的是(　　)。

A. 淀粉　　B. 纤维素　　C. 蔗糖　　D. 麦芽糖

(6) 下列叙述正确的是(　　)。

A. 葡萄糖和果糖都不发生水解反应

B. 果糖分子中没有醛基,是非还原糖

C. 麦芽糖和蔗糖都能发生水解反应,产物相同

D. 淀粉和纤维素都是高分子化合物,不溶于水

(7) 下列叙述错误的是(　　)。

A. 淀粉是人类的主要食物之一

B. 纤维素是食草动物的主要饲料

C. 多糖分子中因含有手性碳原子而具有旋光性

D. 多糖一般不溶于水,没有甜味

3. 用化学方法鉴别下列各组化合物。

(1) 葡萄糖和果糖　　(2) 蔗糖和麦芽糖　　(3) 淀粉和纤维素

4. 下列化合物哪些能发生银镜反应?哪些不能?为什么?

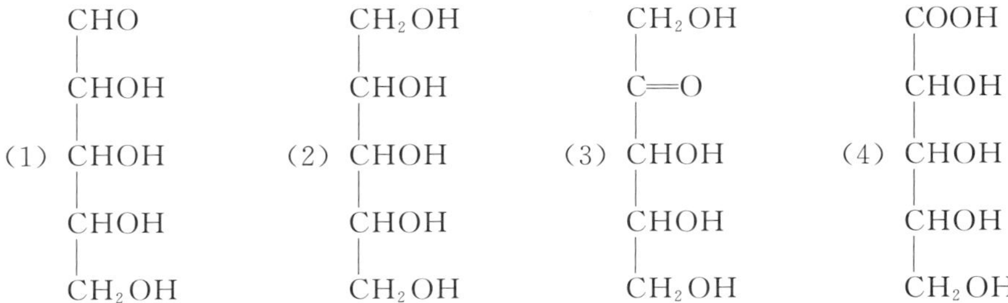

5. 写出葡萄糖与下列试剂作用的化学反应式。

(1) 溴水　(2) 托伦试剂　(3) 费林试剂　(4) 苯肼　(5) 硼氢化钠

6. 有两个具有旋光性的 D-丁醛糖 A 和 B,与苯肼作用生成相同的脎,用硝酸氧化

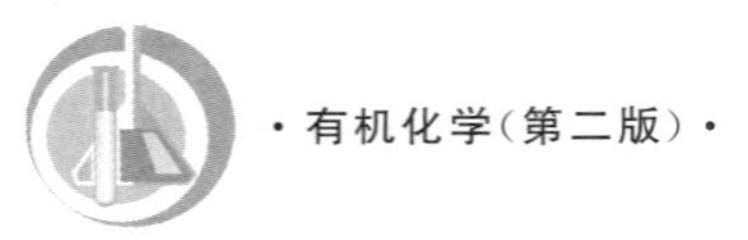

后,A 和 B 都生成二元酸,但前者具有旋光性而后者没有旋光性。试写出 A 和 B 的结构式,并写出化学反应式。

7. 化合物 A 的分子式为 $C_6H_{12}O_6$,与托伦试剂能发生银镜反应,但不能与溴水反应,与硼氢化钠反应生成 B,B 的分子式为 $C_6H_{14}O_6$,A 与过量苯肼反应生成化合物 C,将蔗糖水解可得到化合物 A 和 D。试写出化合物 A、B、C、D 的结构式。

8. 用热的硝酸氧化时,有些己醛糖会生成没有旋光性的己二酸,试写出它们的投影式。

第十六章 氨基酸、蛋白质和核酸

目标要求

1. 熟悉氨基酸、蛋白质和核酸的结构、分类和命名。
2. 掌握氨基酸、蛋白质的重要性质。
3. 了解氨基酸、蛋白质和核酸在生命活动中的重要意义。

重点与难点

重点：二十种常见氨基酸的名称和分类。
难点：蛋白质的四级结构。

氨基酸是组成蛋白质的基本单位，在一定的条件下氨基酸可以合成蛋白质。蛋白质是复杂的高分子化合物，是与生命起源和生命活动密切相关的重要物质。核酸存在于细胞核内，它携带有遗传信息，在生物体的新陈代谢、生长、遗传和变异等生命活动中起着重要作用。没有核酸，就没有蛋白质。因此，研究生命的活动，必须学习氨基酸、蛋白质和核酸。

第一节 氨基酸

一、氨基酸的结构

羧酸分子中烃基上的氢原子被氨基取代后的化合物，称为氨基酸。氨基酸属于复合官能团化合物，在自然界主要以多肽或蛋白质的形式存在于生物体内。自然界中的氨基酸有几百种，但存在于生物体内构成蛋白质的氨基酸主要有 20 种(见表 16-1)。这些氨基酸在化学结构上都有共同的特点，即氨基连在 α-碳原子上，故称 α-氨基酸(脯氨酸为 α-亚氨基酸)。α-氨基酸的结构通式如下：

表 16-1 构成蛋白质的 20 种氨基酸

俗名 (缩写符号)	系统名称	结构式	等电点 (20 ℃)
甘氨酸(Gly)	氨基乙酸	$CH_2(NH_2)COOH$	5.97
丙氨酸(Ala)	2-氨基丙酸	$CH_3CH(NH_2)COOH$	6.02
丝氨酸(Ser)	2-氨基-3-羟基丙酸	$CH_2(OH)CH(NH_2)COOH$	5.68
半胱氨酸(Cys)	2-氨基-3-巯基丙酸	$CH_2(SH)CH(NH_2)COOH$	5.02
胱氨酸 (Cys-Cys)	双-3-硫代-2-氨基丙酸	$S-CH_2CH(NH_2)COOH$ | $S-CH_2CH(NH_2)COOH$	4.60(30 ℃)
* 苏氨酸(Thr)	2-氨基-3-羟基丁酸	$CH_3CH(OH)CH(NH_2)COOH$	6.53
* 缬氨酸(Val)	3-甲基-2-氨基丁酸	$(CH_3)_2CHCH(NH_2)COOH$	5.96
* 蛋氨酸(Met)	2-氨基-4-甲硫基丁酸	$CH_3SCH_2CH_2CH(NH_2)COOH$	5.74
* 亮氨酸(Leu)	4-甲基-2-氨基戊酸	$(CH_3)_2CHCH_2CH(NH_2)COOH$	5.98
* 异亮氨酸(Ile)	3-甲基-2-氨基戊酸	$CH_3CH_2CH(CH_3)CH(NH_2)COOH$	6.02
* 苯丙氨酸(Phe)	3-苯基-2-氨基丙酸	$Ph-CH_2CH(NH_2)COOH$	5.48
酪氨酸(Tyr)	2-氨基-3-(对羟苯基)丙酸	$HO-Ph-CH_2CH(NH_2)COOH$	5.66
脯氨酸(Pro)	吡咯烷-2-甲酸	(吡咯烷环)N-H, COOH	6.30
羟基脯氨酸(Hyp)	4-羟基吡咯烷-2-甲酸	HO—(吡咯烷环)N-H, COOH	5.83
* 色氨酸(Trp)	2-氨基-3-(β-吲哚)丙酸	(吲哚环)N-H, $CH_2CHCOOH$, NH_2	5.89
天门冬氨酸(Asp)	2-氨基丁二酸	$HOOCCH_2CH(NH_2)COOH$	2.77
谷氨酸(Glu)	2-氨基戊二酸	$HOOCCH_2CH_2CH(NH_2)COOH$	3.22
精氨酸(Arg)	2-氨基-5-胍基戊酸	$H_2NCNH(CH_2)_3CH(NH_2)COOH$ ‖ NH	10.76
* 赖氨酸(Lys)	2,6-二氨基己酸	$H_2N(CH_2)_4CH(NH_2)COOH$	9.74
组氨酸(His)	2-氨基-3-(5-咪唑)丙酸	(咪唑环)N, N-H, $CH_2CH(NH_2)COOH$	7.59

表中注有 * 号的为必需氨基酸。

$$\mathrm{R{-}\overset{*}{C}H(NH_2){-}COOH}$$

构成蛋白质的 α-氨基酸，除甘氨酸外，其他氨基酸的 α-碳原子均为手性碳原子，因此，有两种不同的构型，即 L 构型和 D 构型，构成人体蛋白质的氨基酸都是 L 构型。

$$\begin{array}{c} \mathrm{COOH} \\ | \\ \mathrm{H_2N{-}\overset{*}{C}{-}H} \\ | \\ \mathrm{R} \end{array} \qquad\qquad \begin{array}{c} \mathrm{COOH} \\ | \\ \mathrm{H{-}\overset{*}{C}{-}NH_2} \\ | \\ \mathrm{R} \end{array}$$

L-氨基酸　　　　D-氨基酸

二、氨基酸的分类和命名

氨基酸可根据化学结构不同，分为链状氨基酸、碳环氨基酸和杂环氨基酸，也可根据氨基酸分子中所含羧基和氨基的数目，分为中性氨基酸、酸性氨基酸和碱性氨基酸三类。中性氨基酸是指分子中羧基和氨基的数目相等的氨基酸，但羧基的酸性与氨基的碱性并不能抵消，所以它们并不是真正的中性物质。酸性氨基酸是指分子中羧基数目多于氨基的氨基酸，碱性氨基酸是指分子中羧基数目少于氨基的氨基酸。这三类氨基酸除含有羧基和氨基外，有的还含有羟基、巯基、芳香环或杂环。

氨基酸的系统命名一般以羧酸为母体，氨基为取代基，称为“氨基某酸”，氨基所连的碳原子用阿拉伯数字或希腊字母标示。例如：

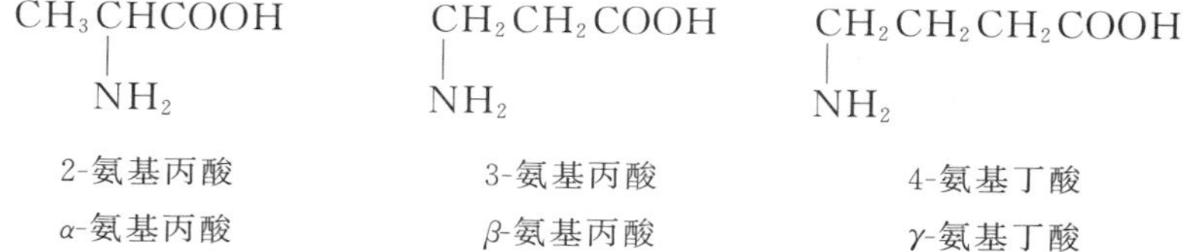

习惯上氨基酸的命名多根据其来源或某些特性使用俗名，有时还用中文或英文缩写符号表示。如氨基乙酸因具有甜味俗名为甘氨酸，中文缩写为“甘”、英文缩写为“Gly”。天门冬氨酸因最初是从天门冬植物中分离出来而得名，中文缩写为“天”、英文缩写为“Asp”。

三、氨基酸的性质

天然氨基酸为无色晶体，熔点较高，一般在 200～300 ℃，熔化时容易发生分解反应。氨基酸能溶于强酸或强碱中，难溶于乙醚、苯等有机溶剂。结构不同的氨基酸在水中或乙醇中的溶解度差别较大。

氨基酸分子中既含有羧基，又含有氨基，所以氨基酸具有羧酸和胺的一般性质，如能发生脱羧反应，与酰卤或酸酐反应生成酰胺等。两种官能团的相互影响，又使氨基酸表现出一些特殊的性质。

1. 两性解离与等电点

氨基酸分子中同时含有羧基(—COOH)和氨基($—NH_2$),不仅能与强碱或强酸反应生成盐,而且可在分子内形成内盐。

$$\underset{\text{氨基酸}}{H_2N—\underset{\displaystyle R}{\underset{|}{CH}}—COOH} \rightleftharpoons \underset{\text{两性离子(内盐)}}{H_3N^+—\underset{\displaystyle R}{\underset{|}{CH}}—COO^-}$$

如果在某一 pH 值下,氨基酸所带正电荷的数目与负电荷的数目正好相等,即净电荷为零,此溶液的 pH 值称为该氨基酸的等电点(pI)。在等电点时,氨基酸主要以偶极离子存在,此时氨基酸的溶解度最小。用调节等电点的方法,可以从氨基酸的混合物中分离出氨基酸。酸性氨基酸的等电点一般为 2.7～3.2,碱性氨基酸的为 7.6～10.8,中性氨基酸的为 5.0～6.5。氨基酸在酸碱性溶液中所带电荷,可用下式表示:

$$H_2N—\underset{\displaystyle R}{\underset{|}{CH}}—COOH$$

$$\Updownarrow$$

$$\underset{\substack{pH>pI\\ \text{阴离子}}}{H_2N—\underset{\displaystyle R}{\underset{|}{CH}}—COO^-} \underset{OH^-}{\overset{H^+}{\rightleftharpoons}} \underset{\substack{pH=pI\\ \text{两性离子}}}{H_3N^+—\underset{\displaystyle R}{\underset{|}{CH}}—COO^-} \underset{OH^-}{\overset{H^+}{\rightleftharpoons}} \underset{\substack{pH<pI\\ \text{阳离子}}}{H_3N^+—\underset{\displaystyle R}{\underset{|}{CH}}—COOH}$$

由此可见,外加强酸,能抑制氨基酸的酸式解离,当溶液的 $pH<pI$ 时,氨基酸主要以阳离子形式存在;外加强碱,能抑制氨基酸的碱式解离,当溶液的 $pH>pI$ 时,氨基酸主要以阴离子形式存在。

2. 与亚硝酸的反应

多数氨基酸中含有伯氨基,可以定量与亚硝酸反应,生成 α-羟基酸,并放出氮气。

$$R\overset{\displaystyle NH_2}{\overset{|}{\underset{\displaystyle H}{\underset{|}{C}}}}COOH + HNO_2 \longrightarrow RCH\underset{\displaystyle OH}{\underset{|}{}}COOH + N_2\uparrow + H_2O$$

该反应定量进行,从释放出的氮气的体积可计算分子中氨基的含量,这种方法称为范斯莱克(Van Slyke)氨基测定法,可用于定量测定氨基酸、多肽和蛋白质中的 α-氨基的数目。

3. 与茚三酮的反应

α-氨基酸的水溶液与茚三酮混合加热,能显示蓝紫色,这是鉴别 α-氨基酸的最简便的方法。

$$2\ \text{水合茚三酮} \xrightarrow{\text{RCH(NH}_2\text{)COOH}} \text{蓝紫色}$$

水合茚三酮　　　　蓝紫色

脯氨酸和羟脯氨酸分子中没有游离的氨基，所以不能与水合茚三酮反应生成蓝色的物质。

4. 成肽反应

两个 α-氨基酸分子，在酸或碱存在下，受热脱水，生成二肽。例如：

$$H_2N-\underset{|}{\overset{R'}{CH}}-COOH + H_2N-\overset{R}{\underset{|}{CH}}-COOH \longrightarrow H_2N-\overset{R'}{HC}-\overset{肽键}{\underset{\|\ O}{C}}-HN-\overset{R}{CH}-COOH + H_2O$$

二肽

由氨基酸的羧基与另一氨基酸的氨基脱去一个水分子后形成的酰胺键称为肽键，缩合产物称为二肽。二肽分子还可以继续与 α-氨基酸分子脱水，缩合成三肽、四肽以致多肽。每条多肽链都有一个游离的氨基端，称为 N 端，习惯写在左边；一个游离的羧基端，称为 C 端，习惯写在右边。如丙-半胱-甘肽。

$$H_2N-\overset{CH_3}{\overset{|}{CH}}-CONH-\overset{CH_2SH}{\overset{|}{CH}}-CONH-CH_2-COOH$$

丙氨酰半胱氨酰甘氨酸（丙-半胱-甘肽）

由两个或两个以上氨基酸分子脱水后以肽键相连的化合物称为肽。相对分子质量在 10 000 以上的多肽一般可称为蛋白质。

5. 脱羧反应

α-氨基酸与 $Ba(OH)_2$ 共热，发生脱羧反应，生成少一个碳原子的伯胺。

$$R-\underset{NH_2}{\underset{|}{CH}}COOH \xrightarrow[\triangle]{Ba(OH)_2} RCH_2NH_2 + CO_2\uparrow$$

氨基酸的脱羧反应也可以在细菌或酶的作用下进行。动物死亡后，散发出难闻的气味，就是蛋白质腐败时精氨酸、鸟氨酸或赖氨酸脱羧生成有毒的腐胺和尸胺引起的。误食变质的肉可引起食物中毒。例如，赖氨酸脱羧生成 1,5-戊二胺（尸胺）。

$$H_2N(CH_2)_4\underset{NH_2}{\underset{|}{CH}}COOH \xrightarrow{\triangle} H_2N(CH_2)_5NH_2$$

戊二胺（尸胺）

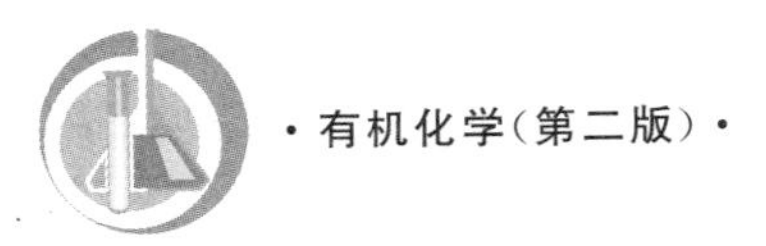

第二节　蛋白质

一、蛋白质的组成和分类

天然蛋白质结构复杂、种类繁多，但组成蛋白质的元素并不多，主要为碳、氢、氧、氮等。有些蛋白质还含有硫、磷、铁、铜、锌、锰等元素。各种天然蛋白质经元素分析，得出的主要元素含量为 C 50%～55%，H 6.0%～7.3%，O 19%～24%，N 13%～19%，S 0～4%。

生物体内的蛋白质的含氮量相当接近，其平均值约为 16%，即 1 g 氮相当于 6.25 g 蛋白质，6.25 称为蛋白质系数。这样在分析一个样品的蛋白质含量时，只要测定样品中的含氮量，就可算出其中蛋白质的大致含量。

蛋白质的种类很多，有各种不同的分类方法。

(1) 根据蛋白质的形状，分为纤维蛋白质(如丝蛋白、角蛋白等)和球蛋白质(如蛋清蛋白、酪蛋白等)。

(2) 根据蛋白质的化学组成，分为单纯蛋白质和结合蛋白质。

① 单纯蛋白质。这类蛋白质水解的最终产物都是 α-氨基酸，如蛋清蛋白。

② 结合蛋白质。这类蛋白质水解的最终产物除生成 α-氨基酸外，还有辅基(糖、脂肪、色素等)。

(3) 根据蛋白质的功能，分为活性蛋白质和非活性蛋白质。

① 活性蛋白质，如酶、激素蛋白、转运蛋白、储存蛋白等。

② 非活性蛋白质，如胶原蛋白、角蛋白、丝蛋白、弹性蛋白等。

二、蛋白质的结构

1. 蛋白质的一级结构

蛋白质分子中氨基酸的排列顺序称为蛋白质的一级结构。肽键是一级结构中的主键。各种蛋白质的生物活性，首先是由它的一级结构决定的。一级结构也是蛋白质最基本的结构。每一种蛋白质分子都有自己特有的氨基酸的组成和排列顺序即一级结构，由这种氨基酸排列顺序决定它的特定的空间结构，也就是蛋白质的一级结构决定了蛋白质的二级、三级等高级结构。

目前只有少数蛋白质分子中氨基酸的排列顺序十分清楚。例如，我国科学工作者在 1965 年克服重重困难，率先人工合成了牛胰岛素(insulin)，这是人类认识生命、揭开生命奥秘的伟大创举。

2. 蛋白质的二级结构

蛋白质分子中的肽链并非是直线型的，而是卷曲或折叠成一定形状的空间构型，这就是蛋白质的二级结构。蛋白质的二级结构主要有两种形式，一种是 α-螺旋(见图 16-1)，

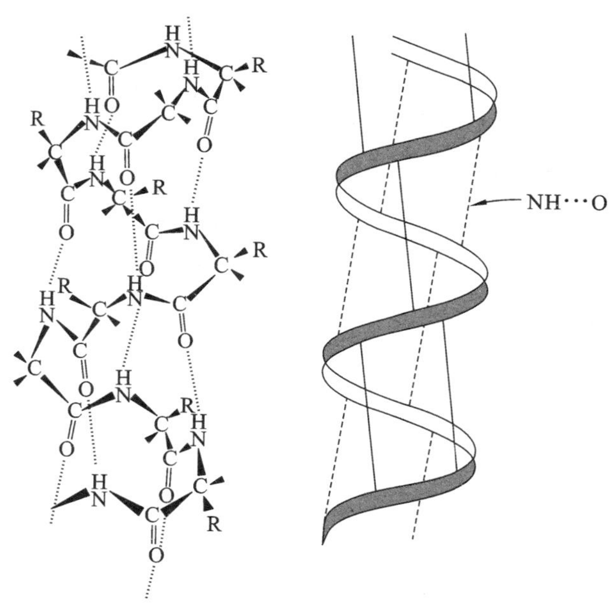

图 16-1 蛋白质的 α-螺旋结构图

另一种是 β-折叠。在二级结构中以氢键维持其稳定性。

在蛋白质的 α-螺旋结构中，每个螺旋周期包含 3.6 个氨基酸单元，同一多肽链中氮原子上的氢和位于它后面的第 4 个氨基酸羰基氧原子之间形成氢键。这种氢键大致与螺旋轴平行。α-螺旋结构中允许所有肽键上的酰胺氢和羰基氧之间形成链内氢键。氢键越多，α-螺旋结构就越稳定。由于天然氨基酸基本是 L 构型，所以组成的 α-螺旋体一般是较稳定的右手螺旋。

β-折叠结构可分为平行式和反平行式两种类型。若各多肽链的 N 端都处于同一端，则为平行式；若各多肽链的 N 端和 C 端在同一端，则为反平行式。在 β-折叠结构模型中，蛋白质的多肽链处于高度伸展状态，每条多肽链间借助氢键连成一个大的折叠平面。

3. 蛋白质的三级结构

蛋白质的三级结构是多肽链在二级结构的基础上进一步扭曲折叠形成的复杂空间结构。肌红蛋白的三级结构如图 16-2 所示。在蛋白质的三级结构中，多肽链借助副键（氢键、酯键、盐键以及疏水键等）构成较为复杂的空间结构。如果蛋白质分子仅由一条多肽链组成，三级结构就是它的最高结构层次。

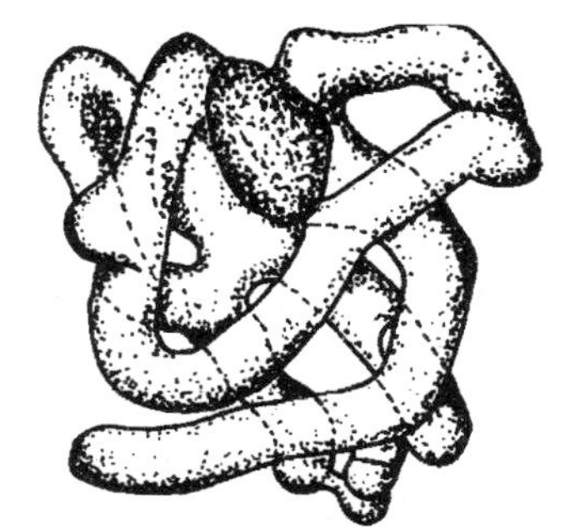

图 16-2 肌红蛋白的三级结构

4. 蛋白质的四级结构

结构复杂的蛋白质是由两条或多条具有三级结构的多肽链（称为亚基）以一定形式聚合成一定空间构型的聚合体，这种空间构象称为蛋

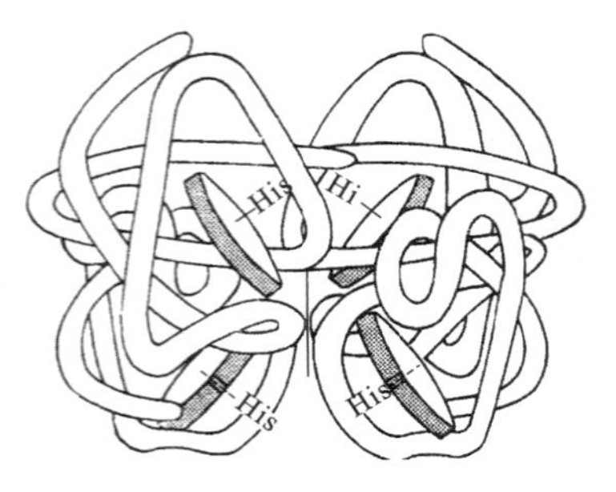

图 16-3　血红蛋白的四级结构

白质的四级结构。血红蛋白的四级结构如图 16-3 所示。

蛋白质四级结构的作用力与稳定的三级结构的没有本质的区别。亚基的聚合作用包括范德华力、氢键、离子键、疏水键以及亚基间的二硫键等。蛋白质的结构非常复杂。人类虽然对蛋白质的结构有了一定的认识,但对多数蛋白质的复杂结构还要进一步研究。

三、蛋白质的性质

蛋白质分子的多肽链无论多长,总还有游离的氨基和羧基,因此具有一些与氨基酸相似的性质。但由于蛋白质是高分子化合物,它又具有某些特性。

1. 两性解离和等电点

蛋白质分子中含有游离的氨基和羧基,因此是两性物质,能发生两性解离。如果以 $P\begin{matrix}COOH\\NH_2\end{matrix}$ 代表蛋白质分子,则在溶液中的解离情况可表示如下:

$$P\begin{matrix}COOH\\NH_2\end{matrix}$$

$$\rightleftharpoons$$

$$\underset{\substack{pH>pI\\阴离子}}{P\begin{matrix}COO^-\\NH_2\end{matrix}} \underset{H^+}{\overset{OH^-}{\rightleftharpoons}} \underset{\substack{pH=pI\\两性离子}}{P\begin{matrix}COO^-\\\overset{+}{N}H_3\end{matrix}} \underset{OH^-}{\overset{H^+}{\rightleftharpoons}} \underset{\substack{pH<pI\\阳离子}}{P\begin{matrix}COOH\\\overset{+}{N}H_3\end{matrix}}$$

当蛋白质以两性离子存在时溶液的 pH 值称为蛋白质的等电点(pI)。此时,若向蛋白质溶液中加入少量强酸,溶液的 pH<pI,强酸会抑制蛋白质的酸式解离,使蛋白质成为带正电荷的离子;若向蛋白质溶液中加入少量强碱,溶液的 pH>pI,强碱会抑制蛋白质的碱式解离,使蛋白质成为带负电荷的离子。

不同蛋白质所含的酸性基团和碱性基团的数目不同,故有不同的等电点。一些常见蛋白质的等电点见表 16-2。

表 16-2 常见蛋白质的等电点

蛋白质	等电点	蛋白质	等电点
乳清蛋白	4.12	血红蛋白	6.70
血清蛋白	4.88	胃蛋白酶	1.00
卵清蛋白	4.87	胰岛素	5.30
尿酶	5.00	肌红蛋白	7.00
鱼精蛋白	12.00	细胞色素 C	10.7

从表 16-2 中可以看出，大多数蛋白质的等电点小于 7，而人体血液的 pH 值约为 7.4，所以蛋白质在体内多以阴离子形式存在，并与 K^+、Na^+、Ca^{2+} 等金属离子结合成盐，成为蛋白质盐。这些盐还可以与蛋白质组成缓冲对，在体内起缓冲作用。

在等电点时，蛋白质的溶解度、黏度、渗透压最小，容易从溶液中析出。在某一 pH 值溶液中，不同的蛋白质所带电荷的种类不同，数量不同，加之蛋白质相对分子质量不同，所以在外电场的作用下，会以不同的速度向不同的电极迁移，这种现象称为电泳。根据这个原理，在临床检验上应用电泳法分离血清中的蛋白质，以帮助疾病诊断。

2. 沉淀

蛋白质分子颗粒直径在 1～100 nm，属于胶体范围。因此，蛋白质溶液具有一定的稳定性。沉淀蛋白质主要有以下几种方法。

1）盐析

在蛋白质溶液中加入大量盐（如 NaCl、Na_2SO_4、$(NH_4)_2SO_4$ 等），由于盐既是电解质，又是亲水性的物质，它能破坏蛋白质的水化膜，又能中和蛋白质颗粒所带的电荷。因此当加入的盐达到一定的浓度时，蛋白质就会从溶液中沉淀析出。

2）加入脱水剂

向蛋白质溶液中加入亲水的有机溶剂如甲醇、乙醇或丙酮等，能破坏蛋白质的水化膜，使蛋白质沉淀析出。沉淀后若迅速将脱水剂与蛋白质分离，仍可保持蛋白质原有的性质。若脱水剂浓度较大且较长时间地与蛋白质共存，会使蛋白质难以恢复原有的活性。

3）加入重金属盐

蛋白质在 pH 值高于等电点的溶液中带负电荷，此时若加入重金属盐，蛋白质会和重金属盐的阳离子（如 Hg^{2+}、Pb^{2+} 等）结合，沉淀析出。重金属中毒，可用蛋白质（如牛奶、豆浆、生鸡蛋等）解毒就是根据这一原理。

3. 变性

蛋白质受某些理化因素（如干燥、加热、高压、振荡、紫外线、X 射线、超声波、强酸、强碱、尿素、重金属盐、生物碱试剂等）的影响，其空间结构发生改变，从而丧失生物活性的过程称为蛋白质的变性。

蛋白质的变性又分为可逆变性和不可逆变性。当变性作用对副键的破坏程度不是很大时，解除变性因素可以恢复蛋白质原有的性质，称为可逆变性；反之，称为不可逆变性。加热使蛋白质凝固就是不可逆变性的表现。

蛋白质变性原理在医学上已得到广泛应用。例如，用乙醇、高温、紫外线照射等手段，使细菌的蛋白质变性，达到消毒杀菌的目的，而在制备和保存生物制剂时，则应避免蛋白质变性，以防止失去活性。

4. 水解

在酸、碱或酶的催化下蛋白质各级结构能被彻底破坏，最后水解为各种氨基酸的混合物。

蛋白质→脲→胨→多肽→α-氨基酸

利用蛋白质的水解，可以得到各种不同的氨基酸。

5. 显色反应

蛋白质能发生多种显色反应，可用来鉴别蛋白质。

(1) 茚三酮反应。与氨基酸相似，在蛋白质溶液中加入水合茚三酮，加热，呈现蓝紫色。

(2) 缩二脲反应。在蛋白质分子结构中含有很多个肽键，因此其与 $CuSO_4$ 的强碱性溶液反应会呈现红色至紫色。

(3) 黄蛋白反应。蛋白质分子中存在有苯环的氨基酸(如苯丙氨酸、酪氨酸、色氨酸)，遇浓硝酸呈黄色。这是由于苯环发生了硝化反应，生成黄色的硝基化合物。皮肤接触浓硝酸变黄就是这个缘故。

(4) 米伦(Millon)反应。在蛋白质溶液中加入米伦试剂(硝酸汞、硝酸亚汞的硝酸溶液)，先析出沉淀，再加热，沉淀变为砖红色(酪氨酸的反应)。

(5) 乙酸铅反应。含硫(如含有半胱氨酸)的蛋白质与碱共热后与乙酸铅反应，可生成黑色的硫化铅沉淀。

第三节 核酸

核酸的基本单元是核苷酸，它是存在于生物体内的酸性高分子化合物，由于最初发现于细胞核中而得名。核酸与生命活动有密切的关系，如在生长、发育、遗传等生命现象中核酸都起着决定性的作用。核酸用稀酸或稀碱水解，先生成核苷酸，核苷酸继续水解得到核苷和磷酸，核苷再水解得到戊糖和碱基。

核酸——→核苷酸{磷酸; 核苷{戊糖; 碱基}}

核酸中的碱基主要有五种，分属嘧啶或嘌呤两类含氮杂环化合物。嘌呤类的有腺嘌呤(A)和鸟嘌呤(G)，它们在DNA和RNA中均存在。嘧啶类的有胞嘧啶(C)、胸腺嘧啶(T)和尿嘧啶(U)。胞嘧啶在DNA和RNA中均存在，胸腺嘧啶仅存在于DNA中，尿嘧啶仅存在于RNA中。五种碱基的结构如下：

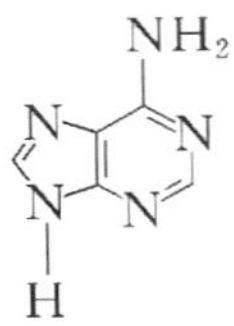

腺嘌呤(A) 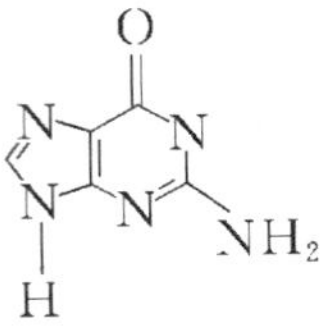　鸟嘌呤(G) 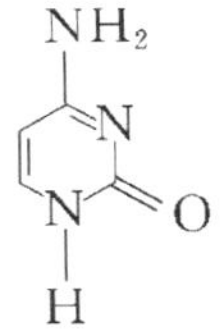　胞嘧啶(C) 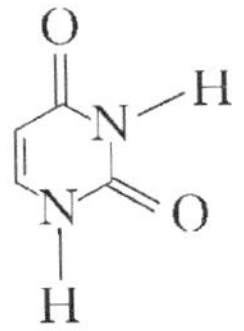　尿嘧啶(U) 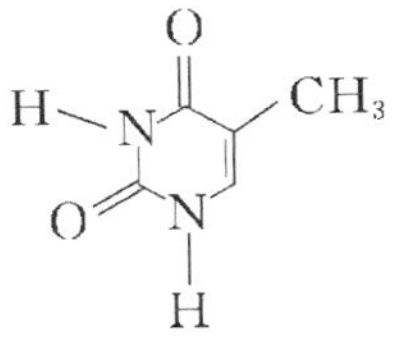　胸腺嘧啶(T)

核酸中的核糖和脱氧核糖都是 D-戊糖。

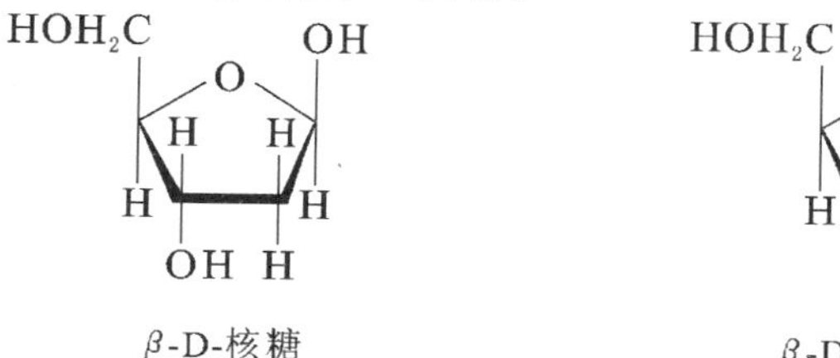

β-D-核糖　　β-D-2-去氧核糖

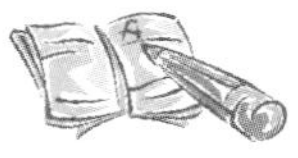

一、核苷与核苷酸

核苷是由核糖或脱氧核糖与碱基缩合而成的糖苷。两种戊糖在形成核苷时，均以第1位碳上 β-苷羟基与嘌呤碱的第 9 位或嘧啶碱的第 1 位氮上的氢脱水生成含氮糖苷。核苷的名称按其组成命名。例如，由尿嘧啶与核糖构成的核苷称为尿嘧啶核苷（简称尿苷），由胸腺嘧啶与脱氧核糖构成的核苷称为胸腺嘧啶脱氧核苷（简称脱氧胸苷），由鸟嘌呤与脱氧核糖构成的核苷称为鸟嘌呤脱氧核苷（简称脱氧鸟苷），其他核苷的名称可以此类推。

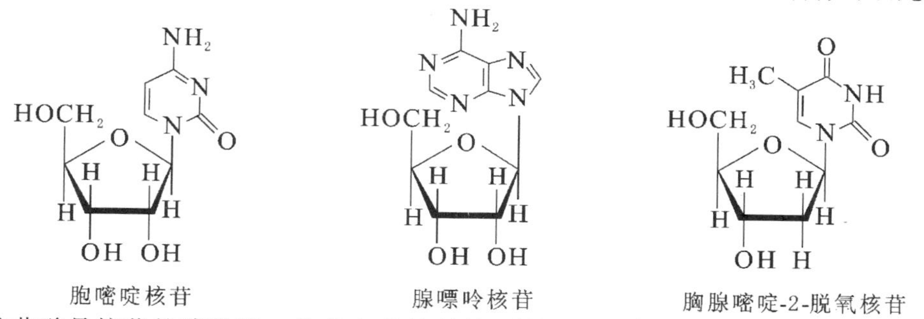

胞嘧啶核苷　　腺嘌呤核苷　　胸腺嘧啶-2-脱氧核苷

核苷酸是核苷的磷酸酯。核苷中戊糖的第 3′位或第 5′位碳上的羟基与磷酸分子脱水以磷酯键相连成为核苷酸，分别称为 3′-核苷酸或 5′-核苷酸。根据所含戊糖的不同，核苷酸分为核糖核苷酸或脱氧核糖核苷酸。前者是组成 RNA 的基本单位，后者是组成 DNA 的基本单位。

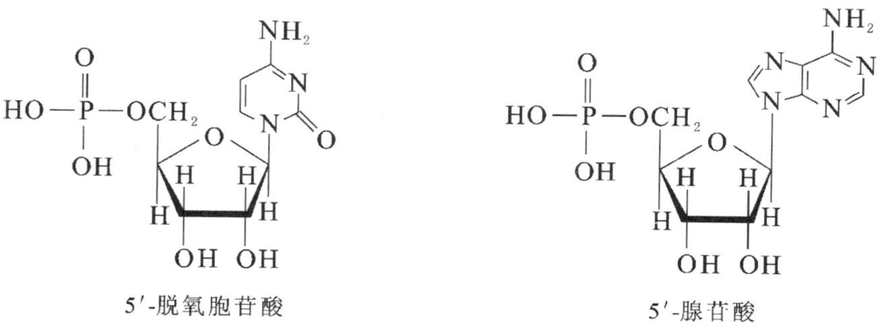

5′-脱氧胞苷酸　　5′-腺苷酸

二、核酸的结构

1. 核酸的一级结构

核酸的一级结构是指组成核酸的各种单核苷酸按照一定比例和一定的顺序，通过磷酸二酯键连接而成的核苷酸长链。图 16-4 是一个 RNA 片断的示意图。

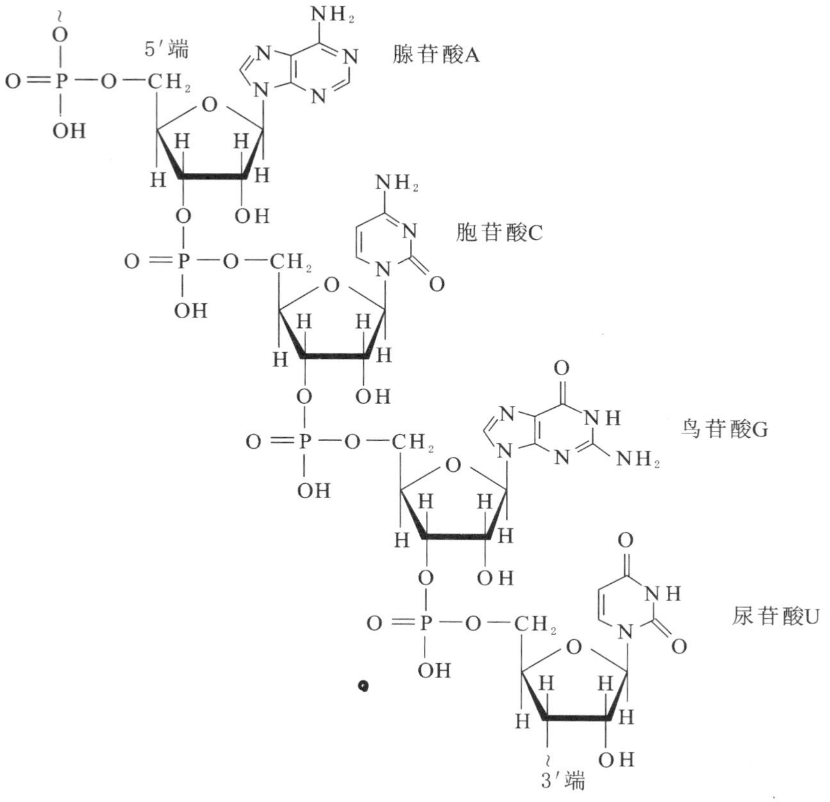

图 16-4　RNA 片断示意图

DNA 是以脱氧核糖核苷酸为单体通过磷酸二酯键而形成的高分子化合物。

2. DNA 的二级结构

经 X 射线衍射数据分析证明,DNA 分子具有双螺旋结构。

DNA 分子是由两条长度相等的多聚脱氧核苷酸以相反方向围绕一个假想的中心轴形成的右手双螺旋结构。两条链上的碱基即 A 和 T、C 和 G 之间形成氢键,这一规律称为碱基配对规律,所以只要测出一条链中的碱基排列顺序,另一条链的碱基也就确定了。

1953 年,沃森(Waston)和克里克(Crick)通过对 DNA 分子的 X 射线衍射的研究和碱基性质的分析,提出了 DNA 的双螺旋结构,被认为是 20 世纪自然科学的重大突破之一。DNA 双螺旋结构(见图 16-5)的要点如下。

(1) DNA 分子由两条走向相反的多核苷酸链组成,绕同一中心轴相互平行盘旋成双螺旋体结构。两条链均为右手螺旋,即 DNA 主链走向为右手双螺旋体。

(2) 碱基的环为平面结构,处于螺旋内侧,并与中心轴垂直。磷酸与 2-脱氧核糖处于螺旋外侧,彼此通过 3′或 5′-磷酸二酯键相连,糖环平面与中心轴平行。

(3) 两个相邻碱基对之间的距离(碱基堆积距离)为 0.34 nm。螺旋每旋一圈包含 10 个单核苷酸,即每旋转一圈的高度(螺距)为 3.4 nm。螺旋直径为 2 nm。

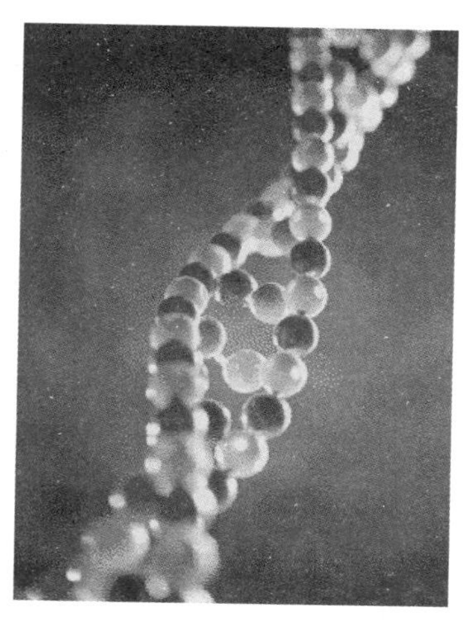

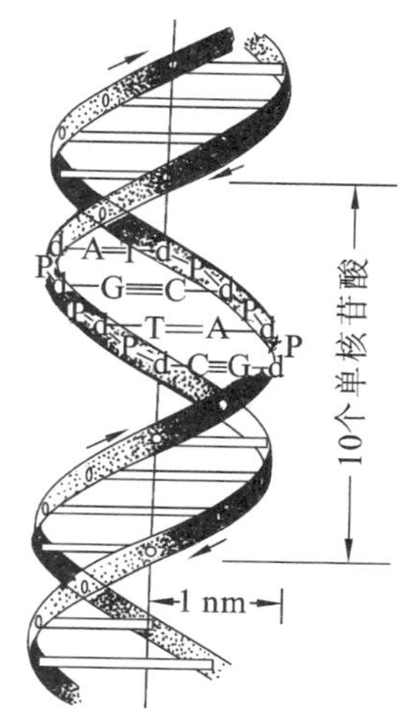

图 16-5　DNA 双螺旋结构模型

(4) 两条核苷酸链之间的碱基以特定的方式配对并形成氢键而连接在一起。配对的碱基处于同一平面上，与上、下的碱基平面堆积在一起，成对碱基之间的纵向作用力称为碱基堆积力，它也是使两条核苷酸链结合并维持双螺旋空间结构的重要作用力。

碱基配对规律决定了在控制遗传信息上，从亲代到子代的高保真性。各种遗传信息都包含在 DNA 的碱基排列顺序中。不同排列顺序的 DNA 区段构成的特定功能单位称为基因。

经 X 射线衍射分析研究证明，大多数天然 RNA 分子是一条单链。链的许多区域自身发生回折使链中的 A 和 U、C 和 G 之间形成氢键而构成如 DNA 那样的双螺旋区。不配对的碱基形成环状突起。

三、核酸的生物功能

核酸在生物的遗传变异、生长发育及蛋白质合成中起着重要的作用。根据功能和结构的不同，核酸可分为核糖核酸(RNA)和脱氧核糖核酸(DNA)。

脱氧核糖核酸(DNA)在蛋白质的生物合成上起着决定作用，它能通过自我复制合成出完全相同的分子，从而将遗传信息由亲代传到子代。DNA 复制机制示意图如图 16-6 所示。

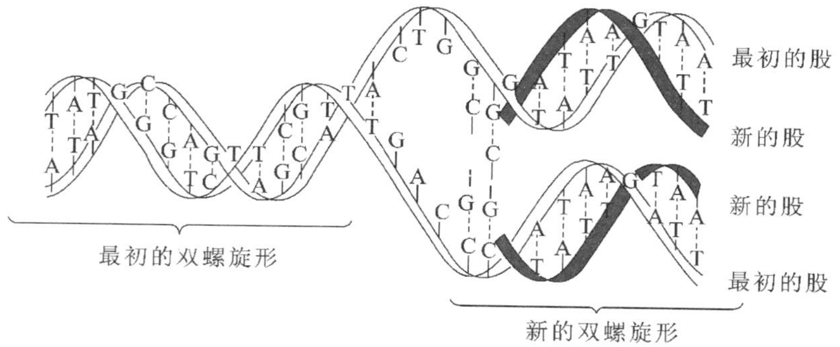

图 16-6　DNA 复制机制示意图

核糖核酸(RNA)根据功能和结构的不同，分为信使 RNA(mRNA)、转运 RNA(tRNA)和核蛋白体 RNA(rRNA)。信使 RNA 可从 DNA 转录遗传信息，并作为指导蛋白质合成的模板。转运 RNA 主要功能是参与翻译 mRNA 的遗传密码，并把氨基酸转运至核蛋白体。核蛋白体 RNA 在细胞内与蛋白体共同构成核糖体。核糖体是蛋白质生物合成的场所。

当机体内合成的或从外界摄取的各种氨基酸进入细胞后，就可以合成蛋白质。在生物体的每一个细胞内都有携带遗传密码的 DNA。DNA 将特殊信息传给 mRNA，mRNA 接受信息后移至核糖体，当向前传送时，tRNA 接受 mRNA 的信息，得知如何排列某些氨基酸，每个 tRNA 将二十种不同氨基酸之一放在适当位置，当 tRNA 将氨基酸一个接一个排列成长肽链时，就产生了蛋白质。

本章小结

一、氨基酸、蛋白质和核酸的结构、分类和命名

氨基酸分子中含有羧基和氨基。氨基酸根据化学结构不同，可分为链状氨基酸、碳环氨基酸和杂环氨基酸；根据氨基酸分子中所含羧基和氨基的数目，可分为中性氨基酸、酸性氨基酸和碱性氨基酸。氨基酸是羧酸分子中烃基上的氢原子被氨基取代后的化合物，所有系统命名方法与取代羧酸的系统命名方法基本相同。

蛋白质的结构分为一级、二级、三级和四级结构。蛋白质分为单纯蛋白质和结合蛋白质。

天然核酸可分为核糖核酸(RNA)和脱氧核糖核酸(DNA)。

二、氨基酸的重要性质

1. 两性解离与等电点

如果在某一 pH 值下，氨基酸所带正电荷的数目与负电荷的数目正好相等，即净电荷为零，此时溶液的 pH 值称为该氨基酸的等电点(pI)。

2. 与亚硝酸的反应

多数氨基酸中含有伯氨基，可以定量地与亚硝酸反应，生成 α-羟基酸，并放氮气，这种方法称为范斯莱克(Van Slyke)氨基测定法，可用于定量测定氨基酸、多肽和蛋白质中的 α-氨基的数目。

3. 与茚三酮反应

α-氨基酸的水溶液与茚三酮混合加热，能显示蓝紫色，这是鉴别 α-氨基酸的最简便的方法。

4. 成肽反应

两个 α-氨基酸分子，在酸或碱存在下，受热脱水，生成二肽。由氨基酸的羧基与另一氨基酸的氨基脱去一个水分子后形成的酰胺键称为肽键，缩合产物称为二肽。

5. 脱羧反应

α-氨基酸与 $Ba(OH)_2$ 共热，发生脱羧反应，生成少一个碳原子的伯胺。

三、蛋白质

1. 蛋白质的一级结构

蛋白质分子中氨基酸的排列顺序称为蛋白质的一级结构。

2. 蛋白质的结构

蛋白质的结构包括蛋白质的一级结构、二级结构、三级结构和四级结构。

四、蛋白质的性质

1. 两性解离与等电点

蛋白质分子中含有游离的氨基和羧基，因此是两性物质，能发生两性解离。

2. 沉淀

蛋白质分子颗粒的直径在 1～100 nm，属于胶体范围。因此，蛋白质溶液具有一定的稳定性。沉淀蛋白质的主要方法有盐析、加入脱水剂及加入重金属盐。

3. 变性

蛋白质受某些理化因素的影响，其空间结构发生改变，从而丧失生物活性的过程称为蛋白质的变性。

4. 水解

在酸、碱或酶的催化下蛋白质的各级结构能被彻底破坏，最后水解为各种氨基酸的混合物。

5. 显色

蛋白质能发生多种显色反应，可用来鉴别蛋白质，主要有茚三酮反应、缩二脲反应、黄蛋白反应、米伦(Millon)反应和乙酸铅反应。

五、核酸的生物功能

知识拓展

1869 年，瑞士化学家米歇尔(F. Miescher)从脓细胞中提取到一种富含磷元素的酸性化合物，因它存在于细胞核中而将其命名为核酸(nucleic acids)。早期只将核酸看成细胞中的一般化学成分，对它在生物体内的重要作用没有足够的认识。

直到1944年，埃弗雷(O. Avery)等在寻找*R*型肺炎球菌和*S*型肺炎球菌相互转化的原因时，发现DNA能实现这种转化，证明了DNA就是遗传物质。从此核酸作为遗传物质的重要地位才被确立，随之人们把对遗传物质的注意力从蛋白质转移到了核酸上。

1953年，沃森(Watson)和克里克(Crick)创立了DNA双螺旋结构模型。DNA双螺旋结构模型的建立，不仅阐明了DNA分子的结构特征，而且提出了DNA是作为执行生物遗传功能的分子，从亲代到子代的DNA复制(replication)过程中遗传信息的传递方式及高度保真性。DNA双螺旋结构模型的确立为遗传学进入分子水平奠定了基础，是现代分子生物学的重要里程碑。

习　题

1. 名词解释。

(1) 碱基配对规律　(2) 氨基酸的等电点　(3) 蛋白质的变性

(4) 盐析　(5) 酸性氨基酸

2. 写出甘氨酸与下列试剂反应的主要产物。

(1) HCl　(2) NaOH　(3) CH_3CH_2OH(过量)

(4) $NaNO_2$(HCl)　(5) 丙氨酸

3. 写出在下列介质中各氨基酸存在的主要形式。

(1) 谷氨酸在pH=1时　(2) 丙氨酸在pH=10时

(3) 赖氨酸在pH=9时　(4) 苏氨酸在pH=4时

4. 鉴别题。

(1) α-氨基丙酸、β-氨基丙酸和苯胺

(2) 苏氨酸和丝氨酸

(3) α-甲氨基丙酸和α-氨基丙酸

5. 某蛋白质的等电点为5.0，该蛋白质在水溶液中呈现何种状态？怎样调节其水溶液的pH值，使蛋白质处于等电点状态？

6. 某化合物的分子式$C_3H_7O_2N$，有旋光性，能与氢氧化钠反应，也能与盐酸反应，与醇作用成酯，与亚硝酸作用放出氮气，试写出该化合物的结构式和各步反应式。

习题参考答案

第一章　有机化学简介

1. $C_2H_4O_2$
3. 自由基、碳正离子等。
6. O—H 键极性最强。
7. 能。乙酸分子中的羰基极性很强,所以易溶于水。

第二章　烷烃

1.（1）正丙基　（3）异丁基　（5）甲基

3. $\mathrm{CH_3-\underset{\underset{\displaystyle CH_3}{|}}{\overset{\overset{\displaystyle CH_3}{|}}{C}}-CH_3}$　　$\mathrm{CH_3-\overset{\overset{\displaystyle CH_3}{|}}{CH}-CH_2-CH_3}$　　$\mathrm{CH_3-CH_2-CH_2-CH_2-CH_3}$

5.（2）3,3,4,5-四甲基-4-乙基庚烷　（4）3-甲基-4-异丙基庚烷

6.（1）3-甲基己烷　（2）正确　（3）正确　（4）4,4-二叔丁基庚烷

8.（1）构象异构　（3）完全相同　（5）构造异构

10. 从自由基反应机理的角度去解释现象。

第三章　烯烃

3.（1）3-甲基-1-丁烯　（2）2,2-二甲基-3-己烯

（3）(*Z*)-1-氯-1-溴-1-丁烯　（4）4-甲基-2-乙基-1-戊烯

（7）2,3-二甲基环己烯

5.（1）>（2）

6.（1）$\mathrm{H_3C-\underset{\underset{\displaystyle Br}{|}}{\overset{\overset{\displaystyle CH_3}{|}}{C}}-CH_3}$　（3）$\mathrm{C_6H_5-\underset{\underset{\displaystyle Br}{|}}{\overset{\overset{\displaystyle H}{|}}{C}}-CH_3}$　（5）$\mathrm{C_5H_7}$—Br

（7）$\mathrm{H_3C-\underset{\underset{\displaystyle OH}{|}}{\overset{\overset{\displaystyle H}{|}}{C}}-CH_3}$　（9）$\mathrm{H_3C-\overset{\overset{\displaystyle O}{\|}}{C}-CH_3}$,HCHO

7.（1）A　$\mathrm{CH_3-\overset{\overset{\displaystyle CH_3}{|}}{C}=CH-CH_2-CH_3}$　B　$\mathrm{CH_3-CH=\overset{\overset{\displaystyle CH_3}{|}}{C}-CH_2-CH_3}$

(3) A $CH_3-\overset{\overset{CH_3}{|}}{C}H-CH=CH-CH_3$ B $CH_3-\overset{\overset{CH_3}{|}}{C}=CH-CH_2-CH_3$

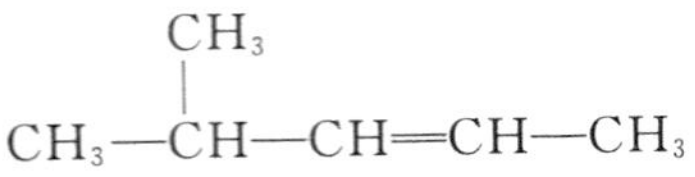

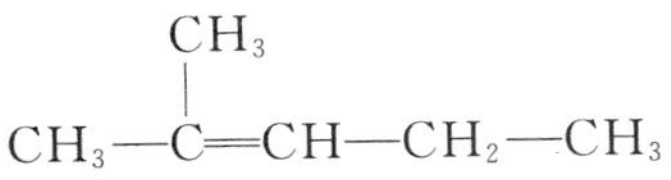

C $CH_3-\overset{\overset{CH_3}{|}}{C}H-CH_2-CH_2-CH_3$

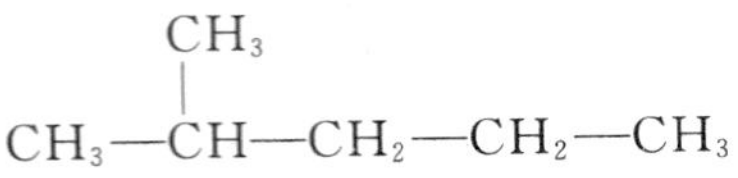

第四章　炔烃

2. (2) $CH_3CH(CH_3)CH_2C\equiv CCH(CH_3)CH_2CH_3$　　2,6-二甲基-4-辛炔

(4) $(CH_3)_3CCH_2C\equiv CC(CH_3)_3$　　2,2,6,6-四甲基-3-庚炔

3. (1) 先加 Br_2 的 CCl_4 溶液,乙烯和乙炔褪色,乙烷没有变化;再加硝酸银的氨溶液,有灰白色沉淀的是乙炔,乙烯没有变化。

(2) 先加 Br_2 的 CCl_4 溶液,1-戊炔和 2-戊炔褪色,戊烷没有变化;再加硝酸银的氨溶液,有灰白色沉淀的是 1-戊炔,2-戊炔没有变化。

4. A:$HC\equiv CCH_2CH_2CH_3$　　B:$CH_3C\equiv CCH_2CH_3$

5. 依次是 sp^2、sp^2、sp、sp、sp^3。

6. $CaC_2+2H_2O \longrightarrow CH\equiv CH+Ca(OH)_2$

$$CH\equiv CH \xrightarrow[-33\ ℃]{NaNH_2,液氨} CH\equiv CNa \xrightarrow{BrCH_2CH_3} CH\equiv CCH_2CH_3$$

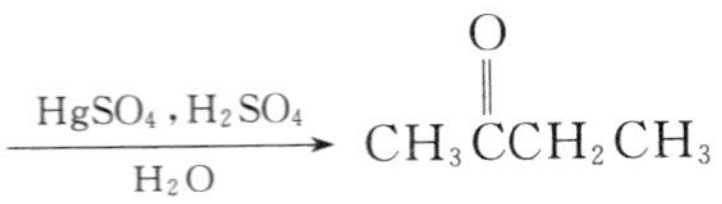

$$\xrightarrow[H_2O]{HgSO_4,H_2SO_4} CH_3\overset{\overset{O}{\|}}{C}CH_2CH_3$$

7. A:$CH\equiv C\overset{\overset{CH_3}{|}}{C}HCH_3$　　B:$CH_2=\overset{\overset{CH_3}{|}}{C}CH=CH_2$

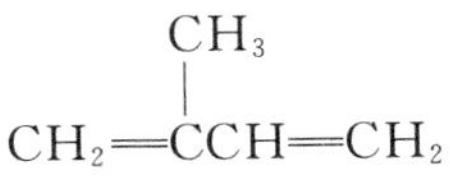

8. A 的结构式为:

$$CH_3CH_2C\equiv CCH_2CH_3$$

第五章　二烯烃

1. 2-乙基-1,3-丁二烯　　2,4-二甲基-1,3-戊二烯

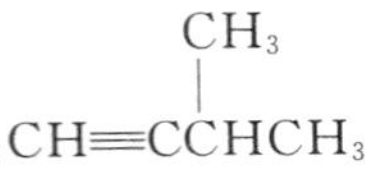

1,3-己二烯　　2,5-二甲基-1,5-己二烯

2. 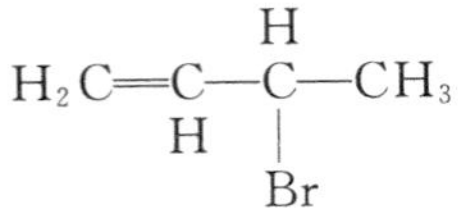 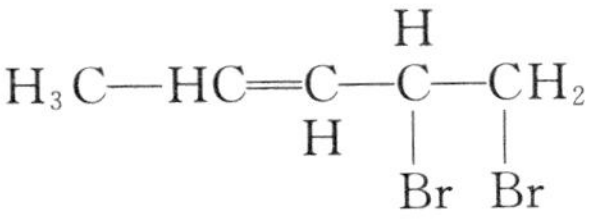 $H_2C=\underset{H}{C}-\underset{\underset{Br}{|}}{\overset{H}{C}}-CH_3$　　$H_3C-HC=\underset{H}{C}-\underset{\underset{Br}{|}}{\overset{H}{C}}-\underset{\underset{Br}{|}}{C}H_2$

CH3（环己烯环）　　H3C、H3C、CHO（环己烯环）　　$\left[-CH_2\ \ H_2C-\right]$ ：$C=C$，H_3C，H $]_n$

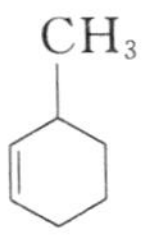

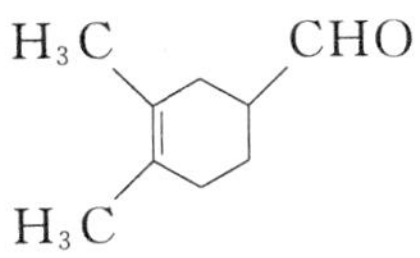

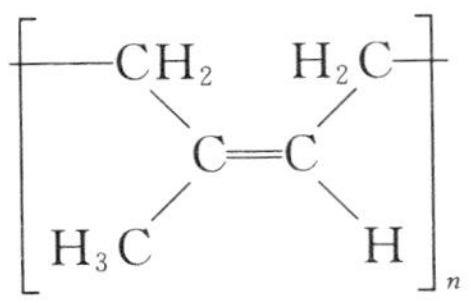

第六章 脂环烃

2.（1）乙烯基环丙烷　（2）乙基环戊烷　（3）1,3-二甲基环己烷

（4）1-甲基-3-乙基环戊烷　（5）3-甲基环己烯　（6）1-乙基-1,3-环戊二烯

3.（1）（环戊烷，相邻碳上分别连 $—CH_3$ 和 $—CH(CH_3)_2$）　（2）（环己烯，连 $—CH_3$）　（3）（环己烷）$—CH_2CH═CH_2$

（4）（环戊烯）$—CH_3$　（5）（环己基环丁烷）

4.（1）（环己烷）$—Cl$　（3）（环己烷，同一碳上连 CH_3 和 Cl）　（4）（CH_3CH_2 取代的双环[2.2.1]庚烯二甲酸酐）

5. 提示：加溴水和酸性高锰酸钾溶液。

6. A：（环丙烷）$—CH_3$　B：$CH_3—CH_2—CH(Br)—CH_3$　C：$CH_3—CH═CH—CH_3$

第七章 芳烃

2.（1）1-甲基-2-异丙基苯　（2）3-邻甲苯基-1-丙烯　（3）邻氯苯酚

（4）邻氯乙苯　（5）间氯苯甲酸　（6）二苯甲烷

（7）2-甲基-4-苯基己烷　（8）间硝基苯甲醚

3. （苯环：NO_2、Cl、CH_3、Cl 取代）　（苯环：CH_3、NO_2、CH_3 取代）　CH_3O—（苯环：NO_2、CH_3、NO_2 取代）　（苯环）$—CH_2—CH_2Br$

4. 硝化由易到难的顺序：

（1）1,2,3-三甲苯＞间二甲苯＞甲苯＞苯

（2）$C_6H_5NHCOCH_3$＞C_6H_6＞$C_6H_5COCH_3$

（3）甲苯＞苯＞硝基苯

（4）甲苯＞对甲基苯甲酸＞苯甲酸＞对苯二甲酸

（5）乙苯＞苯基硝基甲烷＞硝基苯＞间二硝基苯

5.（1）苯 $\xrightarrow{CH_3CH_2Br}$ 乙苯（$—CH_2CH_3$） $\xrightarrow{KMnO_4}$ 苯甲酸（$—COOH$） $\xrightarrow{HNO_3,H_2SO_4}$ 间硝基苯甲酸（$COOH$，NO_2）

（5）甲苯（$—CH_3$）$+Cl_2 \xrightarrow{光照}$（苯环）$—CH_2Cl$

6.（4）CH_3、OCH_3 取代苯（箭头所示位置）　（5）$NHCOCH_3$、Cl 取代苯（箭头所示位置）　（6）CH_3、OH 取代苯（箭头所示位置）

7.（1）先加硝酸银的氨溶液，检验出乙炔，再加高锰酸钾，检验出甲苯，无现象的是叔丁基苯。

（2）先加溴水，无现象的是苯，再加高锰酸钾，检验出甲苯。

8. 甲：对甲基乙苯（C_2H_5、CH_3 对位取代苯）　乙：$CH_2CH_2CH_3$ 取代苯　丙：1,3,5-三甲苯（三个 CH_3）

第八章　卤代烃

1.（1）D　（2）A　（3）D　（4）B　（5）D

2.（1）2,5-二甲基-3-氯己烷　（2）4-溴-2-戊烯　（3）1-苯基-2-溴丙烷

（4）邻溴甲苯

6.（1）氯苯、氯苄 $\xrightarrow{AgNO_3/醇}$ —；AgCl 白色沉淀

（2）溴苯、1-苯基-2-溴乙烯 $\xrightarrow{Br_2}$ —；红棕色褪去

（3）2-氯丙烷、2-碘丙烷 $\xrightarrow{AgNO_3/醇}$ AgCl 白色沉淀；AgCl 黄色沉淀

7. A：$ClCH_2CH_2CH_3$　B：$CH_2{=}CHCH_3$　C：$CH_3CHClCH_3$

第九章　对映异构

1.（1）有，$CH_3CH_2CH_2\overset{*}{C}HCH_2CH_3$（$\overset{*}{C}$ 上连 CH_3）　（2）有，$C_6H_5\overset{*}{C}HClCH_3$　（3）无

（4）有，$HOOCCH_2\overset{*}{C}HCOOH$（$\overset{*}{C}$ 上连 OH）　（5）有，2-氯环己醇（OH、Cl 所连两个碳均为手性碳 *）

2.（1）与（2）为同一物质；（3）与（4）为同一物质。前者与后者互为对映体。前者名称为（*S*）-1-氯-2-溴丙烷，后者名称为（*R*）-1-氯-2-溴丙烷。

3.（1）COOH / H—┼—NH_2 / CH_3 （*R*）　　COOH / H_2N—┼—H / CH_3 （*S*）

（2）CH_3 / H—┼—OH / CH_2CH_3 （*S*）　　CH_3 / HO—┼—H / CH_2CH_3 （*R*）

(3)

CH_3
H—+—Br
H—+—Cl
CH_2CH_3 
(2S,3R)

CH_3
Br—+—H
Cl—+—H
CH_2CH_3
(2R,3S)

CH_3
Br—+—H
H—+—Cl
CH_2CH_3
(2R,3R)

CH_3
H—+—Br
Cl—+—H
CH_2CH_3
(2S,3S)

(4)

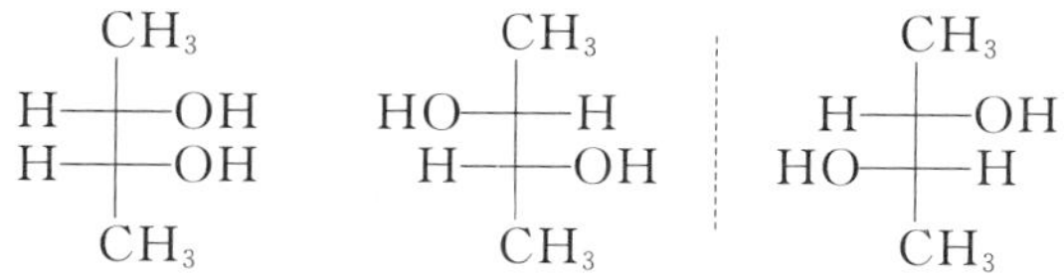

CH_3
H—+—OH
H—+—OH
CH_3
(2S,3R)
内消旋体

CH_3
HO—+—H
H—+—OH
CH_3
(2R,3R)

CH_3
H—+—OH
HO—+—H
CH_3
(2S,3S)

第十章　醇、酚、醚

1.（1）2-甲基-1-丙醇　（4）4-羟基苯甲醛　（6）2-仲丁基-4,6-二硝基苯酚
（8）苯基环氧乙烷

3.（3）CH_2OH（苯环对位）OCH_3　　（4）OH、Br、Br（苯环）、$CH—CH_3$、CH_3　　（7）OCH_2CH_3（萘环1位）

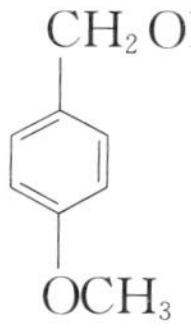

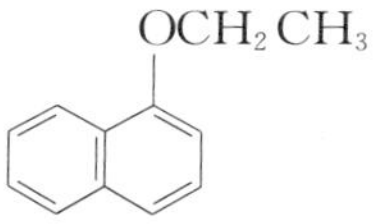

6.（1）B>A>C;（2）A>B>C

7.（1）$CH_3CH(CH_3)—CH(OH)CH_3 \xrightarrow{Na} CH_3CH(CH_3)—CH(ONa)CH_3 \xrightarrow{CH_3CH_2Br} CH_3CH(CH_3)—CH(CH_3)—OCH_2CH_3$

（5）（邻甲基苯酚）OH、$—CH_3$ $\xrightarrow[H_2O]{NaOH}$ ONa、$—CH_3$ $\xrightarrow{CH_3Br}$ OCH_3、$—CH_3$

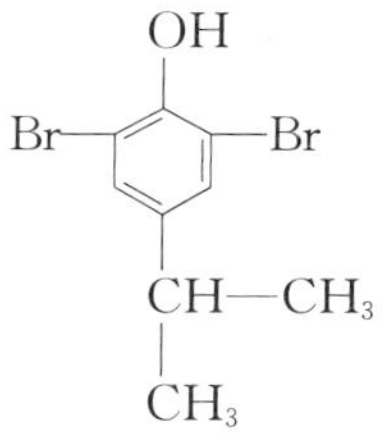

$\xrightarrow[H_2O,\triangle]{KMnO_4}$ OCH_3、$—COOH$ $\xrightarrow[\triangle]{浓\ HI}$ OH、$—COOH + CH_3I$

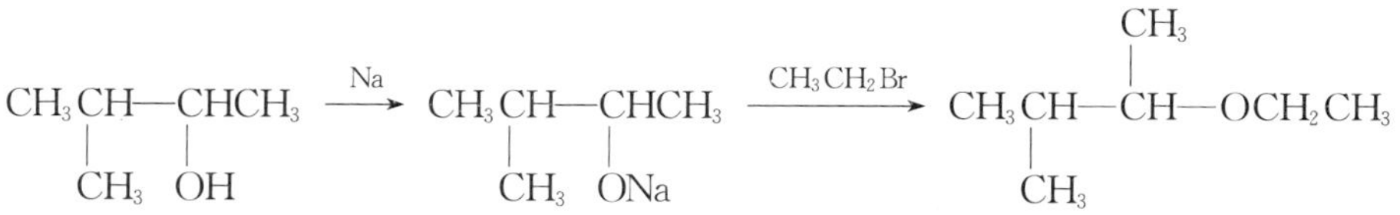

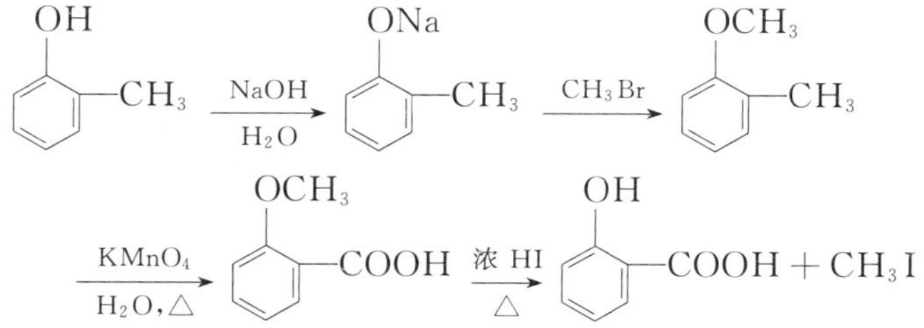

（7）$C_6H_5—CH_2CH_3 \xrightarrow[h\nu,\triangle]{1\ mol\ Cl_2} C_6H_5—CHClCH_3 \xrightarrow[干醚]{Mg} C_6H_5—CH(MgCl)CH_3$

$\xrightarrow{CH_2—CH_2\ (O)} C_6H_5—CH(CH_3)CH_2CH_2OMgCl \xrightarrow{H_3O^+} C_6H_5—CH(CH_3)CH_2CH_2OH$

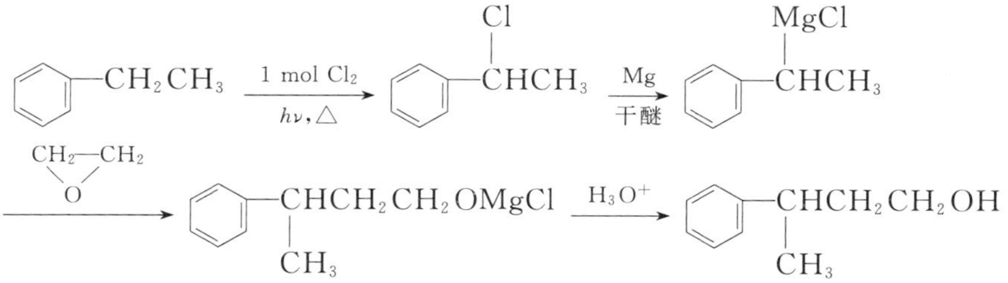

10.（3）加溴水生成白色沉淀的是苯酚，加碳酸氢钠放出气体的是2,4,6-三硝基苯酚。

11. (1)、(3)、(4)、(6)能形成分子内氢键。

12. (2) 正丁醇脱水生成1-丁烯,1-丁烯与水发生马氏加成,再氧化得到丁酮。

13. (2) $CH_2{=}CH_2 \xrightarrow[PdCl_2\text{-}CuCl_2]{O_2} CH_3CHO$

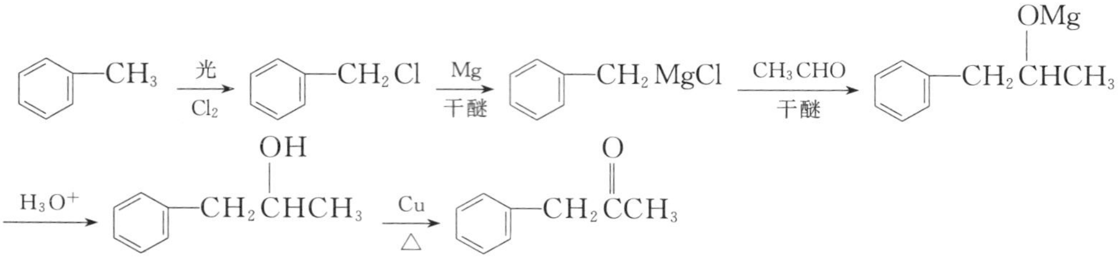

$C_6H_5CH_3 \xrightarrow[Cl_2]{光} C_6H_5CH_2Cl \xrightarrow[干醚]{Mg} C_6H_5CH_2MgCl \xrightarrow[干醚]{CH_3CHO} C_6H_5CH_2CH(OMg)CH_3$

$\xrightarrow{H_3O^+} C_6H_5CH_2CH(OH)CH_3 \xrightarrow[\triangle]{Cu} C_6H_5CH_2COCH_3$

15. A: 间甲基苯酚 (m-$CH_3C_6H_4OH$)　B: $C_6H_5CH_2OH$　C: $C_6H_5OCH_3$　D: 2,4,6-三溴-3-甲基苯酚 (OH, Br, Br, Br, CH_3)

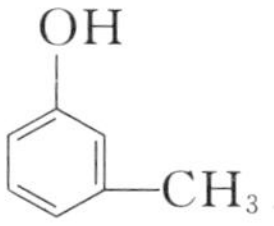

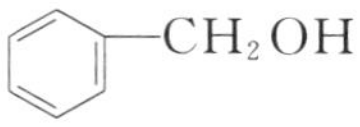

E: $C_6H_5CH_2Cl$

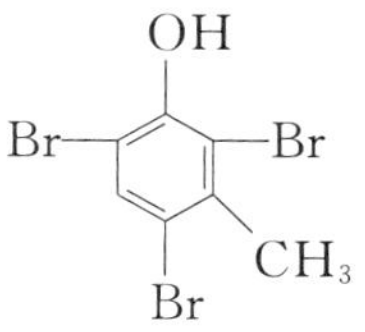

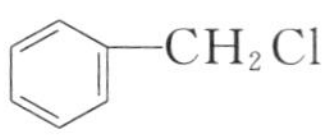

第十一章　醛和酮

1. (1) 4-甲基-2-戊酮　(2) 3-苯基-丁醛　(3) 3-甲基-丁醛　(4) 对甲基苯乙酮
(5) 2-甲基-3,5-庚二酮　(6) (E)-3-戊烯醛　(7) (S)-3-甲基-2-戊酮
(8) 对羟基间甲氧基苯甲醛　(9) 3,5-二甲基环己酮　(10) 二苯基甲酮

2. (1) 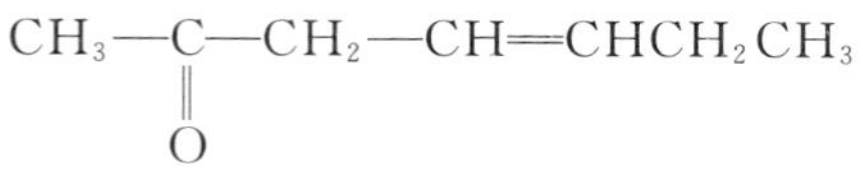 $CH_3-CO-CH_2-CH{=}CHCH_2CH_3$　(2) $CH_3-CO-CH(CH_3)-CH_2CH_3$

(3) $C_6H_5-CH(CH_3)-CO-CH_3$ 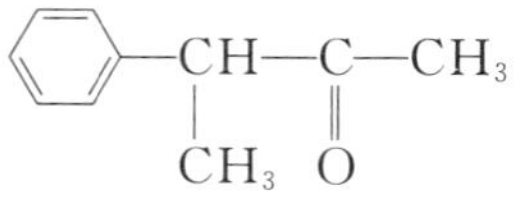　(4) 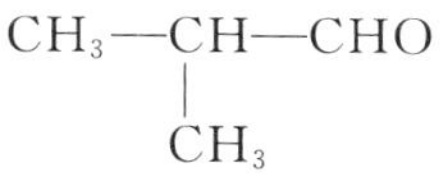 $CH_3-CH(CH_3)-CHO$

(5) 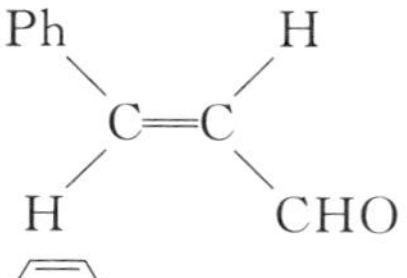 (Ph)(H)C=C(H)(CHO)（Ph 与 CHO 处于反式）　(6) 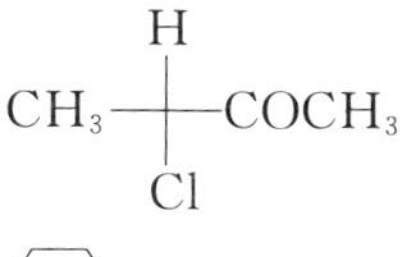 $CH_3-C(H)(Cl)-COCH_3$

(7) 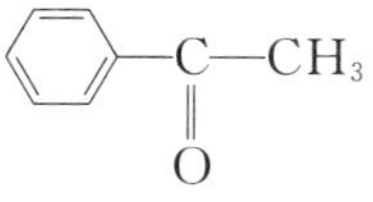 $C_6H_5-CO-CH_3$　(8) 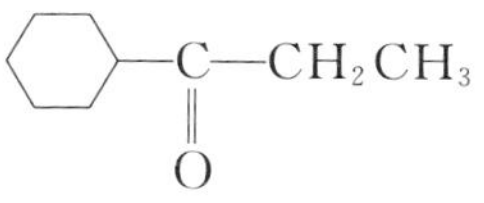 环己基$-CO-CH_2CH_3$

(9) 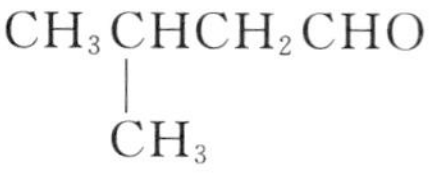 $CH_3CH(CH_3)CH_2CHO$　(10) 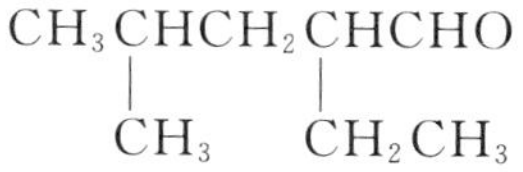 $CH_3CH(CH_3)CH_2CH(CH_2CH_3)CHO$

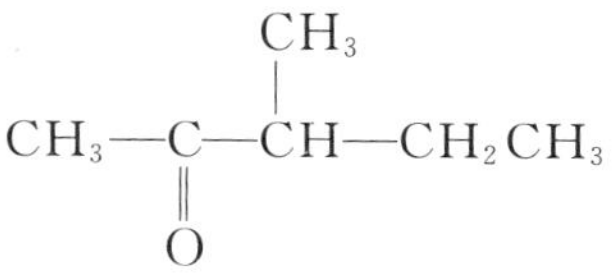

3. (1) 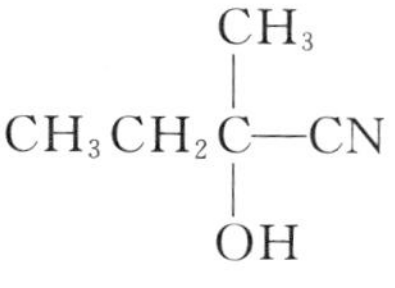 $CH_3CH_2C(CH_3)(OH)-CN$,　$CH_3CH{=}C(CH_3)-COOH$

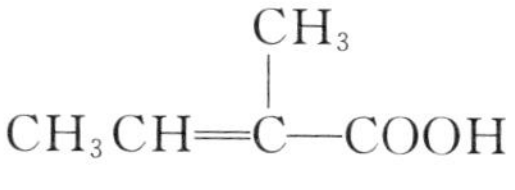

(3) $CH_3CH_2CH(OH)CH_2CH_3$

(5) $CH_3CH_2COONa + CHI_3$

(7) $CH_3CH_2CH(OH)\text{—}CH(CH_3)CHO$，$CH_3CH_2CH\text{=}C(CH_3)CHO$

(9)  $\text{—}CH_2CH_2CH_3$

(10) $CH_3CH_2CH(OCH_3)\text{—}OCH_3$

4. (1)

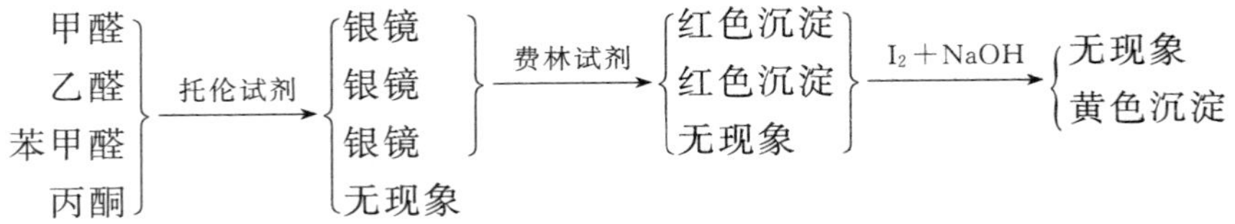

甲醛
乙醛
苯甲醛
丙酮
托伦试剂
银镜
银镜
银镜
无现象
费林试剂
红色沉淀
红色沉淀
无现象
I₂+NaOH
无现象
黄色沉淀

(4)

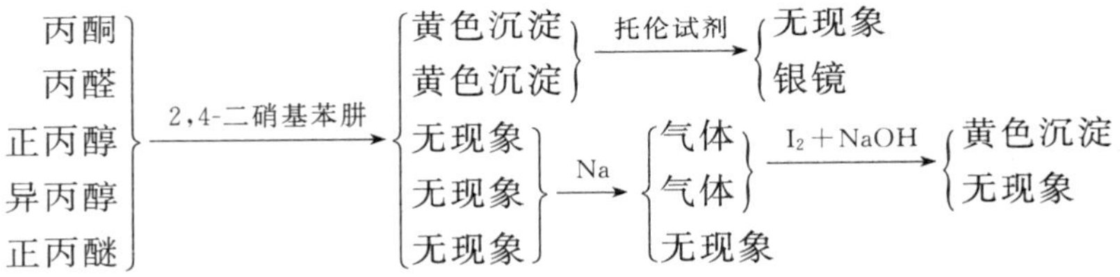

丙酮
丙醛
正丙醇
异丙醇
正丙醚
2,4-二硝基苯肼
黄色沉淀
黄色沉淀
托伦试剂
无现象
银镜
无现象
无现象
无现象
Na
气体
气体
无现象
I₂+NaOH
黄色沉淀
无现象

5. (1) $CH_2\text{=}CHCH_3 \xrightarrow[500\ ^\circ C]{Cl_2} CH_2\text{=}CHCH_2Cl \xrightarrow[\text{水-乙醇,回流}]{NaCN} CH_2\text{=}CHCH_2CN$

$\xrightarrow[H^+,\triangle]{H_2O} CH_2\text{=}CHCH_2COOH \xrightarrow[Pt/Ni]{H_2} CH_3CH_2CH_2CH_2OH$

(2) $CH_3\text{—}C(\text{=}O)\text{—}CH_3 \xrightarrow[Ni]{H_2} CH_3\text{—}CH(OH)\text{—}CH_3 \xrightarrow[\triangle]{H_2SO_4} CH_3\text{—}CH\text{=}CH_2$

$\xrightarrow{HBr} CH_3\text{—}CH(Br)\text{—}CH_3 \xrightarrow[\text{乙醚}]{Mg} CH_3\text{—}CH(MgBr)\text{—}CH_3$

$\xrightarrow{CH_3\text{—}C(\text{=}O)\text{—}CH_3} CH_3\text{—}CH(CH_3)\text{—}C(CH_3)(OMgBr)\text{—}CH_3 \xrightarrow[H_2O]{H^+} CH_3\text{—}CH(CH_3)\text{—}C(CH_3)(OH)\text{—}CH_3$

(3) $2CH_3CHO \xrightarrow{\text{稀 }NaOH} CH_3CH(OH)CH_2CHO \xrightarrow[\triangle]{-H_2O} CH_3CH\text{=}CHCHO$

$\xrightarrow[\text{无水 }HCl]{CH_3OH} CH_3CH\text{=}CHCH(OCH_3)_2 \xrightarrow[Ni]{H_2} CH_3CH_2CH_2CH(OCH_3)_2$

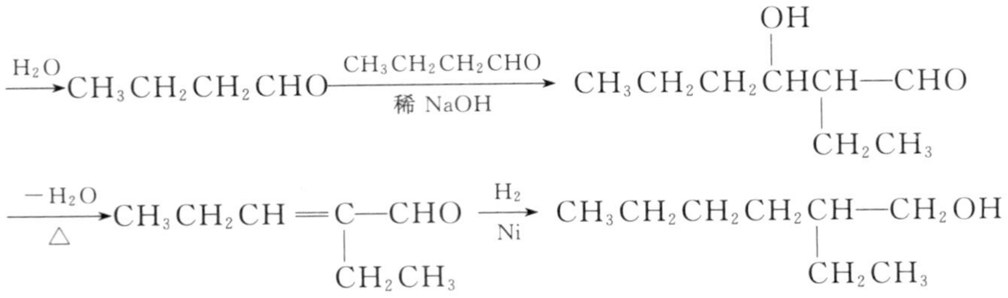

$$\xrightarrow{H_2O} CH_3CH_2CH_2CHO \xrightarrow[\text{稀 NaOH}]{CH_3CH_2CH_2CHO} CH_3CH_2CH_2CH(OH)CH(CH_2CH_3)—CHO$$

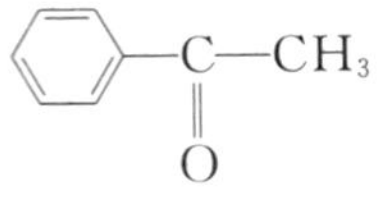

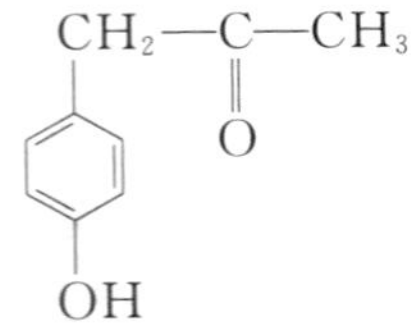

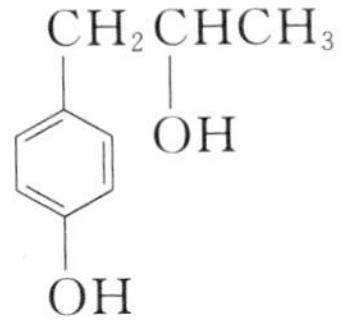

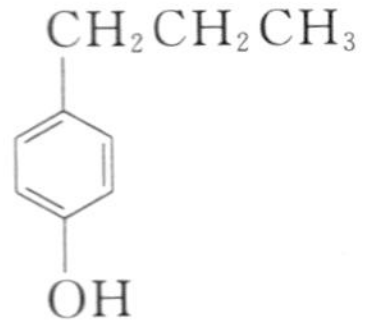

$$\xrightarrow[\triangle]{-H_2O} CH_3CH_2CH{=}C(CH_2CH_3)—CHO \xrightarrow[Ni]{H_2} CH_3CH_2CH_2CH_2CH(CH_2CH_3)—CH_2OH$$

6. (1) $C_6H_5—\underset{\|}{C}(=O)—CH_3$

7. A：$p\text{-}HO—C_6H_4—CH_2—C(=O)—CH_3$　　B：$p\text{-}HO—C_6H_4—CH_2CH(OH)CH_3$

C：$p\text{-}HO—C_6H_4—CH_2CH_2CH_3$　　D：$p\text{-}CH_3O—C_6H_4—CH_2CH_2CH_3$

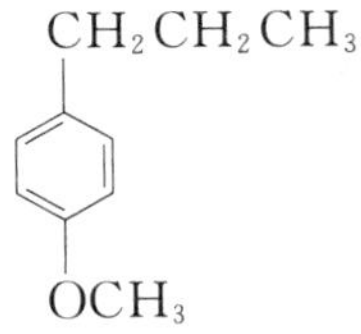

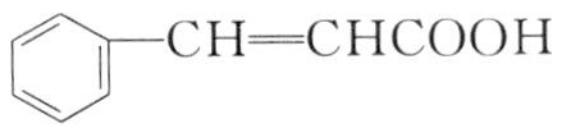

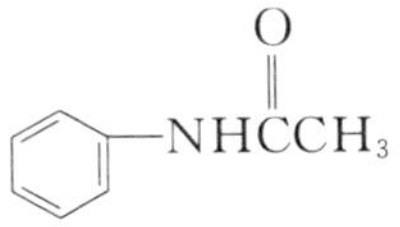

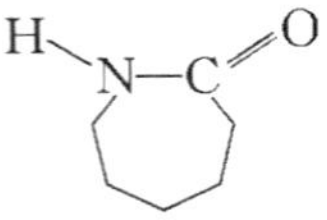

第十二章　羧酸及其衍生物

1. (2) 2,2,3-三甲基丁酸　(6) 对甲基苯甲酸甲酯　(8) 1-萘乙酸
   (14) 3-丁烯酸　(9) 2-甲基顺丁烯二酸酐　(13) N,N-二甲基甲酰胺
   (10) 邻苯二甲酰亚胺

2. (2) $(H)(HOOC)C{=}C(H)(COOH)$（两个 H 在同侧，两个 COOH 在同侧）　(3) $C_6H_5—CH{=}CHCOOH$　(7) $C_6H_5—NHC(=O)CH_3$

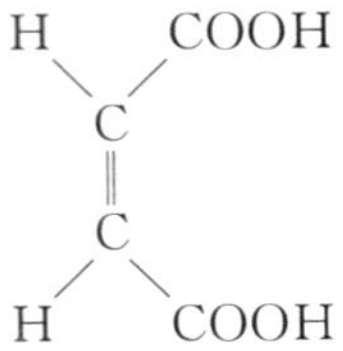

(8) 己内酰胺（H—N—C(=O) 七元环）　(9) $\text{⫞}CH_2—CH(O—C(=O)CH_3)\text{⫟}_n$

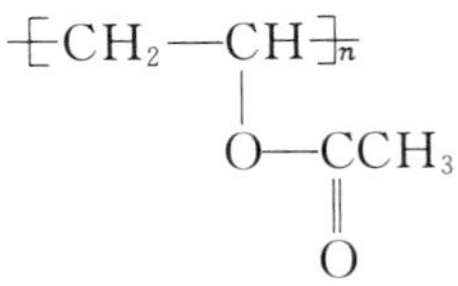

3. 3＞2＞5＞1＞4。

4. (1) 加 I_2、NaOH，没有变化的是乙酸，加托伦试剂没有变化的是乙醇。

(2) 加托伦试剂发生银镜反应的是甲酸，加热产生 CO_2 的是丙二酸，不变的是乙酸。

(3) 加 Br_2/CCl_4，褪色的是马来酸；加 $KMnO_4$，褪色的是草酸。

(4) 加三氯化铁水溶液，显色的是 2-羟基苯甲酸；加氢氧化钠水溶液，溶解的是苯甲酸，不变的是苯甲醇。

5. (1) $CH_3C(CH_3)(Br)COOH$　　(2) $CH_3CH(CH_3)CH_2OH$

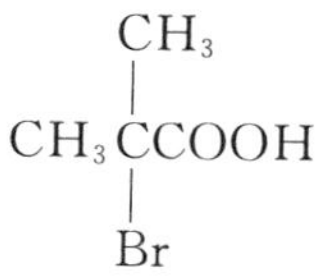

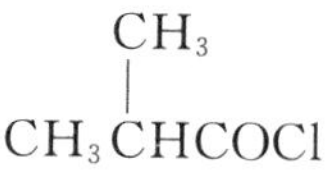

(3) $CH_3CH(CH_3)COCl$　　(7) $CH_3CH(CH_3)CONH_2$

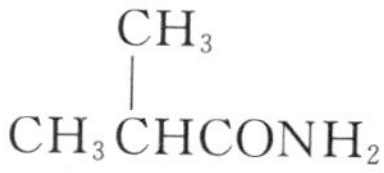

6. (1) 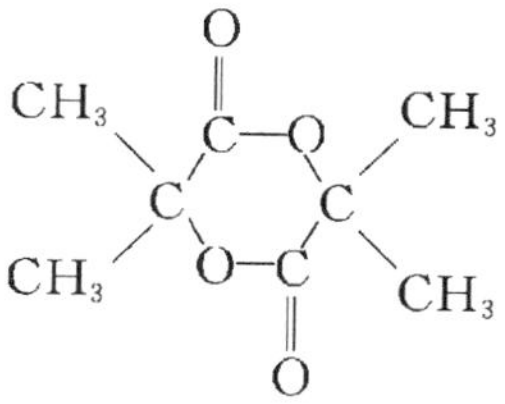 3,3,6,6-四甲基-1,4-二氧六环-2,5-二酮（$(CH_3)_2C$—C(=O)—O—$C(CH_3)_2$—C(=O)—O 环状交酯）　　(3) 4,5-二甲基-γ-丁内酯（CH_3、CH_3 取代的五元环内酯，C=O）

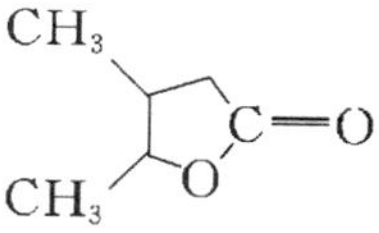

(5) $HOOCCOOH+CO_2$

7. (1) 乙炔$\xrightarrow[H_2O]{Hg_2SO_4,H_2SO_4}\xrightarrow{HCN}\xrightarrow{CH_3OH,H_2SO_4}$产物

(3) 甲苯$\xrightarrow[h\nu]{Cl_2}\xrightarrow{Mg,乙醚}\xrightarrow{CO_2}\xrightarrow{H_2O,H^+}$产物

(4) 正丁酸$\xrightarrow{Cl_2,P}\xrightarrow{NaCN}\xrightarrow{H_2O,H^+}$产物

(5) 乙烯$\xrightarrow{HOCl}\xrightarrow{NaCN}\xrightarrow{H_2O,H^+}$产物

8. A：$CH_3CH_2CH(CH_2COOH)CH_2COOH$　　B：$CH_3CH_2CH(COOH)COOH$

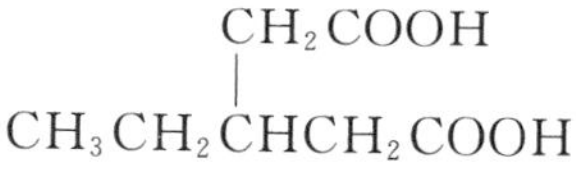

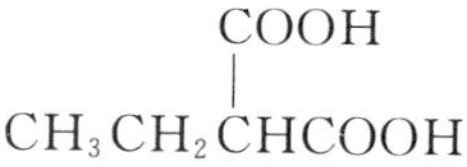

9. A：$CH_3COOCH=CH_2$　　B：$CH_2=CHCOOCH_3$

10. A：$CH_3—CH—C(=O)—O—C(=O)—CH_2$（五元环酸酐，CH 与 CH_2 相连）　　B：$CH_3—CH(CH_2COOH)COOC_2H_5$

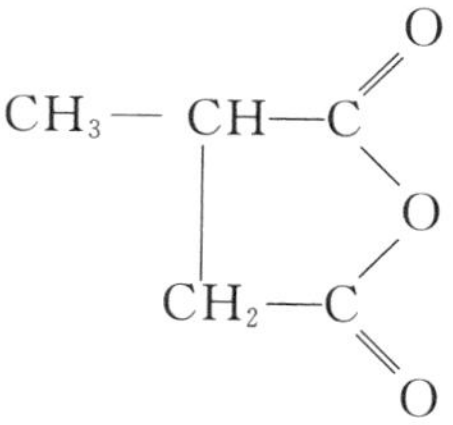

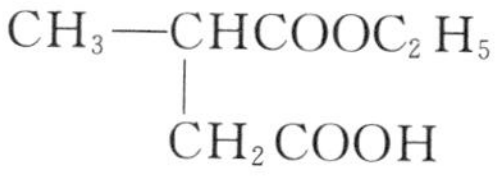

C：$CH_3—CH(CH_2COOC_2H_5)COOH$　　D：$CH_3—CH(CH_2COOC_2H_5)COOC_2H_5$

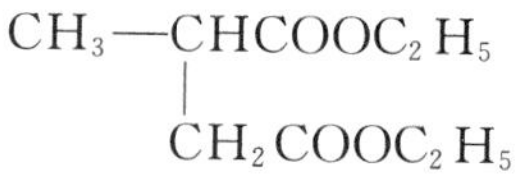

第十三章　含氮有机化合物

1. (3) 1,6-己二腈　　(6) 对氨基苯酚　　(10) 2-甲基-5-甲氨基庚烷

(11) N、N-二甲基-1-萘胺　　(12) 溴化三甲基对甲苯基铵

2. (3) $C_6H_5N_2^+Cl^-$　　(7) C_6H_5CN　　(8) 2,4,6-三氨基-1,3,5-三嗪（H_2N、NH_2、NH_2 取代的三嗪环）

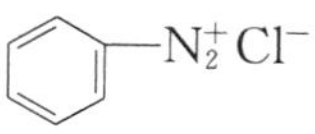

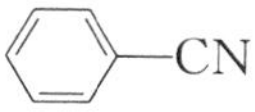

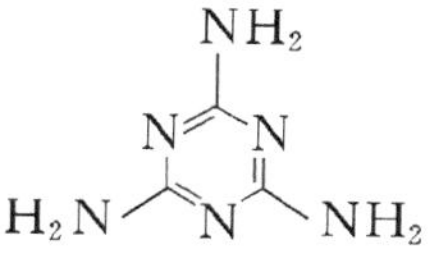

3. 苯胺具有弱碱性，能够溶于盐酸，然后静置分离，水层加氢氧化钠水溶液，苯胺游离分层，分离即可。

4. 因为在苯胺中，N 与苯环直接相连，其孤对电子能与苯环共轭，N 的电子云向苯环偏移，N 的电子云密度减少，而环己胺中环己基是供电子基，使 N 的电子云密度增加，所以苯胺的碱性比环己胺的碱性小。

5. 因硝基是强吸电子基，使氨基氮原子上电子云密度减少，碱性降低较大，故不能溶于稀酸。

6. (2) a＞d＞b＞c＞e　　(4) f＞c＞a＞b＞d＞e

7. 依次用稀盐酸、稀氢氧化钠、浓硫酸和发烟硫酸处理，苯胺具有碱性，溶于稀盐酸，硝基环己烷具有弱酸性，溶于稀氢氧化钠，苯与浓硫酸反应，硝基苯只能与发烟硫酸反应而溶解于酸中，不溶的为环己烷。

8. 这三个胺分别属于叔胺、仲胺和伯胺，在它们与对甲基苯磺酰氯和亚硝酸等试剂反应时，表现出不同的性质，生成不同的产物。

方法一：兴斯堡反应。

$C_4H_9NH_2$、$C_4H_9NHCH_3$、$C_4H_9N(CH_3)_2$ $\xrightarrow[NaOH]{ClO_2S-C_6H_4-CH_3}$

- $C_4H_9-N(Na)SO_2-C_6H_4-CH_3$　(溶解于水)
- $C_4H_9-N(CH_3)SO_2-C_6H_4-CH_3$　(固体，不溶于碱)
- 不反应

方法二：与亚硝酸反应。

$$C_4H_9NH_2 \xrightarrow{HNO_2} C_4H_9OH + N_2\uparrow + H_2O$$　(放出定量氮)

$C_4H_9NHCH_3$、$C_4H_9N(CH_3)_2$ $\xrightarrow{HNO_2}$

- $C_4H_6-N(CH_3)-NO$　(黄色油状液体)
- 不反应

9. (1) $CH_3-C_6H_4-N_2^+Cl^-$　　(2) $Cl-C_6H_3(Cl)-N_2^+HSO_4^-$（2,4-二氯）

10. (1) 先溴化，然后将—NO_2 还原为 NH_2，重氮化反应生成重氮盐，用氢取代重氮基，再将—CH_3 氧化为—COOH。

(2) 先溴化，然后将—NO_2 还原为 NH_2，重氮化反应生成重氮盐，用羟基取代重氮基。

(3) 先溴化,然后将—NO_2 还原为 NH_2,重氮化反应生成重氮盐,用氯取代重氮基。

11. 化合物的酸性由强至弱排列为:c>d>a>b。

12. (1) 硝基苯:工业上采用苯的混酸硝化。

(2) 2,4,6-三硝基甲苯:工业上采用甲苯分步硝化。

(3) 苯胺:工业上采用硝基苯催化加氢。

(4) 2,4,6-三硝基苯酚:工业上采用 2,4-二硝基氯苯和 2,6-二硝基氯苯经氢氧化钠水解后得到 2,4-二硝基苯酚钠和 2,6-二硝基苯酚钠,酸化后再用混酸硝化。

(5) 1-萘胺:工业上采用 1-硝基萘还原制得。

13. (1) $H_2NCH_2CH_2CH_2NH_2$

(2) OCOCH$_3$ / NHCOCH$_3$ 取代苯(对位),OH / NHCOCH$_3$ 取代苯(对位)

(3) $HOCH_2CH_2CH_2COOH$,γ-丁内酯(五元环内酯,C=O)

(4) $C_{12}H_{25}(CH_3)_3NBr$

(5) $NaNO_2$,H_2SO_4, O_2N—C$_6$H$_4$—CN, O_2N—C$_6$H$_4$—COOH

14. (3) 利用亚硝酸与芳香族伯、仲、叔胺反应的不同现象来区别。

15. (1) 加氢氧化钠,后者可溶,分离后酸化。

(2) 加盐酸,后者可溶,分离后加氢氧化钠。

(3) 首先加盐酸,分离苯胺,然后加碳酸氢钠分离苯甲酸。

16.

NHCH$_3$ (A)、NH$_2$ (B)、N(CH$_3$)$_2$ (C) 取代苯 —— H_3C—C$_6$H$_4$—SO_2Cl ⟶ C$_6$H$_5$N(CH$_3$)—SO_2—C$_6$H$_4$—CH$_3$ (D)、C$_6$H$_5$NH—SO_2—C$_6$H$_4$—CH$_3$ (E)、C$_6$H$_5$N(CH$_3$)$_2$

蒸馏除去 C ⟶ NaOH 水洗除 E ⟶

有机相 C$_6$H$_5$N(CH$_3$)—SO_2—C$_6$H$_4$—CH_3 $\xrightarrow[\triangle]{H^+}$ C$_6$H$_5$NH(CH$_3$)·HCl $\xrightarrow{OH^-}$ C$_6$H$_5$NHCH$_3$

(纯A)

17.

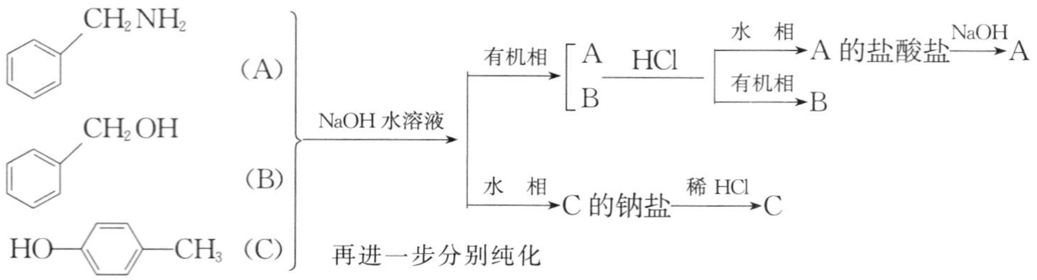

$C_6H_5CH_2NH_2$ (A)

$C_6H_5CH_2OH$ (B)

$HO-C_6H_4-CH_3$ (C)

(A)、(B)、(C) $\xrightarrow{\text{NaOH 水溶液}}$

有机相 → [A, B] —— HCl —— 水相 → A 的盐酸盐 $\xrightarrow{NaOH}$ A；有机相 → B

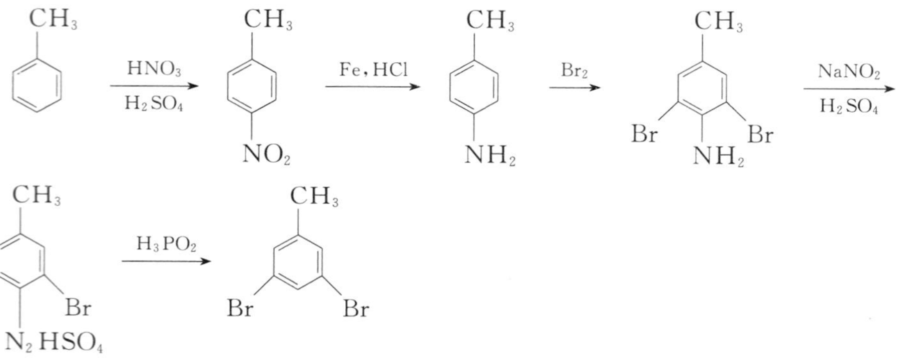

水相 → C 的钠盐 $\xrightarrow{\text{稀 HCl}}$ C

再进一步分别纯化

18. (1) 苯 $\xrightarrow[\triangle]{HNO_3/H_2SO_4}$ $C_6H_5NO_2$ $\xrightarrow[Fe]{Br_2}$ 间溴硝基苯（Br, NO_2） $\xrightarrow{Sn+HCl}$ 间溴苯胺（Br, NH_2）

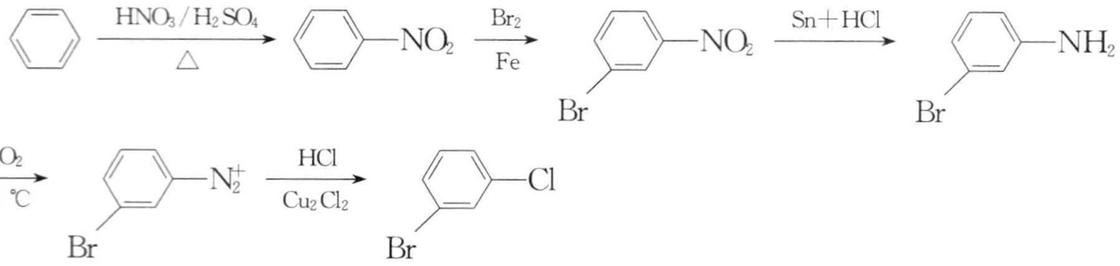

$\xrightarrow[0\sim5\ ℃]{HNO_2}$ 间溴重氮盐（Br, N_2^+） $\xrightarrow[Cu_2Cl_2]{HCl}$ 间溴氯苯（Br, Cl）

(2) 甲苯（CH_3） $\xrightarrow[H_2SO_4]{HNO_3}$ 对硝基甲苯（CH_3, NO_2） $\xrightarrow{Fe,HCl}$ 对甲苯胺（CH_3, NH_2） $\xrightarrow{Br_2}$ 2,6-二溴-4-甲基苯胺（CH_3, Br, Br, NH_2） $\xrightarrow[H_2SO_4]{NaNO_2}$

（CH_3, Br, Br, N_2HSO_4） $\xrightarrow{H_3PO_2}$ 3,5-二溴甲苯（CH_3, Br, Br）

(3) 苯 $\xrightarrow[H_2SO_4]{HNO_3}$ 硝基苯（NO_2） $\xrightarrow{Fe,HCl}$ 苯胺（NH_2） $\xrightarrow{(CH_3CO)_2O}$ 乙酰苯胺（$NHCOCH_3$） $\xrightarrow[H_2SO_4]{HNO_3}$

对硝基乙酰苯胺（$NHCOCH_3$, NO_2） $\xrightarrow{NaOH}$ 对硝基苯胺（NH_2, NO_2） $\xrightarrow[HBF_4]{NaNO_2}$（$N_2BF_4$, NO_2） $\xrightarrow[Cu]{NaNO_2,H_2O}$ 对二硝基苯（NO_2, NO_2）

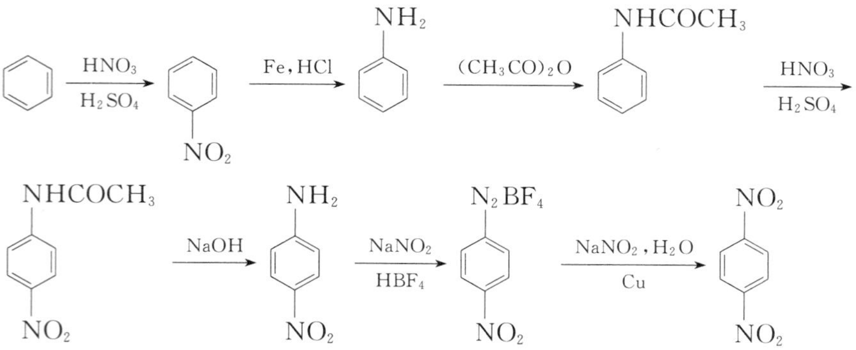

19. 根据第一步反应可以确定 Cl 和 Br 处于苯环的对位。第二步反应说明硝基的邻位 Cl 被硝基活化而水解。根据反应，确定其结构式为：

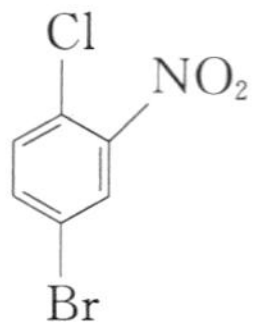

（苯环：1-Cl，2-NO_2，4-Br）

第十四章　杂环化合物

1. (1) 不是　　(2) 是　　(3) 是
   (4) 不是　　(5) 不是　　(6) 不是
2. (1) N-甲基吡咯　　(2) α-呋喃乙酰　　(3) α-噻吩磺酸
   (4) 六氢吡啶　　(5) β-吲哚乙酸　　(6) 3-甲基喹啉
   (7) 4-甲基咪唑　　(8) 6-氨基嘌呤
3. (1) O　(2) O CHO，O CH_2OH，O COOH
   (3) $CH_2CH_2CH_2COOH$ N H　(5) N CH_2CH_3
   (6) COOH N COOH
4. (1) Br N H　(2) O COOH，O CH_2OH
   (3) SO_3H N，$SO_3^- \cdot NH_4^+$ N　(4) COOH N
   (5) S SO_3H
5. 四氢吡啶＞吡啶＞苯胺＞吡咯
6. A：O CHO

第十五章　碳水化合物

1. (1) 糖　多羟基醛　多羟基酮　多羟基醛　多羟基酮
   (3) 还原糖　还原糖　非还原糖
   (5) $C_{12}H_{22}O_{11}$　构造　还原　托伦　费林　苯肼　葡萄糖　非还原　葡萄糖　果糖
   (7) 直链　支链　直链淀粉　支链淀粉　支链淀粉
2. (1) C　(2) C　(3) A　(4) B　(5) D　(6) A　(7) C
3. (1) 组中葡萄糖分子中含醛基，可被弱氧化剂溴水氧化，果糖则不能，可借助溴水褪色加以鉴别。

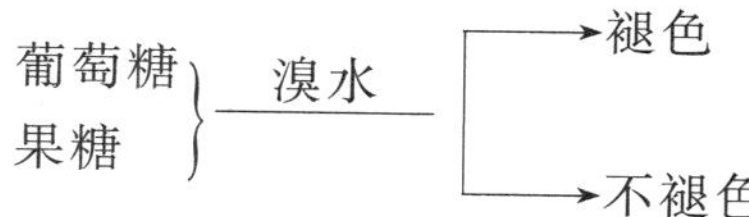

(3) 组中淀粉遇碘-碘化钾溶液变成蓝紫色，可用这一反应将其与纤维素区别开。

淀粉
纤维素
I_2-KI
→呈蓝色
→不显色

4.(1)是醛糖,因为分子中有易氧化的醛基,可被托伦试剂氧化,因此有银镜反应。

(3)是酮糖,但在碱性介质中,可通过酮式-烯醇式互变异构而转变成醛糖,因此也能发生银镜反应。

7. 由题意知A为果糖,D为葡萄糖,依次推出A、B、C、D的结构式如下。

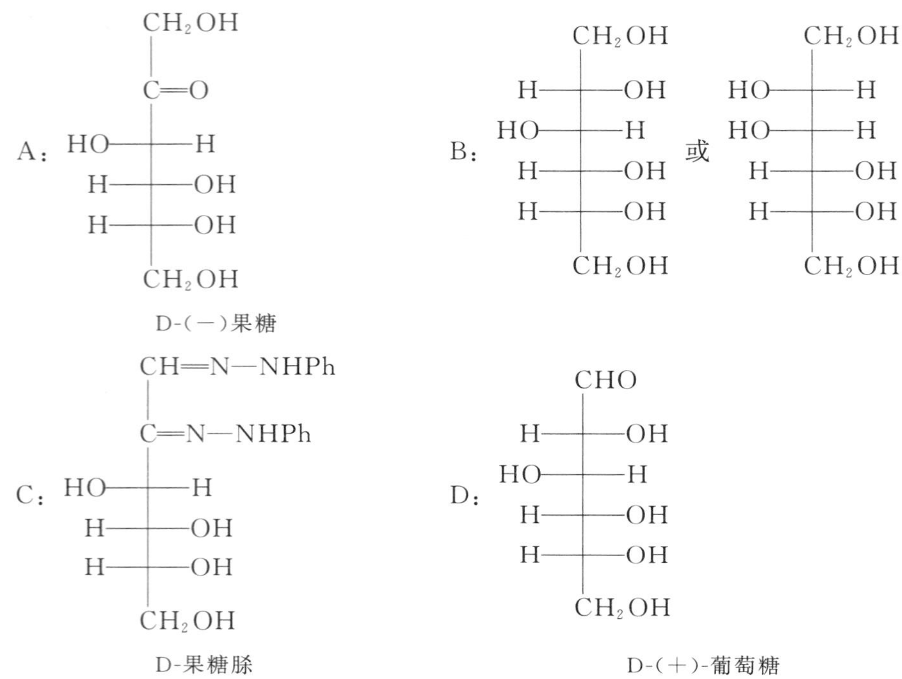

第十六章　氨基酸、蛋白质和核酸

2.(1) $H_2NCH_2COOH + NaOH \longrightarrow H_2NCH_2COONa + H_2O$

(2) $H_2NCH_2COOH + HCl \longrightarrow H_3\overset{+}{N}CH_2COOH \cdot Cl^-$

(3) $H_2NCH_2COOH + CH_3CH_2OH$(过量)$\longrightarrow H_2NCH_2COOCH_2CH_3$

(4) $H_2NCH_2COOH + HNO_2 \longrightarrow HOCH_2COOH + N_2\uparrow + H_2O$

(5) $H_2NCH_2COOH + \underset{\displaystyle NH_2}{CH_3\underset{|}{C}HCOOH} \xrightarrow{-H_2O} \underset{\displaystyle NH_2}{CH_3\underset{|}{C}HCOHNCH_2COOH}$

3.(1)谷氨酸 $HOOC(CH_2)_2CH(NH_2)COOH$ 的 pI=3.22,在 pH=1 时,主要存在形式为 $HOOC(CH_2)_2\underset{\displaystyle {}^{+}NH_2}{\underset{|}{C}HCOOH}$。

(3)赖氨酸 $H_2N(CH_2)_4CH(NH_2)COOH$ 的 pI=9.74,在 pH=10 时主要存在形式为 $H_2N(CH_2)_4CH(NH_2)COO^-$。

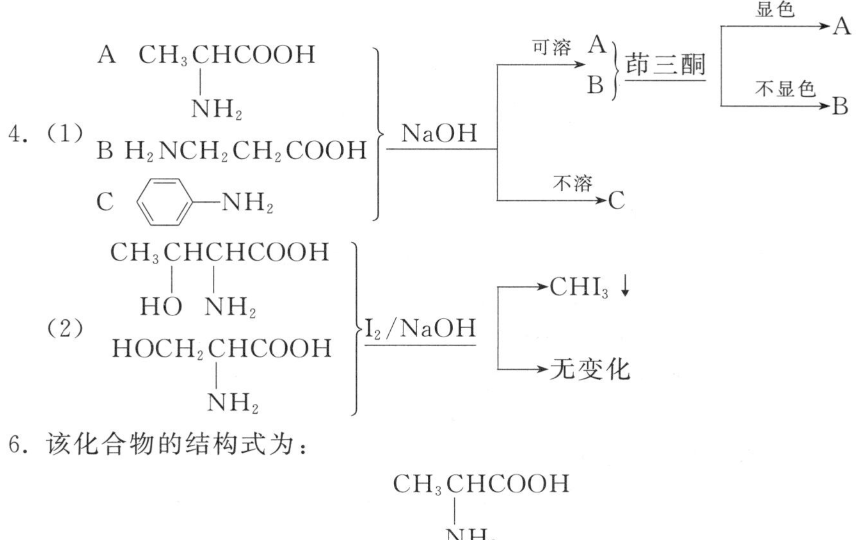

6．该化合物的结构式为：

$$\begin{array}{l} CH_3CHCOOH \\ \quad\quad | \\ \quad\ NH_2 \end{array}$$

参考文献

[1] 高鸿宾.有机化学[M].4版.北京:高等教育出版社,2005.

[2] 鲁崇贤,杜洪光.有机化学[M].2版.北京:科学出版社,2009.

[3] 倪沛州.有机化学[M].6版.北京:人民卫生出版社,2008.

[4] 邢其毅,徐瑞秋,周政,等.基础有机化学[M].2版.北京:高等教育出版社,1993.

[5] 王积涛,张宝申,王永梅,等.有机化学[M].天津:南开大学出版社,2002.

[6] 王小兰.有机化学[M].4版.北京:人民卫生出版社,2005.

[7] 胡宏文.有机化学[M].2版.北京:高等教育出版社,1990.

[8] Ludon G M. Organic Chemistry [M]. 2nd edition. California: The Benjaming/Cummings, Inc,1989.